猫の王

猫伝承とその源流

角川文庫
24147

はじめに

猫は、私たち日本人にとって、もっとも身近な動物である。古来、人間といっしょに暮らしてきたという点では、唯一の動物といってもよいかもしれない。それも、家の中でも外でも、自由に歩きまわっているのだから、まったく一人前の独立した、家族の一員のような生きかたである。猫は、日常だけからいえば、かわいい、かわいいペットである。

ところが、不思議なことに、この猫については、魔物であるといって、いろいろな怪異なことが伝えられている。日本では、奇怪な動物といえば狐《きつね》や狸《たぬき》が有名で、人間を化かすなどというが、猫ほど怪異ではない。それに、狐や狸は野獣である。家に飼っている猫のほうが魔物であるというのは、まことにもって摩訶《まか》不思議なことである。

もっとも、このような二面性は、元来、猫自体にそなわってもいたようである。猫は、ペットになる人なつっこさと、ネコ科の猛獣としての激しさとを合わせもっている。二重人格という言葉があるが、猫はまさに二重猫格者である。このペット性と怪異性という猫本来の性格が、あらゆる猫の伝えの基礎になっているらしい。

このように、猫との長い付き合いの歴史のなかで、人間は、猫について、いろいろな観念をきずきあげてきた。土台になっているのは、自然のままの猫の行動の観察であるが、そのうえに、人間は、かってに自分たちの心を投影してきた。招き猫など猫にまつわる信仰や、化け猫の昔話などの物語も、猫の習性をとおして、人間がえがきあげた文化である。厳密な意味での自然科学ではないが、これもまた人間がとらえた自然の姿であり、前近代的な意味で、一つの自然誌である。人間と自然とのまじわりの知識の集積という気持ちをこめて、私はこれを民俗自然誌と呼んでいる。

そうした猫の民俗自然誌をみると、同じような信仰や物語が、日本各地にある。それらの猫の伝えは、日本人が猫を飼っているうちに、はぐくんだ文化にちがいない。さらに、そのなかには、朝鮮半島や中国大陸など東アジアからヨーロッパにかけて、ユーラシア大陸とそれに続く島々にも、同類の伝えがあるばあいも少なくない。猫がユーラシア大陸に広まるとともに、猫の文化も旅をしていたにちがいない。

猫を家畜にした古代エジプトにも、似かよった信仰があるのをみると、猫の文化の淵源は、古代エジプトにまでさかのぼるものもありそうである。猫の家畜化とともに、古代エジプトに生まれた猫の文化が、ヨーロッパ、そしてアジアへと広まり、それぞれの地域の文化とも融《と》け合って、また新しい姿の猫の文化を生みだしたのである。

猫について知るには、さまざまな角度から考えてみなければならない。そのための本もいろいろある。この本では、猫に関する人間の精神文化が、どのようにして生まれたのか、歴史的にあきらかにしようとしている。それは、猫という自然環境をとおして、人間の心をあきらかにすることでもある。猫が魔物であるということは、とりもなおさず、人間が猫以上に魔物であるということであろう。

猫は、エジプトを出発し、ヨーロッパに渡り、やがてアジアにも広まったと考えられている。はるか昔のことであるから、猫も遠く離れた土地には、船に乗って旅をしたのであろう。この本では、ちょうど逆に、日本の事例から出発して、周辺の東アジア、西アジア、ヨーロッパとたどって、ユーラシア大陸を横断している。日本の猫の文化の源流を探って、猫の故郷にむかう知的冒険の旅に、みなさんを、お誘いしてみたいとおもっている。

私はこの旅では、猫にまつわる各地の伝えを比較し、共通性と差異の意味を分析し、その相互関係から、歴史的な意味をあきらかにしてみようと試みた。世にいう民俗学の見かたである。さまざまな文化を比較しているという点では、比較民俗学といってもよい。私が民俗学に興味をいだいた昭和二十五年（一九五〇）前後というと、石田英一郎先生の『河童駒引考《かっぱこまびきこう》』や『一寸法師《いっすんぼうし》』、関敬吾《せきけいご》先生の『日本昔話集成』第一部や、訳書のカールレ・クローンの『民俗学方法論』など、民俗学の本質を求めた比較民俗学的な著作が、書店に出ているころであった。

こうした先生がたの仕事に触れながら、柳田国男《やなぎたくにお》先生のような精緻《せいち》な操作で、折口《おりくち》信夫《しのぶ》先生のような深い読みこみをし、南方熊楠《みなかたくまぐす》先生のような広い視野で勉強をしてみたいと、民俗学にあこがれをいだいた。習俗を、社会的な枠組みのなかで解析する有《ある》賀喜左衛門《がきざえもん》先生や、自然との対応から理論化する渋沢敬三《しぶさわけいぞう》先生の方法にも、心ひかれた。この本は、そうした青春の思いを、猫をとおして実現してみた習作である。

民俗学の素材になる昔からの伝統的な生活の事実を、英語ではフォークロアと呼んだ。「民衆の知識」という意味である。日本では、それに民俗という語をあてた。民俗学の称も、それに由来する。しかし、同じ民俗を資料にしても、事実を即物的に歴史学の方法で大系づける風俗史や、一般の社会史、思想史と、民俗学とは異なっている。民俗学は、一つ一つの事実を維持し、現代まで継承してきた人間のありかたを、事実の相互関係から体系化して、歴史的に跡づけてみようとする人間認識の科学である。柳田国男先生が主唱した民俗学は、このような方法で、科学として達成できるものと期待している。

ここにとりあげた猫の物語など、口承文芸の類型（タイプ）や趣向（モチーフ）については、世界的な索引の組織が完備しているが、われわれは、その索引を十分に活用し、さらにその枠を越えた、新しい沃野《よくや》に踏みださなければならない。また、文芸を生みだした信仰の世界にも目をむけ、社会の文化を全体としてとらえる努力も必要になる。地球の顔は同じでも、通る道筋や目の角度が変わると、まったく新しい風景を発見することは、めずらしくない。そんな楽しい旅にご案内したいというのが、私の願いである。

このささやかな書物にも、書きあげるまで、何度かつまずきがあったが、ここに無事におわることができた。イギリスには、猫には九つの命があるという伝えがあるそうだが、そのおかげかもしれない。資料の収集には、研修で滞在したとき以来、国立民族学博物館の江口一久《かずひさ》先生と池野桂子《けいこ》さんに、たいへんお世話になった。また、いつもながら、西脇隆夫《たかお》、繁原央《しげはらひろし》、斧原孝守《おのはらたかし》のお三人にも、資料の検索や抄訳など、いろいろ助けていただいた。心からお礼を申しあげたい。

なお、執筆にあたっては、次のような配慮をした。

・二字下げで掲げた部分は、昔話の紹介や文献の引用である。原典の原文を読みやすく書きあらためたものもある。

・引用した参考文献については、本文の該当箇所に文献番号をつけ、序章、第Ⅰ部、第Ⅱ部、第Ⅲ部の本文の末尾に、まとめて掲げた。なお直接利用していない原書については、文献名の末尾に★印をつけた。

・日本の地名はおおむね、資料に記されている地名にしたがった。現在と異なっているばあいには、該当する現行の地名を、（ ）内に入れるようにつとめた（単行本刊行時）。
・とりあげた昔話の類話の全体的な展望は、おもに左記の文献を参照して手がかりにした。ただし、具体的な資料の引用以外は、注記を省略した。

*Thompson, Stith, *The Types of the Folk-tale, A Classification and Bibliography*, [2. revision]（FF Communications, no. 184）, Suomalainen Tiedeakatemia, Helsinki, 1961.
*Thompson, Stith, *Motif-Index of Folk-Literature*, 6 vols., Indiana University Press, Bloomington, 1955-1958.
*日本放送協会編『日本昔話名彙』、日本放送出版協会、一九四八年。
*関敬吾『日本昔話集成』全六巻、角川書店、一九五〇～一九五八年。
*関敬吾『日本昔話大成』全一二巻、角川書店、一九七八～一九八〇年。
*稲田浩二『昔話タイプ・インデックス』（『日本昔話通観』第二八巻）、同朋舎出版、一九八八年。
*崔仁鶴『韓国昔話の研究』、弘文堂、一九七六年。Choi In-hak, *A Type Index of Korean Folktales*, Myong Ji University Publishing, Seoul, 1979.

＊Ting, Nai-tung, *A Type Index of Chinese Folktales* (FF Communications, no.223), Suomalainen Tiedeakatemia, Helsinki, 1978. 丁乃通『中国民間故事類型索引』、中国民間文芸出版社・北京、一九八六年。

＊Lörincz, László, *Mongolische Märchentypen* (Asiatische Forschungen, Band 61), Otto Harrassowitz, Wiesbaden, 1979.

目次

第Ⅰ部　猫の王の猫岳

第Ⅱ部　招き猫の成立

第四章　猫の島の山猫たち

序章　猫は船に乗って

エジプトの猫の精神史

猫が家畜になった故郷は古代エジプトである。そこで、猫の民俗学を考えるにあたって、まずエジプトの猫の精神史をたどっておかなければならない。古代エジプトで、野生のリビアネコの家畜化がすすんだのは、紀元前二〇〇〇年から一〇〇〇年のあいだとされている。ことにエジプト新王朝の紀元前一五〇〇年代の初期以降には、ますます家猫が一般化し、猫を聖獣として尊敬し、猫の死体をミイラにして葬るようになった。[1] コンラット・ケルレルは、猫が家畜として特殊であるのは、偶像崇拝の段階というまわり道をして、人間の仲間にはいってきたことであるという。ほとんどすべての家畜は、経済的な理由で飼いならされた。[2] これは猫の精神史を貫く、大きな特徴である。

古代エジプトでは、猫は女神として著名であった。下部エジプトのブバスティス（いまのテル－バスタ）にまつられていたバスト女神である。もともとは、太陽の豊かな熱を人格化した獅子《しし》の女神であったが、のちに、その聖獣であった猫の女神とされ、猫の頭の女の姿で表現されるようになった。本来は、ブバスティスの地方の女神であったが、紀元前九五〇年ごろ、第二十二王朝期のリビア人らしい王たちがこの地方を首府にしたとき、国全体の主神になった。

ブバスティスという地名は、「バスト女神の家」を意味するペル＝バストの転写である。[3] 女神バストは、このようにして、ブバスティスの王たちを保護する女神として、エジプト中で、もっとも偉大な神性の神の一つになった。その信仰が広く一般におこなわれたのは、紀元前四世紀ごろであった。バスト女神は、音楽や舞踊を愛し、しばしば猫の形をしている振鈴《しんれい》を手にして、そのリズムを生みだした。また慈愛の女神として、はやり病や邪悪な精霊から人間を保護した。[4]

古代ギリシアの有名な歴史家ヘロドトスの『歴史』巻二には、紀元前五世紀中葉のエジプトの見聞記がある。そこには、ブバスティスの町や、ブバスティスの神の神殿のことがえがかれており、二千五百年前の猫の聖地の光景を、思いうかべることができる。町は、運河を開いた人たちによって土が盛られ、さらにのちにも工事がほどこされて、ひじょうに高くなっている。土を盛って高くなった町はエジプトには少なくないが、ブバスティスの町は、その最たるものである。ヘロドトスは、そこにある神殿を評して、もっと大きく、金をかけた神殿はほかにもあるが、これほど見る目にこころよい印象を与える神殿はない、と記している。[5] それは、当時のエジプト人が、猫にたいしていだいていた信仰心のあつさを物語るものであろう。

　ブバスティスの神殿は、入口以外は川にかこまれた島になっていた。ナイル川からはいる二本の運河が、それぞれ聖域の別の側面を流れ、神殿の入口に達している。幅はどちらも百フィート（約三〇メートル）あり、木陰におおわれて流れている。楼門《ろうもん》は高さ十オルギュイア（約一八メートル）あり、六ペキュス（約二・八メートル）もあるみごとな彫刻で飾られている。神殿は町の中央にある。町は土を盛って地盤が高くなっているが、神殿はむかし造営されたままなので低く位置し、周囲をまわりながら、町のどの方向からも、神殿を見おろすことができる。神殿は、神体の像をおさめた壮大な本殿をめぐって巨木の森が茂り、その周囲には、彫刻を施した塀をめぐらしている。神域は縦横いずれも、一スタディオン（約百八〇メートル）ある[6]。

　ヘロドトスは、この猫の神をまつるブバスティスの祭りのようすを筆にとどめている。エジプト人は国民的大祭をひんぱんにおこなっていたが、なかでも、もっとも盛大なのが、アルテミスのために人々がブバスティスの町に集まって祝う祭りであったという[7]。ギリシア人は、ブバスティスの女神を、自分たちのアルテミスにあてていた[8]。このとき祭りに集まる男女の数は、子どもを除き、七十万人に達すると土地の人はいっているという[9]。

　この祭りには、男女がおおぜい、いっしょに船に乗って出かける。カスタネットを鳴らす女たち、笛を吹く男たち、そしてほかの男女は歌を歌い、手をたたいて拍子をとる。船がどこかの町を通るときには、船を岸に近づけ、一部の女たちは、その町の女たちに呼びかけて、ひやかしたり、踊ったり、立ちあがって着物をたくしあげたりする。ブバスティスの町に着くと、盛大に生贄《いけにえ》をささげて祭りを祝う。[10]猫を聖獣とするブバスティスの女神の信仰が、この時代、エジプトでいかに重要であったかがうかがえる。

ヘロドトスは、猫そのものについても、二、三記している。猫の歴史ではよく知られている記事である。まず第一に、猫の雄の不思議な習性に注目している。猫の雌は子を産むと、雄猫に寄りつかなくなる。雄は雌と交尾をしようとするが、はたせない。そこで雌猫から子猫を奪ったり、盗んだりして、殺してしまう。殺すだけで、食うわけではない。子を失った雌は、子を欲しがって雄のところに来る。それほど猫は、子《こ》煩悩《ぼんのう》な動物であるという。ヘロドトスは、このために猫の数が制約されている、と考えている。[11]猫には一般に、このように、ほかの雄の子を殺す習性があるそうである。[12]古代エジプトから、猫に関する人間の観察は、きわめて周到であった。

そうした猫の生態にたいする鋭い認識が、信仰というかたちで、エジプト人のさまざまな習俗を生み出していた。この時代、エジプト人が猫をたいせつにし、どのようにして火事から守ったかを伝える話も、その一例である。火事が起こると、消火などそっちのけで、人々は間隔をおいて立ち並び、猫が火の中に跳びこまないように見張った。猫が焼死するようなことがあると、エジプト人は深く悲しみ、その死をいたむ。[13]一見、風変わりな風習のようであるが、猫には、火の中にみずから跳びこむ習性があるそうである。[14]古代エジプト人の猫の信仰は、猫の生態と深くかかわっていたらしい。

猫が死ぬと、ミイラにして葬られたことは、よく知られているが、われわれはヘロドトスの『歴史』のなかで、猫の死の意味を、ヘロドトスが書き残した他の動物の死とくらべて読むことができる。動物にはそれぞれの葬りかたがあったらしい。死んだ猫は、ブバスティスの町の埋葬所に運び、そこでミイラにして葬る。犬は持ち主が各自で自分の町の墓地に葬る。イタチも犬と同じにする。野鼠《のねずみ》と鷹《たか》はブトの町に、イビス（トキの類の鳥）はヘルムポリスの町に運んで葬る。熊《くま》や狼《おおかみ》は、死んでいた場所にそのまま葬る。[15]これらの動物のうち、ミイラにするのは猫だけである。そこには、動物のなかで、猫がどのように高い宗教的地位を占めていたかが、よくあらわれている。

しかし、猫ばかりではなく犬についても、死ぬと飼い主の家族が、毛をそって弔意をあらわしていることが目をひく。猫が自然死をとげると、その家の家族はみんな眉《まゆ》をそるが、犬のばあいには、全身と頭をそるという。[16]猫や犬のような身近な家畜が、人間の家族の一員のようにあつかわれていたことをうかがわせる事実である。それも、エジプトでもっとも重視された猫にかぎらず、犬にもおよんでいたことは、無視できない。犬は家畜として猫の先輩である。家畜のうち、猫が特殊化していただけであろう。ブトはレトの祭りの町、ヘルムポリスはヘリオス（太陽の神）の祭りの町である。[17]それぞれの土地に葬るということは、野鼠や鷹やイビスも、これらの神の聖なる動物とされていたのかもしれない。

エジプト人のなかには、鰐《わに》を神聖視して、猫に近いあつかいをしていた人たちもいる。テバイやモイリス湖周辺の住民は、とくに鰐を神聖視していた。ヘロドトスによると、どちらの地方でも、鰐を一頭だけ選んで飼育していた。よく飼いならしてあり、耳にはガラスや黄金でつくった耳輪をつけ、前脚には足輪をはめて飾った。飼料を与え、生贄《いけにえ》まで供えてたいせつにし、死ぬとやはりミイラにして、聖なる墓地に葬った。[18]これは鰐の家畜化の第一歩である。バストの神殿では一匹の猫が、ホルスの神殿では一羽の鷹が、トートの神殿では一羽のイビスが飼われていた[19]というが、そのたぐいの聖なる鰐の飼育である。

この鰐は、ペテスーコースと呼ばれた。「スーコースに付きしたがうもの」という、エジプト語のギリシア語化である。ファイユーム地方の主神スーコースが、鰐の中に変身していると信じられた。スーコースの主聖所は、この地方の首都クロコディロポリスにあった。かつてアルシノエと呼ばれた地である。聖なる鰐は、そのアルシノエの神殿の近くに掘られた池で飼われていた。紀元前一世紀のギリシアの旅行家ストラ

古代エジプトの猫の神像。金の鼻輪をつけ、胸には太陽のシンボル、ラーの図が彫られている。

ボンは、この地をたずね、池にすむ聖なる鰐のようすを、こまかく記している。[20]

猫、鷹、イビスは、エジプト中で崇拝され、それを殺したものは死罪に処せられた。ローマの歴史家ディオドロスは、おそらく紀元前九六年ごろ、自分がエジプト滞在中に目撃したことであるとして、これらの動物の一つ、猫を殺したローマ人が、民衆に殺された事件を記している。[21]古代エジプトにおける猫の信仰も、特出してはいたが、ほかの動物の信仰から孤立していたわけではなかった。猫の精神史をえがくには、まずエジプト人の習俗のなかで、猫がどのような地位をしめていたかを、明らかにしなければならない。

近代、エジプトのベニ・ハッサンで、猫の墓地が人工肥料の産地として大規模に開発され、ぼうだいな量の古代の猫のミイラが肥料として利用された。[22]それは、いかにエジプトで猫がたいせつにまつられていたかを立証する宗教史の遺産でもある。しかし、動物の埋葬は猫だけの歴史ではなかった。鰐の墓地には、ていねいにミイラにされた鰐のほかに、孵化《ふか》したばかりの鰐の子や卵までが葬られていた。それは、信仰の対象になったあらゆる種類の動物におよんでいる。[23]古代エジプト人の猫の信仰は、聖なる動物一般の信仰のかたちをふみながら、新たに身近な家畜になった猫に関して、きわだっていたことになる。

こうした古代以来のエジプトの猫の信仰に、われわれは猫の精神史の基盤をみることができる。かつて猫は、すべての家にすみ、祝福をもたらした。この猫の女神バストに祈願するとき、信者たちは、猫の像をたくさん奉納した。[24]それは、日本の招き猫の像の信仰にも通じる。子宝に恵まれないなど、なにか願いごとがある婦人は、猫を人一倍あまやかしたり、ブバスティスに参詣《さんけい》したりした。

そうした古代の信仰はすでに失われたが、その名残は、今日なお、エジプトにも生きている。猫は幸福をもたらすものと信じられており、耳環《みみわ》の飾りをつけて、婦人たちがかわいがっている。上部エジプトでは、猫は神聖にして、犯すべからざるものとしている。[25]日本では江戸時代に、遊女などが猫をとくべつに愛玩《あいがん》し、ヨーロッパでは、猫を魔女が変身した姿とみるなど、猫が女性と深いかかわりがあったのも、エジプト以来の伝統であった。

猫はかなり後になって、エジプトから他の地方に伝えられた。一世紀以来のことであるという。紀元一〇〇年ごろ、ギリシアの著述家プルタルコスは、家畜としての猫について、鼠をとることにかけては猫の先駆者であったイタチ類とともに記している。中国には、すでに六世紀には猫があらわれているが、それ以前には、アジアには猫は知られていない。古代インドの文献にも、みえないという。ヨーロッパの中部や北部に猫がはいったのは、西暦九〇〇年以降のことである。ヴァイキングの侵入とともにもたらされたという。[26]

このような猫の渡来は、そのまま、エジプトの猫の文化の伝播《でんぱ》でもあった。コンラット・ケルレルは、猫崇拝の意義のあるいろいろな名残は、猫とともに、ヨーロッパにもたらされたという。まさにそのとおりであろう。夜の魔が自由になると、猫はつねにそれと行動をともにし、昔の魔女は、夜は猫の姿になってこっそりと忍び歩いた。信心深い人は、猫の態度を注視し、それによって将来の出来事を推測した。たとえば、猫が窓のところで化粧をすると、待ち人が来るという俗信も、その例である。[27]

それらの精神文化は、さらにユーラシア大陸を経て、日本にまで到達していたにちがいない。猫が化粧をすると待ち人が来るというのは、招き猫の信仰をおもわせる。猫の化粧とは、猫が前足で顔のあたりをこする行動であろう。前足をあげたところは、招き猫の姿そのものである。家畜としての猫の本性と、それを土台にしてエジプトの文化のなかで育った猫の信仰が、また新天地の文化のなかに根をおろし、それぞれの地域の猫の精神文化に成長した。猫に関する観察が、つねに、古くから猫にまつわる信仰を、現実的な真実味のあるものに再生産してきた。

猫が長靴をはくまで

猫がまだ世界に広まる前、どのようにして各地に渡っていったのか、それをうかがわせるような昔話がある。猫を知らない土地に着いた船が、乗せていた猫を高額で売る話である。イギリスでは、十五世紀初めにロンドン市長になったリチャード・ウィティングトンに結びついて伝わっている、有名な「ウィティングトンの猫」の昔話である。これについては、つとに明治時代に、南方熊楠の論考がある。そのウィティングトンの物語とは、次のようなものである。[28]

　ディック（リチャードの略）・ウィティングトンは、幼くして孤児になった。豪商の家の厨房《ちゅうぼう》ではたらいていたが、主任にいじめられて逃げだした。しかしそのとき、ロンドンの寺院の鐘の音が、「主人の家にもどると、三度ロンドン市長になるであろう」といっているように聞こえた。そこでディックは、主人の家にもどった。まもなく、主人の持ち船が航海に出るとき、ディックはただ一つの持ち物である一匹の猫を、船長にあずけた。船がバーバリーに着くと、鼠の害で困っている王宮が、猫を高く買った。ディックはその金を元手に、商売をはじめて成功した。主人の娘と結婚し、妻の家の家業を継いで男爵になり、三度もロンドン市長になった。

　この昔話の類話は、フィンランドなど北ヨーロッパに多く、さらに、ヨーロッパ一円から、アジアにかけて分布し、トルコ、イラク、インド、インドネシアにも点在している。イギリスでは、一六〇五年に出版された、現存しない戯曲『リチャード・ウィティングトンの経歴』以来、このディックの物語として広まったらしい。[29]古くは、年代記の一一七五年の記事にも、ディックの物語としてみえている。フランスやドイツのジェスト・ブック（笑話本）で広まり、最後にイギリスの演劇で、ロンドンの市長に結びついた。[30]十二世紀といえば、ちょうどヨーロッパでは、猫が一般に広まっていた時代である。

この猫の力で金持ちになるという趣向を含む昔話に、「三人の幸運な兄弟」がある。グリム兄弟の昔話集『子どもと家庭のための昔話』のなかにもみえている。

父親が三人の息子を呼び、長男には鶏一羽、次男には大鎌《おおがま》一丁、三男には猫一匹を与えて、次のようにいった。おまえたちにやれるものは、こんなものしかない。たいした値打ちもないようにみえるが、頭をつかえば、けっこう役に立つ。こうしたものを見たこともない土地を探せば、一身上《ひとしんしょう》できる。

長男は、鶏を知らない島に行った。鶏が時を告げるのを聞いて、島の人は鶏を買った。長男は、金貨をいっぱい積んだ驢馬《ろば》をもらった。次男は、大鎌を知らない島に行った。大鎌が穀物を収穫するのに便利なのをみて、島の人は大鎌を買った。次男は、金貨をいっぱい積んだ馬をもらった。三男は猫を知らない島に行った。猫が鼠をとるのを見て、島の王は猫を買った。三男は、金貨をいっぱい積んだ騾馬《らば》をもらい、いちばんたくさんみいりがあった。猫は王の城で鼠をとり、あまりはたらきすぎたので、のどがかわき、ニャゴウ、ニャゴウと鳴いた。城の人たちははじめて猫の声を聞いて、こわくなって逃げ出し、城に大砲を打ちこんだ。城は焼け落ち、猫は窓から逃げ出したという[31]。

この「三人の幸運な兄弟」も、「ウィティングトンの猫」と同じく、フィンランドなど北ヨーロッパに多く、ヨーロッパ各地に知られている。アジアではイラクにある。兄弟の一人一人の体験が、それぞれ独立した挿話になっているように、次男の大鎌を高く売る話は、「穀物の収穫」の昔話として、独立しても語られている。しかし、「三人の幸運な兄弟」では、三男の猫がいちばん重視されている。そこに注目すれば、猫による末弟の成功を語る三人兄弟譚《たん》の一つである。

ここまでくると、「三人の幸運な兄弟」は、やはり三人兄弟の末弟が猫で成功する、フランスのシャルル・ペローの『昔話』で有名な「長靴をはいた猫」と、まったく同系統の昔話である。ペローの例も、兄弟三人の遺産配分であるところに特色がある。粉ひきであった父親が残した財産は、粉ひき小屋と、驢馬と、猫だけであった。それを長男、次男、三男が、それぞれに相続した。そのなかで、いちばん役に立ちそうもない猫をもらった三男が成功している[32]。

この「長靴をはいた猫」の類話は、アンティ・アアルネの『昔話類型目録』以来、「猫の城」と「長靴をはいた猫」の二つの類型に分類されてきているが[33]、スティス・

トンプソンは、このアアルネの業績を増補するにあたって、「援助者としての猫」という一つの類型にまとめ、「猫の城」と「長靴をはいた猫」は、その下位の分類にしている。「猫の城」を、トンプソンは次のようにまとめている。[34]

㈠ 助けになる猫　(a)少年または(b)少女が、ただ一匹の猫（または狐《きつね》）だけを相続する。

㈡ 宮殿での猫　(a)猫が少年（少女）を宮殿へ連れて行く。(b)猫は王に、少年（少女）は地位を奪われた王子（王女）であると語る。(c)猫は少年のために、王女に求婚する。(d)少年（少女）はいつも、家にもっとよい物を持っているという。

㈢ 城への訪問　(a)王が少年（少女）の城を訪ねることになる。(b)猫は先に行き、小作人に、自分たちは主人（女主人）のために働いているのだといわせる。(c)猫は巨人の城に行き、策略で巨人を殺し、自分の主人（女主人）のために城を手に入れる。

㈣ 魔法をとくこと　(a)猫の頭が切りとられると、猫は王子（または王女）になる。

この類話は、ヨーロッパの中心部から遠ざかるにしたがって、ペローの『昔話』の例からのへだたりが大きくなっている。たとえば、スカンディナヴィアには、少年ではなく、少女を主人公にする一群の類話があり、独自性の強い類型を形成している。主役を演じる動物も、西ヨーロッパではだいたい猫であるが、東ヨーロッパでは一般に狐になる。[35]アジアにはいっては、シベリアやモンゴル、さらにトルコ、イラク、ウイグルでもやはり狐で、南アジアのインドがジャッカル、フィリピンを含めたインドネシア領域では猿である。

中世ヨーロッパでは、狐など獣《けもの》たちを擬人化した物語を、叙事詩として構成した動物叙事詩の作品が、フランドルを中心に、フランスからドイツにかけて、いくつも成立している。主人公を狐にしているので、それらは「狐物語」と総称できる。古くは十二世紀にさかのぼり、十五世紀に中世低地ドイツ語で書かれた『ラインケ狐』が、その到達点であった。[36]それらは、さまざまな創意を含みながら、古くからの動物の昔話を吸収して成り立っているとともに、吟遊《ぎんゆう》詩人などの語り物として、昔話の新しい源泉にもなった。

これら中世の動物叙事詩「狐物語」をみると、やはり、猫にまつわる伝えが、狐の物語と習合的に展開していることがうかがえる。たとえば、南アジアから西アフリカにかけて広がっている「猫の偽巡礼」の昔話は、ヨーロッパでは「狐の偽巡礼」と並行して分布しているが、「狐の偽巡礼」は、動物叙事詩の「狐物語」の重要な主題であり、また「猫の偽巡礼」の物語は、「狐物語」のなかにも独立して含まれている。ヨーロッパでは猫の存在は狐に近く、狐の物語をとおして、猫の伝えの成立を考えてみる必要がある。

にも、「狐物語」をめぐる猫の物語にも、しばしば起こっていたように、狐と猫は、なにかと入れかわることができたようである。「長靴をはいた猫」で、東ヨーロッパとそれに接する西アジアの地域が狐になっていたのは、もともと狐であった昔話が、家猫がはいった西ヨーロッパで猫の信仰がさかんになるにつれて、猫に変わったのかもしれない。それは、「ウィティングトンの猫」の昔話が、北ヨーロッパなどヨーロッパの西寄りに多かったこととも重なってくる。スカンディナヴィアにおいて、「長靴をはいた猫」の類話で少女を主人公にする独自の型が発達したこととも、かかわることであろう。

「長靴をはいた猫」の物語のなかで、兄弟の父親が粉ひきであったということは、重要な要素である。ヨーロッパの北部から中部にかけて、おもにゲルマン文化の領域には、水車小屋すなわち粉ひき小屋の主人の妻が猫であったという「手を切られた猫」の昔話が、古くから粉ひき職人の伝説として広まっていた。「長靴をはいた猫」も、西ヨーロッパでは、粉ひきたちの物語となり、猫の信仰と結びついて語られるようになったのであろう。

この「長靴をはいた猫」の物語の発端の大きな特色は、主人公にとって、猫が親から譲られたただ一つの遺産であったことである。なんの役にも立ちそうもない猫が、知力をはたらかせて、主人公を城の主人にしたてるところに主題がある。アジアの類

長靴をはいた猫。ギュスターブ・ドレ画

話では、動物が遺産であるということがあまり明確ではない例もあるが、間接的にせよ、遺産であることを暗示する語りかたは、北アジアにも南アジアにもある。アジアでも、「長靴をはいた猫」は、すくなくとも、「つまらない遺産がきっかけで、助けになる動物を手に入れて出世する」という主題で分布している。

このように類型の主題をみてくると、東アジアにも、「長靴をはいた猫」の類話が数多く分布していることに気づく。[37] 中国の「畑を耕す犬」や、朝鮮の「兄弟と犬」である。

二人の兄弟が財産を分けた。弟は犬を一匹だけもらう。弟は犬で畑を耕して豊かになる。兄は弟の犬を借りるが、失敗して殺す。弟が犬の墓をつくると、そこから木あるいは竹が生え、その力でさらに豊かになる。兄はまたまねをするが、失敗するという。

これらの中国や朝鮮の類話は、あきらかに、江戸時代からよく知られている日本の「花咲爺《はなさかじじい》」の昔話と同系統である。

善い爺が犬を飼い、畑につれていった。犬がほえて、宝物の埋まっている場所を教える。爺は宝物を掘って、豊かになる。悪い爺がまねをするが、失敗して犬を殺す。善い爺は、犬の墓から生えた木で臼《うす》をつくって米をつく。金銀が出てきて、爺は豊かになる。悪い爺は、またまねをするが、失敗して臼を燃やす。善い爺がその灰をまくと、枯れ木に花が咲く。悪い爺がまねると、灰が殿様の目にはいって、処罰されるという。

「長靴をはいた猫」の猫と、「花咲爺」の犬とは、昔話の主役として、同じはたらきをしている。二つのものがひじょうに異なってみえるのは、役割の果たしかたが違っているからである。「長靴をはいた猫」の猫は、人格的で能動的であり、猫が主体的に主人公を動かしてきた。それにひきかえ、「花咲爺」の犬は、あくまでも、動物そのものの姿勢をくずさず、動きは受動的である。犬が主人公に与えた富は、この犬の霊的な力の成果である。

ヨーロッパの「長靴をはいた猫」では、最後に魔法がとけて、猫はもともとの王子または王女の姿にもどり、人間が猫に変えられていたという結末になっている。ここに、「花咲爺」などとの本質的な差があらわれている。「長靴をはいた猫」では、猫の力を動物の超自然的な霊力とみずに、人格的な知力とした。ヨーロッパには、魔女が猫に変化する信仰があり、その根底には、狼人間などといって、狼の姿に変わる人間の信仰があった。魔女などの魔力が他におよぶとすると、魔法で人が動物に変わることになる。日本では、猫が人間になることはあっても、人間が猫になることはない。

一般に他の動物についても、同じことがいえる。

ヨーロッパには、北部に家猫が広まりつつあったとおもわれる時期に近いころ、すでに「ウィティングトンの猫」のような昔話があった。しかしこれも、猫はどこまでいっても自然のままの動物であった。ペローの例のように、兄弟譚のかたちになっている「三人の幸運な兄弟」でも、猫は猫そのものである。これらの昔話には、むしろ、当時の猫の役割が、鼠をとることにあったことが強調されている。

そういうなかで、猫が人格的に超自然的な力を示したのが、「長靴をはいた猫」である。中世ヨーロッパには、動物を徹底して人格的に表現した中世の動物叙事詩「狐物語」のような作品もある。そういう物語の世界のなかで、「長靴をはいた猫」の猫は、その人間的な知力をさらに発揮するために、魔法にかけられた王子（王女）になったのであろう。エジプトから渡ってきた猫が、ヨーロッパでは、あたかも人間であるかのようにあつかわれた。長靴は、猫の人格の表象でもあった。

「長靴をはいた猫」では、猫は長靴をはいたまま、西ヨーロッパにとどまった。この昔話の主役を猫とする型が、西ヨーロッパで生まれたからであろう。その点では、この昔話は、東から西に伝わってきたと考えることができる。東アジアでは、主役が、中国の「畑を耕す犬」や朝鮮の「兄弟と犬」、日本の「花咲爺」のように犬であったのは、西ヨーロッパと好対照である。犬は身近な家畜という点では、かえって猫に近かった。狐も人間にとっては、比較的身近な野獣であった。古代エジプト以来、しばしばヨーロッパにおいても、猫と犬は信仰上同格にあつかわれ、犬のほうが古風ではないかとおもわれることもある。この昔話でも、東アジアのように、犬が古い型であったのかもしれない。

南方熊楠は、「ウィティングトンの猫」を論じて、仏教経典の義浄《ぎじょう》訳『根本説一切《こんぽんせついっさい》有《う》部《ぶ》毘《び》奈耶《なや》』巻三十二にみえる、鼠一匹から大金持ちになり鼠《そ》金舗《きんほ》主《しゅ》と呼ばれた人の話を、その原型と考えた。仏教徒の鼠の物語が、猫を愛好するイスラム教徒によって猫に変化し、ヨーロッパに伝わったのではないかという。[38] 動物が変化する動機が明確で、興味深い説ではあるが、「ウィティングトンの猫」と鼠金舗主の話とは、物語の構想そのものに違いがあり、同じ一本の線の上で、その前後をきめることはできない。

鼠金舗主の話は、日本にもある「わらしべ長者」の昔話の古い記録で、この昔話じたい、「有利な交換」の型の話として世界的に分布しており、これと「ウィティングトンの猫」との関係は、猫からは離れて、それぞれの類型の成立の問題として、検討してみなければならない。主人公のディックも鼠金舗主も、船で海外に出かけることが共通して重要な要素になっているが、それは、昔話の背景になったかつての船乗りたちの夢を伝えている。その夢に乗って、猫も旅をした時代があったのである。

唐猫の三艘ヶ浦

鎌倉幕府の首都圏の東の端にあたり、鎌倉（神奈川県鎌倉市）の外港として栄えた六浦《むつら》の金沢《かねさわ》（横浜市金沢区《かなざわ》）には、そのころ、中国から渡って来たという唐猫《からねこ》の伝えがあった。水《み》戸《と》光圀《みつくに》のもとで家臣たちが撰述した、貞享《じょうきょう》二年（一六八五）刊の『新編鎌倉志』巻八「金沢」の項にみえている。昔、唐船が着いたとき、唐猫を乗せて来たので、いまに金沢の唐猫といって名物であるという[39]。

江戸時代後期の地誌学者であった植田孟縉《もうしん》が編んだ、文政《ぶんせい》十二年（一八二九）成立の『鎌倉攬勝考《らんしょうこう》』にも、巻十一「六浦」の項に、「唐猫」としてみえている。かつて唐船が三艘《さんそう》ヶ浦《うら》へ着いたとき、船に乗って来た猫をこの地に残しておいた。それで、その種類の猫がふえて、地元の家々にいるというが、一般の猫と形の異なるものもみえない、とその見聞を記している。

村人に尋ねると、日本の猫は、背をなでるとき、頭からはじめると、しぜんに背を高くするものであるが、唐猫の仲間は、なでるにしたがって背を低くする。このほかには違うところもなく、みな前足より後足が長く、早く跳ぶ。毛色は多くは虎文《とらもん》、または黒白の斑文《まだらもん》で、尾は短いものが多いという[40]。（現代語訳）

金沢の唐猫は、要するに新しく伝来した猫として、よく知られていたようである。また、『鎌倉攬勝考』の「六浦」の項には、三艘ヶ浦の由緒も伝えている。三艘ヶ浦とは、六浦の南向かいの瀬《せ》ヶ崎《さき》村の海辺のことである。この浦に、昔、三艘の唐船が着いたので、この名がある。そのとき経巻《きょうかん》などを載せて来て、称名寺《しょうみょうじ》に納めたと古老は伝えている。称名寺は、金沢《かねさわ》文庫にそえて開かれた真言律宗《しんごんりつしゅう》の寺院である。『鎌倉攬勝考』のころ、称名寺には、そのとき持って来たという青磁《せいじ》の焼き物が二品だけあった。唐物の青磁の花瓶《かびん》四個と、青磁の香炉《こうろ》一個である。交趾《こうち》（ベトナム北部）製であるという。称名寺の弥勒《みろく》堂にある一切《いっさい》経の残篇の破れたものは、そのときのものかというが、はっきりしないとある。[41]

この三艘の唐船については、『新編鎌倉志』巻八「三艘ヶ浦」の項にも、簡単な記事がある。三艘ヶ浦とは、昔、唐船が三艘着いたので名となった。そのとき載せて来た一切経や、青磁の花瓶と香炉は、称名寺にあるとみえる。[42] これらをまとめると、金沢の唐猫は、唐船三艘が称名寺に納めるために持って来た一切経などといっしょに金沢に来ている。おそらく唐猫は、一切経の鼠除けとして船に乗り、そのまま、一切経とともに金沢の地にとどまったのであろう。

金沢の唐猫のことは、古くは、五百年前の五山《ござん》文学者、万里集九《ばんりしゅうきゅう》の詩文集『梅花無《ばいかむ》尽蔵《じんぞう》』にもみえている。巻二の「上倉日乗詩幷叙《じょうそうにちじょうしならびにじょ》」の文明《ぶんめい》十八年（一四八六）十月二十七日の条である。万里集九が鎌倉にはいるときの日記で、詩と叙があるが、この日、集九は、六浦の浜を経て、金沢の称名寺に行っている。その叙の割注に、「称名寺有……唐猫児之孫……」（称名寺に……唐猫の子孫……がいる）とあり、[43]称名寺に唐猫の子孫がいたことがみえている。

おそらくは、もともと金沢の唐猫は、称名寺で飼われていて有名だったのであろう。それがのちに、村の家々にまで広まったということになる。ここで注目されるのは、猫の伝播《でんぱ》拠点が、はっきりと、寺院であったことである。たいせつな経巻などを所蔵する寺院では、とくに鼠除けの猫が、注意深く飼われていたにちがいない。昔話の「猫檀家《ねこだんか》」や「猫の鼠退治」、さらには招き猫の信仰など、猫を主役にする伝えが、どれも寺院を舞台にしていたのも、猫と寺院との強い結びつきに由来している。

日本の猫の最古の文献は、奈良薬師寺《やくしじ》の僧景戒《きょうかい》があらわした説話集『日本霊異記《にほんりょういき》』である。上巻第三十話の膳臣広国《かしわでのおみひろくに》の蘇生譚《そせいたん》のなかに、「狸」とあり、「狸」の注釈にはっきりと「禰古」（ねこ）と万葉仮名で読みが示してある。広国の蘇生は、慶雲《きょううん》二年（七〇五）のこととする。[44]「狸」の字は、もともと猫をあらわす。『日本霊異記』は、平安時代初期の文献である。本文の部分の初稿の成立は延暦《えんりゃく》六年（七八七）と考えられるが、語の注釈は、もう少し時代がくだるかもしれない。[45]

これは物語のなかに登場する猫であるが、おそらく、奈良時代にはすでに、猫がかなり一般化していたのであろう。記録として古いのは、宇多《うだ》天皇の日記『宇多天皇御記』の寛平《かんぴょう》元年（八八九）二月六日の記事で、貞治《じょうじ》六年（一三六七）成立、四辻善成《よつつじよしなり》の『源氏物語』の注釈書『河海抄《かかいしょう》』「若菜上」に引く逸文である。大宰少弐《だざいのしように》の任を終えて都にもどった源精《みなもとのくわし》が、先帝の光孝《こうこう》天皇にたてまつった「驪猫《りびょう》」（まっ黒な猫）の話で、その毛色がめずらしく、ほかの猫はみんな浅黒い色であるのに、これだけは深い黒で、墨のようであったという。[46]この時代、猫そのものは、それなりに広く知られていたことがわかる。

これを裏づけるように、深根輔仁《ふかねすけひと》の薬物書《やくぶつしょ》の一つ『本草和名《ほんぞうわみょう》』にも、家猫のことがみえている。「本草」とは、薬の本《もと》になる草のことで、薬物の一種として猫に触れている。「家狸、一名猫」とあり、和名に「禰古末」（ねこま）とある。また「猫屎」の和名に「禰古末乃久曾」（ねこまのくそ）ともある。[47]深根輔仁は延喜《えんぎ》十八年（九一八）に、醍醐《だいご》天皇の勅を奉じて『掌中要方《しょうちゅうようほう》』『類聚符宣抄《るいじゅうふせんしょう》』を撰進しているが、『本草和名』も、それらと同じときのものかといわれている。[48]

『日本霊異記』で「狸」と書き「禰古」と読ませていたのと、きわめて近い知識である。しかも、「家狸」と、家で飼っている猫であることがはっきりとあらわされており、猫を飼う習慣の定着をおもわせる。猫の屎《くそ》にも、猫とともに暮らす毎日が目にうかぶ。猫の和名が、ただの「ねこ」ではなく、「ねこま」であるのも興味深い。怪異な猫をいう「ねこまた」の語源につながるにちがいない。

ネコマという呼称は、鴨長明《かものちょうめい》の著と伝える『四季物語』の「二月」の条にもみえている。

> ねこまというけものは、かたちは虎《とら》によそひて、心はねじけまがりたり。この国に、ともすれば、老いたるねこま、野《の》らにすむなどは、人の子をうばひ、あるは人の妻をかどはかして、むくつけきものなり。[49]

ネコマという獣は、形は虎に似ていて、心はすなおではなく、曲がっている。年経たネコマで、野生化しているものは、人間の子どもをとったり、女の人をむりに連れ去ったりして、おそろしいものであるという。

「ねこまた」は、おそらく「ねこま」に接尾語の「た」がついた形であろう。琉球《りゅうきゅう》方言には用例が多い。人を指す言葉に付いて複数をあらわし、敬いの気持ちをこめた言い方になる。首里《しゅり》王府の役職の呼称などに、よくつかわれている。現代語にも生きている文語の「たち」の古来の用法に相当する。怪異な「ねこま」をおそれ、わざわいのないように敬って、「ねこまた」と呼んだのかもしれない。

猫のような小さい家畜は、いくどとなく、機会のあるたびに日本に渡ってきたはずである。ことに、船の荷物の鼠除けに効用があったとすれば、船が着くたびに、異国の猫が日本に上陸していたとしてもおかしくない。金沢の唐猫もその一例である。猫が広まっていく道は、積み荷とのかかわりをおもうと、陸路だけではなく、むしろ海路が重要であったかもしれない。家に付きながら、自由に行動するのが猫である。大きな移動には、船がふさわしかった。

日本では、一般に三毛《みけ》猫の雄は、船の安全を守るといって、船乗りのあいだでは、たいへんたいせつにされている。沖縄県の那覇《なは》市のあたりにも、同じ伝えがある。三毛猫の雄が、遺伝学的にひじょうにめずらしいからであると考えられているが、その土台には、船に猫を乗せる風習があった。和船では、かならず船の中に猫を飼った。猫がさわげば時化《しけ》になり、眠れば天気平穏と信じられた。大時化で方向がわからなくなっても、猫は北の方をむくので磁石のかわりになるともいう。三毛猫の雄は、このように猫に寄せる信頼があついなかでとりわけ貴重であった。これさえ飼っていれば、航海はぜったいに安全であるといわれた。[50]船での猫の役割は、鼠とりばかりではなかった。猫は船の宝物でもあった。

こうした三毛猫の雄にたいする信仰とともに、三毛猫の雄を魔物としておそれた伝えもある。享保《きょうほう》十一年（一七二六）自序、宮本玄東の『続蓬窓夜話《ぞくほうそうやわ》』にみえる、紀州《きしゅう》根来《ねごろ》山の麓、西坂本《にしさかもと》（和歌山県岩出《いわで》市）の誠証寺《しょうじょうじ》での出来事である。元禄《げんろく》（一六八八～一七〇四）から享保（一七一六～一七三六）のころの住持を、本成院日解《ほんじょういんにちげ》といった。寺が鼠に荒らされるのを防ぐために、住持の弟が近くの中島で見つけた雄の三毛猫を飼っていた。鼠の害がしずまって喜んでいたが、ある夜、住持がうなされているので、弟が起こすと、その猫が住持の体の上から跳びおりた。暁方《あけがた》に弟もうなされたが、やはり猫が胸の上に乗っていた。それから、猫を寝所に入れぬようにしたという。世に、三毛の雄猫は、かならず奇怪をなすという[51]と記している。

これと関連して、平岩米吉さんは、江戸時代後期の文献から、三毛猫を怪異な猫とする事例をいろいろあげている。[52]現代の言い伝えでも、ただ一般的に猫のこととしていいそうなことを、ことさらに三毛猫について伝えている例が少なくない。たとえば、猫を殺すとたたるということは、ごく一般に知られているが、山梨県東八代郡《ひがしやつしろ》や、長野県南安曇郡《みなみあずみ》、香川県大川郡《おおかわ》などでは、三毛猫を殺すとたたると三毛猫に特定している。[53]三毛猫の雄を珍重する背後には、猫のうちでも、三毛猫をとくに怪異なものとみる観念があった。

ここで重要なのは、猫は霊力があるといって、たいせつにしている一方で、同じく霊力があるとして、おそれられていることである。これは、霊力があるものは、人間にとって善であることもあれば、悪であることもあるという、超自然的なもののもつ両義性である。猫は船の安全を守るといって、船に乗せるという信仰があるのにたいして、海に出るときに猫に出会うことを忌《い》み、船では猫という言葉をつかうことをさけるという習俗もある。これらは、ただたんに両義的というよりは、それぞれが、

「聖なるもの」という人類文化の観念のもつ体系の一側面である。

　インドのアッサムでも、信仰や俗信には善と悪と二つの面があるとして、その一例に、猫をあげている。アッサム人は、猫を殺すことはなく、ほとんどの家庭では、鼠をとるために猫を飼っている。しかし、猫は、かならずしも好ましい愛玩動物というわけではないという。猫は、おそれられてもいる。夜、猫が死者のところで、悲しそうに、かなきり声で鳴くのを聞くのは、病気をもたらす悪い予兆であるという。人々は、そのように鳴きさけぶ猫を、屋敷から追いはらうという[54]。猫をめぐる文化には、このように両面性がきわめて強い。

　ヨーロッパの猫についての俗信では、黒猫をとりたてていうばあいが多いが、これと並んで、やはり三毛猫も注目されている。たとえば、イギリスのイングランドでは、三毛猫が近づくだけで、人間の見透かす力が増進するとか、子どもたちが仲間と遊ぶようにうながすなどと信じられているのがふつうである。また、イギリスでは、いぼを取るのに、三毛猫の雄の尾でこするとよいといい、それは五月中だけに効果があるという[55]。五月中というのは、五月に生まれた猫を五月猫といって特別視する伝えと関係があるのであろう。

　ヨーロッパでは、幸運を招くお守りとしては黒猫が一般的であるが、イギリスのスコットランドやアイルランドでは、野良《のら》の三毛猫が人の家庭にすみつくことがよい前兆であるという。[56]アメリカにも、三毛猫が戸口に来ると幸運がおとずれるという俗信がある。三毛猫は縁起がよいと考えられ、娘などが三毛猫を玄関口の前に置いておくと、母が戸を開けて、三毛猫が私たちのところに来てくれたといって喜んだという話もある。三毛猫を見ると幸運であるとか、猫を飼うなら三毛猫がいちばんよいともいう。[57]

アメリカの三毛猫の俗信も、ヨーロッパからの移民が持ち伝えたものであろう。それにしても、三毛猫をめぐる習俗が、日本とイギリスと、ユーラシア大陸をはさんで共通しているのは、偶然とはおもえない。家猫がエジプトで家畜化され一元的に世界に広まったとすれば、これも、猫とともに伝わった信仰といわざるをえない。猫は船に乗って、みずからがすむ世界を広げると同時に、遠くの人たちに、さまざまな文化をとどけていた。唐猫の三艘ヶ浦は、そうした猫の歴史のたいせつな遺跡の一つであった。

猫がたどる怪異な足跡

一九四〇年ごろ、ドイツ北部のシュレースヴィッヒのドーム（大教会）の内陣で、古い天井画が発見された。そのなかに、マントを着た女が猫に乗り、裸の女が箒《ほうき》に乗っている絵があった。フライアあるいはフリッガと呼ばれるゲルマン文化の女神の像であるが、この猫は、フライアの聖なる動物であるヨーロッパの野生猫ではなく、あきらかに家猫であった。これは、一二八〇年の建築当時の天井画で、中部および北部ヨーロッパで最古の家猫の描写であった。[58]

昔話集『子どもと家庭のための昔話』でなじみ深いグリム兄弟の兄、ドイツの文献学者ヤーコプ・グリムは、このフライアについて、『ドイツ神話学』の中で、猫の伝えにある不吉な傾向は、猫と結びついたフライアの信仰に由来するかもしれないとしている。フライアは両義的に、恋人たちの守護者であるばかりでなく、死者の神でもあった。これをうけて、イギリスの民俗学者キャサリン・メアリー・ブリッグズは、キリスト教の普及が、もっとも大きな原因であるという。[59]

たしかにエジプトでは、猫についての不吉な伝えは、表にあらわれていない。その点では、ヨーロッパの信仰のなかで、猫の負の側面が強調されたのかもしれない。古代エジプトにも、猫を殺せば死刑になるというおそれもあり、聖なるものへの信仰には、両面的な構造はつきものである。しかし、その不吉な気分が、ヨーロッパでは、はっきりと表に出てきている。

初期のヨーロッパへのキリスト教の伝道者たちは、異教徒の祭りや聖地を、キリスト教化する努力をした。十二月下旬におこなわれたローマのサトルナーリアという農神の祭りは、うまくクリスマスにおさまり、ゲルマン人の春の祭りのイースターは、キリストの復活祭に姿をかえた。しかし、そうしたなかで、未消化な異教的な部分も生じた。たとえば、悪魔の姿をした神である。そのなかに、猫の女神たちもいた。ときおり猫の姿であらわれる、スコットランド高地地方のケイリアッハ・ヴァー、つまり灰色の山姥《やまうば》もその例である。[60]

ここにみた、シュレースヴィッヒの教会の絵のフライアも、まさに魔女の姿である。箒や猫に乗る女といえば、それは魔女である。イギリスでは、十一月一日の万聖節《ばんせいせつ》の前夜のハロウィーンには、死者の霊がおとずれるばかりでなく、魔女たちが、枝箒に乗って空をかけぬけたり、ぶち猫に乗って道を走りまわったりして、人に災いをもたらすと伝えていた。[61] この魔女は、おそらくゲルマン文化のフライアのように、聖なる夜におとずれた古い女神の姿であろう。

フライアの猫がかつてヨーロッパの山猫であったとすれば、エジプトから来た家猫は、その山猫の地位を引き継いで習合していたことになる。ヨーロッパの家猫をめぐる伝えのなかに、どれだけ山猫の影が映っているかは、ぜひ検討してみなければならない興味深い重要な課題である。しかし、古い文献にみえる野生の猫は、山猫であろうという以上に、具体的に判別してみることはきわめてむずかしい。アジアの山猫のばあいも、同様である。

中国では、古く前漢の書といわれる『礼記《らいき》』の第十一「郊特牲《こうとくせい》」に、蜡《さ》の祭りのことがみえ、そのとき、虎とともに「貓」をまつるとある。[62]「貓」は、猫の正字である。『詩経《しきょう》』古注などにより、「貓」は虎の一種で、毛の短いものの名であるという説もあるが、最近では、この「貓」は家猫と考えられている。[63][64]東アジアや南アジアには、一般に虎と猫を一類の獣とみる伝えがある。それも、古くは虎と山猫との関係かもしれないが、近代では、猫が家畜であることが明白なばあいも少なくない。虎の信仰を家猫が踏襲して発展させている部分も、多分にありそうである。

虎のいない日本では、猫の先導者は、狐になっていることが多い。日本の社会一般の言い伝えでは、超自然的な怪異をあらわす獣は、狐が代表であった。狐が棲息《せいそく》しない四国などでは、狸がその役割をはたしていた。現に猫が狐といっしょに踊ったり、結婚したりしている話もある。日本でも、野獣よりも家猫の歴史が新しい以上、猫をめぐる不思議な伝えには、猫にともなって来たもののほかに、狐など化ける獣の習性をふまえて猫が主役になっていることも、少なくないはずである。

猫と狐を一つにみる傾向は、ヨーロッパでは、先にあげた中世の動物叙事詩「狐物語」に、典型的にみることができる。「狐物語」のなかに「狐の偽巡礼」と「猫の偽巡礼」がえがかれ、昔話にも、同じように「狐の偽巡礼」と「猫の偽巡礼」があった。狐と猫が結婚する物語も、ヨーロッパでは、昔話の「雌狐の夫である猫」として伝わっている。日本で猫の先輩が狐であったと考えられるのと、まったく同じ現象である。狐と猫が、ある部分で重なり合っていたのである。

ヨーロッパでは、魔女を象徴する動物といえば、その代表は猫である。例のフライアの猫とも密接な関係があるが、キャサリン・メアリー・ブリッグズは、それを大きく二つに分けている。一つは、大部分をしめる猫の形に変身できる魔女の伝えであり、もう一つは、一部分をなす一人暮らしの老女の飼い猫の伝えである。この第二の老女が飼っている猫は、魔女などにつかえていると信じられている動物の形をした使いの精で、老女が魔女になったときに、悪魔からさずかった小悪魔とおもわれている。使いの精は、魔女の手下としてはたらき、家畜を殺したり、敵に病気を運んだり、いたずらの使いにつかわされるが、やがては魔女の主人になり、その魂を支配できるようになるという。[65]

イギリスの民俗学の発展に寄与したS・ベヤリング－グウルドは、魔女が野兎《のうさぎ》や猫に変身する例をとりあげながら、イギリス諸島では、つとに狼が駆逐されたために、変身した魔女を演じるのは野兎と猫だけになった、といっている。[66]これはかならずしも、魔女が変身する動物が、狼から野兎や猫に変わったということを意味しているわけではないが、前後の順位をつければ、ヨーロッパ一般では、狼が古く、猫は新しいということになろう。イギリスでは、野兎が猫の先輩であった可能性が大きい。

日本では、狐も狸もすまない島では、怪異な動物の役を、野生化した猫がはたしていることがある。とりわけ有名なのが、東京都の八丈島《はちじょうじま》と島根県の隠岐島《おきのしま》である。小さくは、宮城県の田代島《たしろ》や網地島《あじ》もある。[67] これらの土地では、猫そのものが、超自然的な霊力をもつものとしてあつかわれており、山の神秘的な信仰などをふまえ、ほかの土地なら狐などの怪異な獣がしそうな不思議な現象の主役を、猫が演じている。

そのなかで、八丈島では、山猫とテッジという妖怪《ようかい》との習合がみられ、江戸時代から、すでに山猫とテッジを同一視している。テッジは手に特徴があり、子どもの姿であるとか、子どもを連れた女であるとかいう以外は、はっきりとした姿はわからないが、その伝えの性格は、広い意味での河童《かっぱ》の仲間に相当する。その山猫と河童のたぐいとを同一視する痕跡は、隠岐島にもある。ふつうには目に見えないテッジなど霊的なものの日常の姿を、実在する猫でとらえていたのかもしれない。

テッジの語義については、八丈島の伝えの範囲では明確にすることができないが、もしかすると、江戸時代前期の文学作品にみえる、「てじ」という語と同源かもしれない。元禄七年（一六九四）刊の井原西鶴の『西鶴織留《さいかくおりどめ》』巻三「何にても知恵《ちえ》の振売《ふりうり》」の段のなかに、

隠居《いんきょ》がたの、手白三毛《てじみけ》をかはゆがらるゝ人

とある。「てじ」には「手白」という文字があててあり、手先の毛の白い三毛猫をい

うかとする。「てじ三毛」で、前足の先が白い三毛猫ということになる。[68]
その類例として野間光辰《こうしん》さんは次のような俳諧の連句をあげている。[69] まず『四吟六《しぎんむい》日飛脚《かびきやく》』から、

もり砂幷《ならび》にはうきの守迄　　察
てじが糞《くそ》鏡の影にうつり来て　　雪

ついで、『両吟《りようぎん》一日千句』から、

あの一ふしで命をとるは　　雪
又例のてじめが通ふ鰹《かつを》かけ　　霍
後家《ごけ》をあなどる縄の結びめ　　雪

さらに『大矢《おおや》数《かず》』から、

桜の名残鯛《なごりたひ》の尾がしら　　西鶴
それ手白がふく春の風油断して　　西治

などをあげている。野間光辰さんは、手の先だけがちょっぴり白い愛玩用の猫の愛称として、「てじろ」というべきを、略して「てじ」と呼んだのであるという。

連句では、前の句からの連想で次の句を発想する。『四吟六日飛脚』の、「てじが糞」は猫の糞のこと。箱の中に砂を入れ、猫の用便にそなえたので、前の句の「もり砂」に付けて、「てじの糞」となる。『両吟一日千句』では、二句目の「てじめ」が猫

をさす。縄で鰹節《かつおぶし》を何本も編んでさげてある。それを猫がねらっている。そこで、前の句の「一ふし」に付けて「鰹」、その「鰹かけ」に付けて「縄」になる。『大矢数』では、「鯛」から、魚をねらう猫を連想し、「手白」が登場する。

これらの連句では、「てじ」とあるだけで猫を意味している。『西鶴織留』にいう「てじみけ」を、「てじ」と「みけ」に分ける説がある[70]のも当然である。「てじろ」を略して「てじ」と呼んだというが、[71]『両吟一日千句』には「てじめ」ともあり、問題はそうかんたんではなさそうである。「てじめ」といえば、八丈島ではテッジのことを日常的にテッジメと呼ぶのと同じである。八丈島では、動物などには、たとえば猫を古くはカンメ、現代はネッコメというように、語尾にメをつけて呼ぶ習慣がある。してみると、西鶴の作品などにみえる「てじ」も、特別な猫の呼称であったかもしれない。

延宝《えんぽう》五年（一六七七）刊、荻田《おぎた》安静《あんせい》の怪談集『宿直草《とのいぐさ》』巻四「年へし猫は化《ば》くる事」にも、

　　手白《てじ》手白《てじ》と飛び回り、肴《さかな》を三毛《みけ》の盗み食らひ、……

とみえる。「てじてじと」は、ちょこまかとといった意味で、それを、前足の先が白い猫を指す「てじ」にかけた表現であるという。[72]しかし、八丈島のテッジの存在を合わせ考えると、むしろ、「てじてじと」の「てじ」に、テッジの本義がありそうであ

る。

イギリスでは、魔女ばかりでなく、妖精が猫の形をとっていたという伝えもある。家猫は、不思議な力を野兎から学ぶだけでなく、霊的な妖精からも吸収していた。それは、ヨーロッパの大陸一般でも起こっていたことにちがいない。猫がエジプトからもってきた人間の心の文化の成果は、新しい精神的風土のなかで、古いものと一つになりながら、生き続けてきた。

では、なぜエジプトで、猫がこのような信仰を得たのか。また、それがなぜ新しい世界で維持され、発展したのか。その根底には、猫そのものの動物としての習性があったはずである。家に飼われては家族といっしょに寝るほどに人間にべったりの生活をしながら、紐《ひも》でつながれることもなく、自由に生活をし、鼠をとるような野性も残している。けっして、人間に暮らしの束縛をうけることはなく、気ままに屋外での生活も楽しんでいる。

それぞれの家に飼われていながら、猫には、同じ猫の仲間だけの社会もあった。ちょっとした空地などに、猫が何匹も群がり集まっているのに出会うことがある。動物学者は、これを猫の寄り合い制度と呼ぶ。[73]猫は家畜になったのちにも、孤立せずに、近隣の飼い猫たちといっしょになって、小さな社会をつくっている。このような猫の社会の寄り合い制度は、人間がつくりあげた猫に関する伝えのなかに反映している。

猫が集まってなにかをしていたという昔話などの描写も、この寄り合いの習性の写生にちがいない。そのなかに、猫の親方が登場することがあるのも、猫の仲間には、その地域に古くからすんでいる猫など上位の猫がいるという[74]、猫の社会の現実を写しているらしい。

　猫がときとして、家から見えなくなることがあることは、多くの人が経験的によく知っている。それを九州などでは、猫岳参《ねこだけまい》りに行く、といっている。猫岳とは、熊本県阿蘇《あそ》山の主峰が連なる中央火口丘の五つの山の一つ、根子《ねこ》岳のことである。猫岳とも書き、地元では、この猫岳には猫の王がすんでいるといい、各地の猫が修行に来ると伝えている。修行を終えると、一人前の化け猫になるという。これなどは、飼い猫が一時いなくなることがあるという習性を、猫には独自の社会があるとみて、猫の寄り合い制度の事実でまとめあげた信仰である。

　ヨーロッパにも、ケルト文化の領域を中心に、猫の社会に王がいるという伝えがあった。また妖精の王の伝えも、この猫の王の背景になっていた。しかし、猫に即していえば、王をいただく社会とは、寄り合い制度を拡大した考えで、猫には近隣の仲間組織を越えて、それらが連合した大きな社会があるという観念である。猫をめぐる物語や信仰には、このように、猫の生態を、人間が猫の文化としてうけとめた部分が少なくない。

猫について、おもしろい話を聞いた。ある家に、見知らぬ猫がやって来た。そこの家では、かってに名をつけて、かわいがっていた。そのうちに、どこの家の飼い猫かわかった。その家の人が飼い主に、自分の家では、このような名で呼んでいたと話した。そこに猫が帰ってきた。飼い主が、別の家での呼び名で呼ぶと、猫はぎょろっと目をむいて、飼い主をにらみつけて行ってしまったという。

日本にもヨーロッパにも、「猫の踊り」や「猫の舞踏会」「猫の王が死んだ」など、人間が、猫に名ざされたという昔話がある。この猫の呼び名の話は、ちょうどそれらとは逆に、猫が名前にこだわって反発する話で、人間と猫との関係が、呼び名を介して、主客を転倒したかたちになっている。この話は、たしかにあった体験談として語られている。事実にしろ、事実と信じられているだけにしろ、人間が猫から名前を呼びかけられた、という趣向の意味を考えるにあたって、興味深い例である。人間と猫は、あたかも人間どうしのように、名前によって結びついていたらしい。

そこには、猫をもう一つの人間、人間と一対をなす他者とみる観念がうかがえる。その根底にも、猫には独自の社会があるという人間の観察がはたらいていたにちがいない。われわれ人間は、家の中で猫を飼っている。したがって、ときどき猫がいなくなるという。しかし、猫にも独自の社会があるとすれば、猫にとって、人間の家にいることは異常な事態で、たまたま人間の家に来ているということになる。人間の寝床にもぐりこみながら、猫は、人間のお守りは世話がやけるとおもっているのかもしれない。猫の王の観念は、そうした自立した猫の社会の存在をあらわすみごとな表徴であった。

参考文献（序章）

1 田名部雄一「猫」正田陽一編『人間がつくった動物たち 家畜としての進化』（東書選書）、東京書籍、一九八七年、一八七ページ。Malek, Jaromir, *The Cat in Ancient Egypt*, British Museum Press, London, 1993, [paperback] 1997, pp.56-57.

2 Keller, Conrad（コンラット・ケルレル）, *Die Stammesgeschichte unserer Haustiere*, [2. Auflage] 1919. ★［訳］加茂儀一『家畜系統史』（岩波文庫）、岩波書店、一九三五年、九四〜九五ページ。

3 Malek, J. 前掲1、p.94.

4 Viau, J.（ヴィオー・J）, Mythologie Egyptienne, Guirand, F. (ed.), *Mythologie Générale*, Librairie Larousse, Paris, 1935. ★［訳］中山公男『オリエントの神話』（みすず・ぶっくす）、みすず書房、一九五九年、［二刷］一九六二年、「エジプトの神話」七九ページ。Malek, J. 前掲1、pp.57, 73, 93-96.

5 Hude, C., *Herodoti*（ヘロドトス）*Historiae*, 2 vols., Oxford Classical Texts. ★［訳］松平千秋『歴史』㊤（岩波文庫）、岩波書店、一九七一年、［一〇刷］一九七七年、二四九〜二五〇ページ（一三七節）。

6 同右、［訳］二五〇ページ（一三八節）。

7 同右、［訳］一九九ページ（五九節）。

8 同右、［訳］二五〇ページ（一三七節）。

9 同右、［訳］二〇〇ページ（六〇節）。

10 同右。

11 同右、［訳］二〇三ページ（六六節）。

12 平岩米吉『猫の歴史と奇話』、動物文学会、一九八五年、［新装版］築地書館、一九九二年、六ページ。

13 Hude, C. Herodoti 前掲5、［訳］二〇三〜二〇四ページ（六六節）。

14 平岩米吉、前掲12、五ページ。

15 Hude, C. Herodoti 前掲5、［訳］二〇四ページ（六七節）。

16 同右、[訳] 二〇四ページ（六六節）。
17 同右、[訳] 一九九〜二〇〇ページ（五九節）。
18 同右、[訳] 二〇五ページ（六九節）。
19 Viau, J. 前掲4、[訳] 一〇三ページ。
20 同右、[訳] 七三〜七四、一〇一〜一〇二ページ。
21 Malek, J. 前掲1、pp.90-91. Viau, J. 前掲4、[訳] 一〇四ページ。Briggs, Katharine Mary（キャサリン・メアリー・ブリッグズ）, *Nine Lives, Cats in Folklore, Routledge & Kegan* Paul, London, 1980, p.2. [訳] アン・ヘリング『猫のフォークロア——民俗・伝説・伝承文学の猫』、誠文堂新光社、一九八三年、[二刷] 一九八四年、一〇〜一一ページ。
22 Viau, J. 前掲4、[訳] 一〇五ページ。平岩米吉、前掲12、四ページ。
23 Viau, J. 前掲4、[訳] 一〇五ページ。
24 同右、[訳] 八〇ページ。
25 Keller, C. 前掲2、[訳] 九六ページ。
26 Werth, Emil（エミール・ヴェルト）, *Grabstock, Hacke und Pflug*, Verlag Eugen Ulmer, Ludwigsburg, 1954, SS.324-325. [訳] 藪内芳彦・飯沼二郎『農業文化の起源——掘棒と鍬と犂』、岩波書店、一九六八年、四四四ページ。
27 Keller, C. 前掲2、[訳] 九六ページ。
28 南方熊楠「猫一疋の力に憑って大富となりし人の話」『南方熊楠全集』第三巻、平凡社、一九七一年、九七ページ。
29 同右。
30 Thompson, Stith（スティス・トンプソン）, *The Folktale*, Holt, Rinehart and Winston, New York, 1946, pp.145, 179. [訳] 荒木博之・石原綏代『民間説話——理論と展開』㊤㊦（現代教養文庫）、社会思想社、一九七七年、㊤二一八、二七〇ページ。
31 Grimm, Brüder（グリム兄弟）, *Kinder- und Hausmärchen*, 2 Bnde (Reclams Universal-Bibliothek), Philipp Reclam Jun., Stuttgart, 1982, Band 1, SS. 366-369, Nr. 70. [訳] 関敬吾・川端豊彦『グリム昔話集』㈠〜㈥（角川文庫）、角川書店、一九五四〜一九六三年、㈢八三〜八六ページ。

32 Perrault, Charles（シャルル・ペロー）, *Contes de Perrault*, 1695, 1697. ★［訳］新倉朗子『ペロー童話集』（岩波文庫）、岩波書店、一九八二年、［三刷］一九八四年、一九三〜二〇二ページ。

33 Aarne, Antti, *Verzeichnis der Märchentypen* (FF Communications, no. 3), Suomalaisen Tiedeakatemian Toimituksia, Helsinki, 1910, S.25, Nr.545 A・B.

34 Thompson, Stith, *The Types of the Folk-tale, A Classification and Bibliography*, [2. revision] (FF Communications, no.74), Suomalainen Tiedeakatemia, Helsinki, 1961, pp.88-89, no.545, 545A, 545B.

35 Leach, Maria (ed.), *Standard Dictionary of Folklore, Mythology, and Legend*, 2 vols., Funk & Wagnalls, New York, 1949-1950, vol. 2, p. 912, "Puss in Boots".

36 伊東勉『動物叙事詩研究序説』、山口書店、一九四四年。伊東勉『ラインケ狐』（岩波文庫）、岩波書店、一九五二年。Graf, Adolf, *Die Grundlagen des Reineke Fuchs, Eine Vergleichende Studie* (FF Communications no.38), Suomalainen Tiedeakatemia, Helsinki, 1920. 参照。

37 小島瓔禮「昔話の類型と変成」成耆説・崔仁鶴編『韓国・日本의説話研究』、仁荷大学校出版部・仁川、一九八七年、三六四〜三六八ページ。［再掲載］『比較民俗学会報』第三六巻第一号、比較民俗学会、二〇一五年、一〜二二ページ。

38 南方熊楠、前掲28、一〇〇〜一〇三、一〇八ページ。

39 蘆田伊人編『新編鎌倉志・鎌倉攬勝考』（『大日本地誌大系』第一九巻）、雄山閣、一九二九年、一四三〜一四四ページ。

40 同右、三六五〜三六六ページ。

41 同右、三六〇、三六八〜三六九ページ。

42 同右、一四〇ページ。

43 玉村竹二校『五山文学新集』第六巻、東京大学出版会、一九七二年、七一六ページ。

44 出雲路修校注『日本霊異記』（『新日本古典文

学大系』第三〇巻）、岩波書店、一九九六年、四六ページ、注八。
45 小島瓔禮「仏教と唱導文学」小島瓔禮他編『日本霊異記』（『図説日本の古典』第三巻）、集英社、一九八一年、三四ページ。
46 増補史料大成刊行会編『歴代宸記』（『増補史料大成』第一巻）、臨川書店、一九六五年、［四刷］一九八五年、九ページ。
47 与謝野寛・正宗敦夫・与謝野晶子編『本草和名』㊤㊦（『日本古典全集』第一回）、日本古典全集刊行会、一九二六年、㊦八丁ゥ、五三丁ゥ。
48 同右、㊤八ページ。
49 『四季物語』（『続群書類従』巻九四三、太田藤四郎編『続群書類従』第三二輯㊤、続群書類従完成会、一九二六年、［訂三版］一九五八年、四二七ページ。
50 平岩米吉、前掲12、一二八〜一二九ページ。
51 同右、四六〜四七、一〇三ページ。
52 同右、一三〇〜一三一ページ。
53 迷信調査協議会編『迷信の実態』（『日本の俗信』一）、技報堂、一九四九年、［五刷］一九五六年、二四〇ページ。
54 Das, Jogesh, *Folklore of Assam* (Folklore of India Series, no.1), National Book Trust, India, New Delhi, 1972, pp.50-51.
55 Dale-Green, Patricia, *Cult of the Cat*, Heinemann, London, 1963, pp.25, 30.
56 同右、p.51.
57 Briggs, K. M. 前掲21、pp.189 (no.29991), 186 (nos.29927, 29925). ［訳］二八〇、二八四ページ。
58 Werth, E. 前掲26、S. 325. ［訳］四四五ページ。
59 Grimm, Jacob, *Deutsche Mythologie*, 4 Bde., [4.Auflage] tr. Stallybrass, James Steven, *Teutonic Mythology*, 4 vols., George Bell and Sons, 1883-1888, [Dover edition] Dover Publications, New York, 1966, vol. 1, pp.304-306. Briggs, K. M. 前掲21、p.4. ［訳］一四ページ。
60 Briggs, K. M. 前掲21、pp.4-5. ［訳］一四ページ。

61 Frazer, James George（ジェイムズ・フレイザー）, *The Golden Bough, A Study in Magic and Religion,* 〔3.edition〕 13 vols., The Macmillan Press, London, 1913, 〔reprinted〕 1990, pt. 7, vol. 1, p.226, 〔abridged edition〕 1922, 〔new plates〕 1951, 〔3.printing〕 The Macmillan Company, New York, 1953, p.735. 〔訳〕永橋卓介『金枝篇』(一)〜(五)（岩波文庫）、岩波書店、一九五一〜一九五二年、〔二刷改版〕一九六六〜一九六七年、(四)二九二ページ。

62 陳澔注『礼記』、上海古籍出版社・上海、一九八七年、一四六〜一四七ページ。

63 金沢庄三郎『猫と鼠』（『亜細亜研究叢書』第一編）、創元社、一九四七年、五〜六ページ。

64 漢語大詞典編輯委員会・漢語大詞典編纂処編『漢語大詞典』第一〇巻、漢語大詞典出版社・上海、一九九二年、一三四〇ページ「貓」①。

65 Briggs, K. M. 前掲21、p.76. 〔訳〕九七ページ。

66 S. Baring-Gould, *A Book of Folk-Lore,* (The Nation's Library), Collins' Clear-Type Press. p.54. 〔訳〕今泉忠義『民俗学の話』（角川文庫）、角川書店、一九五五年、〔再版〕一九五七年、四三-四四ページ。

67 柳田国男『孤猿随筆』（創元選書）、創元社、一九三九年、一五一〜一五二、一六一、一六六ページ。

68 野間光辰校注『西鶴集』(下)（『日本古典文学大系』第四八巻）、岩波書店、一九六〇年、〔二刷〕一九六三年、三九〇ページ、注七。

69 同右、五三三ページ、注四二〇。

70 同右。

71 同右。

72 高田衛編・校注『江戸怪談集』(上)（岩波文庫）、岩波書店、一九八九年、一二六ページ。

73 今泉吉典・今泉吉晴『ネコの世界』（平凡社カラー新書）、平凡社、一九七五年、二九ページ。

74 小原秀雄『ネコはなぜ夜中に集会をひらくか——イヌとネコの行動学入門』、花曜社、一九八六年、九二〜九三ページ。

第I部　猫の王の猫岳

第一章　猫の王の御前会議

猫の王と猫岳参り

日本を代表する火山の一つ、熊本県阿蘇《あそ》山の主峰が連なる中央火口丘を、阿蘇五岳《ごだけ》と呼ぶ。その一つ、根子岳《ねこだけ》は、別に猫岳とも書き、地元の村々では、猫の王がすんでいる山であると伝えている。阿蘇カルデラの火口原、北の阿蘇谷と南の南郷《なんごう》谷のあいだにそびえる中央火口丘の東のはずれにあたり、熊本県阿蘇郡高森《たかもり》町の北の境界に位置する山である。

猫岳の猫の王のことは、古くは、『肥後国誌《ひごこくし》』の阿蘇郡内牧手永《うちのまきてなが》の項にみえる。『肥後国誌』は、享保《きょうほう》十三年（一七二八）に成った成瀬久敬の『新編肥後国志《こくし》草稿《そうこう》』に、明和《めいわ》九年（一七七二）、森本一瑞《いちずい》がやや増補した地誌である。その黒川《くろかわ》村の条に、五岳の一つとして猫岳をあげ、猫岳には猫の王がすむので、郡内の猫は年々、除夜にはかならず、この山に詣《もう》でるという、と記している。坂梨《さかなし》村（阿蘇市一《いち》の宮《みや》町）の村人の伝えという[1]。

この猫岳の伝えは、天保《てんぽう》十二年（一八四一）成立の伊藤常足《つねたる》の『太宰管内志《だざいかんないし》』下巻の四「肥後志」阿蘇郡南郷の条にもみえる。ここでは、六、七十年前にある僧が書いたという『塔志随筆』を引いている。阿蘇岳の東に猫岳という山があり、この山には猫の王というものがすみ、年ごとの節分の夜には、阿蘇郷内三里あたりの猫が、みんなこの山に集まるという、とある。[2]

また、この『塔志随筆』に続けて、土地の人の話も記している。猫岳はきわめて大きな山である。この山には数百の猫がすんでおり、ときどき、その猫を見る人がある。二、三百も連なって歩く。そのなかには、いろいろな怪異な猫がいると語ったという。[3]猫岳には、猫の王がいるというだけではなく、たくさんの猫がすみ、猫の社会があったとする伝えになっている。

慶応二年（一八六六）、南郷の長野村（南阿蘇村）の六十九歳になる長野内匠俊起《ながののたくみとしおき》という人があらわした『南郷事蹟考』には、上色見《かみしきみ》村の前原《まえばる》村（高森町）の条に、すこし異なった角度からの猫岳の伝えがある。[4]地元の人の話では、根子岳は猫が宮仕えに登る山であるという。人家の猫が年を経ると、ここに逃げて来ることがある。それを、宮仕えに行ったという。また猫岳で、豹《ひょう》ほどの猫を見たとか、鹿《しか》ほどの猫で尾は八尺ばかりあったとかいう話もある。しかし著者は、子どもたちの戯れであろうとして、信じていない。この山には猫のいわれはないというのが、『南郷事蹟考』の考えである。

たしかに、合理的には、猫岳に豹や鹿のような猫がいるなどといいだしたのは、人間のただの空想にすぎない。しかし、これだけ古くから、猫岳には猫の王がすみ、一年に一度は近郷の猫が集まるといって、猫が家を離れて猫岳に来ることをその猫の王につかえるためと伝えるなかで、怪異な大きな猫を見たという話が生きていたのは、それなりに根拠があったはずである。猫は人間とは別に、猫だけの社会をきずいているという観念があり、その王を巨大な姿でえがこうとする気持ちが、人間の社会にあったにちがいない。

『南郷事蹟考』で、家の飼い猫が、年経ると家から離れ、猫岳に来ることがあるといっているのは、重要なことである。われわれの日常の暮らしのなかでも、飼い猫がときとしていなくなるという話は、よく耳にする。それを、猫岳の猫の王のもとへ来て宮仕えするといっている。猫岳にたくさんの猫がすんでいるというのも、家を離れた猫が、猫岳に集まって来ているということになる。猫岳の猫の社会の伝えは、ごくあたりまえの猫の習性に裏づけられた猫観の結晶である。

こうした猫岳の猫の王の伝えは、近代の記録にもひろくみえている。まず大正十五年（一九二六）の『阿蘇郡誌』にある。虎《とら》のような猫の王が猫岳の山の中にすんでいて、毎年除夜の晩に、郡内の猫たちを召集して御前会議をした。猫の大王がすんでいたので、猫岳と名づけたという。[5] 昭和三年（一九二八）の中野一路さんの『阿蘇』にも、猫の王の除夜の会議のことがみえている。猫岳には猫の王がすんでいて、毎年除夜には、猫の会議が開かれる。猫が猫岳に登ると、猫は出世してその性《しょう》が荒々しくなる。人家で猫がいなくなると、猫岳にでも登ったのだろうといって、あきらめるという。[6]

八木三二さんもやはり、猫は猫岳に登って位《くらい》があがる、という話を伝えている。熊本県では一般に、大きな猫が姿を見せなくなると、阿蘇の猫岳に修行にあがったという。麓《ふもと》の阿蘇郡の村では、年の晩(大晦日《おおみそか》)には、この付近の猫はみんな集まって会議をおこなうといい、猫は一度猫岳に登れば、口が耳までさけ、劫《こう》を経てはその村々の猫の頭《かしら》になるという。[7] 猫の王が君臨するだけではなく、猫岳に登って帰ると、村の猫の親方になるというのがおもしろい。猫の社会には、王を頂点にした、ピラミッド型の組織があったということになる。猫岳は、その頂上にたつ猫の王の宮殿であった。

猫岳について、荒木精之《せいし》さんも、猫の集会と猫岳参りに触れている。猫の王が猫岳にすんでいて、毎年、節分の夜になると、阿蘇郡内の猫はみんなこの山に集まり、猫の王に挨拶《あいさつ》するならわしがあった。そのころになると、峰々谷々、いたるところに猫の鳴き声がして、猫の行列を見ることができるという。[8] 坂梨村では、猫は一貫目(三・七五キロ)になると、半年ばかり姿を見せなくなることがあるという。それは、猫が猫岳参りに行くからで、帰って来た猫は、尾の先が二つに分かれたり、口が耳もとまでさけたりするそうである。[9]

坂梨村には、これらの伝えを総括したような話も知られている。猫岳には、虎のような大猫が王としてすんでいた。毎年、大晦日の晩に、猫の王は阿蘇郡内の猫たちを呼び集め、御前会議を開いた。それでここを、猫岳と呼んだという。いまでも、家で飼っている猫が、年をとるといつのまにかいなくなり、数か月もすると、とつぜんもどって来ることがある。それを、猫が猫岳に登って来たといい、その猫の耳はかならずさけているという。[10]

これらの猫岳をめぐる猫の伝えをまとめると、二つに集約できる。第一は、「猫の王の会議」である。猫岳には、猫の王がすんでいる。虎のような、大きな猫である。豹や鹿ほどの猫を見たというのも、猫の王のことであろう。猫の王は、一年に一度、阿蘇地方の猫の集会を開く。猫の王への挨拶ともいうが、御前会議であるともいう。それが大晦日であり、節分の夜であるというのは、新年にあたっての、猫の年越しの集まりである。ちょうど人間の社会でも、年越しの夜といえば、家族がそろって過ごすことになっていたのに似ている。

旧暦でも、大晦日と節分といえば、別の日になることが多い。十二月三十日は月の満ち欠けできまり、節分は、太陽の一年の動きを二十四に等分した、二十四節気《せっき》の一つ、立春の前日である。しかし、旧暦は立春を元日の基準にしていて、一年の行事としては、大晦日にも節分にも、一年の終わりの日という、同じ感覚があった。鬼を追いはらう豆まきが、地方によって大晦日であったり、節分であったりすること[11]にも、それがよくあらわれている。大晦日にするか節分にするかは、一年の切れ目を暦日でみるか、節気でみるかの違いである。

第二は、「猫岳参り」である。年経た飼い猫が、いつのまにか見えなくなり、忘れたころに帰って来ることがある。これを、猫が猫岳に修行に行くと考えた。それは、猫が一格上の猫になることで、そのしるしに、耳がさけたり、尾が割れたりするという。猫岳にたくさんすんでいるという猫は、その修行に集まったものとする。怪異な猫がいろいるというのも、その修行をした猫に、怪異性があるということにつながる。

猫岳参りは猫の出世であるといい、村に帰って頭《かしら》になるということは、重要なことである。猫の王のいる猫岳で修行すると、地域の猫の頭になるという、猫の社会制度である。猫の社会の都は、人里離れた猫岳にあるが、その末端の組織は、人間の村々の飼い猫にまでおよんでいた。猫岳参りは、人間にたとえれば、若者が一人前になるために、成年戒《せいねんかい》として、修験道《しゅげんどう》の霊山《れいざん》になっている山などに登拝する習慣にあたる[12]、猫の通過儀礼の一つである。

このような猫岳をめぐる伝えは、熊本県では、阿蘇郡以外の地方にも広まっていた。

菊池《きくち》郡隈府《わいふ》町（菊池市）にも、猫岳には山猫の頭領《とうりょう》がいて、九州中の猫が年をとると修行に行く、という伝えがある。猫岳に来た猫は、里にもどる猫もいるが、そのまま山猫になって残るものもある。どっちも耳はさけ、口はくわっと開き、おそろしい面相になる。陽気な猫なら、手ぬぐいをくわえて踊りだし、おとなしい猫なら、障子をそろりと開け閉めするようになるという。それは立派な化け猫である。[13]

　鹿本《かもと》郡鹿央《かおう》村（山鹿《やまが》市鹿央町）では、修行のようすを、猫岳の山の内側から語っている。肥後の猫は、七歳になると、猫岳に修行に行く。遠いところからでも、火の玉のように飛んで行く。猫岳には、猫岳の精がいる。大きい黒猫で、三日三晩稽古《けいこ》をつけてくれる。これでよいとなると、免許皆伝《めんきょかいでん》のしるしに、耳たぶをかみわってくれる。そうなると、猫の仲間では親方である。鼠《ねずみ》もおそれて寄りつかない。それで肥後では、雄猫が七歳になると、今年のうちに三日間はいなくなる、といって気にする。すぐにもどって来るが、耳がかみさかれているという。[14] 猫岳の精とは、よそでいう猫の王のことである。

　球磨《くま》郡上《うえ》村ではやや異なって、踊るようになった猫が、猫岳に登っている。あるとき、座敷からトストスという音が聞こえた。主人がのぞくと、長年飼っていた猫が、箒《ほうき》を右肩左肩と、交互にかつぎながら、後足で調子よく踊りまわっている。あとで、主人が猫に、おもしろいことをしていたなというと、猫はニャンと返事をして外に出て行き、それっきり帰って来なかった。猫はこのように、古くなって一人前になると、猫岳に登って神通力を得るようになるという[15]。

猫岳参りの伝えは、福岡県にもある。鞍手郡《くらてぐん》では、飼い猫は大きくなると、かならず姿をかくすという。二度三度と姿をかくす猫もいる。それは、五十里もある肥後の猫岳に行《ぎょう》に行くのである。そこには、たくさんの猫が集まって修行をする。修行に行かない猫は、ほとんどいない。三十日から六、七十日も、姿を見せない。修行から帰ると、もうふつうの猫ではない。どの猫もげっそりとやせ、耳がさけている。耳のさけた猫のそばには、けっして赤子を寝かせない。これが一貫目以上の体重にでもなろうものなら、化けるといって大さわぎをする。猫の尾がその身の丈ほどになると化けるといって、こわがられるという[16]。

嘉穂《かほ》郡筑穂《ちくほ》町の内住《ないじゅう》では、猫岳を豊後《ぶんご》（大分県）の山の中と伝えているが、もちろん肥後の猫岳をさしているのであろう。兵内という一人暮らしの老人が、タマという猫を飼っていた。ある日、家に帰ると、囲炉裏《いろり》の土瓶《どびん》に湯がわいていた。毎日続いたので、ある日、田んぼから早くもどって、戸のすきまからのぞいていると、猫が火をたき、湯をわかしている。老人がタマであったかと、猫を抱きあげようとすると、猫は鳴きながら家を出て、一年たってももどらなかった。老人は、えらい猫になるために、近所の猫から選ばれて猫岳に修行に行ったので、その証拠に耳割れをつくってもどって来るであろうといっていた。しかし、三年たっても帰って来なかった。猫は、猫岳に行く途中で人間に会うと、山にはいる資格がなくなり、家にもどれなくなるといわれていたという。[17]

菊池郡では、里にもどる猫もあれば、そのまま残って、山猫になる猫もあったと伝えていたように、「猫岳参り」にも、大きく分けて二つの型があった。一つは、猫岳で修行をし、怪異な化ける猫になって村にもどる例である。これは一種の猫の成年儀礼で、その年を七歳としたり、帰ったあと村の猫の頭目になるなどという。猫がときとしていなくなり、やがて家にもどって来るのを、単純に猫が猫岳に行ったとするかたちである。

もう一つは、猫岳に登ったまま、村に帰らない猫である。それらの猫は、家にいるときに、踊ったり、火をたいたり、怪異なことをしていた猫で、猫は二度三度と猫岳に登るというから、これらの猫は、すでに一度は修行をして、化ける力を身につけていたのであろう、とすると、修行をした猫は、最後は猫岳に登ったまま帰らない、という信仰があったにちがいない。猫はけっきょく猫の社会に帰る、という考えかたである。家に飼われ、人間といっしょに寝るほど親しい関係にありながら、猫は人間とはまったく別に、独立した社会をかまえていたことになる。

このような猫の社会の伝えは、もとは各地にあったようである。阿蘇山の猫岳には、地元では阿蘇郡からといい、やや離れては肥後から、九州一円からと、猫が集まる範囲の伝えも、しだいに拡大しているが、熊本県でも離れ島の天草《あまくさ》郡には、地元の山に猫の支配者がいるという伝えがあった。河浦《かわうら》町西高根《にしこうね》には、オオヤマという二〇〇メートルほどの山のニタ峠という山頂に岩屋があり、そこにニタ殿《どん》という猫の化身の仙人がすんでいるという。

この西高根の伝えでは、ニタ殿が地区の猫の取り締まりをしているという。まさに猫の頭《かしら》であり王である。猫の社会を管理して、将来をしょって立つような若い猫を、神通力《じんつうりき》で集める。家で飼っているすべての雄の若猫を集めて、研修をするという。飼い猫の雄の若い猫が、理由もなく何日もいなくなり、家の人がどこに行ったのか、どこで死んだのかと心配していると、ひょっこり帰って来ることがある。これを世間では、猫がニタ殿のところに、位《くらい》あげに行ったのであろうという。[18] 阿蘇山の「猫岳参り」とまったく同じ伝えである。

河浦町は天草の下島《しもしま》にある。九州本土から離れた島地に、このような独自の猫の王のすむ山の伝えが生きていたのは、興味深いことである。鹿本郡では、遠いところからは、火の玉のように飛んで行くとも伝えていたが、島では、猫が外の地に行くとは、考えにくかったのであろう。これは、八丈島や隠岐島などのように、島に山猫がすんでいるという伝えがしばしば発達していたのと、同じ信仰のもとに成り立っていたにちがいない。この西高根のニタ峠の伝えは、「猫の王の会議」や「猫岳参り」の伝えが、阿蘇山の猫岳だけの独占物ではないことを示しており、貴重である。

猫岳周辺の猫たち

阿蘇山をめぐる麓の村々では、猫岳の猫の王の伝えと関連して、さまざまな怪異な猫の物語を伝えている。それは、先に『太宰管内志』の「肥後志」阿蘇郡にみた、土地の人の話などに猫岳にいろいろな怪異な猫がいると伝えていたのと、みごとに照応している。まず、猫岳の天狗岩《てんぐいわ》に、化け猫がいたという伝えがある。ここに登った者は食い殺され、一人も帰って来なかった。それを、山東弥源太という肥後には知られた豪傑が、少年時代に退治したという話である。

十三歳のとき、阿蘇神宮の大宮司から化け猫の話を聞いた弥源太は、その夜、人が寝静まるのを待ち、父の枕元にある頼国光《らいくにみつ》の名刀を持って一人で山にむかった。八合目あたりの岩に腰かけていると、山が崩れるような音がして、目の前に大入道があらわれた。弥源太は、その名刀で斬《き》りつけた。夜が明けると、大入道は日があたったところからくずれ落ち、小牛ほどの山猫になった。弥源太は、それを引きずって、宮地《みやじ》（阿蘇市一の宮町）まで下って来たという。[19]

山の崩れる音というのは、一般に、山の怪異なものの存在をあらわしている。頼国光とは、国宝の刀剣を三口も残している鎌倉時代の刀工、来《らい》国光のことであろう。土地の人は、猫岳には、昔から大きな猫がすんでいて、人を食うと語りついでいる、といって、人間に化けた猫の話も伝えている。

十九ばかりの美しい娘の巡礼が、昼すぎに高森《たかもり》（阿蘇郡高森町）をたち、火の尾峠を越えて宮地にむかい、猫岳の中腹にかかった。道に迷っているうちに、秋の日のこと、日が沈んでうすぐらくなってきた。麓にむかって歩いていると、谷川に出た。六十歳あまりの老女が、谷川で洗濯をしている。再三道をたずねるが、振り返りもしない。近づいて声をかけると、うしろをむいた顔は、口は耳までさけ、眼はらんらんと光っている。逃げると、老女は娘を追って来て、たらいの水をかけた。朝、宮地近くまで来ると、着物の水の乾いたあとに、猫の毛がいっぱい生えてきたという[20]。

昔話の「猫また屋敷」の伝えの一例である。

阿蘇郡山田村（阿蘇市）にも、猫岳に結びついた、アサゴゼ猫の伝えがある。

アサゴゼ坂の近くに、アサという名の瞽女《ごぜ》（琵琶《びわ》弾《ひ》き）の老女が息子と二人で暮らしていた。息子が山に狩りに行った帰り、日暮れに山の中で人の声を聞いた。近寄ると大猫であった。鉄砲で撃つと、どこかにあたったらしいのに、猫は姿を消した。家に帰ると母親が寝こんでいる。ナマクサモノをほしがり、魚を喜んで食べる。医者をきらって、蒲団《ふとん》をかぶって寝ている。蒲団をはぐと大猫がいた。大猫は家を跳び出し、猫岳に逃げこんだ。鉄砲で撃たれた猫が、母親を食い殺して化けていたのであるという[21]。

これは昔話の「鍛冶屋《かじや》の姥《うば》」の典型的な類話の一つであるが、ここではやはり、猫岳の猫の物語になっている。

「鍛冶屋の姥」は、猫をめぐる日本の昔話を代表する重要な類型である。基本型式は、次のようにまとめることができる。

(一)　旅人が山の中で、狼の群れに出会う。難をおそれて、旅人は木の上の方に登る。
(二)　狼はつぎつぎと仲間の肩の上に乗って、旅人に近づいて来るが、とどくには少したりない。
(三)　一匹の狼が、鍛冶《かじ》が母《かか》を呼んで来いという。やがて、大きな猫（あるいは狼）が来る。
(四)　大きな猫が上まで登って来たので、旅人は刀でその猫の片手を斬り落とす。猫や狼の群れは逃げ去る。
(五)　翌日、旅人が鍛冶屋をたずねると、鍛冶屋の母が、けがをしたといって寝ている。母は片手を失っており、猫が母を殺して化けていたことがわかる。

球磨郡上村には、猫が猫岳を連なって歩くのを、侍が退治に行く話がある。

一人の侍が、猫斬りに猫岳に登った。山の中腹に、足場をつくって待っていると、真夜中に、チーンという音をあいずに、猫が一列に並んで登って来た。それをつぎつぎに斬るが、いくら斬ってもかぎりがない。しだいに腕もなえ、精も尽き、もうだめだというとき、鶏が時を告げるのが聞こえた。猫は夜が明けたとおもい、ぱったり登って来なくなった。それは、侍の刀の鍔《つば》に彫られた鶏が、主人の危急を救うために、時をつくったのであるという。[22]

これは上村の空戸《そらと》数義《かずよし》さん（一九一二年生まれ）が、昭和十年（一九三五）に八十八歳で亡くなった祖母から、子どものころに聞いた昔話の一つである。この祖母は、若いころには、莚打《むしろう》ちの仕事で、天草をはじめ、日向《ひゅうが》の高千穂《たかちほ》（宮崎県西臼杵《うすき》郡高千穂町）から豊後《ぶんご》の竹田《たけた》（大分県竹田市）、阿蘇谷一帯にかけて巡り歩いていたそうである。この話も、そのころ仕事先で聞いた話であろうという。[23] この猫岳の猫退治も、おそらく、阿蘇山に近い地方に伝わっていた話であろう。

鶏が時をつくり、猫にねらわれている主人を救うという趣向は、昔話の「鶏の報恩」の特色である。この昔話の類話は、古くは元禄《げんろく》六年（一六九三）刊、蓮体《れんたい》の『礦《こう》石集《せきしゅう》』巻一にみえている「猫《ネコ》主人ニ毒ヲ食《カヒ》シ事」の条がある。肥前《ひぜん》（佐賀県と長崎県の大部分）の話になっている。

長年飼っていた鶏が、時ならぬときに鳴くので、捨てることにした。すると、鶏が、村の寺の僧の夢にあらわれていう。自分の家の猫が主人を殺そうとしているので、鳴いて知らせているが、時もわからない鶏だといって自分を捨てようとしている。主人に、猫のことを伝えてくれという。僧は、主人の親しい友人だったので、訪ねて行った。いっしょにお茶を飲んでいると、猫が主人の茶碗《ちゃわん》の上を跳び、青土竜《あおどりゅう》を入れた。飲めば、死ぬところであった。主人はその後、猫を殺し、鶏をかわいがって飼ったという。[24]

この「鶏の報恩」は、昔話としても広く分布している。この『礦石集』には、泉州《せんしゅう》堺《さかい》（大阪府堺市）の津《つ》での出来事という伝えもあり、猫が摂州《せっ》（大阪府北部と兵庫県南東部）の代官に毒を食わせた話もこれに似ているとして、ほかにも類話がいくつもあることに注意している。[25] この当時、世間でよく話題になる話であったのであろう。それを、猫岳の猫退治の話に仕立てたのが、球磨郡の例である。阿蘇山の猫岳に猫が集まるという伝えに、「鶏の報恩」を組みこんでいるところに、猫岳の信仰が生きている阿蘇山麓地方の土地がらを感じる。

『太宰管内志』の「肥後志」阿蘇郡にも、猫の王のほかに、猫岳山麓の化け猫の話がみえている。筑前遠賀郡《ちくぜんおんが》（福岡県）の僧である神洞氏の話で、豊後直入郡《なおいり》（大分県）のびんつけ屋が主人公である。

びんつけ屋が、猫岳の麓を通って阿蘇町にかよっていたときのこと、猫岳の麓で、午《うま》の刻（昼の十二時にあたる）というのに、日が暮れてしまった。すこし上のほうに、人の声がする。尋ねて行くと、大きな門があり、中には大きな家がある。

家には女の声がする。声をかけると、女が一人出て来た。道に行き暮れたので、松明《たいまつ》を与えてくれと頼むと、女は承知して奥にはいった。しばらく待っても、出て来ない。また声をかけると、別の女が出て来た。わけを話し、空腹なので一飯《いっぱん》を乞うと、女は承知して、待つあいだに据風呂《すえふろ》に入れといって、奥にはいった。

そこへ、四十ばかりの女が出て来た。商人を見ておどろいたようすで、なぜここに来たのかという。事の次第を話すと、ここは人の来るところではない。ここで据風呂にはいり、食物を食べた人は、体中に毛が生えて猫の形になり、ここの使い人にされる。二度と、人間にもどれない。ここは猫のすみかで、自分も五年前まで、あなたの家の隣の家の猫であった。昔あなたにかわいがられた恩があるので、この家のことを話している。他人には話すな、早く行けという。

門を出て坂を下ると、あとから若い女が二、三人、桶《おけ》を持って追って来る。「急いで桶を下に投げよ」という声がして、桶の湯を投げる音がしたが、水ははずれ、耳の下とすねにすこしかかった。阿蘇の道に出るころ、空が明るくなった。

七つ（午後四時にあたる）ごろであった。その後、直人に帰り、隣の猫がいなくなった年月を尋ねると、女が語ったとおりであった。水のかかった耳の下とすねには、猫の毛が生えていた。

そのわけを、びんつけ屋が伯父に語ったのを、本人の死後、その伯父が神洞氏に語ったものであるという。[26]

これも、アサゴゼ猫の話と同じく、「猫また屋敷」の昔話の一例である。「猫また屋敷」は、いわば典型的に、猫の社会の一つの姿をえがいている。そこは猫だけの社会で、人間の存在を否定し、人間まで猫に変えてしまう。しかも、「猫また屋敷」の猫は、人間の姿で、人間の暮らしをしている。まさに逆転した、もう一つの人間の社会、人間でない人間の社会である。この例のように、屋敷に宿を求めた人間を、昔の飼い猫が、恩返しのためにかばって助ける話も多い。猫はここでも、あたかも人間のような社会をつくり、自立した世界を確立していた。

その「猫また屋敷」が、阿蘇山の麓では、猫岳の猫の王の伝えとかかわって、古くから事実談のように語られていた。これが、猫が集まる猫岳の、猫の社会をあらわす具体的なイメージの一つであった。猫が人間とは別に社会を形成しているという信仰が、この猫岳で強調されていた証拠である。隣の猫が五年前に来たといっているように、ここの「猫また屋敷」は、猫岳参りに来てそのまま飼い主の家にはもどらなかった猫が、集まっている屋敷である。

それも女の人ばかりがみえている。ここは、雌猫が集まる場所である。猫の王などがすむ山上にたいして、麓には、雌猫の屋敷があったのかもしれない。熊本県の鹿本郡や天草郡では、猫岳などに行く猫を雄猫と限定している。猫岳の猫の社会は、雄と雌を分けた二段構えであったらしい。それは、このあとにみる、雄猫は山にはいり雌猫は里に残るという伝えに、つながるものであろう。

この「猫また屋敷」が、海を越えた「猫の島」のかたちになった伝えが、九州の南の島々、南西諸島にある。一つは、大隅《おおすみ》諸島の種子島《たねがしま》、鹿児島県熊毛《くまげ》郡南種子《みなみたね》町上中《かみなか》にある。

ある漁師が飼っていた三毛猫がいなくなった。一週間ほどたって、漁師は魚釣りに出た。一匹も釣れずに帰るとちゅう、嵐にあって寝入っているうちに、どこかの砂浜に着いた。そこは大きな川をはさみ、向こうは大きな島、こちらは小さな島である。向かいの島には食べ物もあろうかと、川を泳いで渡った。岸にあがろうとすると、きれいな女の人が来た。

女は漁師に、食い殺されるから早くもどれ、という。その女は、自分は、あなたにかわいがられたミケで、一週間前にここに来た。ここは猫の島といって、年とった猫が来て、人間の姿になるところである。あなたが、自分のことをあまり

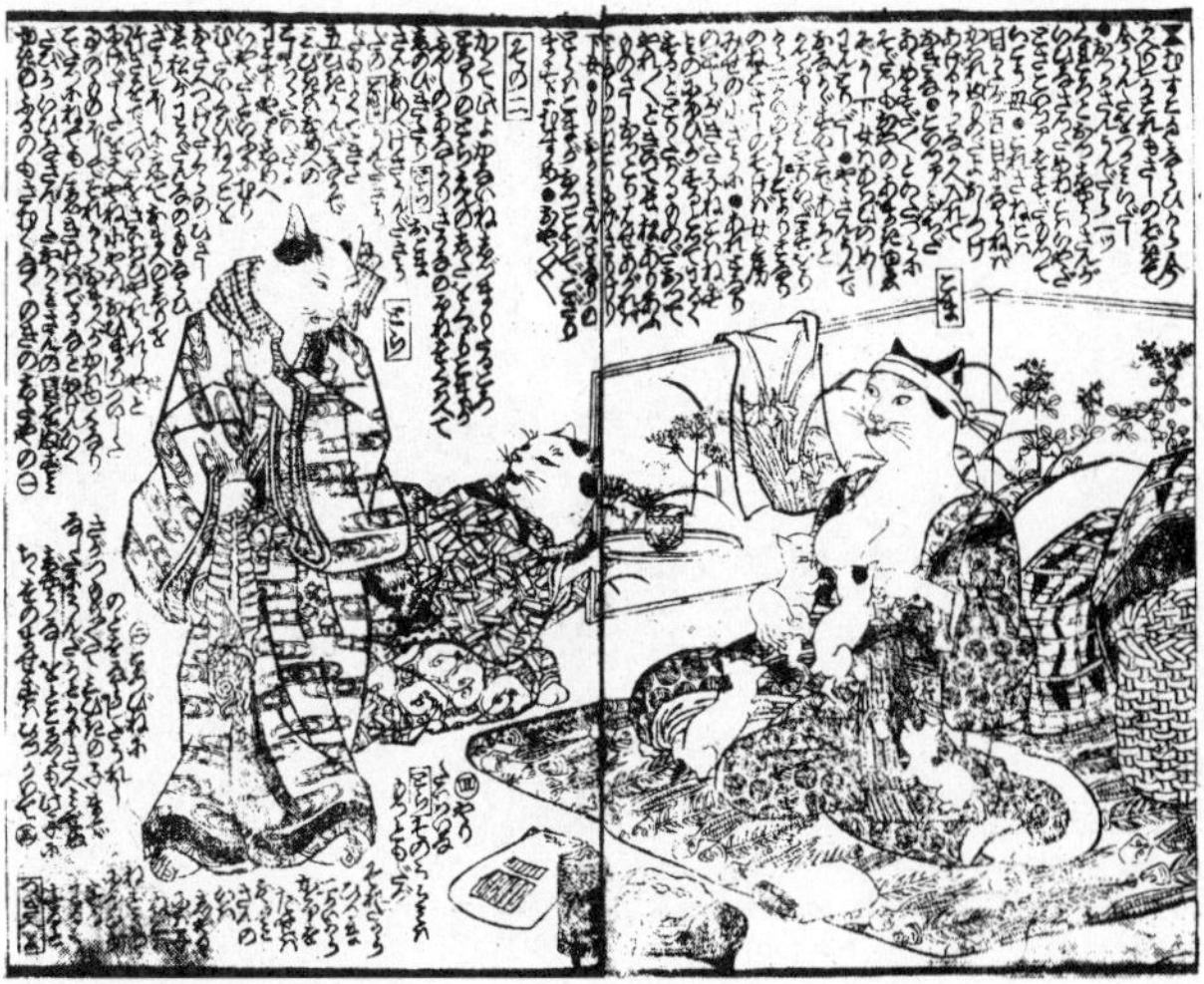

山東京山《さんとうきょうざん》作『朧月猫《おぼろづきねこ》の草紙《そうし》』に描かれた猫屋敷。猫の浮世絵師と称される歌川国芳が描いている。　国立国会図書館ウェブサイトより

にも思っているので、ここに来てしまった、という。女が漁師を押し帰そうとしていると、女たちが追って来て、にぎり飯を漁師の背中に投げつけた。漁師はようやく家に帰りついたが、にぎり飯があたったところから猫の毛が生え、切っても切っても生えてきたという。

「猫が出で立つ日は凶」という言い伝えの由来談[27]で、物語はまったくの「猫また屋敷」である。

類話は、さらに南の沖縄県具志《ぐし》川《かわ》市上平良《かみたいら》川《がわ》にもある。

ある人が、何十年も飼っ

た猫に、穴あき銭の首輪をつけ、好きなところに行けと送り出した。猫は、年とった猫がみんな集まる猫の島に行った。その飼い主は、悪いことをして、猫の島に流された。老猫があらわれ、自分はあなたに飼われていた猫であると名告《なの》り、この島は獣がいるところだから、ほかの島へ行けと教える。その人はほかの島に行き、年季も明けて、沖縄にもどることができたという。[28]

「猫また屋敷」らしいくわしい記述はないが、海のかなたに猫の島があるという型が、種子島から沖縄本島に、島づたいに展開していたのは、風土の反映として興味深い。具志川市では、穴あき銭を通した紐《ひも》を猫の首につけてやったというが、この習俗はほかにもあり[29]、年経た猫を送り出す作法である。「猫岳参り」のように、修行に行くときは、猫が自発的にいなくなった。しかし、そのように修行をして怪異性を帯びた猫はもう家には置けないからと、積極的に人間の側から猫を送り出すこともあった。そうした猫が行く猫山や猫島が、阿蘇の「猫また屋敷」や、天草の河浦町のニタ峠のように、現実の場所として語られていた時代があった。阿蘇の猫岳は、その代表的な例だったのである。

雄猫は山に雌猫は里に

家を離れた猫が山にはいるという伝えは、九州以外にも、各地にあったようである。昔話の「猫の踊り」の類話にもある。青森県三戸《さんのへ》郡階上《はしかみ》村には、隣の岩手県九戸《くのへ》郡種市《たねいち》町岡谷の話として、手ぬぐいをかぶって踊るようになった猫を、つなぎ銭二つに大きな握り飯と魚を背負わせて送り出すと、久慈平岳《くじひらだけ》に登ってその岳の主になった、という伝えがある。[30] これも、一つの猫の王の伝えである。香川県大川《おおかわ》郡長尾《ながお》町にも、慈光寺の話として似た伝えがある。猫が集まっていたというだけで「猫の踊り」の昔話としては不完全であるが、年経て猫またになった猫が、院主の衣を着て仲間の集まりに出かけるようになったので、院主が猫に赤飯を与えて送り出すと猫山に行ったという。[31]

猫は年を経ると、山にはいって猫またになるという伝えは、そちこちにある。新潟県の佐渡郡畑野《はたの》町では、それが「猫また屋敷」の昔話になっている。[32] また同じく長岡市には、寺僧の飼っていた猫が、山で修行をして猫またになりたいといって、寺を出る話もある。費用三両をもらって山にはいるが、猫またになるには、人間の生首を持って行かなければならないといわれて、やめたという。[33] 岡山県には、比婆《ひば》郡にある徳恩寺の猫が、猫山にいる猫の協力で寺の鼠を退治したといい、[34] 阿哲《あてつ》郡哲西《てっせい》町では、見性《けんしょう》寺の伝説のかたちをとって、小豆飯《あずきめし》を三升と水五升を倉に入れてもらって鼠を退治した猫が猫山に行ったという、「猫の踊り」と結びついた「猫の鼠退治」の昔話もある。[35]

また、化け猫がいるという猫山の伝えもある。福島県会津《あいづ》の磐梯山《ばんだいさん》近くにある猫魔《ねこま》ヶ岳《たけ》もその一つである。ここでは、「猟師を呼びに来る妻」の昔話の型になっている。

会津藩の郷士《ごうし》が、檜原《ひばら》湖の穴沢淵で釣りをしていると、乳母が迎えに来た。乳母は、しきりと魚籠《びく》に手をかける。家に帰ってその魚を焼いて食事をすると、乳母は魚をむさぼり食う。夜、寝しずまったあと、乳母が炉の上の干してある魚を食べはじめたので、郷士は乳母を斬り殺した。朝見ると年経た大猫であった。

そのあと、郷士は、妻を連れて磐梯の湯に行った。途中、妻のために水を汲《く》みに谷に下りているあいだに、妻は殺された。老人の木こりが出て来て、自分の妻が殺された仕返しに、おまえの妻を殺したという。乳母に化けていた猫は、この木こりの妻であった。木こりは、この山のあるかぎりは子孫にたたるといって、郷士の妻の死骸をくわえて飛び去った。郷士は穴沢氏といい、淵の名はそれに由来する。いまも、穴沢を姓とする人を案内者にして磐梯山に登ると、その夜には、きっと猫魔ヶ岳のほうから黒雲がおそって来て、一夜荒れまわるという。[36]

広島県比婆郡東城《とうじょう》町小奴可《おぬか》と西城《さいじょう》町の境にも、猫山（一一九五メートル）がある。そこには、化け猫がすみ、山にはいる人を食い殺すという。東城町川東《かわひがし》の地子給という猟師が、化け猫を退治しに行った。日が暮れると、やがて提灯《ちょうちん》の明かりが見えた。息子の寅太郎の声で、母が病気だから早く帰ってくれという。提灯には自分の家の紋《もん》がついているが、猟師は化け猫にちがいないと、提灯の紋めがけて鉄砲で撃った。夜明けにそこに行くと、血が流れている。その跡をたどると、下引地《しもひきじ》という屋号の家に着いた。そこの家の婆が、昨夜けがをして寝ているという。猟師は婆を見舞いに行き、撃ち殺した。次の朝見ると、婆は大きな山猫になっていた。床下には婆の骨があった。その後、猫山には化け猫は出なくなったという。[37]

これも、「猟師を呼びに来る妻」の類話であるが、提灯をめがけて撃つところは、「山姥《やまうば》の糸車」の昔話の特徴である。

会津の猫魔ヶ岳も比婆郡の猫山も、基本になっているのは、同じ「猟師を呼びに来る妻」の昔話である。化け猫がすむ山があるという信仰を土台に、猫にまつわる一つの物語が、つぎつぎに語り広められ、事実談のように土着して、信じられたのである。猫魔ヶ岳では穴沢氏、猫山では猟師の家や婆の家の歴史になって伝わっていた。物語は借り物でも、猫についての信仰が、ほんとうにあったことのように信じさせる力になっている。問題は、その信仰がどのようにして成り立っているかである。

猫が山にはいるという風説は、古くは琉球《りゅうきゅう》諸島の奄美《あまみ》大島（鹿児島県）にもあった。嘉永《かえい》三年（一八五〇）から約五年のあいだ名瀬《なせ》間切《まぎり》名瀬《なせ》方《ほう》の小宿《こしゅく》村（奄美市）などに滞在していた、名越左源太《なごやさげんた》時致《ときむね》の見聞記『南島雑話《なんとうざつわ》』にみえている。そのなかの「南島雑話」後篇に、家で育った猫は年がたつと逃げ出して山にはいって山猫になるとある。鹿児島から斑毛猫《まだらげねこ》を連れて来て育てても、三年ののちには、かならず逃げて山にはいる。三毛にかぎって山猫になるともいう、とある。[38]

また同書の「南島雑記」では、猫の雄が山にはいるために、雌猫は子どもを生まないのではないかと論じている。雄猫は成長すると、すべて山にはいるという。山中には猫が多い。雄猫が雌猫を恋うときには、里に出てうろつきまわる。しかし、島に猫が少ないのは、雄猫が山にはいって出て来ないので、交わることができず、その種が少ないからであろうかという。左源太は、自分は家の中で、一昨年の夏から雌猫を飼っているが、今年も半ばにおよんでいるのに、まだ子猫を生まないと、その体験を記している。[39]

雄猫は山に、雌猫は里にという、すみわけの観察がおもしろい。阿蘇山の猫岳のばあいとまったく同じである。柳田国男は、それは精確ではないと批判している。[40]平岩米吉さんも、元禄五年（一六九二）成立、同十年刊の人見《ひとみ》必大《ひつだい》の『本朝食鑑《ほんちょうしょっかん》』の文章を紹介して、雄猫が山にはいるという観念は、中国伝来の思想に胚胎《はいたい》しているという。[41]

『本朝食鑑』巻十一には、次のようにある。[42]

おほよそ、老いたる雄猫は妖《えう》を作《な》す。その変化《へんげ》、狐狸《こり》に減《をと》らず。しかも、よく人を食ふ。俗《よ》に呼びて猫麻多《ねこまた》と称す。

雄猫は年をとると化けるようになり、その化けかたは、狐や狸《たぬき》にまけない。そのうえ人も食う。それをネコマタというとある。ここでも化けるのは雄である。

ネコマタといえば、化けるようになった猫の通称のようになっている。古典では、元弘《げんこう》元年（一三三一）成立の兼好法師《けんこうほうし》（卜部《うらべ》兼好《かねよし》）の『徒然草《つれづれぐさ》』第八十九段にあって、よく知られている。[43]

「奥山に、猫またといふものありて、人を食ふなる」と、人の言ひけるに、「山ならねども、これらにも、猫の経《へ》上《あ》がりて猫またに成りて、人とる事は、あンなるものを」と言ふ者ありけるを……。

深い山には、猫またというものがいて、人を食うそうである、とある人がいうと、ほかの人が、山ではなくても、このあたりでも、猫が年を経て猫またになって、人をとることはあることだ、といったという話である。佐渡郡の「猫また屋敷」にもあるように、これが、今日でも一般的な猫またの知識である。

むしろ、このようにみてくると、雄猫が山にはいるといい、雄猫が年経て猫またになるといい、さらに、猫または山にいて人を食うという、そういう伝えが信じられてきたことが、われわれには無視できない。そこで興味深いのは、最近、テレビで見たイギリスの動物生態学者の研究である。その野生化した猫の行動の研究では、雌猫は巣の周辺をほとんど離れないが、雄猫は想像以上に広い範囲を行動半径にしているという。これは、野生化した家猫の行動についての、はじめての研究であるという。[44]してみると、雄猫が里を離れて山に集まるという伝えも、あながちに否定すべきことではなさそうである。猫岳に猫が集まり、猫の王が大晦日に御前会議を開くという「猫の王の会議」の話なども、ますます現実に体験している猫の習性にもとづいているのではないかと、おもわれてくる。ただの猫の集会ならば、われわれも、おりにふれて目にしている風景である。神社や庭の一部分など、ちょっとした空地や木立に、猫が何匹も集まっているのに出会うことは、めずらしいことではない。動物学者がいう猫の寄り合いの制度である。[45]

猫にとって、地域は三つのカテゴリーに分かれている。第一は、プライベートエリアである。自由に行動できる飼い猫は、ふつう、飼い主の家や屋敷を、他の猫の侵入を許さない占有地にする。ハイムテリトリーである。第二が、その外側、直径数百メートルの範囲で、餌《えさ》をあさる狩り場、ハンティングエリアである。この地域は、近所の猫が何匹かで共同で利用しているが、やはり他の猫が侵入すると排撃する。第三は、それをとりまく地域で、ふだんは足を踏み入れることはないが、くわしい地理を、耳で聞いた音から情報化している。交尾期に、雄猫が遠出するときなどに役立てる。[46]

われわれが見かける猫の寄り合いは、このハンティングエリアを共有する猫の集まりである。共有地を利用する仲間が、たがいに知り合う機会として、このエリアの一隅に定めた集会所で開く。夜になると、仲間の猫たちが、雄雌の区別なく集まってくる。多くは数メートルの間隔をあけてすわっているが、体をつけあったり、毛づくろいをしあったりしているものもある。これは一般には、親子や幼い兄弟どうし、あるいは、交尾期の雄雌のあいだでなければみられない、親密な行動である。[47]

そこで動物学者は、ハンティングエリアを共同使用することを認めあっている猫の仲間たちが、一つの単位になって共同体をつくっているとみる。それは、単純には、単独生活者とか群れ生活者とかいえない、独自のタイプの社会組織であるという。[48]これは、猫にも社会があり、猫の王から村の親方にいたるまで、支配者がいるという言い伝えを理解するうえで、重要な事実である。村の親方とは、この村の中で見かける寄り合いの制度を意識したものであろう。猫岳の御前会議も、この猫の集まりを拡大した世界と考えることができる。

この猫の社会制度から類推すると、ほかの猫に関する伝えにも、このような猫の生態が反映しているにちがいない。夜の寄り合いの無気味さなども、人間の文化にとって、たいせつな印象であろう。声はほとんど聞こえない。ときどき気の弱い猫が、近寄られすぎて、小さなうなり声を発するだけである。顔の表情も、友好的である。こうして、集まりは夜中まで続く。[49]

猫の寄り合いは、夜だけにかぎっているわけではない。ふだんから、日なたぼっこをしながら、集会をしていることもあるそうである。繁殖期には、寄り合いは中断するが、繁殖期が近づくにつれて、寄り合いはひんぱんになる。日中にもおこなわれるようになり、時間も長くなる。[50]そうなると、猫の寄り合いの制度は、われわれ人間にとって、ますます身近なものになる。この猫の種社会の交流の場を、[51]人間の目が見逃すはずがない。

「猫岳参り」の伝えは、猫がときとして、家を離れる習性のうえに成り立っていた。猫はときに一か月、長ければ三か月以上も姿を見せないことがあるが、もどって来ると、ずっといたかのように振る舞うという。このあいだ、どこに行っているのか。日常的なテリトリーにはいないとしても、そんなに遠くには行っていないとおもわれるという。家出の原因は、家の中の模様変え、新しい滞在者、引っ越しなど、猫が毎日見なれている原風景が変わったとき、それをがまんできない変動と感じるからであるという。[52]このような猫の行動は、人間の猫観に、複雑な影響をあたえているはずである。

死が近づくと猫が姿を隠すというのも、重要な事実である。[53]「猫岳参り」で猫が二度と帰って来なかったというのは、この習性に相当する。年を経ると化けるようになるからと、物を持たせ暇をやるといって送り出すのも、猫は最後にはいなくなるからである。山にはいって猫またになるとか、いなくなった猫が猫また屋敷にいたという話が信じられたのも、この事実による。たしかに、猫が化けるとか、人間の死とかかわりがあると考えられてきたのも、この猫の死にかたと関係があるにちがいない。[54]猫に王がおり、猫岳参りをすませると村に帰って親方になるという伝えも、それなりに、猫の習性の反映らしい。動物学者によると、猫の社会にも、ゆるい順位制があるという。ハンティングエリアでいうと、いちばんいい場所を固有のテリトリーにしている猫が一般に順位が高い。土地とのかかわりでみると、その土地にいちばん古くから住んでいる猫の順位が、高いそうである。[55]「猫の王の会議」といい、「猫岳参り」といい、ただの空想ではなく、長いあいだ人間が猫に親しんできた観察の成果のようである。猫にまつわる言い伝えは、まさに人間が、そのときそのときの生活感覚でとらえた、猫の民俗自然誌であった。

猫の家を訪ねて

山口県周防大島《すおうおおしま》（大島郡）にも、猫は年をとると九州の猫山に行く、という伝えがある。東和《とうわ》町西家室《にしかむろ》では、赤猫が山に行くというが、ところによっては三毛が行くともいう。怪異な力を持つことを「コウ（劫）をする」というが、赤猫がコウをすると、踊りを踊って、やがて猫山に行く。外祖父の家に一匹の赤猫がいて、長く飼っていたが、あるとき、障子《しょうじ》の向こうで踊っている姿が映った。あの猫もコウをしたからいなくなるだろう、といっていたら、まもなく猫は見えなくなったと、宮本常一さんは伝えている。[56]ここでも、踊りを踊るようになることが、猫山に行く猫の条件であった。

東和町では、九州の猫山を稲葉《いなば》山の猫山と称している。稲葉山は、日本中の猫が集まるところで、そこに行くことは猫の出世であるというから、阿蘇山の猫岳と同じ信仰である。猫山を稲葉山というのは、猫がいなくなったときに、猫がもどるように祈るときの歌と関係がある。その歌は、『小倉百人一首』にある、在原行平《ありわらのゆきひら》の稲葉山の歌である。

立ち別かれ　稲葉の山の峰に生ふる　松とし聞かば　今帰り来《こ》む

この歌を書いたり、唱《とな》えたりすると、猫が帰って来るという。[57]猫が猫山に行くといえば、家を離れているということを意味する。そこに、猫山を稲葉山と呼ぶようになる動機があった。

この猫山の話も、昔話の「猫また屋敷」の型で、猫山が猫の社会であるという例の一つであるが、これには、「猫また屋敷」の類話のなかでも、きわめて独自性の強い特徴がある。猫がかつての飼い主を助けるというだけではなく、猫に親切にした女の主人公が、猫から贈り物をもらい、それをまねた人は失敗するという、昔話の「舌切《したき》り雀《すずめ》」をおもわせる構想になっている。

奥さんと下女が、一匹の猫を飼っていた。下女は猫をかわいがるが、奥さんはいじめていた。あるとき、猫がいなくなった。下女が悲しんでいると、六部《ろくぶ》（旅をする行者《ぎょうじゃ》）が来て、その猫は稲葉山の猫山にいるから訪ねて行けという。下女は暇をもらって、稲葉山に行った。日が暮れるまで探し、山の中の立派な家に着いた。一夜の宿を頼むと、出て来た娘は、おまえも食い殺されに来たのかという。困っていると、老婆が出て来て泊まっていけという。

夜、下女が寝ていると、隣の部屋で話し声がする。のぞくと、美しい女たちが寝ている。耳をすますと、きょう来た女は、かわいがった猫を訪ねて来たので、かみついてはいけないということだ、と話している。下女はおそろしくなった。そこに、自分の家の猫が出て来た。顔は猫だが、女の姿をしている。猫は、ここに来ることは出世だから安心してくれといい、日本中の猫が集まるところだから早く帰るようにといって、白い紙包みを下女に渡した。これは宝物だから、帰るまで開けるな、途中で猫に会ったら、これを振ると道をあけてくれる、と教えた。

外に出ると、まわり中、猫の群れである。下女が紙包みを振りながら歩くと、猫は通してくれる。家に帰って紙包みをあけると、中に犬の絵があり、犬は本物の小判を十両くわえていた。これを見た奥さんは、自分が猫の飼い主であると、猫の家を訪ねて行った。自分の家の猫が出て来たので、帰ろうとさそうと、猫は奥さんの喉笛《のどぶえ》にかみついた。[58]

猫を雀に、下女と奥さんを善い爺と悪い婆にかえ、紙包みをつづらにすると、そのままで「舌切り雀」である。

これとほとんど同じ型の類話は、岐阜県大野郡高根《たかね》村阿多野《あたの》郷や[59]岡山県阿哲郡哲西町[60]にもあり、それなりに広く知られていたようであるが、その実例は多くない。しかも、物語はこまかいところまで共通していて、かなり統一的に広まっていたようである。大野郡では、登場人物が、猫をかわいがった爺と、いじめた婆とに変わっているが、白い紙包みをもらって帰るところまで一致していて、大島郡の例の枠を出ない。はたして古くからの純粋な口伝えといえるのかどうか、なお保証が得にくい。

それからみると、大島郡の類話も、「猫また屋敷」の猫の恩返しの部分に、「舌切り雀」などにならって、真似した人の失敗の部分を付け加えただけの型ともおもえる。しかし、これには、外国にも類話があって、そうかんたんにはきめることができない。まったく等しく、猫を主役にした同じ類型の「猫の家」の昔話は、西アジアからヨーロッパにかけても分布しており、[61]日本だけで孤立して成立したとは、とうてい考えられない。まずトルコに、九つの典型的な類話が知られている。アンカラに数例あるほか、イスタンブールなどにも分布している。その昔話は、次のような型である。

(一) 貧しい娘が、猫の家にはいって行く。
(二) その娘は、猫に親切をほどこし、贈り物をもらう。
(三) それをまねて、猫を悪くあつかった女は死ぬ。

これらの類話では、だいたい、親切な女は袋の中に入った贈り物をもらい、不親切な女はもらった袋の中から出てきた蛇《へび》やさそりに殺されることになっている。[62] トルコとほとんど一致する類話は、ギリシアのアテネにもある。現代のギリシアの生活文化は、全般にトルコと共通するところが多いが、その一例である。主人公は貧しい年とった物乞い女である。

ある夜、物乞いの老女が、家に食べ物がないので街路へ出た。歩いているうちに明かりをみつけ、その家の扉をたたくと、大きな黒猫が扉を開けた。階段をあがった立派な部屋に、二四の雌猫がいた。猫は老女をやさしく迎え入れ、袋を持って来るようにといった。老女は、友だちのところに行って、小麦粉をくれる人があるといって袋を借りた。老女が猫の家にもどると、猫は袋いっぱいの金塊をくれた。老女は家に着くと、袋をからにして、すぐ友だちに返した。

貸し主の女が袋を調べると、金のかけらが残っていた。その女は、老女をおどして、ほんとうのことを聞き出し、猫の家に行って、持って来た二つの袋に金をいっぱい入れるようにと強要した。猫はその女に、家に着くまでは袋を開けてはならないといいつけた。女が家に帰って袋を開けると、蛇がいくつも跳び出して、その女を食い尽くし、骸骨《がいこつ》以外にはなにも残らなかったという[63]。

さらに西に進んでは、イタリアの中部、トスカナ地方にある。

おおぜいの子どもをもっている貧しい母親がいた。妖精が、その母親に、山の頂上に行くと立派な宮殿があり、そこには魔法をかけられた猫がたくさんいて、施し物をくれるだろうと教えた。母親が訪ねて行くと、子猫が中に案内した。母親は猫たちのために家事の雑用をした。やがて、冠を着けた猫の王の前に出て施し物を乞うと、王は、母親が猫たちをたいせつにしたことを知り、前掛けにいっぱいの金貨を与えた。この母親の悪い姉妹は、まねて猫の家を訪問するが、猫を虐待し、体中ひっかかれて帰って来たという[64]。

ここでは、猫の家だけではなく、猫の王も登場している。

ヨーロッパでは、典型的な類話はギリシアとイタリアに一例ずつあるにすぎないが[65]、この分布のしかたは、日本の「猫また屋敷」系統の「猫の家」が、型式上ヨーロッパに続くものであることを示しているとみてよかろう。しかもイタリアには、この例を中心にして、二十余りの一群の類話があり、それは、型式が「猫の家」と共通し、そのなかには、女主人公が猫たちにかわって家の雑用をするという一節もあって[66]、「猫の家」の形成の背景をうかがわせている。

「猫の家」は、世界的に分布する「親切な娘と不親切な娘」の大類型に属する昔話で、このなかには、日本の「舌切り雀」のほか、「地蔵浄土《じぞうじょうど》」や「鼠《ねずみ》浄土」も含まれている。[67] 親切な娘が異郷を訪問して褒美《ほうび》をもらい、不親切な娘は処罰をうけるという型の昔話である。この「猫の家」は、異郷の主《ぬし》を猫とするところに特色があるが、猫が宝物をくれるという話なら、ハンガリーにも数例ある。不親切な悪い娘は、悪魔（熊《くま》）のすむ森の家にいた猫に食物を与えず悪者に引き渡すが、親切な娘は猫を助けて、宝物をもらうという話である。[68]「猫の家」とくらべて、異郷の主と宝物の主とがずれているだけである。

「親切な娘と不親切な娘」は、もともと、人間が別世界を訪問する物語である。したがって、その異郷の主人は、人間以外の独自の世界をもつにふさわしい霊的な存在である。そこに、家畜として飼われていた猫が、自立して「猫の家」という別世界まで形成しているのは、やはり、猫が寄り合いというかたちで一つの社会組織を維持し、共同体をつくっているという観察があったからであろう。ヨーロッパにも、日本と同じ猫観が生まれていたにちがいない。

日本の「猫の家」は、猫山の信仰と結びついている。しかし、猫山の信仰じたい、日本猫の伝来よりは古くない。この「猫の家」のユーラシア大陸における広がりと、日本の猫山の信仰の存在とを合わせて考えると、日本の「猫の家」は、「親切な娘と不親切な娘」の大類型の一群の昔話のなかから、猫を主題に個性化したヨーロッパや西アジアの類話が、猫山の信仰の形成と並行的に伝播《でんぱ》したものと推定してよかろう。『太宰管内志』などの「猫また屋敷」に、訪れた人を助ける趣向があったのも、むしろ「猫の家」からの単純化であったかもしれない。「猫の家」の類話は、日本では多くないが、地下の鼠の国に行った主人公が猫の番を頼まれ、猫の鳴きまねをして、鼠の財宝を得て帰るという「鼠の浄土」の昔話は、かなり広く知られている。おそらくは、鼠の社会が地下にあるという日本古来の伝えを基盤に、「猫の家」から変成したものであろう。

「猫の家」としては典型的ではないが、日本の「舌切り雀」系統の「猫の家」を考えるにあたって、興味深い例がイギリスにある。「親切な娘と不親切な娘」の継子《ままこ》と実子型の一例である。親切な継娘《ままむすめ》が地下の世界に行き、農場で働いた。猫たちと雀たちの援助で無事に過ごし、帰りには、猫の助言で報酬に小さい箱をもらった。それには宝石がはいっていた。それを見た継母は、不親切な実の娘を地下の世界に行かせた。帰りに大きな宝石箱をもらったが、家に帰って開けると、炎が出て家は火事になり、継母とその娘は、焼け死んでしまったという[69]。

これには、不思議なことに、猫と雀が登場する。日本の「舌切り雀」と「猫の家」の源流が一つであることが、如実に示されているかのような話である。イギリスのこの類話など「親切な娘と不親切な娘」には、異郷に行き宝物をくれる家に着くあいだに、いろいろなものに出会い、それに親切に対応する段があるが、「舌切り雀」にも同じような趣向をともなう類話が少なくない。[70]「舌切り雀」も本来、「親切な娘と不親切な娘」一般の型にかなり近いかたちで、日本に伝わっていた可能性が大きい。

山口県大島郡の猫山の話では、猫の行くえを教えたのは、旅人の六部であった。これは、「猫の家」の展開を考えるうえで、無視できないことである。六部とは、くわしくは六十六部《ろくじゅうろくぶ》と称する諸国の社寺を巡拝する行者のことで、信仰的要素の強い昔話にはしばしば登場している。それは、六部自身が、その昔話を語り歩いていた痕跡《こんせき》であるらしい。その点では、六部は職業的な昔話の語り手として、昔話の歴史を知るうえで、見のがすことのできない旅人であった。[71]日本の「猫の家」が、類話に変化が少ないのは、六部などによって、系統的に語られていたためかもしれない。

第二章　ヨーロッパの猫の王たち

猫の王の思想

猫に社会があり、猫の王がいるという観念は、日本ばかりでなく、ユーラシア大陸を隔てて、アイルランドを中心にしたイギリス諸島にもある。[72] アイルランドには、怪異な猫の伝えがたくさんあり、猫の王の信仰も顕著であった。ロスコモン地方には、ダウラスクロアガンの神聖な塚にすむ猫の王の伝えがあった。またミース地方には、ダウスの塚にすむ、もう一匹の猫の王がいた。最初の猫の王は、ロウス地方東部の塚で、神聖な馬のように信仰されたようであるという。そうした事例は、初期アイルランド文学に、数多く見出すことができるそうである。[73]

古くからの伝えをみるかぎり、イギリス諸島の猫の王の思想の拠点は、アイルランドにあったようである。イギリスの民俗学者キャサリン・メアリー・ブリッグズは、『猫のフォークロア』のなかで、アイルランドの猫の王をとりあげ、作家のオスカー・ワイルドの母親であるスペランザ・ワイルド夫人の著作を紹介している。[74] ワイルド夫人は、アイルランドの「猫の王」について、その特色を次のようにえがいている。

猫科の動物の歴史のなかで、もっとも重要な役は猫の王である。猫の王は、あなたの家にいるかもしれない。高貴な地位を識別するしるしもなく、ごくふつうの顔つきをしたやつである。だから、本物の王になる資格を確かめることは、とてもむずかしい。もっともよい方法は、その猫の耳を、ごくわずか切り落とすことである。もし、ほんとうにその猫が、王たる役であるならば、ただちに自分がだれであるかを、遠慮なく宣言するであろう。同時に、猫は、あなた自身についても、飼い猫にあまりとやかくいわれたくないような、いくつかの不愉快な真実を、告げるであろうという[75]。

アイルランドの猫の王の伝えでは、特別な特徴もない、どこにでもいそうな飼い猫が、みずから王であることを宣言したり、あるいは、集まっている猫の動きから、王であることがわかったなどと語っている。ワイルド夫人は、首を切られた猫が王であると名告る次のような話を記している。

ある男が、腹立ちまぎれに飼い猫の首を切り落とし、火の中に投げこんだ。すると首が、すさまじい声で叫んだ。「おまえは、猫の王の首を切り落としたと、おまえの女房にいいに行け。いや待てよ。おれがもどって来て、この侮辱に仕返ししよう」。猫の目が、火の中から身の毛もよだつほど、男をにらみつけた。一年後のその日、事は起こった。男がペットの子猫と遊んでいると、子猫が突然、男の喉《のど》にとびかかり、ひどくかみついた。男はまもなく死んだという。[76]

猫の王が子猫になってもどって来て、復讐《ふくしゅう》したという話である。

アメリカの民俗学者ヘンリー・グラッシーの『アイルランドの民話』にも、アイルランドの猫の王の昔話がいくつかみえている。一つは、ゴールウェイのある老人が伝えている、自分の父親が猫の王の裁判を実見したという話である。

父親は、領主の館で牧夫をしていた。家畜の餌をゆであげるのが仕事で、夜、寝る前に、よく煮えるように、鍋の鉄の蓋《ふた》の上に石を載せておいた。ところが、ある朝、石も蓋もとれていた。それが毎晩続いた。そこで父親は、見張りをした。明かりは暖炉の火だけである。そこに大きな猫がはいって来て、鍋の上の石を払い落とし、蓋をはずして鍋の中に前足をつっこんだ。父親が棒切れで猫を殴りつけると、猫は戸口から跳び出した。

父親が戸を閉めて寝ると、すぐにまた戸が開いて、さっきの猫がはいって来た。その後から、たくさんの猫が続いて来た。猫たちは台所にはいると、輪になってすわり、猫の言葉でしゃべりだした。そこへ猫の王がはいって来た。ひときわ大きい、立派な雄猫である。車座の真ん中にすわると、さっきの猫が、王の方に進んで、事情を訴えている。王は証言を吟味するかのようにふるまい、やがて、「無罪、これまで」とでもいうように、その猫をトンと叩《たた》き、戸口から出て行った。ほかの猫も全部外に出て、戸が閉まった[77]。

台所に猫が集まっているようすは、例の猫の寄り合いをおもわせる。

猫が集まって王を選ぶところに行きあったという話もある。ダブリンでの伝えである。

冬のある夜、飼っていた黒猫が外へ跳び出して行った。翌朝、飼い主が両親を馬車に乗せてミサに出かけると、道の行く手に猫の群れがいる。真ん中には、大きな雄猫が前足を胸の下に抱えこんですわりこみ、そのまわりに、ほかの猫が立ったり寝そべったりしている。子猫は、仲間のあいだを動きまわっている。まるで、家来が命令を待っているかのようである。それを見て父親が、猫が王を選んでいるところだ、といった。猫は寄り合いを開いて、王さまを選ぶものであるという。

ミサの帰りにも、何匹かの猫が残っていたが、大きな雄猫の姿はなかった。その夜、猫がまた、元の場所に集まった。そこを酔った男が馬車で駆け抜け、たくさんの猫が死んだらしいという[78]。

この猫の王の選挙も、猫の寄り合いの習性にもとづく伝えである。昼も夜も同じ場所に猫が集まっていて、子猫だけが自由にふるまっているというのも、猫の寄り合いではよくみかける光景である[79]。その場所が、猫の集会所になっていたのであろう。ここでも、猫の王や親方など、主導者格の猫が語られている。古参の猫が、寄り合いでは、ほかの猫の上位に立って、王のような動きをしているのかもしれない。

アイルランドには、旅人が猫の王が主宰する猫の集会に出会ったという話もある。これは、ハンス・クリスチャン・アンデルセンの童話「大クラウスと小クラウス」でも知られ、ヨーロッパを中心に、世界的に分布する「二人の旅人」の昔話の一例である。

小マッカーシーと大マッカーシーという、二人のいとこどうしの行商人がいた。品物の売れない大マッカーシーが、よく売れる小マッカーシーをうらやみ、殺すかわりに目をくりぬいた。目が見えなくなった小マッカーシーは、果樹園に置きざりにされ、しかたなく木に登って、夜をすごした。真夜中になると、猫の声が聞こえる。まわり中、猫でいっぱいになっていた。

それは、五月一日のメイデイ（五月祭）の前夜であった。小マッカーシーが耳をすますと、猫の言葉がわかる。一匹が猫の王らしい。王がほかの猫に命令し、ほかの猫は、猫の王に、ていねいな言葉づかいをしている。猫の王が、なにか変わった情報を持って来た猫はいないかというと、一番目の猫は、目の見えない人が見えるようになる井戸の水があるという。二番目の猫は、町の王の姫の病気がなおせる井戸に生えている草を知っているという。三番目の猫は、井戸を掘るとよい水の出る場所があるという。ところが、どれも人間は知らないといって、猫たちは笑った。猫の王は会議を閉じ、一年たったらまた集まるようにといいわたして、解散した。

小マッカーシーが、聞いたままにためしてみると、そのとおりになった。目の見えない人は、目が見えるようになり、町の王の姫の病気はなおり、井戸を掘るとよい水が出た。町の人は感謝して、小マッカーシーを町長に選んだ。そこへ大マッカーシーがやって来て、この話を聞き、メイディの前夜に、猫の集まる果樹園に行った。夜中になると、何千匹もの猫が集まり、猫の王を中心に、整然と列をつくって並んだ。やがて猫の王が、去年は会議を立ち聞きした人間がいたので、今年は始める前に果樹園の中をよく調べようという。大マッカーシーは、猫に見つかって殺された。[80]

この主人公が猫の集会で盗み聞きをするという部分は、「二人の旅人」の昔話で、目が見えなくなった男が精霊あるいは動物の話を聞き、有益な秘密を知るという趣向の一例である。それもいろいろな語りかたがあるが、そこに「猫の王の会議」が登場しているのは、アイルランド一般の猫の王の言い伝えの反映にちがいない。

この特定の日の夜に、年に一度、猫の王のもとに多数の猫が集まり、会議を開くというのは、日本の猫岳の猫の王の大晦日の御前会議と、まったく同じ伝えである。

大晦日と五月一日の前夜とでは、時期が大きく異なっているが、ヨーロッパでは、五月一日は古来、一年中でもっとも大きな折り目の一つであった。その日に新年のような意味があったとすれば、「猫の王の会議」と寸分違わぬ伝えになる。猫の王の観念といい、その王の会議といい、ただ偶然にユーラシア大陸の東西ではじめたとは考えにくい。猫が家畜として伝播するなかで、共通した思想が形成されたにちがいない。

自分が猫の王だ

アイルランドには、猫の王の信仰や物語が一般に知られているなかで、猫の王の継承を主題にした、まとまった昔話がある。スペランザ・ワイルド夫人がいう、なんでもない飼い猫が突如、自分が王であると名告って跳び出して行く「猫の王が死んだ」の昔話である。次の例は、コークでの伝えである。

十一月のこと、ある男が、マクルームの市場に、子牛を一頭売りに行った。その帰り、夕闇の中、インチギーラの墓地にさしかかると、柵《さく》の横木のあいだから一匹の猫が首を出し、人語して男にいった。「バルグリーが死んだと、バルギャリーに伝えてくれ」。男は家に帰り、炉端《ろばた》で妻と話をしているうちに、この猫のことを思い出し、妻に、猫が自分を呼びとめて、「バルグリーが死んだと、バルギャリーに伝えてくれ」といったと話した。すると、暖炉の前で丸くなっていた飼い猫が、いきなり跳び起き、男のまわりをひゅーっと駆けまわり、「悪魔に食われちまえ。どうしてそれを早くいわないんだ。葬式に遅れちまうじゃないか」というと、戸口から風のように跳び出して行った。それっきり、その猫は姿を見せなかったという。[81]

ここでは、猫の王とは明確には語られていないが、昔話の型式でいえば、死んだバルグリーが猫の王、バルギャリーはその後継者ということになる。

昔話の「猫の王が死んだ」は、猫の王の思想をもっともよくあらわしている。王位を継承する立場の飼い猫が、王の死を伝えられて、即位のために家を出て行く話である。昔話の型としては、だれかが死んだことを伝える声を聞くという、「死の伝言」の趣向を主題の核とする一群の昔話「パーンが死んだ」の一類型であるが、そのなかでは、主役が猫になっているところに特色がある。昔話の型式は次のようになる。

猫の王が死ぬ。猫の仲間の一匹の死が伝えられると、猫が家を離れる。猫の飼い主が、「ロバートは死んだ」ということを語った。こういうと、すぐに猫はいなくなる。[82]

この昔話の類話は、北ヨーロッパのノルウェー、デンマーク、中部ヨーロッパのドイツ、ボヘミアなどのゲルマン文化の領域と、フランスのブルターニュ、イギリス諸島のイングランド、スコットランド、アイルランドなどのケルト文化の伝統をもつ領域に分布している。[83] そのなかでも、死んだ猫をはっきりと猫の王であると語っている例は、ほぼイギリス諸島にかぎられている。おそらく、猫の王の信仰があり、猫の王の観念が一般的なアイルランドの文化と関係が深い伝えであろう。

この「猫の王が死んだ」の昔話にも、いくつかの特色のある物語の類型がある。猫の王は死んだと伝える手段の型から、類話を分けてみることができる。たとえば、ワイルド夫人がとりあげた類話のように、伝言によらずに殺された猫がみずから猫の王であることを名告っている例がある。これは、アイルランドに多く、たいていは殺された猫が、殺した人に復讐する話に結びついている。

このほか、伝言の趣向をともなう類話も、その伝言のしかたにより、いくつかの型に分けられる。アメリカの民俗学者アーネスト・ボーマンは、イギリス諸島と北アメリカの類話から、三つの型を抽象している。一つは、見知らぬ猫が家に来て人語する話である。ボーマンのいう(c)型である。

> 見知らぬ猫が煙突から下りて来て、男に、「ディルドルムに、ドルドルムが死んだと知らせろ」と伝える。妻が猫を連れてはいって来たとき、男は妻にそのことを知らせる。猫は「ドルドルムが死んだのか」と、急いで煙突を登って行く。[84]

これは、イングランド北西部の南ランカシャーでよく聞くという次の類話によっている。

主人が居間にすわって読書か瞑想《めいそう》をしていると、猫が煙突から下りてきて、「ディルドルムに知らせろ。ドルドルムが死んだ」と叫び、びっくりさせられる。しばらくして、妻がはいって来たので、主人は、いま起こったことを伝える。すると、妻について来た飼い猫が声をあげ、「ドルドルムが死んだって」といって、即座に煙突をかけ登っていった。その後、二度とその猫の消息を聞かなかったという。85

ドルドルムが猫の王であり、ディルドルムはその後継者であった。

王位の継承者になっていた飼い猫が、王の死を知ってそれっきり帰って来なかったというのは、日本の「猫岳参り」の伝えによく似ている。ヨーロッパでも、猫が年経て家を離れるという習性から、やはり、それに神秘的な意味を与えていたのであろう。日本では、それを一般に、猫は死が近づくといなくなるとか、猫はけっして死骸を見せない、などといっているが、イギリスで、猫の王が死ぬと飼い猫が家を出て行くというのも、死をめぐって猫が家を離れるという点で共通している。

次に、かならずしも猫の王の死とはいわないが、飼い主が家に帰る途中、他の猫の言葉を聞いて、飼い猫に伝えるという語りかたもある。ボーマンの(b)型である。

家路についた男が、秘密の伝言を与えられ、妻に伝える。家の猫が聞くと、猫は煙突を登って姿を消す。[86]

ここにあげたこの型の類話は、イングランド中西部のシュロップシャー（サロップ）での出来事であるという。

ある男が馬に乗って、カンクウッドを通っているとき、猫に自分の名前を呼ばれた。男が返事をしないでいると、猫がはっきりと、二度三度と次のように話しかけた。「あなたの猫、ティッテン・タッテンによろしく。あなたの猫に、グリマルキンは死んだと知らせてください」。男が家に着いてそのことを妻に話すと、それを聞いていた飼い猫は、男をきのどくそうに見あげ、「グリマルキンが死んだって。それではさらば」といって、すぐに出て行き、その後、けっして姿を見せなかったという。[87]

もう一つは、物語の主人公が、猫の王の葬式を見たという話である。ボーマンのいう(a)型である。

男が猫の葬式を見た。家に帰って妻にそれを話すと、それを聞いた家の猫が、かなきり声で、「ほんとうに、ピーターのやつ死んだんだ。それで、おれが猫の王なんだ」といった。猫は煙突を登って見えなくなり、二度と姿をあらわさなかった。[88]

次のイングランド西部ヘレフォードでの伝えは、この(a)型の例である。狩りに出かけ山小屋に滞在していた若者の話になっている。

山道にまよった若者が、やっと明かりを見つけた。それをたよりに行くと、途中で明かりが見えなくなった。そばに大きな樫《かし》の木があったので、その木に登ると、光は、その木の空洞になった幹の中からもれていた。空洞の中を見おろすと、そこは教会らしく、葬式がおこなわれていた。歌が聞こえ、棺《ひつぎ》を松明《たいまつ》でとり囲み、みんなで運んでいる。棺も松明も猫が持っている。棺の上には、王冠と王のしるしの笏《しゃく》があった。

若者がここまで話しおえると、そばにいた山小屋の黒猫が突然かなきり声をあげ、「とんでもないことだ。ピーターのやつ死んだのか。これで、自分が猫の王だ」といい、煙突をかけ登り、二度と姿を見せなかったという[89]。

これは、「猫の王が死んだ」の類話のなかでも、「猫の王の葬式」と称してもよい特色のある類型である。「猫の王の葬式」型は、ボヘミアやブルターニュのほか、一般の「猫の王が死んだ」も分布するイギリス諸島に多く知られている[90]。猫が自分は猫の王であると主張するだけの話とは異なり、「猫の王の葬式」は、具体的に猫の王の存在をえがいており、猫の王の観念を伝えるもっとも成熟したかたちの昔話になっている。

猫に化ける妖精の葬式

ドイツやイギリスには魔女が猫に化けるという伝えがあるが、イングランド北部では、妖精（fairy）が猫の姿であらわれるという話が一般的であるという。次の例は、型としては「猫の王が死んだ」のボーマンの(b)型に属するが、そうした信仰をふまえた、「妖精の女王の葬式」を主題にする「猫の王の葬式」の類話である。イングランド北東部のダラムでの話という。

農夫が夜、橋を渡っていると、猫が跳び出してきて農夫の前に止まり、顔を見つめていった。「ジョニー・リード、ジョニー・リード。モンフォート夫人に、マリー・ディクソンが死んだと伝えよ」。農夫は家にもどり、この言葉を妻に復誦して聞かせた。すると、家の黒猫が跳びあがって、「かの女が」といって、姿を消した。その雌猫は、変身した妖精で、姉妹の葬式に参列するために出て行ったとおもわれている。

イギリス北部（ハンバー川以北）では、妖精は死ぬと伝えられ、緑の木陰になった場所に、小人の共同墓地があるといわれている。[91]

歴史的に新しい家畜である猫について語る「猫の王の葬式」は、猫が妖精の仮の姿であるという信仰を介して、「妖精の女王の葬式」から転化した可能性が大きい。「猫の王の葬式」が、イギリス諸島を中心に分布していたことも、これに符合する。妖精の共同墓地の伝えは、妖精の葬式の昔話を現実的に信じさせるのに十分である。イングランドの南西端、ケルト文化領域であるコーンウォールにも、「妖精の女王の葬式」の話がある。

リチャードと呼ばれる老人が、セント・アイヴィスから、たくさんの魚を持って、夜遅くに家路についた。リチャードは、レラント教会の鐘が重々しく鳴っているのを聞き、窓からもれる明かりを見た。近づいて中をじっと見ると、教会には明かりがつき、おおぜいの小さな人が、六人の小さな人の運ぶ棺台とともに、中央の通路に沿って動いている。

棺台の上の死者にはおおいがなく、小さな人形ぐらいの大きさで、ろうのように美しい。会葬者たちは、手に手に銀梅花《ぎんばいか》の花を持ち、小さなバラの花輪をつけている。祭壇の近くには小さな墓穴が掘ってあり、死者はその中におろされた。やがて妖精たちは、花を投げ、大声で叫んだ。「わたしたちの女王が死んだ」。

小さな墓掘り人の一人が、シャベル一杯分の土を墓に投げ入れたとき、陰気な叫び声が起こった。リチャードも、つい叫び声をあげてしまった。すると、明かりは消え、妖精たちは、蜂《はち》の大群のように、リチャードの前を急いで通り過ぎ、鋭いとがった先でリチャードを突き刺した。リチャードはおそろしくなって逃げ出した。[92]

ここには「死の伝言」の趣向もなく、「猫の王の葬式」からも一歩遠ざかっているが、はっきりと、妖精の女王の葬式であると語られている。「猫の王の葬式」が、妖精の信仰と密着していたことを裏づける、一つの事例である。

「妖精の女王の葬式」には、自分自身の葬式を見たという「妖精の幻の葬式」の型に属するものもある。次の類話は、イングランド北西部のランカシャーの例である。

牛の医療をするアダムが、若い仲間のロビンといっしょに、夜遅く家路についた。教会の構内を通っていると、人の死を知らせる鐘が鳴り、ロビンの年齢の数の二十六だけ打って止まった。次の門に着くと、門が開き、黒い衣服を着て、明るい赤い帽子をかぶった小さな人が、歩いて行った。小さな人たちは、ゆっくり歩きながら聖歌をうたっている。アダムはロビンに、「妖精だ。ちょっかいを出さなければ、害はないだろう」とささやいた。

妖精たちは、歌を歌っていた。言葉はわからないが、あきらかに葬送歌である。やがて、ほかの声も加わり、先の人たちと同じような衣服の小さな人の姿の行列が見えてきた。そのあとに、帽子を手に持ったほかの人たちが、小さな棺を運んで来た。棺は一部分だけ蓋でおおわれていた。おおぜいの妖精が続き、悲しみに沈んだ歌を歌っていた。

二人は、棺が通り過ぎようとしたとき、半開きの棺の中を見た。棺の中の小さな人の顔は、なんとロビン自身だった。ロビンが先導者にさわろうと手を伸ばすと、たちまち行列は消えてなくなり、嵐が起こった。

約一か月後、ロビンは、積みあげた干し草から落ちて死んだ。二人が妖精の葬式を見た同じ通りで、アダムが、ロビンの棺を運ぶ担い手になった。[93]

「妖精の幻の葬式」は、イギリス諸島に分布する。イングランド各地のほか、ケルト文化領域のコーンウォール、ウェールズ、スコットランド北西部のスカイ島（ゲール語）、それにアイルランドである。[94] 妖精がその人の葬式を見せるという運命の予告であるから、噂話《うわさばなし》としても広く話題になりそうな話であるが、「猫の王の葬式」と重なりあって分布しているのをみると、両者を無縁のものとみることはできない。妖精が人間に幻の葬式を見せるという信仰と、妖精が猫の姿をとってあらわれるという信仰とが一般的であるとすると、新しい家畜である猫を語る「猫の王が死んだ」の「猫の王の葬式」型は、やはり、古い妖精信仰のうえに成り立っている、というべきであろう。

猫への伝言の源流

「猫の王が死んだ」の昔話は、ある猫が、特定の猫の死を第三者である人間を介して、偶然的に他の猫に伝えようとする構想に特徴がある。ある人物の死を、無関係な人に頼んで伝えさせる「死の伝言」といえば、歴史的には「パーンの死」の物語が古い。ギリシアのプルータルコス（四五〜一二〇年ごろ）の著作にある。

ローマ第二代皇帝ティベリウスの時代、ギリシアからイタリアに航行していた船が、イオニア海のパクソス島近くで凪《なぎ》にあって難航していると、夜中に海岸で物音が起こり、「タムーズ」と呼ぶ。タムーズとは、この船の舵取《かじと》りのエジプト人の名である。三度呼ばれたタムーズが、ついに返事をすると、「おまえがパローデスに行ったら、みんなに『大いなるパーンは死に果てた』と伝えてくれ」という。船がパローデスの港に近づいたとき、タムーズは船から、「大いなるパーンは死に果てたぞ」と叫んだ。すると、岸からは、おどろきと、いたみ嘆くような物音が起こった。イタリアに着いたタムーズは、不思議なことに興味をいだいていた皇帝に呼び出され、事の次第をたずねられたという。[95]

アーチャー・テイラーは、この「死の伝言」の趣向を物語の核とする、「パーンの死」の系統のヨーロッパの昔話を集めて、三つの類型に分けている。その第一は、人間の姿をしている精霊のたぐいが主役である類話群、第二は、猫が主役になる「猫の王が死んだ」の類話群、第三は、伝言が火事の知らせであるという類話群である。しかし、これら三つの類話群も、物語の形式に大きな違いがあるわけではない。ティラーは、その要旨を次のように示している。

> 夜、歩いていた人が叫び声を聞いたが、事の意味がわからないので、その人は家にもどって、不思議なことだといって、その言葉をくりかえしていた。それを聞いた人のうちの一人が、その知らせでとても感動していることがわかった。その人の心の動きの動機は、かならずしも明白にされているとはかぎらないが[96]。

人間の姿をしている霊的なものが主役である第一の類話群は、ドイツ、デンマーク、オーストリアなど、おもにゲルマン文化の領域に分布し[97]、ちょうど、第二の「猫の王が死んだ」がイギリス諸島やノルウェーを中心に広がっていたのと、みごとなすみ分けをしている。しかも、人間の姿をしている霊的なものの例も、小人などの妖精や精霊のたぐいで[98]、魔女の姿などといわれる猫と本質的には変わらない。

この第一の類話群の霊的なものの実態をみると、ドイツ北部やデンマークでは小人や家にあらわれる地の精が人気があり、ドイツ中南部では森の精霊が好まれる。このほか散発的には、オーストリアのケルンテンやティロル、デンマークなどでは取り替え子（妖精がさらった子のかわりに残す、みにくい子）、ティロルでは水の小妖精、ドイツ北部やデンマークでは死者の霊が登場する。[99] 第三の火事の知らせでも、デンマーク、ノルウェー、アイルランドなどでは、トロール（大入道、troll）や小人や妖精が主役になっている。[100]

このように、「パーンの死」の系統の類話のなかで特徴的な「猫の王が死んだ」の猫も、同系統の類話に広くみられる妖精のたぐいの架空の生き物の一つとして登場していることは疑いない。テイラーがとりあげた以外の地域にも、類話は分布する。ノルウェーでは、猫に化けたトロールの話になっている。トロールは丘や山に家族ですんでいる妖精の仲間で、人間と友だちになったり、いたずらをしたりする。次の例には、ゼーランド島の泉の丘と呼ばれる丘に住むトロールたちが登場するが、類話はこの島のほかの丘についても語られている。

> トロールのひねくれた意地悪じいさんがいた。丘の上では、いつも大騒ぎのもとだったので、ガタガタゴロゴロと呼ばれた。じいさんは、自分の若い妻が、若い男と親しすぎると考え、若者を殺そうと決意した。そこで若者は、丘を出ることにし、三毛の雄猫に化けて、町のプラットという正直な貧しい男の家に落ち着いた。猫はそこで、長く気楽に暮らしていた。
>
> ある夕方、プラットが遅く帰って来て、雄猫にいった。「よく聞け。ちょうど

おれが丘を通りすぎようとしたとき、トロールが出て来て、おれにいった。『よく聞け、プラット。おまえの猫に、ガタガタゴロゴロは死んだと知らせろ』と。それを聞くと雄猫は、後足で立ち戸口を急いで出ながら、勝ちほこって叫んだ。「なに、ガタガタゴロゴロが死んだ。早く帰らなくちゃ」。雄猫はあわてて、若い未亡人にいいよるために、丘にむかったという。[101]

この喜びは、猫の王位を得ることではなく、若い未亡人と結ばれるためであるが、構想は「猫の王が死んだ」そのままである。ここで注目されるのは、猫に化けたことに意味があるのではなく、それはまったくの仮の姿で、物語自体は、トロールの社会そのものに主体をおいていることである。「妖精の幻の葬式」にもみたように、トロールが猫の姿であらわれるのは、猫にも、妖精など魔物の世界と同じような社会があると考えられていたからであろう。その猫が三毛猫の雄であったのは、ノルウェーにも、三毛の雄猫を特別なものとみる信仰があったからにちがいない。

テイラーの分類でいえば「パーンの死」の第一の類話群に相当する小人の王の死の物語は、オランダにもある。

小人(Zwerg)たちが、たがいに、小人たちの王の死を、人間を介して知らせる。

という話で、類話を十例ほどあげている。[102] これは、「猫の王が死んだ」の猫が小人に変わった型である。オランダでは小人の王の観念はさらに広く、小人の王が死んだ(猟師に殺された)あと、小人たちは引っ越したという話も数例ある。[103]

「パーンの死」の類話はフィン語系統の諸族にもある。やはり主役は精霊のたぐいで、エストニアでは、森の幽霊が家の悪魔を呼んでいる。

　森の幽霊が人間に、確かな知らせを家に持って行くことを指示する。その人がその依頼を果たすと、悪魔が大さわぎをして、暖炉を通って出て行く。

これは十数例ある。[104]同じくフィン語系統のラップ人にもある。

　ある声が、人に、確かな知らせをとどけることを指示する。[105]

ハンガリーにもある。スザボルクス地方の伝えである。

　羊飼いが道端で、羊に草を食わせていた。そこへ二匹の猫が別々に来て、出会った。二匹は挨拶をし、一匹が葬式に行くというと、他の一匹は、婚礼の宴会に行くところだが、だれが死んだのか、とたずねた。マニョが死んだと答えると、自分も葬式に行くといって、二匹でいっしょにでかけて行った。羊飼いが家に帰って、そのようすを妻に語ると、それを聞いていた飼い猫が、「マニョが死んだのか」という。羊飼いが「たしかに」というと、猫は一足跳びに窓をうち破って出て行き、ふたたびもどって来なかった。[106]

ハンガリー語はウゴル語派に属し、フィン語系統のフィン語派とともに、ウラル語族を形成するが、この昔話は、そうした言語の分化の歴史ほど古いものではあるまい。おそらく隣接するゲルマン文化の領域の諸族の影響であろう。それにしても、ゲルマン文化の周辺地域にまで「猫の王が死んだ」の類話が分布していることは、その広がりの大きさをあらわす意味で重要である。

このように、イギリス諸島の「妖精の幻の葬式」を含めて、「パーンの死」の類話群は、ヨーロッパでは広く妖精など霊的な仮想の生き物を主役としていた。そのなかにある「猫の王が死んだ」の猫も、当然、イングランドのダラムの「猫の王の葬式」の例や、ノルウェーの「猫の王が死んだ」の型のトロールの話のように、妖精などの仮の姿であった。猫は、空想的な妖精のたぐいに実体を与えていた。幻想的な霊の世界を、猫は、具体的な生身の生き物であらわしていた。

ヨーロッパでは、妖精など霊的なものにも社会があると考えられていた。妖精などには王もいた。猫の王の思想も、そうした霊的なものの伝えをふまえ、姿のない霊的なものの実像として成り立っていた。猫は人間の暮らしのなかにはいってくる動物である。妖精などの霊的なものも、もともとは、人間と親しい交渉をもっていた。妖精と猫との一体化には、そうした生活感覚もはたらいていたにちがいない。

猫は人間といっしょに暮らしながら、人間とは離れたところに、独自の世界をかまえていた。自分たちの寄り合いをもち、やがては家を去って、行くえ知れずになる。

そうした猫の生態は、人間にとって、もう一つの擬似人間の姿にふわさしかった。それが、妖精などの特性でもあった。家猫がヨーロッパ社会にはいって以来、かえって逆に、猫の習性が、妖精など霊的なものの仲間の性格にも、影響を与えていたかもしれない。

身近に肌《はだ》えにふれることができる妖精が、猫であった。ペットとしての猫の魅力は、やはり、そこにあったにちがいない。猫が家畜として広まったのは、鼠を退治するためであったというが、猫にたいする親しみは、それだけでは生まれない。古代エジプトでも、女性に信仰され、愛玩《あいがん》されたというが、猫の可憐《かれん》な本性に、そうした歴史的な伝統がはたらいて、ヨーロッパ社会にも受け入れられたのであろう。動物としての本性からも、人間のつみかさねた歴史からも、いまなお猫は、女神バストの獣という伝統を失っていないようである。

第三章　ブロッケンの猫の舞踏会

魔女の舞踏会

阿蘇山の「猫の王の会議」の一部分の伝えのように、踊るようになった猫たちが、特定の日に山の上に集まるという昔話は、ヨーロッパにもある。ドイツ中部の伝えで、㈠猫が踊っていること、㈡猫がブロッケン山の舞踏会に招かれること、㈢それっきり猫が帰って来なかったことなど、たとえば熊本県球磨《くま》郡の「猫岳参り」の話にきわめて近い要素からなっている。一つは、ハールツのブロッケン山の南側にあるクラウスタールの伝えである。

昔、ある女の人と娘とが、村からの帰りに、四つ辻で、それぞれの重い籠《かご》をおろした。二人が休んでいると、数えきれないほどの猫が通りすぎ、そのなかの一匹が、その女の人に話しかけた。「L夫人に、舞踏会をすっぽかすなといいなさい」。この伝言をL夫人に伝えると、L夫人は、太った黒猫の姿で、家から出て来て、ブロッケン山に急いで行ったという。[107]

これとよく似た「猫の舞踏会」の類話は、ブロッケン山の北の斜面でも語られている。

ホッヘンブルクの石切り場で、たくさんの猫が踊っていた。車に荷物を積みこんでいた男の人が、猫が大きな声で叫んでいるのを聞いた。「おまえの猫に伝えてくれ。舞踏会に来ないと、尻尾をなくすことになるよ、って」。男の人がいわれたとおりに猫に伝えると、猫は出て行ったきり、二度とあらわれなかったという。[108]

フォークトラントにも類話がある。

クロヴィッツにむかって歩いていた女の人が、目の前で雄雌一組の猫が踊るのを見た。猫を見ていると、一匹の猫が叫んだ。「あなたがクロヴィッツに行ったら、教区牧師のリー＝ラ＝ランツェに、舞踏会に来なければいけないと伝えてくれ」。女の人にとってはどうでもよいことだったが、牧師館でそのことを話すと、話が終わらないうちに、ストーブの上の棚から、牧師の猫が跳び降りて、それっきり姿を見せなかったという。[109]

フランドルのブラバントの例も、断片ではあるが、この一連の類話に関係がある。ある男の人が、猫の仲間が踊り、「前足から前足へ！　悪魔は死んだ！」とうたっているところを見たという次第を語っている。[110]　これは、この「猫の舞踏会」が、かつてはヨーロッパの他の地域にも広がっていた痕跡とみてよかろう。

ブロッケン山の周辺にこの「猫の舞踏会」の類話が集中して分布していたのは、魔女たちがヴァルプルギスの夜に、猫の姿でこのブロッケン山に集まるという伝えが、ドイツでは一般に信じられていたからである。[111] ブロッケン山といえば、ハールツ山脈の最高峰（一一四二メートル）で、霧が深く、山の上などで太陽を背にして立つと、前方の霧や雲に自分の姿が後《ご》光《こう》を背負った大きな影になって映るという、ブロッケンの妖怪の現象の呼称のもとになった山である。[112]

ヴァルプルギスの夜とは、八世紀のイングランドの修道女で、ドイツの修道院にはいった聖女ヴァルプルギアの名を負う五月一日の祝日の前夜、すなわち、四月三十日から五月一日にかけての夜のことで、ドイツの伝えでは、とくにブロッケン山の魔女の安息日と結びついている。[113] それが、魔女が猫に変身するという伝えと重なっているところに、この「猫の舞踏会」は成り立っている。魔女の安息日の信仰を信じる人たちにとって、猫の踊りは、まごうかたなき真実であった。

しかし、「猫の舞踏会」は、ただの信仰ではない。アーチャー・テイラーが一群の「パーンの死」の類話の一部分、それも猫を主役にした「猫の王が死んだ」といっしょにあつかっているように、この「猫の舞踏会」の構想は、「猫の王が死んだ」と共通するところが多い。まず、物語の核になっている「死の伝言」の趣向が、これにもある。アーネスト・ボーマンは、「猫の王が死んだ」を、伝言のしかたで三つに分けているが、「猫の舞踏会」は三例とも、その(b)型にあたる。[114] これはギリシア神話の「パーンの死」以来の、通りすがりに伝言を頼まれる例である。「猫の王が死んだ」と「猫の舞踏会」との差異は、伝言の内容が、王位の継承か舞踏会への招待かの違いだけである。

「猫の舞踏会」のクラウスタールの例では、猫の踊りそのものは語られていない。L夫人への伝言が、舞踏会へ来るようにという内容であったから、たくさんの猫も、黒猫の姿で家を出たL夫人も、猫の舞踏会に行くらしいと理解できるだけである。しかし、ほかの二例では、物語の主人公は、実際に猫の踊りを見ている。踊りに来いという誘いの伝言も、その小さな舞踏会への招待のようである。ブロッケン山の大集会の舞踏会とは別に、猫が仲間を集めて踊っているのを見ることがあるという伝えも、一般にあったのかもしれない。

古くグリム兄弟の『ドイツ伝説集』には、猫が村の女の姿になって踊りに来る話がある。シュトラースレーベンの農家の下男の体験談である。

村の下女の一人が、ときどき居酒屋の踊りの場から離れていなくなる。あるとき、下男が後をつけると、その下女は、柳の木のうろの中にはいった。見ていると、そこから一匹の猫が跳び出して、ランゲンドルフのほうへ走って行った。柳の木のうろには、下女の体が硬くなって残っていた。やがて猫がもどって来て木

魔女と猫。中世ヨーロッパでは、魔女が猫に変身すると信じられた。

のうしろにはいると、こんどはそこから下女が出て来て、村にむかったという[115]。

これはおそらく、この下女が魔女であったということであろう。ここでも、魔女が集まって踊るという知識が下染めになっていたにちがいない。

同じグリム兄弟の『ドイツ伝説集』には、集会で魔女が踊っているのを見たという話もある。

> ヘムバッハの女の人が、十六歳くらいの息子を連れて、魔女の集会に行った。息子を木の上に登らせ、魔女の踊りに合わせて口笛を吹かせた。魔息子は熱心に魔女の踊りを見ていたが、「お守りください、神さま。こんなばかげた連中はどこから来たの

ですか」といったとたんに、木から落ちて、肩の骨をはずした。助けを呼んだが、そこには、だれもいなかったという。[116]

魔女は集まって踊るものである、という通念があった一例である。

日本の猫は、猫自身が成長して怪異性を身につけた。猫が人間に化けることはあっても、人間が猫に変身することはない。それがドイツでは逆になっている。猫が怪異性を帯びているのは、猫が魔女の変身した姿であったからである。したがって、人間が猫に化けることはあっても、猫が人間になることはない。それはだいたい、ヨーロッパ一般の傾向のようである。猫が集まって踊っているのを見ると、それは魔女の姿であるということになる。

しかし、そうした猫の魔性のありかたの違いを越えて、「猫の舞踏会」は、「猫岳参り」といちじるしく共通している。「猫岳参り」の伝えのもっともまとまったかたちである「猫の王の会議」は、ある特定の日に猫がブロッケン山に集まるという舞踏会と、猫の大集会の日という点では、まったく一致している。しかも、猫という一つの特定の動物の種で定まっていた。それは、猫にそなわった共同体をつくって社会組織をもつという習性との対応から、これらの伝えが成り立っていた証拠とみてよかろう。

こうした「猫の舞踏会」の背景も、やはりグリム兄弟の『ドイツ伝説集』からたどってみることができる。悪魔（Teufel）の踊り場と呼ばれている平らな岩の伝説である。その岩は、ハールツ山脈の北部、ブランケンブルクとクヴェードリンブルクのあいだにあるターレ村にある。

ターレ村の南からあまり遠くないところに塁壁の跡があり、それと向かい合って、ターレ村の北にも大きな岩がそびえている。この廃墟と岩を、人々は悪魔の石垣と呼ぶ。長年、悪魔が神と大地の支配をめぐって争い、やっと、人が住んでいた土地の分割の申し合わせが成立した。いまの踊り場の続きの岩を境界にし、悪魔は大声で喜びの踊りをしながら、石垣を築いたという。[117]

この悪魔の踊りは、歴史的な回顧の世界のこととして語られているだけで、別段ここで悪魔が集まって踊るのを見たという伝えがあるわけではないが、悪魔の踊り場という地名は、そんな信仰をしのばせる呼称である。

「猫の王が死んだ」のうちでも、特殊な型になっていた「猫の王の葬式」が、「妖精の女王の葬式」をふまえて形成されていたように、猫が踊るという伝えも、ただ魔女の踊りだけでなく、悪魔の踊りや小人たちの踊りを基盤にして成り立っていた部分もあったにちがいない。やはりグリム兄弟の『ドイツ伝説集』には、オーストリアのザルツブルクの近くにあるヴンダーベルク（不思議な山）の山の小人（Bergmännlein）が、祝福に来て結婚式で踊ったという話もある。[118] 猫の踊りには、ドイツでは、なお幅広い魔の踊りの伝統がかかわっていたらしい。

猫の踊り仲間

日本にも、このドイツの「猫の舞踏会」にきわめてよく似た類話がある。「猫岳参り」でも、猫は踊るようになると猫岳に登ると伝えていたが、ヨーロッパでも、魔女が猫の姿で踊っていたように、猫にとって踊ることは、怪異性のあらわれであった。

日本の「猫の踊り」の昔話の古い記録は、前にも引いた元禄六年(一六九三)刊の『礦石集』巻一にある。「猫妖《ネコバケ》テ人ヲ害《ガイ》スル事」の条である。寛文《かんぶん》年中(一六六一～七三)のことという。武州は江戸(東京都)隅田《すみだ》川のほとりに住む人の妻が、飼い猫に喉元をかみ切られて死んだという事件である。そのとき、その妻の治療にあたった外科医の話を、著者が直接に聞いて書いたというから、噂話としても、きわめて信憑性《しんぴょうせい》が高い例になる。

ある夏の月の明るい夜、妻は蚊帳《かや》をつり、一人で寝た。猫も同じ蚊帳の中に寝かせた。ところが、猫が妻の鼻の孔に手をあてている。あやしんだ妻が、寝入ったふりをしていると、猫が蚊帳を出て、小袖簞笥《こそでだんす》の引き出しを、引き手をくわえて開けた。そして、染め手ぬぐいを取り出すと、足で柱を踏み、手で腰障子を押し開いて庭に出た。

妻が起き出し、障子の穴からのぞくと、隣の家の猫たちが五、六匹集まり、染め手ぬぐいをかぶって踊っている。人間の言葉をつかい、女の名をつけて、お松、お糸、お夏などと呼んで踊っている。まるで人間のようである。妻は身の毛のよだつおもいで、蚊帳にはいって眠ったふりをしていた。猫はまた、障子を開けて家にはいり、箪笥に手ぬぐいをしまって蚊帳にはいった。妻はおそろしくなった。

夜明けを待ち、妻は夫にこのことを話した。猫を殺そうと相談していると、そばで聞いていた猫は、どこへともなく走り去っていなくなった。七、八日たって、夫が板橋のいとこのところに行くと、その猫がいた。捕らえて殺そうとすると、逃げ去ってしまった。その暮れがた、妻が湯殿《ゆどの》で湯浴《ゆあ》みをし、浴衣《ゆかた》を着て出ようとすると、その猫が来て、妻の喉元をかみ切って逃げた。妻の叫び声を聞いて人々が集まり、医師を呼んで治療したが、翌日死んだ。その後、猫はゆくえ知れずになったという[119]。

この『礦石集』の「猫の踊り」は、事の次第もくわしく、語りも生き生きとしている。いくつかの特色もあるが、ドイツの「猫の舞踏会」とも大筋では共通している。この『礦石集』の類話では、まず第一に、猫が手ぬぐいを持ち出して、それをかぶって踊っている。これは日本的な特徴である。第二に、ここでも猫の踊りが猫の集会であった。「猫の踊り」も、「猫の王の会議」や「猫の舞踏会」と同じく、猫の寄り合いの制度の体験を土台にしているらしい。この例も、まったく近所の猫の集まりで、庭先での猫の寄り合いをおもわせる描写である。

第三に、踊っている猫の名はすべて女の名である。これは、ドイツの「猫の舞踏会」や魔女信仰につながる重要な一致点である。第四に、猫たちが人間の言葉をつかっている。ドイツの「猫の舞踏会」では、それが物語の核をなす伝言の趣向を構成していた。この『礦石集』の例では、ただ猫が人間の言葉で話していると語るだけであるが、妻が夫と猫を殺そうと相談していると、猫が聞きつけて逃げ去ったという場面の伏線にもなっている。猫が妻をかみ殺したのも、その復讐で、猫が人語を解していることが、ここでは筋立てに決定的な役割をはたしている。

この猫の人語の趣向を生かして、外から来た猫が、寺院の猫を踊りにさそっていたと語っている類話もある。これは、「猫の王が死んだ」の昔話で、よその猫が王位を継承する猫の家まで王の死を知らせに来る型に相当する。寛延《かんえん》二年（一七四九）刊の『新著聞集《しんちょもんじゅう》』第十、奇怪篇に、この「猫の踊り」の例がある。天和《てんな》三年（一六八三）の夏のこと、淀《よど》（京都市伏見区南西部）の城下の清養院が舞台である。

住持《じゅうじ》が痢病《りびょう》で、夜、厠《かわや》に行くと、縁の切り戸をたたいて呼ぶ声がする。すると、七、八年も飼っていた寺の猫が、炬燵《こたつ》の上から走り出て鍵《かぎ》を開け、大きな猫を中に入れ、鍵をかけると、炬燵の上に連れてきた。大きな猫が、今夜、納屋《なや》町で踊りがあるから行こうというと、寺の猫は、住持が病んでいて伽《とぎ》をするから行けない、という。それでは手ぬぐいを貸せと、大きな猫がいうと、寺の猫は、住持がひっきりなしにつかうので貸せないとことわり、大きな猫を送り出して鍵をかけた。これを見ていた住持は、猫をなでながら、伽はしなくてもいいから早く行けと、手ぬぐいを渡してやった。猫は走り出て、そのまま帰って来なかったという。[120]

大きな猫とは、年経た猫ということであろう。

踊っている猫の言葉は、ドイツの「猫の舞踏会」でもたいせつな機能をはたしていたように、日本の「猫の踊り」でも、物語の展開にとって重要な役目を負っている。日本では、たいていは、伝言を頼まれるかわりに、人間が猫の言葉を聞いて判断することになっている。猫の踊りを見ていると、猫がその人の名前を名ざして話していたという伝えもある。ドイツの例で、猫が人間の名前を呼んで、おまえの家の猫に伝言をせよ、といっているのに似ている。神奈川県津久井《つくい》郡城山《しろやま》町川尻《かわしり》にその例がある。

川尻の尻無沢《しなしざわ》や畑久保《はたくぼ》で、よく手ぬぐいがなくなって困った。ある日の夕方、安西六左衛門《あんざいろくざえもん》が、慈眼寺の前を通ると、観音堂の中がざわざわしている。格子からのぞくと、お堂の中で、たくさんの猫が、手ぬぐいでほおかぶりをして踊っている。親方らしい一匹が、人間がのぞいているのに気づいて、「六左《ろくざ》が見るぞえ、静かに踊れ」といった。六左衛門は、猫に自分の名前をいわれて、おどろいたという。[121]

自分の家の飼い猫のことが、猫の集まりで話題になっているのを聞いたという話は、神奈川県中郡《なか》大磯町大磯《おおいそ》にある。

多治右衛門《たじえもん》が大山《おおやま》に行った帰り、丸山の近くで、「多治右衛門、多治右衛門、めっぽう遅いではないか」と、だれかがいっているのを聞いた。見ると、丸山の裾《すそ》の枯れ草のところに、大きな猫が五、六匹、円座になってる。そのなかの一匹が、「おうよ。今晩の粟雑炊《あわぞうすい》がめっぽう熱くて、それで遅くなった」と答えた。

多治右衛門がびっくりして見ると、自分の家の猫にそっくりである。いそいで家に帰り、家の者に、「今晩は、なにを食ったか」と聞くと、粟雑炊だという。それで、その猫が自分の家の猫だとはっきりしたという。

多治右衛門は、村に実在する家の人である。ここでも、猫は二貫目以上に大きくなると化けるというがほんとうだと、村中の人が話しあったという。[122]

ドイツでは、舞踏会に呼び出されている猫は雌猫であるが、『礦石集』以来、日本でも、踊りの仲間で話題になっている猫は、判断のつくかぎりは雌猫である。神奈川県平塚《ひらつか》市の伝えにいう猫の「おとり」も、その名からみて雌猫であろう。平塚市の新宿《しんしゅく》と馬入《ばにゅう》の境にあるバケツキ（化け槻）と呼ばれる榎《えのき》の木のところで、猫の踊りを見たという話で、この例は、ドイツの「猫の舞踏会」の伝言の趣向に、きわめて近い。

猫の寄り合いを描いた仮名垣魯文《かながきろぶん》『鐄《こがね》 花猫《はなねこ》眼《め》鬘《かづら》』の一場面。どの猫にも首輪がついており、飼い猫であることがわかる。それぞれの猫には名前もついている。

平塚のかご屋という商家の小僧が、用事の帰りにバケツキのそばを通ると、猫が踊りながら話をしている。「今日は、かご屋のおとりちゃんが来ないから、踊りがうまく踊れない」「どうして来ないんだろう」「けさ食べたお粥《かゆ》が熱くて、舌をやけどして、うたえないからだろう」という。小僧が店に帰って、このことを猫のおとりに聞かせると、おとりは外に跳び出し、それっきりもどって来なかったという。

話を聞いてすぐに出て行ったまま、猫が家にもどらないというのも、ドイツと一致している。

この「猫の踊り」の基本型式は、次のようにまとめることができる。『礦石集』の類話ともおおむね共通しているが、むしろドイツの「猫の舞踏会」に似ている。

㈠ ある家で、手ぬぐいがなくなる。

㈡ そこの主人が、夜、近所の猫が集まって、手ぬぐいをかぶって踊っているのを見る。

㈢ 猫が人語して、自分の家の雌猫が来ていない、といっているのを聞く。

㈣ 家に帰って、飼い猫にそのことを話すと、猫は外に跳び出して行き、もどって来なかった。

日本とドイツと、これだけこまかい点まで共通しているからには、これら二つの地域の「猫の踊り」と「猫の舞踏会」は、同源とみなければなるまい。とくに伝言の趣向まで、きわめて特徴的に共通しているのは、一群の「パーンの死」の昔話との一致でもあり、「猫の王が死んだ」とも同心円をえがいている。これは、「猫の王の会議」が、本来、この「猫の踊り」とも一連の伝えであった可能性まで示唆している。日本の「猫の踊り」は、多くの猫をめぐる俗信と同じく、猫の伝播などとともに、まとまった猫に関する観念として、ヨーロッパから日本に伝わったものであろう。

「猫の踊り」は、「猫岳参り」の伝えの前段にもなっていたように、主役の猫が、怪異な猫としてえがかれていることも多い。『礦石集』の「猫の踊り」は、まさにその例である。踊るようになることが、化け猫になったしるしであり、それが物語としても当然の展開であった。ヨーロッパでは、踊ることは魔女である証拠であり、それ以上は語る必要がない。『礦石集』で、猫が雌で、飼い主の妻を殺しているのは、ちょうどドイツで、猫の姿で踊っているのは魔女であったということにあたっている。

「猫の踊り」には、もう一つ、昔話としてまとまったかたちをそなえている古い記録がある。寛政《かんせい》七年（一七九五）跋《ばつ》、津村正恭（淙庵）の『譚海《たんかい》』巻九にみえている伝えで、いまの秋田県仙北《せんぼく》郡の人の話である。

ある男が、夕方、薪《たきぎ》を伐《き》って山から帰るとき、雨が降り出した。辻堂《つじどう》の縁で雨やどりをしていると、堂の中で人の声がして、にぎやかになった。「太郎婆《たろうばば》がまだ来ない。今夜の踊りはできないかもしれない」という声がする。

やがて、「婆が来た。踊りをはじめよう」という。すると、太郎婆が、「ちょっと待ちなさい。人がいるようだ」といって、堂の格子《こうし》の穴から尾を出し、かきまわした。男がその尾をつかんで引っぱると、猫が中に引きこもうとする力と合わさって、尾は切れて男の手に残った。男はおそろしくなって、雨がやむのをまたずに家に帰り、その尾をかくしておいた。

その後、隣家の太郎平《たろべい》の母が、痔《じ》が起こったといって臥《ふ》しているという。男が見舞いに行くと、ほんとうに気分が悪そうである。男はあやしんで、夕方、例の猫の尾を持って見舞いに行き、このような煩《わずら》いではないかと、尾を出して見せた。太郎平の母は、その尾を奪いとって、母屋《もや》を蹴《け》破《やぶ》って失せた。その母は猫が化けたもので、母親の骨は、年経たようすで、天井裏にあったという。[124]

これは、典型的な「猫の踊り」の昔話で、猫を人が見ているというあたりは、神奈川県津久井郡城山町の伝えに近い。しかし、その後半で、男が尻尾を切り取ったところからあとは、まったく昔話の「鍛冶屋の姥」の型である。切り取った体の一部分が証拠になって、老女に化けていた猫の正体をあばく話である。「鍛冶屋の姥」には、ただ猫を傷つけるという例もあるが、特徴的には、猫の前足を片方切ると、老女の片腕がなくなっていたという例が多い。太郎婆とは、太郎平の母親に化けた猫という呼び名である。この話は一般的な「鍛冶屋の姥」からいえば、片腕が尻尾に変化した例ということになる。

猫が踊るということは、猫が化けるようになったあらわれであった。「猫岳参り」でも、その前段には、猫が踊るということがしばしば語られていた。猫が踊ることを主題にした「猫の踊り」は、そうした意味では、他の昔話の序段になりやすい昔話であった。『譚海』の類話が「鍛冶屋の姥」に発展していたのも、しぜんなりゆきであった。『礦石集』の「猫の踊り」が、飼い主の妻を殺すという怪異な結びになっていたのも、「鍛冶屋の姥」につながるのと同じ一つの展開の方向であった。

猫と赤い手ぬぐい

猫はよく二本足で立つ。前足をぶらりとたらし、うんとのばした後足で重心をとりながら、よちよちと二歩三歩とあるく。そのようすは、すでに踊りの形である。化け猫が踊るというのは、こうした姿から得た幻想であろうと永野忠一さんはいう。[125] そのとおりであろう。猫に踊るような立つしぐさがなかったら、これほどまでに、猫が踊るということが話題になることはなかったであろう。

かつて見世物に、猫の踊りがあった。大きな縁日ではよくみられたが、もう昨今ではすたれたと、永野忠一さんも幼いころを回想する。ほおかむりをして、「猫じゃ猫じゃ」という三味線《しゃみせん》の歌に合わせて踊った。そのための訓練もあった。後足に綿入れの袋をかぶせた猫を、紐でしばって天井からつるし、火の上に置いた熱い鉄板の上に載せる。猫は前足が熱いので、後足で立ちあがろうとする。そのとき三味線をひく。そうしているうちに、猫は条件反射で、三味線の音を聞くだけで立って踊るようになるという。[126] これも、猫にもともと踊るような姿勢をとる性質がなかったら、できることではない。

日本の「猫の踊り」も、ドイツの「猫の舞踏会」も、いろいろな猫についての俗信や信仰にささえられている。しかし、さらに、その根底に猫の習性があったとすると、はるかにわかりやすい。江戸時代の随筆や浮世絵のたぐいには、そうした体験的な二本足で立つ猫の踊りの見聞がもとになっているかとおもわれるような記録が少なくない。

猫が踊るということは、江戸の武家のあいだでもしばしば話題になっていた。肥前《ひぜん》平戸《ひらど》藩主の松浦静山《せいざん》（清）の随筆『甲子夜話《かっしやわ》』巻七にもみえている。静山の伯母で稲《いな》垣《がき》侯の奥方である光照夫人の角筈《つのはず》村（東京都新宿区）の家に仕えていた女の話である。夫人が飼っていた黒毛の老猫が、ある夜、女の枕元で踊った。夜具を引きかぶって臥していると、後足で立って踊る足音がよく聞こえた。この猫は障子のたぐいはいつも自分で開けていた。これらは、みなが知っていることであるという。[127]

また巻二に、同じく静山の伯母が角筈村に住んでいたころ、伯母に仕えていた高木伯仙という医師の話もある。生国《しょうごく》の下総《しもうさ》の佐倉《さくら》（千葉県佐倉市）での出来事である。伯仙の亡くなった父が、夜、眠っていると、枕元で音がする。目を覚ますと、長らく飼っていた猫が、頭に手ぬぐいをかぶって立ち、手をあげて招くようにする。そのようすは、子どもが跳び舞うようであった。枕刀《まくらがたな》で斬ろうとすると、猫は走り去り、それっきり家には帰らなかったという。これだけの証言から、静山は、「世に猫の踊《をどり》と

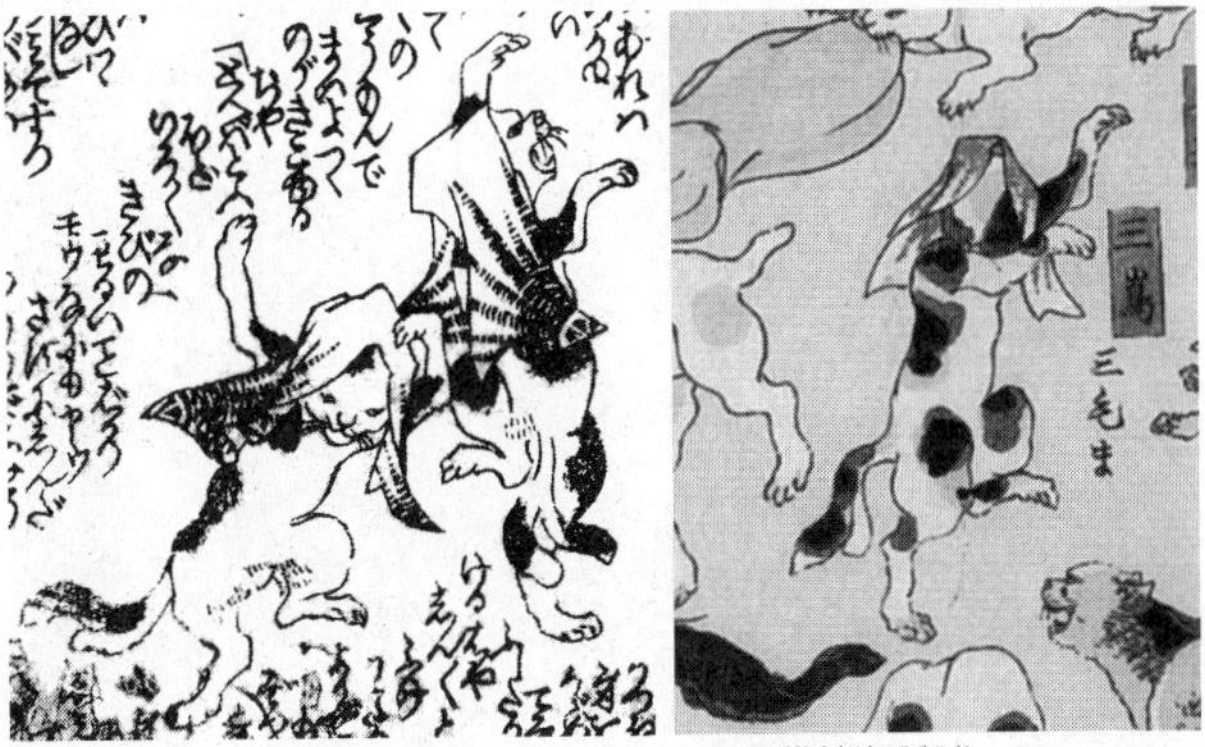

踊る猫。右は「猫飼好五十三疋」の「三毛ま」、左は『黄菊花都路《こがねきくはなのみやこじ》』の挿し絵。いずれも歌川国芳が描いている。

謂《いふ》こと妄言《まうげん》にあらず」と、猫の踊りが実在することを信じていた。[128]

そうしたなかで興味深いのは、やはり手ぬぐいが、踊る猫の象徴のようになっていたことである。『礦石集』や『新著聞集』をはじめ、すでにみた昔話の「猫の踊り」でも、手ぬぐいは、猫の踊りのたいせつな小道具になっていたが、江戸時代後期の浮世絵にも、猫が手ぬぐいを持って踊っている絵がいろいろある。

猫の浮世絵師として知られる歌川国芳《うたがわくによし》(一七九七〜一八六一年)が、東海道五十三次をもじってえがいた「猫飼好五十三疋《みょうかいこうごじゅうさんびき》」には、手ぬぐいを持って二本足で立っている猫が二匹えがかれている。一つは、赤い染めのはいった白い手ぬぐいを頭にのせて踊る三嶋宿《みしまのしゅく》の「三毛ま」、もう一つは両前足を手のようにして手ぬぐいを広げて立つ亀山宿《かめやま》の「ばけあま」である。嘉永《かえい》元年（一八四八）ごろの作品である。[129]

歌川国政《くにまさ》（一七七三～一八一〇年）がえがいた『嵯峨奥妖猫奇談《さがのおくようみようきだん》』の表紙でも、尾が二つに割れた二匹の猫が、手ぬぐいを頭にかぶって、片足立ちして踊っている。[130] どちらの手ぬぐいも、同じがらの赤い染め模様が大きくはいっている白手ぬぐいである。手ぬぐいを持てば、猫が化けて踊っていることになる、といった手法である。

昔話の「猫の踊り」でも、ことさらに、猫が主人の家の手ぬぐいを持ち出すことを強調している伝えも少なくない。旧東海道の戸塚宿（横浜市戸塚区）の水本屋《みずもとや》の猫もその一例である。たくさんある手ぬぐいが、毎晩一本ずつなくなった。手ぬぐいに紐をつけ、その先を手に結びつけて主人が寝ていると、飼い猫が手ぬぐいをくわえて逃げようとする。跳び起きて追ったが見うしなう。そのあと、猫の踊りを見て、猫がかぶるために持ち出していたことがわかったという。[131]「猫の踊り」が、手ぬぐいの行くえを求めるかたちで語られている。

神奈川県城山町の例も、手ぬぐいがなくなって困るという話から始まっていた。『礦石集』の類話でも、飼い猫が染め手ぬぐいを取り出すようすが、こまごまとえがかれている。この話で、猫が化けていると妻が感じだしたのは、猫が手ぬぐいを取り出すあたりからである。『新著聞集』の類話では、さらに積極的に、外から来た猫が、手ぬぐいだけでも貸してくれといっている。猫が踊るためには、手ぬぐいが必要であるとおもわれていたことが、よくあらわれている。

「猫の踊り」は、しばしば「猫檀家《だんか》」の昔話の序段にもなっているが、その「猫の踊り」にも、手ぬぐいについてくわしく語っている例がある。岡山県阿哲郡神郷《しんごう》町の「猫檀家」である。風呂でつかった手ぬぐいを掛けた場所が、毎晩違っているので、和尚が気づいたという。和尚が寝たふりをしていると、猫が屏風にかけてある手ぬぐいを取り、首にかけて出て行く。後をつけると、山道を登る。奥の岩山の頭で、猫が手ぬぐいでほおかむりをした。そこにはたくさんの猫がいて、いっしょに踊り出したという。猫は、「およねさんは遅かったなあ」といわれると、「手ぬぐいを取らなければ出られないから」と答えている。[132]

「猫檀家」では、猫が化けるばあいに、和尚の衣《ころも》を持ち出して、僧になっていることが多い。寺僧に化ける以上、それが当然である。「猫の踊り」の要素が加わっていても、衣をつけて踊ったといっている例もある。しかし、そうしたなかで、寺院の猫でありながら、この神郷町の例では、一般の猫と同じく、手ぬぐいを用いている。『礦石集』をはじめ、僧の衣以前から、手ぬぐいは、猫が化けて二本足で踊るためにも、なくてはならない衣裳《いしょう》だったのであろう。

　神奈川県川崎市多摩《たま》区菅《すげ》では、夕方、手ぬぐいをそこらに置くものではないという言い伝えの由来として、昔話の「猫の踊り」を伝えている。手ぬぐいがよくなくなったことがある。ある日、夜中に物音がする。上がりはなを見ていると、年経た猫が、手ぬぐいを引きずって戸口を出て行く。翌日もまた来た。後をつけると、山のほうのお宮の森で、たくさんの猫が、手ぬぐいでほおかむりをして、「猫じゃ猫じゃ」を踊っていたという。[133]

人間にとっても、手ぬぐいはただの日用品ではなかった。手ぬぐいをかぶって踊るというと、いかにも、猫が人間の踊りのまねをしているかのようにみえるが、ほんとうは、その人間が、なぜ踊りに手ぬぐいをつかっていたのかが問題である。われわれにとって、一時代前までは、手ぬぐいは、衣服の一部分であった。髪の毛をおおう被《かぶ》り物《もの》として、だれでもが手ぬぐいを身につけていた。ふだんの手ぬぐいは仕事着の一部分であり、晴れの日には晴れ着のための手ぬぐいがあった。[134]手ぬぐいだけで人間のまねになるということは、いかに衣服として手ぬぐいが重視されていたか、という証拠でもある。

香川県の丸亀《まるがめ》市あたりでは、飼い猫が古くなると、猫またになり、尾が二つにさけたり、後足で立って踊るようになったりするといって、暇を出した。小豆飯《あずきめし》に魚をそえて食わせ、猫の頭に赤い手ぬぐいをかぶせる。もう暇をやるから出て行ってくれというと、おとなしく出て行くという。[135]同じく仲多度《なかたど》郡多度津《たどつ》町堀江《ほりえ》には、犬や猫を捨てるとき、追い出し飯といって、小豆飯を食べさせる風習もあった。[136] 涙を流して食べて、あきらめるという。小豆飯と魚とは、晴れの日の食事という気持ちであろうが、それに赤い手ぬぐいが加わっていることが目をひく。

赤い手ぬぐいといえば、伊豆諸島では、女性の晴れの日の被り物であった。これらの島では、女は一般に鉢巻きをする風習があり、晴れの日には、特別の被り物をつけた。新島《にいじま》では、中年以上の女性の会葬者は、赤い木綿の布を四つに折って巻く。これをヒッシュといった。それは葬式にかぎらず、神詣りや墓参りのときにもつける。神《こう》津《づ》島でも新島と同じものを用いたが、ここでは、これを赤手ぬぐいと呼んでいた。やはり新島と同じく、あらたまったときの被り物である。新島では、かつては、ヒッシュには紫や水色もあったそうであるが、[137] 赤い手ぬぐいにも、それなりの意味があったにちがいない。

岩手県上閉伊《かみへい》郡遠野《とおの》町（遠野市）には、赤い手ぬぐいをかぶって猫が踊ったという話がある。「猫の浄瑠璃《じょうるり》」のなかに「猫の踊り」が挿入された型の昔話である。

冬のある晩、主人が子どもをつれて芝居を見に行った。妻が一人で留守番をしていると、虎猫が人の声で、旦那さまたちが聞いている浄瑠璃を語ろうといって、浄瑠璃を聞かせ、このことはだれにも話すなという。

その後、成就院《じょうじゅいん》の和尚が来て、この猫が踊っているのを見たことがあるという。

月夜の晩に、寺の庭で狐《きつね》が来て踊りながら、虎子どのが来ないと踊りにならないといっていると、赤い手ぬぐいをかぶった虎猫が来て、狐と二匹で踊った。虎猫は今夜は調子が出ないといって、やめてどこかに行ったが、それがこの虎猫であったという。

和尚の帰ったあと、妻は先日の浄瑠璃のことを夫に話した。翌朝、妻は喉笛をかみきられて死んでいた。猫もそのときから、帰って来なかった。[138]

赤い手ぬぐいは、ただ化けるしるしであるばかりでなく、踊る猫を家から送り出すときにも用いているのをみると、猫を人間の社会から猫の社会に送り返す贈り物であったのかもしれない。

そうしたなかで、怪異を起こす猫が、赤い手ぬぐいをかぶって立っていたという話もある。『近世拾遺《きんせいしゅうい》物語』巻三に引く『思出草《おもいでぐさ》』の話である。筑後《ちくご》（福岡県南西部）のある侍の家を舞台にしている。

この家では、手鞠《てまり》ほどの火が家の内や外を飛びまわり、下女の糸車がひとりでにまわるなど、いろいろと不思議なことが起こった。下女は、巫祝《ふしゅく》や山伏僧などに祈らせ、お札を置いたりしたが、いっこうに効果がなかった。

あるとき、この家の主人が、屋根の上を見ると、何年たったかわからない猫が、下女の持ち物である赤い手ぬぐいをかぶり、尾と後足で立って、四方を見ている。

主人が半弓《はんきゅう》で矢を射ると、猫にあたった。猫は二、三回ころがって立ち、矢をずたずたにかみ折って死んだ。おろしてみると、猫の尾は二またになり、頭から尾まで五尺ばかりもあった。そのあとは、火も見えず、不思議なこともなかったという[139]。

下女の持ち物の赤い手ぬぐいというが、これもまた、怪異な猫がもっていた赤い手ぬぐいである。

猫が後足で立っていたというところなど、この話は「猫の踊り」の類話に似ているが、その怪異な現象は、昔話の「山姥《やまんば》の糸車」の要素に近い。「山姥の糸車」では、山の中で夜、行灯《あんどん》をつけて糸車をまわしているものがいるが、猟師が撃つと獣であったという。この話の火の玉と糸より車は、「山姥の糸車」の行灯と糸車にあたる。この話では、下女は被害者のようにみえるが、もしかすると、下女はじつは化け猫であったというのが、もとの型だったかもしれない。そうするとこの例は、「山姥の糸車」の昔話が、事実談として都市的に分解した型ということになる。

猫が踊るという風説の根拠は、猫の生態にそなわるものであろうが、そのために手ぬぐいを必要としたのは、やはり人間の文化であった。とりわけ赤い手ぬぐいが猫につきものであったのは、人間が、赤い手ぬぐいに特別な意味を与えていたからである。猫の赤い手ぬぐいが人間の晴れの日の被り物からの転用であるとすれば、ふだんの手ぬぐいより、猫の踊りにも霊力を添えることになった。先にみた『礦石集』に出てくる染め手ぬぐいも、特別な日のためのものであろう。

猫と狐の踊りの輪

昔話の「猫の踊り」には、ときとして、猫が狐といっしょに踊っていたという伝えがある。岩手県遠野町には、すでにみたように「猫の浄瑠璃」に複合した例もあったが、この地方には、このたぐいの伝えがいろいろあった。たとえば、遠野町の鶴田家の飼い猫の話として知られている例もある。猫が夕方になると、手ぬぐいを持って出て行く。家の者が後をつけると、大慈寺の裏に行って、狐といっしょになって猫がさかんに踊っていたという[140]。

青森県外南部《そとなんぶ》の大畑《おおはた》（むつ市大畑町）にも、猫が狐と踊っているのを見たという体験談がある。『風土年表抄』巻六にみえる。延享《えんきょう》元年（一七四四）のこと、堺屋仁太郎という人が、大畑の宝国寺で手習い子をしていたとき、ある家の猫が、夕暮れに水屋から手ぬぐいをくわえ出し、狐がその手ぬぐいを頭にあげ、両手をつかって踊ったのを目撃したという。「虎子が来ねば、踊り子すまぬ」という言葉も伝わっていた。また、寛延二年（一七四九）には、田名部治左衛門の家の裏でも、猫と狐が踊っていたという。[141] 手ぬぐいを猫が狐に与えていたというのは、手ぬぐいの役割がみごとにあらわれている。踊りを主宰する狐が、手ぬぐいをつかっているのであろう。

猫と狐の踊りの伝えは、西の方では鳥取県東伯《とうはく》郡東伯町にある。ここの天台宗の転《てん》法輪寺《ぼうりんじ》の伝説のかたちをとる「猫檀家」の昔話の序段である。

　転法輪寺の和尚が、夜、村で加持《かじ》祈《き》禱《とう》をすませて帰るとちゅう、猫《ねこ》が平《なる》というところで、大猫、子猫、それに狐や狸が輪になって踊りながら、転法輪寺のおふじが来ないと踊りがはずまない、といっているのを聞いた。和尚が帰ると、猫は寝ている。やがて、火車《かしゃ》のような顔の者が、おふじを呼びに来るが、和尚がいるからとことわり、十五日には和尚が法事に行くから、と約束している。

　十五日になって、和尚が早めに帰ると、おふじは寝ていた。やがて迎えが来ると、おふじは、和尚の衣をつけ、鈴《れい》を持って、二本足で立って出て行った。後をつけると、猫が平で、火車たちが二重三重の輪になって踊っている真ん中で、おふじも踊っていた。おふじはそっと寺に帰ると、もとの猫になって寝た。

　翌朝、和尚は、火車の大将になったおまえを寺には置けないと、ひまを出した。おふじは火車になって天国に昇ったという。

　そのあとが、「猫檀家」の核をなす、おふじの恩返しになるが、[142] 主役の猫が火車になるという点では、あとで紹介する『礦石集』の「猫檀家」の話と同系統の伝えである。

「猫の踊り」では、類話それぞれに、主役の猫に名がある。その名を聞いて、自分の家の猫が踊りに参加していることを知るが、狐といっしょに踊る型でも、その名のある猫は、踊りの中心であり、きわめて人格的である。それが、転法輪寺の伝えでは、狐にも名がある。おさんといっている。狸にも、おおうねじんく狸という名を伝える。まさに狐も狸も、名のある化け手だったのであろう。

猫が狐と踊るという伝えには、それなりに古い歴史があったらしい。豊前小倉《ぶぜんこくら》（福岡県北九州市）の藩士であった西田直養《なおかい》の『筱舎漫筆《さきのやまんぴつ》』巻七には、狐が猫に二本足での歩きかたを教えているところを実見したという話がある。髙橋司という人の体験談である。天保《てんぽう》七年（一八三六）七月十四日の夜というから、満月のころの夜である。富野《とみの》（北九州市小倉北区）の自宅の前の荒れた畑での出来事という。

厠《かわや》に行って窓から外を見ると、猫が一匹ふらふらと出て来た。やがて狐が一匹来ると、その猫と並んだ。狐がまず手をあげて、胸のあたりで曲げ、すこし背をのばし、小足に歩き出した。猫もそのとおりにして、後から歩く。六、七間もある畑を、まっすぐに行く。帰りには、ふだんの歩きかたで、ふらふらともとのところにもどる。このようなことを、五、六十度もくりかえしていた。月の光で垣の影が糸を張ったようになったところを歩く。咳《せき》をすると、びっくりして二匹とも跳び去ったとある。[143]

歩くとはいうが、手をあげるなど、その姿は踊りに近い。

このように、日本の北でも西でも、「猫の踊り」に、狐が、ときとしては狸までが参加していたのをみると、日本の猫の舞踏会も、もともとは、狐によって始められたものではなかったかとおもわれてくる。なんといっても、化けることにかけては、狐のほうが先輩である。西田直養も、狐に教えられて猫が歩く稽古《けいこ》をしているのであろうといい、このようなことが数度におよび、いろいろの伝授をうけるのであろうと述べている。[144]

おそらく、そうした狐の踊りから猫の踊りに展開した歴史が、昔話の「猫の踊り」のなかに狐が参加し、猫の踊りを狐が主宰するかたちで、反映しているのであろう。江戸時代の人々は、化けることでは第一人者である狐から学ぶことによって、猫もだんだんに能力を開発しているという文化の流れを、肌身に感じていたのかもしれない。狐の踊りの輪に猫が招かれたのが、「猫の踊り」の最初であったかもしれない。

昔話に、「八化《やば》け頭巾《ずきん》」という話がある。和尚が狐をだまし、古帽子をもっとうまく化けられる宝物の「八化け」だと称して、狐が化けるときにつかう道具の「七化《ななば》け」と交換する話である。その類話には、いろいろな狐の化け道具があるが、岩手県上閉伊郡の例には、化け手ぬぐいが登場している。狐が女に化けている。和尚が自分も正体は狐であるといって、どうやって化けるのかと狐に聞くと、狐は手ぬぐいをつかうという。和尚は頭巾で化けるといって狐をだまし、化け手ぬぐいと頭巾を取りかえる。和尚が手ぬぐいをかぶると女になる。狐は頭巾をかぶって、化けたつもりで町に行くと、狐が来たといって追われるという話である。[145] 化け手ぬぐいも、狐が猫の先輩であったようである。

赤い手ぬぐいも、化ける狐のしるしであったかとおもわせる伝えがある。大阪市西《にし》成《なり》区木津《きづ》にあった赤手拭稲荷《あかてぬぐいいなり》の由来談である。昔、そのあたりは藍《あい》畑で、さびしいところであった。そのころ、堺《さかい》に通う商人が、しばしば、赤手ぬぐいをかけた女に魚をとられた。それは狐のしわざであろうということで、小祠《しょうし》を建てた。それが赤手拭稲荷であるという。[146] 明治二十年代後半の『浪華百事談《なにわひやくじだん》』（一八九二～九五年成立）にも、難波《なにわ》村の西北の田園の中にある稲荷社を、「世に赤手ぬぐいと呼ぶ」とある。[147] 猫は赤い手ぬぐいまで、狐から引き継いでいたらしい。

狐と猫の仲は師弟関係だけではなかった。もっと深い交わりもあった。ふしぎなことに、猫が狐の子を産んだという話がある。文政《ぶんせい》六年（一八二三）の柳亭種彦《りゅうていたねひこ》の奥書のある『江戸塵拾《えどちりひろい》』巻五にみえる。明和《めいわ》元年（一七六四）、目黒大崎《めぐろおおさき》の禅宗の徳蔵寺であった話である。寺に数十年も飼った猫がいた。山にはいって遊んでいたが、この年の春、子どもを産んだ。子どもの毛の色は、猫のとおり白黒のまだらであったが、形は猫ではなく狐であった。山の中で猫が狐と交わったのであろうといいあったという。[148]猫と狐が親しいことを知らない人には、信じがたい話である。猫が狐と交わることもありうることだと、人々がおもっていた時代があったのであろう。

江戸の町奉行《まちぶぎよう》であった根岸鎮衛《ねぎしやすもり》（一七三七～一八一五年）の見聞記『耳袋《みみぶくろ》』巻二には、猫と狐の子の話もある。寛政七年（一七九五）の春、江戸牛込山伏町《うしごめやまぶしまち》（東京都新宿区）のある寺院でのことという。

飼い猫が、庭に下りている鳩《はと》をねらっているようすなので、和尚が声をかけて鳩を逃がすと、猫が「残念なり」と人語した。おどろいた和尚は、猫を捕らえ、化けて人をたぶらかすのであろう、と問いただした。

すると猫は、答えていった。猫がものをいうのは、自分だけではない。十年あまりも生きていると、どんな猫でも、ものをいうようになり、さらに十四、五年もすぎると神変《しんぺん》を得るが、それだけ生きる猫はいない。そこで和尚が、おまえはまだ十年の年齢ではないかというと、猫も狐と交わって生まれた猫は、その年功がなくても、ものをいうものである、と答えた。近くに住む人の話であるという。[149]

狐の血を引いているから、怪異性を早く身につけるという論理である。

ヨーロッパにも、昔話には、猫と狐が結婚する話がある。「雌狐の夫である猫」である。雌狐に招かれたほかの野生の動物たちを、夫の猫がおどすという話である。ラトビアに多く、リトアニアにもある。ロシアの例を、アーサー・ランサムが紹介している。

村の親方であった片耳の老雄猫が、森に捨てられた。雄猫は雌狐に出会い、森の主人になるためにつかわされた、と名告る。狐は自分の巣穴で歓待し、結婚する。狐は狼《おおかみ》や熊《くま》に、夫の自慢をする。狼たちは猫のために、雄牛と羊の肉をとってくる。猫と狐は、一生貢《みつ》ぎ物をうけて暮らしたという。[150]

猫が狐と結婚する物語は、ルーマニアのトランシルヴァニア地方に住むハンガリー人のあいだにもある。猫が王であると名告って、動物たちから食物をうけるという昔話「猫が王と名告る」の一例である。[151] 猫と狐の結婚には、日本ほど内面的な重い意味はないが、ユーラシア大陸の東と西で、猫と狐との結びつきについて同じ観念が生きていたことは、やはり見過ごすことができない。日本で猫が狐から踊りを習っていたように、ヨーロッパでも、「長靴をはいた猫」のように、物語や信仰の世界で狐の性格を猫が継承していた名残が、ここにあらわれているのかもしれない。しかも、その猫が王であると名告っていたというのは、ロシアの雄猫が村の親方であったということと合わせて、「猫の王の会議」にもつながっている。

チェコにも、この「猫が王と名告る」に相当する、臭猫《くさねこ》が王になってほかの動物を食べるという昔話がある。

　昔、鶏《にわとり》の村があった。中庭の餌場《えさば》で、自由に餌をあさって、平和に暮らしていた。一羽の老いた雄鶏《おんどり》が、村をとりしきっていた。あるとき、蛙《かえる》が、コウノトリの支配下に入れられた。鶏たちは、コウノトリの支配下にはいるのをさけるために、自分たちの王を選ぶことにした。王をきめるために会議を開いたが、だれをどのようにして王にするかでもめた。重臣の雄鶏が、外部から強い王を迎えることを提案した。

　すぐに臭猫が候補にあがった。臭猫なら強い歯をもち、力もあり、だれもがおそれるから、平和を守ってくれるであろうと、全員が賛成した。そこで約束をとりきめるために、臭猫のところに代表をつかわした。臭猫は、鶏の権利と自由をいままでどおり残すことを認め、外敵から鶏たちを守り、立派な雄鶏を王の側近や執事、将校にするという。鶏たちは、臭猫を王に迎えて喜んだ。ところが、臭猫の王は、すぐに本性をあらわした。家来に小さい咎《とが》を告発させ、その罪をおかした鶏の首をはねて、血をすすった。[152]

　臭猫はイタチの仲間で、厳密な意味では猫の王ではない。しかし、かえって昔話の家猫の王以前の型が暗示されていて興味深い。猫以前、ヨーロッパでは、鼠除けの小動物はイタチのたぐいであった。家猫が登場する前、そうした昔話の主役がどのような動物であったか、考えてみる必要がある。現代の昔話のなかの猫から、家猫以外の山猫や、猫に類する他の小動物を識別することは容易ではない。たしかな家猫の例のある類話をとおして、家猫以前からの流れを、推測してみなければならない。

昔話の「猫が王と名告る」が語る、猫の王のもとに動物が集まるという趣向は、日本の「猫の王の会議」そのままである。それらの動物を猫が食べてしまうという展開の部分では、大きく異なっているが、動物たちに君臨する王が猫であるという物語の本質は変わらない。その猫の王を支える妻が雌狐であるというのは、やはり日本の「猫の踊り」に狐が加わっていたのと、同じ事情があったからではないかとおもいたくなる。そこにも、狐から猫へという、怪異な動物たちの不思議な歴史がかくされているようである。

第四章　聖なる日の猫

猫が祝う夏至と冬至

特定の日に猫の王の御前会議があり、猫たちが集まるという伝えは、日本だけではなく、ヨーロッパでも成立していた。先にみたアイルランドの昔話「二人の旅人」のなかにえがかれた猫の集会である。これは五月一日のメイディ（五月祭）の前夜のことである。五月一日は、近代のケルト文化にとっても、たいせつな祭りであった。ベルテーンと呼ばれ、十一月一日と並ぶケルト人の二大祭祀の日であった。[153]

この日、イギリス諸島では、十八世紀ごろまで、各地で火祭りがおこなわれていた。スコットランドの高地地方では、ケルトの宗教ドルイード僧団のベルテーン祭など、他の公的礼拝と同じく、丘の上あるいは小山の上でおこなわれたという。[154] 山の上を聖域とする思想である。スコットランド北東部地方では、十八世紀の後半まで、ベルテーン祭の祝い火をたく習慣があった。この前夜とこの夜、魔女たちが、家畜に呪いをかけたり、牛の乳を盗んだりするといい、若者たちは火のまわりで、火よ燃えろ、魔女を焼き殺せ、とはやしたという。[155] 魔女が猫の姿をとるとすれば、怪異な猫のあらわれる夜であった。

「猫の舞踏会」の昔話にみたように、ドイツでは、五月一日の前夜は、ヴァルプルギスの夜である。有名な魔の夜で、魔女が空いっぱいにかけまわっている。この夜、ドイツ中部のハールッ山脈の最高峰ブロッケン山では、魔女の集会があり、舞踏会が開かれるという。麓の村々では、魔女が変身した猫が踊っているのがみられ、道ばたで会った猫から、舞踏会に来るように、飼い猫に伝言を頼まれた人の話などが伝わっている。[156] アイルランドの昔話と同じく、これもまた怪異な猫の集会である。

五月祭前夜の猫の集会というと、思い合わされるのは、五月猫の伝えである。[157] イギリスなどでは、五月生まれの猫は好ましくないとする。たとえばウェールズ北部では、五月猫はとりわけ好ましくないという。五月猫は、蛇すなわち有毒なヨーロッパクサリヘビを、家に持って来ると考えられている。「猫が五月に生まれると、蛇を家に持って来る」という歌もある。[158] 五月生まれの子猫は不吉であるともいわれる。[159] 五月の子猫は、魔女と関係があるように考えられたのであろう。

これと関連して注目されるのはクロイチゴ猫である。[160] イングランド南部のサセックスやほかのいくつかの地方では、ミカエル祭の直後に生まれた子猫をクロイチゴ猫と呼び、小さいあいだ、とてもいたずら好きであるとおもわれている。ミカエル祭の直後といえば、ちょうどクロイチゴの季節が終わるときである。これはほかの動物の子についてもいわれており、ミカエル祭のとき悪魔（Devil）が大地に落ち、クロイチゴをだめにするという伝えとかかわりがあるという。[161] 子猫も悪魔に犯されているとおもわれていたのかもしれない。

ミカエル祭は、大天使ミカエルの祝日で、九月二十九日である。キリスト教会の行事であるばかりでなく、イングランド、ウェールズ、北アイルランドなどでは、四節期の一つで、年に四度の支払い日になっていた。この四節期の日が、おおよそ春分、夏至、秋分、冬至の四至分の日を基準にして成立したとおもわれる、教会の祝日にあたっていたのをみると、このミカエルの祝日も、秋分の日に由来するにちがいない。こうした季節の行事が、魔女や悪魔に結びつき、行事の宗教的な意味が、その時期に生まれた猫の性質としてあらわされていた。そこに、猫の宗教的特性がある。猫はこのように、家の聖なる獣であった。

ジェイムズ・フレイザーは、ケルト人が五月一日と十一月一日のそれぞれの前夜に火祭りをおこなっていたことから、一年を二分するこれらの行事を、ケルト人が牧畜をしていた時代に成立した折り目とみた。初夏のころ家畜が小屋から出て行く日と、初冬のころ家畜が小屋にもどって来る日である。さらにフレイザーは、かつては五月一日よりも、十一月一日のほうが重要であったとみて、この日が新年であったとする。その名残の一例として、マン島では、古い暦の十一月一日の前夜、「こよいは新年の夜」という大晦日の歌をうたう習慣が残っていたことをあげている。[162]

十一月一日は教会の万聖節《ばんせいせつ》である。天国の死者の霊をまつる日という。ハローウィンはその前日、十月三十一日の夜の行事である。日本では、この万聖節を、よく盆行事に死者を迎えまつる習俗に似ていると紹介しているが、むしろ本来は、新年にあたって死者を迎える行事として、日本とも共通していた。このときおとずれるのは、死者の霊だけではない。魔女も枝箒にまたがり、あるいは、ぶち猫に乗って、空を路をかけめぐる。[163]ドイツ北部のあの大教会の天井画の魔女と同じである。十一月一日の前夜のハローウィンも、五月祭と同じく、猫が魔女とともに登場する機会であった。

ヨーロッパ各地でおこなわれていた夏の火祭りは、もともと夏至《げし》の日、あるいはその前夜の行事であったと、フレイザーは結論する。[164]フランスで、広く夏の火祭りに猫を焼く習慣があったのは、猫を魔女が変身した姿とすれば、イギリスで五月祭に魔女を焼くと唱えているのと、まったく同じ趣意であった。たとえばパリでも、夏至の火祭りに、生きた猫をつめた籠《かご》などを、火の真ん中に立てた高い柱に掛けて焼く習慣があった。ときには狐を一匹焼くこともあった。[165]フレイザーは、火祭りで動物を焼くのは、妖術使いを焼き払うためであったという。[166]ここでも、猫と狐が同じ性質で、交代する立場にあったのは興味深い。

新年は怪異なものの集まるときであったらしい。オラウス・マグヌスの一六五八年

ベルギー、イープルの猫祭り。この祭りには、猫の王様も女王様（下の写真）も登場する。　©芳賀ライブラリー

の『ゴート人の歴史』には、狼人間（werwolf）のことがみえている。狼人間とは、狼に変身する人間のことで、人狼とも訳す。クリスマスには、多くの狼人間が集まり、地下倉で酒を飲むために家にはいろうとするという。リトアニアやサモジティア、リボニアのあいだにある古い城の壁には、何千という狼人間が、跳ぶことで自分の能力をためすために来る。失敗したものは、頭目たちの一人か悪魔によってたたき出される。また、リボニアの狼人間は、クリスマスに集まり、アルカディアにある湖のように、狼人間を狼に変える力のある川を渡る。狼人間はクリスマスからの十二日間の最後の日に、ふたたび人間の姿になるという。[167]

クリスマスから十二日目の一月六日を、十二日節、あるいは、東方の三博士のベツレヘム来訪を祝い、御《ご》公現《こうげん》の祝日というが、このクリスマスから一月六日までの十二日間が、ヨーロッパの一連の新年行事の期間であった。このときに、狼人間が集まり、十二日間が終わるまで狼の姿でいるというのは、この種、変身した動物たちにとっても、新年の十二日間が、きわめて特別のときであったことがうかがえる。日本の猫岳の猫の王の御前会議が大晦日であったのも、その意義は変わりがない。

フレイザーは、毎年、定められた時期に、魔女などを追い出す古い異教的な慣習が残っていたとする。第一は三月である。第二は中部ヨーロッパなどの五月一日の前夜、第三はクリスマスから一月六日の御公現の祝日までのあいだである。[168]この時期に、動物に変身する人間が、いわば人格をそなえた動物になって集まり、それぞれ、猫なり狼なりとしてすごすということは、おそらく根底に、動物も人間も一体になる季節である、という思想があったからであろう。

ルーマニアの宗教史学者ミルチャ・エリアーデは、新年は、時間の周期が一年を単位にして元にもどるときで、時間の存在が消滅するという。そのため、過去も現在も未来もなく、死者の世界と生者の世界にも境界がなくなり、そこで、死者が現世に訪れるという。[169] これは、たいせつな人類の世界観の発見である。つまり、あらゆるものが人間の世界と同じになる、という哲学である。猫岳でも、新年を迎える大晦日には、猫も人間との境界を越えることができた。

五月一日と十一月一日と、一年を二季に分けたケルト人の歳時観で、フレイザーはむしろ五月一日ではなく、十一月一日を新年とみた。しかしこれは、裏返していえば、五月一日にももう一つの新年の意識があったということになる。アイルランドの猫の王の御前会議や、ドイツ中部のブロッケン山の猫の舞踏会が五月一日の前夜であったのも、やはり、もう一つの大晦日の観念である。夏至の火祭りをふくめて、夏に猫の印象が強かったのは、ある時代に、夏の新年は猫の姿、冬の新年は人間の姿という魔の季節観があった名残かもしれない。

キャサリン・ブリッグズが『猫のフォークロア』に載せた、アメリカの民俗学者ウエイランド・ハンドがまとめた「アメリカ合衆国の猫の言い伝え」をみると、動物たちも祝日には祈りをささげるという信仰があったことがうかがえる。旧クリスマス（一月六日）の前夜、すべての動物は精霊に語りかけ、祈るためにひざまずくとか、第十二夜（一月五日の夜）に、家畜小屋の動物はすべてひざまずくとかいう。十二月三十一日の真夜中の鐘が鳴ると、動物たちは新年を迎えるためにひざまずく。すべての家畜は、元旦に祈るためにひざまずくともいう。また、聖ヨハネ祭（六月二十四日）やクリスマス・イヴの真夜中にも、動物たちはひざまずくという[170]。

大晦日、クリスマス・イヴ、第十二夜といえば、冬至の日を基準にしたヨーロッパの一連の新年の祝いの夜である。また、聖ヨハネ祭は、夏至の祭りである。動物たちも、そうした祝いの日には、人間と同じように、祈りをささげるという。それは、おそらくアメリカ大陸に来る前からの、ヨーロッパ以来の信仰であろう。

猫の大晦日の夜

日本の文献にはじめて猫が登場するのは、奈良薬師寺《やくしじ》の僧景戒《きょうかい》があらわした説話集『日本霊異記《にほんりょういき》』である。この上巻第三十話の蘇生談のなかで、猫が語られている。豊《ぶ》前《ぜん》国宮子《みやこ》郡（大分県）の郡の役人であった膳臣広国《かしわでのおみひろくに》が、仮死状態で死者の国に行ったという話である。死者の世界で、広国は父に会った。父が広国にいう。飢えて家を訪ねたとき、大蛇になって行った七月七日にも、小犬になって行った五月五日にも、追い払われた。一月一日に猫になって行ったときに、はじめて供物などをいっぱい食べ、三年間の食べ物のうめあわせをしたという[171]

一月一日も五月五日も七月七日も、「大宝令《たいほうりょう》」（七〇一年公布）の「雑令《ぞうりょう》」などで定められ、奈良時代から日本の社会に定着してきた中国の暦の節日《せちにち》である。[172]七月七日に蛇、五月五日に犬というのも、それなりになにか理由がありそうであるが、私はまだ確たる根拠をおもいつかない。ただ七月は、蛇にふさわしい季節である。しかも蛇は、かつては家などにすみついて鼠をとった、半家畜といってもよい動物である。大蛇、小犬、猫という配列は、家にはいっておかしくない小動物を、より野生的な順に並べたものかもしれない。

出雲路修《いずもじおさむ》さんは、これらの節日と動物との結びつきが、どのような信仰や習俗を背景にもつかは不明としながらも、一つの試案を提示している。六八七年七月七日が巳《み》の日、六八八年五月五日が戌《いぬ》の日、六八九年一月一日が寅《とら》の日といった、十二支との組み合わせに関係があるかという。[173]虎（寅）と猫を同一視しての説明である。広国が仮死状態になったのが、慶雲《きょううん》二年（七〇五）であるから、父の死が六八七年以前であったとしても、おかしくない。物語の構成の論理としてもおもしろいが、なお検討してみる必要があろう。

一月一日に父の亡霊が食物にありつけたということは、この当時、大晦日の夜に、家の新しい死者のために、食物を供える風習があったことと照応している。同じ『日本霊異記』には、上巻第十二話と下巻第二十七話に、そのようすがえがかれている。十二月晦日の日、旅人が、道ばたにある髑髏《どくろ》を供養した。それを喜んだ死者の霊が、今夜、家では死んだ自分のために食物を供えてくれるから、それを馳走《ちそう》したいので家に来てくれという。旅人はその死者の家に行き、馳走になったという。[174] 物語は、「歌う骸骨」の昔話の類話である。

大晦日に死者の魂が家に帰って来るといって食物を供える風習は、ほかの平安時代の文学にもいろいろみえている。清少納言《せいしょうなごん》の『枕草子《まくらのそうし》』（第四十段）や、『後《ご》拾遺《しゅうい》和歌集』の和泉式部《いずみしきぶ》、『詞花《しか》和歌集』の曾禰好忠《そねのよしただ》の歌などが知られている。鎌倉時代末期の兼好《けんこう》法師の『徒然草《つれづれぐさ》』（第十九段）には、その習俗が東国にはまだのこっているとあり、現に近代まで、東日本には、歳《とし》の暮れに、死者の霊にミタマノメシ（み魂の飯）といって握り飯などを供える行事が生きていた。[175]

この広国の父の話だけから、猫を死者の姿として、大晦日に猫に馳走をする習俗があったと考えることはできない。この当時、猫を死者の姿として家に受け入れ供養したとするには、もっと傍証がほしい。猫の王の大晦日の御前会議の伝えも、新年には、猫も人間と同じような生活をするという観念があったことを、立証するにとどまる。新年儀礼は、古代オリエント以来、王がその年の支配者として即位しなおす行事であった。[176]猫の王が猫の仲間を集めるこの会議も、そうした新年の儀礼とみるのがしぜんである。

大晦日の猫の集会という伝えは、猫岳以外にはまだ聞かないが、狐については、ほかにも類例がある。その一つは、東京都北区岸町にある王子稲荷神社である。ここは、関八州《かんはっしゅう》の総司《そうつかさ》と称して、関東地方の稲荷信仰の総元締めとして栄えた神社で、昔は、毎年十二月晦日の夜に、関八州の狐たちが、神社にほど近い装束畠《しょうぞくばたけ》の衣裳榎《えのき》のもとに、たくさん集まったという。たがいに狐火《きつねび》をともして、衣裳をあらためるのを例とし、村人はその火影で、次の年の田畑の豊凶を占ったそうである。[177]

装束畠、衣裳榎は、神社から数町はなれた榎町にあった。もとは、七畝《せ》八歩《ぶ》の草地に、二本の榎の古木が生えていた。狐の火は宵からはじまることもあり、ときとして暁からはじまることもあって、時刻は一定していなかったという。[178]斎藤幸成（月岑《げっしん》）父子三代の『江戸名所図会』巻五（第十五冊）にも、ほぼ同じことがみえている。「装束畠・衣裳榎」と題した挿し絵には、畑の中に榎の木の生えている一角をえがき、その周辺にたくさんの狐が集まり、狐火が燃えているようすがえがかれている。[179]

このことは、江戸幕府の地誌『新編武蔵風土記稿《しんぺんむさしふどきこう》』（一八三〇年成立）巻十八、豊島《としま》郡王子村《おうじ》の条の稲荷社の項にも、「狐火会」としてみえ、林道春《どうしゅん》撰の寛永《かんえい》十八年（一六四一）の王子権現社（王子神社）の縁起『若一王子縁起《にゃくいちおうじえんぎ》』を引いている。毎年十二月晦日の夜、諸方の命婦《みょうぶ》がこの社《やしろ》に参詣に来る。命婦がともす火は、松明《たいまつ》を並べたようであり、数石《すうこく》の蛍を放って飛ばせたのに似ている。その火が道や野山を通ったり、川辺を通ったりする。その違いを見て、次の年の豊凶を知るという とある。[180] 命婦とは、稲荷の神の使いである狐のことである。

狐が集まる榎についても、「装束榎」として、やはり稲荷社の項に、当時のようすが記されている。社地の東の方の田のあいだにある。もとは二株あったが、一株は十七年前に枯れて、小さな木を植え継いでいるという。古木は囲み二抱え余りである。土地の人の伝えに、毎年十二月晦日の夜に、この榎に狐が集まって、衣裳を改めるのでこの名があるというとある。[181]

大晦日の狐の火の怪は、江戸の町にも近く、多くの人の関心をひいたようである。歌川《うたがわ》（安藤）広重《ひろしげ》の版画『名所江戸百景』にも、「王子装束ゑの木、大晦日の狐火」の一枚があり、やはり榎の木のまわりに狐が集まり、狐火をともしているところをえがいている。[182]『若一王子縁起』には、この縁起ができる前、三、四年のあいだ、幕府の御徒目付《おかちめつけ》や御小人《おこびと》目付が、狐火を検分するためにつかわされたと記している。[183] 事実は、稲荷社に初詣でする人々の松明の火であったろうか。それにしても、猫ばかりではなく、狐にも大晦日の集まりがあると信じられていたことは、注目すべきことである。踊りそのほか、化けることにかけては大先輩である狐である。神秘についても、やはり猫は狐の伝統をふまえていたのかもしれない。

狐については、中国地方から近畿地方にかけて、寒施行《かんせぎょう》あるいは野《の》施行などといって、寒中に野外に食物を供え、狐に与える習慣があった。[184] 寒といえば、二十四節気の小寒の入りから大寒が明ける節分までで、だいたい今の一月、旧暦の十二月で、新年を迎える直前にあたる。王子稲荷の大晦日の狐火会も、そうした行事の流れの一つにちがいない。

寒施行と関連して、師走《しわす》狐という言葉もあった。和歌山県日高《ひだか》郡南部《みなべ》町堺（みなべ町）には、村で葬式があると、墓地のそばにある池の藻を袈裟《けさ》にして、老狐が和尚に化けて池のほとりを歩いたというが、毎年旧暦十二月になると、その狐が「日がない」と鳴くという。正月まで日数がないという意味で、これを師走狐といった。[185] また上《かみ》芳養村では、昔、狐が十二支のあとに加えてくれることを頼んだが、ことわられたので、それを悲しんで、新年が近づくたびに狐が鳴くといい、それを師走狐と呼び、それは堺の狐だけにはかぎらないという。[186]

かつて私も、郷里の神奈川県愛甲《あいこう》郡愛川《あいかわ》町半原《はんばら》で、冬の寒い時節、キャオーン・キャオーンと鳴きながら、山から里に近づいてくる狐の声を聞いたことがある。狐が里におりてくるという春を迎える直前の寒の時期に、とくに狐を身近に感じて、まつるだけの理由があったらしい。石川県鹿島《かしま》郡白馬《しろんま》村（七尾《ななお》市白馬町）では、十二月になると、狐が鳴きながら村に出て来るといい、それは山の神に納める年貢をさがすためであると伝える。年貢とは、猫の頭一つ、古むしろ二枚、油あげ三枚であるという。[187] 油あげは、狐を使者とする稲荷神の信仰でなじみ深いが、猫の頭一つというのは、あまりにも奇異である。新潟県長岡《ながおか》市の、猫が山にはいって猫またになるには人間の生首が必要であったという伝えをおもいおこさせる。それが、山の神への年貢であるというのもおもしろい。山の神につかえる狐が、里に飼われている猫の頭を、山の神に供えるということになる。里の猫を山に導くつとめを、狐がはたしているようである。猫岳に猫たちが登り、猫の王の御前会議が大晦日の夜あるいは節分の夜におこなわれるという伝えと、王子稲荷の大晦日の夜の狐の集まりや寒施行の行事とのかかわりを考えるにあたって、この年貢の猫の頭は貴重な事例である。

おそらく、狐の信仰のなかに、猫の信仰がとりこまれていたのであろう。猫が家に帰らなくなったときに祈願する神が稲荷神社であったことなども、そのあらわれかもしれない。東京都では、中央区日本橋堀留《ほりどめ》にあった三光《さんこう》稲荷に、この信仰があった。ここではかつて、迷い猫がもどるように祈禱《きとう》をしていたそうである。また大阪市では、西《にし》区西長堀《にしながほり》に猫稲荷があった。やはり猫が帰らないときに祈り、願いがかなうと猫の土人形などを供えた。[188]名古屋市では、東区《ひがし》の建中寺の裏にある大きな杉の木の下にある祠《ほこら》にたのむと、失せた猫がもどって来るという。お礼には油あげを供えるというから、[189]これもおそらく稲荷神であろう。

稲荷信仰には、いろいろな要素が結びついている。猫のことを祈願するからといって、すぐに稲荷神と猫とが信仰的に深い関係があるともいえない。しかし、狐が猫の頭を年貢にするなどという伝えと合わせ考えると、その背後には、大きな問題がありそうである。猫がもどるように祈る歌を、福井県今立《いまだて》郡上池田《かみいけだ》村河内《こうち》（池田町）では、「たちわかれ、いなばの峰におふる白狐、まつとしきかわい、今帰りぬ」と伝えていた。これを洋半紙に四行に書いて、入口の敷居に逆にして貼っておく。たいてい二回ぐらい貼ると、帰って来るという。[190]例の在原行平の「立ち別れ」の替え歌である。もとの歌からはすっかり変わっているが、かえって白狐に祈っていることがよくあらわれている。猫のことは狐に祈るという信仰である。

弘化《こうか》三年（一八四六）刊、山東《さんとう》（岩瀬）京山《きようざん》作、歌川国芳画の『朧月猫《おぼろづきねこ》の草紙《そうし》』四編下には、猫が人里を離れて山にすむのは、はじめ狐にさそわれて山にはいるからであるという、越後（新潟県）の人の話を記している。[191]狐が山の神に納めるという年貢の猫の頭を連想させる伝えである。九州地方など西日本では、猫が家から離れることを「猫岳参り」といった。猫がいなくなることを猫山に行くと伝えていた土地は、東日本にもある。それを、稲荷神をまつって、猫がもどることを願ったのは、狐が猫を山に連れて行くという考えがあったからかもしれない。なにかここにも、猫をめぐるたいせつな宗教的観念が、あらわれているようにおもわれる。

一月一日でも大晦日でもないが、愛媛県の南部には、一月六日の夜に山猫を退治したという伝えがある。「猫と茶釜の蓋」の昔話の一例で、北宇和《きたうわ》郡三間《みま》町の大藤《おおふじ》にいた丹後《たんご》と但馬《たじま》という鉄砲の上手な狩人の兄弟の物語の一節である。あるとき、広見《ひろみ》町小倉《おぐわ》の村に、山猫が毎晩出て村を荒らした。村人は困って、丹後に山猫退治を頼んだ。しかし、山猫は鉄蓑《みの》に鉄鍋をかぶった姿で出てくるので、弾をはね返してしまう。ところが、一月六日の年《とし》の夜《よ》の晩のこと、山猫があらわれて、「今晩はお年の夜でござらんか。丹後さまもござるまい。蓑も鍋もみなぬげえ」といって踊りだした。丹後はそこをねらって撃ち、山猫を退治したという。[192]

南宇和郡西海《にしうみ》町の内泊《うちどまり》では、猟師の長次郎が、年の夜に踊っている化け猫を撃った話になっている。それは自分の家の猫であったという。[193] これも変わってはいるが、昔話の「猫の踊り」と複合した「猫と茶釜の蓋」の類話である。北に寄っては、伊予《いよ》郡広田村総津《そうづ》にもある。ここには、年の夜のおつづみ石という石があり、化け猫が踊っていたという伝えがある。[194] つづみ石とは、おそらく、年の夜に猫が踊ったときに鼓《つづみ》にした石という意味であろう。この地方には、年の夜に化け猫があらわれて、踊りを踊るという伝えが、広くおこなわれた時代があったようである。

やや変化して東宇和郡城川《しろかわ》町には、大晦日に古狸を退治する話がある。城川町のおばん城という小さな城の近くに、古狸がいた。武士をだまして困るので、殿さまは、鉄砲撃ちの名人の吉どんに狸退治を頼んだ。しかし、狸はいくら撃ってもちっともあたらず、弾をはじいてしまう。大晦日の晩、吉どんは狸退治に行った。古狸は大勢の子狸を連れていて、「今晩は大晦日《おおつごもり》じゃけん、吉どんも来まい」といって、蓑をぬぎすてて踊りだした。吉どんは、みごとに古狸をしとめたという。吉どんは一思案あって、大晦日だからと婆さんが止めるのも聞かずに来たという。[195] ここでは、大晦日が年の夜になっている。これも、猫が狸に変わってはいるが、「猫の踊り」の型をふむ「猫と茶釜の蓋」の例である。

この地方では一般に、七日正月にともなう六日年越しを年の夜といった。愛媛県南部の宇和地方では、一月六日をトシノヨとかムイカドシ（六日年）とかいって忌《い》み籠《ごも》りをする風習があり、この晩に、ほんとうに年を取るのだといい伝えている。[196] 日取りは一見、一月六日と中途はんぱであるが、大晦日や節分と同じく、年越しの夜の一つであった。とくにこの地方で、この夜がほんとうの年取りであるといっていたのは重要である。これらの物語の背景には、一年でいちばんたいせつな年越しの夜に、猫が集まって踊るという伝えがあったにちがいない。それは、特定の日に、猫の集会があるという伝えの一例で、日本の猫岳の猫の王の御前会議や、ヨーロッパのヴァルプルギスの夜の猫の舞踏会に共通している。

六日年越しをトシコシと呼んでいた土地は、西日本には多かった。大阪の町では、明治になってから、節分をトシコシと称えたが、維新前には、一月六日にトシコシをおこなっていたという[197]。一年のうちでもっとも重い年越しを六日の夜におかなければならない歴史が、新年行事の成立の過程にあったのである。大阪のトシコシの特色は、恵方《えほう》の神社に参詣することであったが[198]、それは愛媛県宇和地方の例にも通じる。広島県広島市でも六日が年越しで、厳島《いつくしま》神社に行く人も多く、村では産土《うぶすな》神の社で夜を守る人もあった[199]。

六日年越しが、一年のトシコシのなかで、もっとも重要な年越しであった地方があったことは、従来あまり注意されていないが、猫の仲間の年越し行事の伝えをとおしてみると、阿蘇山の猫岳の大晦日や節分と同じく、六日年越しが、土地によっては一年の年越しの第一であったことが、かえってはっきりとあらわれていた。猫と深く結びついた幻想的な言い伝えの年越しには、人間の現実の新年の習俗より一歩古い新年の意識が生きていたのかもしれない。生身の人間の暮らしは、新しい時代の流れのなかで変わりやすいが、想像の世界に生きている猫の精神文化は、古風な伝えが残りやすかったのかもしれない。

東宇和郡の古狸に変わっていた伝えが大晦日であったのも、つまりは、主たる年取りの夜ということである。猫の王の御前会議が、大晦日であったり節分であったりしたのと同じく、単純な変化である。年の夜のおつづみ石のある伊予郡あたりでは、年の夜とは節分を指していたようであるが、[200]地域によって、一月六日や節分を年の夜と呼んだことじたい、この二つの年取りの夜が、同じ意味をもっていたことをあらわしていた。

元旦の猫の節供

中国雲南《うんなん》省の楚《そ》雄彝《ゆうイ》族自治州の南部にある双柏《そうはく》県法脿《ファビアオ》郷に、麦地冲《マイデイチヨオン》というイ族の村がある。百十六戸の村で、羅羅（ルゥオ　ルゥオ）と自称している。羅とは虎の意をあらわす音で、羅羅とは虎の人という意味であるという。[201]この村では、それにちなみ、旧暦一月八日から十五日までの八日間を虎節（虎の節供《せっく》）とし、それに先立つ、歳末の十二月最後の二日と、新年の一月一日の三日間を、猫節（猫の節供）と呼びならわしている。[202]

年末から元日にかけての猫節とは、『日本霊異記』上巻第三十話で、膳臣広国の父親の亡霊が、一月一日に猫の姿になって家を訪れたときに、はじめて供養の食物を得たという物語の形成を考えるうえでも、無視することができない。広国の物語に登場する一月一日、五月五日、七月七日という三回の節日は、どれも本来は中国の暦書の節日である。一月一日に猫があらわれるということも、中国に典拠があった可能性は大きい。

前漢に成立したという『礼記』巻五「郊特牲」第十一に、蜡《さ》の祭りのことがみえている。そのとき「大蜡八《だいさはち》」といって、農業のために八神をまつったが、そのなかには、第一の先嗇《せんしょく》(神農《しんのう》氏)など農業の祖神のほか、第五には猫と虎もふくまれていた。

迎猫、為其食田鼠也、迎虎、為其食田豕也、迎而祭之也。

猫を迎えるのは野鼠を食うから、虎を迎えるのは猪《いのしし》を食うからで、猫と虎を迎えてまつるとある。猫も虎も農作物を荒らす獣を退治するためにまつるのである。貓虎を迎えるとは、それぞれの尸《かたしろ》があることで、後世には、それを倡優《しょうゆう》(俳優)が演じていると、注にはある。[203]尸とは、祭りのときに神のかわりをつとめる人である。この貓は、あるいは野生の山猫のたぐいかともおもわれるが、近時は家猫としている。[204]

蜡は後世の臘《ろう》で、十二月のことである。歳末に猫と虎をまつるという習慣は、この羅羅人の猫節と虎節が一月であるのに近い。猫節が十二月の末の二日間からはじまっているのは、厳密にいえば、十二月の行事でもある。蜡の祭りが十二月であったというのも、猫節と虎節が一月であるというのも、一年の区切りの月のうち、年末をとるか年の初めをとるかの違いにすぎない。羅羅人の猫節と虎節は、『礼記』にみるような、猫と虎をたいせつな獣としてまつった信仰と、無縁ではあるまい。

羅羅人の猫をめぐる信仰については、楊継林《ヤンジイリヌ》と中甫廉《シエヌフウリアン》の『中国彝族虎文化』にくわしい。それによると、羅羅人は猫を「阿咪」（アミ）と呼ぶ。「阿」は語気の助詞であり、「咪」は擬声語で、猫の代称であるという。雌猫は「喵」（ミャオ）と鳴く。その音「喵」は、羅羅人の姓氏の「苗《ミャオ》」と同じである。この苗姓羅羅人の漢字の姓氏の「苗」は、その伝えによると、先祖がみずからつくった姓で、この人たちだけのものといい、他の民族の「苗」とは異なるとする。[205]

漢族などには、同姓の男女が結婚できないという習慣がある。イ族でも、一つの姓氏によってあらわされる一族の者どうしは結婚できない。この苗姓羅羅人も含めて、すべての羅羅人は、どこにいても、姓が苗であれば、すでに一族の人であるので、結婚することは禁止であるという。[206]そこには、中国大陸の多くの民族にみられる、同姓不婚の原則がはたらいている。そうしたなかで、この苗姓が、雌猫の鳴き声に由来する独自の姓氏であると、ことさらに伝えているところに、大きな意味がある。

このような雌猫の鳴き声へのこだわりには、たしかに、羅羅人の猫にたいする強い信仰があらわれている。楊継林たちは、この羅羅人が崇拝するのは、雌猫であるとみることができるとする。麦地冲村に住む黒羅羅人は、そのイ語の姓氏は、「羅羅」（虎氏族人）の意だけではなく、「雌猫」（苗）氏族の意味も含んでいるという。黒羅羅人とは、地主階層の羅羅人のことである。苗姓羅羅人は、いまでも猫を「老祖《ろうそ》公《こう》」（先祖霊）として、死んだ祖先の人の化身としてつかえて崇敬している[207]。

それは、猫節の行事にもよくあらわれている。苗氏羅羅人は、猫節がくると、猫を飼っている人の家かどうかにかかわらず、食べ物にする小麦粉で一匹の猫の形をこねてつくり、生活の中心である家堂（母屋）の真ん中に供える。それを先祖の化身とし、その作り物の猫にたいして、酒や肉、茶、飯をささげてまつる[208]。この小麦粉細工の猫が、老祖公にあたる。

夜のあいだは、こごえないように、この作り物の猫をかまどのそばに持って行って、暖をとらせなければならない。ある羅羅人の家では、老婦人に頼んで、正方形の紅または黄色の一枚の布を用いて、一匹の猫の頭を刺繍《ししゅう》し、猫節の三日間かまどの上に掛けておく。「猫祖」は一年中、人間のために心を配って休まないので、暖まることがないが、猫節の祭りをうける三日間は、猫の体もすこし楽になって熱くなる。猫の体は、いつもはとても冷たいものであるという[209]。

羅羅人には、こうした信仰を裏づけるような伝えもある。猫は人間の老祖公であるが、家に飼っている犬は人間の友人で、豚を保護し、羊などの家畜の衛士であり、猫の忠臣であるという。猫は犬を支配することができるが、犬は猫を支配することができない。猫は犬の主人であるばかりでなく、人間の主人でもあり、人間の先祖の化身でもある。また猫は、人間の老祖公よりもさらにいっそう高い太祖公で、一家の主であるだけでなく一国の君であるともいう。[210]

このようなあつい信仰から、羅羅人は猫をひじょうにたいせつにする。猫を食べることはもとより、猫を打ったりすることも、きびしく禁じられている。飼っている猫が病気になったり死んだりすることがあると、あわててその原因を追求する。とくべつな理由がみつからないと、異族の人たちがだめにしたのではないかと疑いをかける。[211]自分たちの先祖の姿として尊崇する猫の病気や死は、重大事であったにちがいない。

これと対応するように、猫を買って来たときにも、それにふさわしい作法で家に入れる。まず猫を抱いて来て、自分の家の先祖をまつる家堂に放す。何度も拝んで、それを活祖公（生きている先祖霊）と称し、歴代の先祖から伝来した家族の財産を保護し、家中の人をたすけることを願う。[212]羅羅人は猫を、家族を守護する先祖の霊の生きている姿のように、たいせつにあつかっている。『日本霊異記』の膳臣広国の父親の亡霊が、猫の姿で一月一日に家に来たという話を、そのまま信仰で表現したような伝えである。

虎の人と自認する羅羅人は、自分たちの先祖の姿とみている猫を、虎と同一視している。羅羅人は猫を「阿咪《アミ》」と呼ぶほかに、他のイ族一般も同じく「阿羅婼（アルゥオ）」ともいう。「阿」は助詞、「羅」は虎、「婼」は小児を意味し、「阿羅婼」で小さな虎ということになる。また漢語で「猫」と呼ぶことを禁じている。[213]羅羅人は猫を呼ぶのに、雌猫の鳴き声の擬声語か、小さな虎という語を用いていたことになる。

虎と猫の共通性は、イ族の漢語の姓氏の呼びかたにもあらわれている。いまの雲南省の昭通《しょうつう》県は、歴史的にもイ族が集まって住んでいる土地であるが、この県域の内外の地では、多くの人が漢字の「虎」を姓にしている。この虎姓は、中国の姓を集めた『百家姓』や『千家姓』の各種の版本にもみえない特殊な姓であるが、さらにめずらしいことには、この「虎」の字の姓は、「虎」と読むことを許さず、「猫」の字に読むことを求めている。[214]漢語の「猫」の音をあらわすのに、「虎」の字を用いているわけで、ここでも、はっきりと、虎と猫を同一視している。

羅羅人の認識では、虎と猫とは、大きいか小さいかの違いでしかないという。世界のあらゆる動物のなかで、虎と猫がもっとも高貴で才能があり、肉を食べて野菜を食べない。どのような動物も、すべて虎や猫の支配をうけておそれる。虎や猫は、百獣の王であるともいう。猫は虎と同種類の動物であり、姿も似ており、習性も同じであるというのが、[215]羅羅人の考えかたであった。

猫と虎を同一視する観念は、羅羅人の虎節におこなわれる虎舞いのなかにも、猫に扮装《ふんそう》する人が参加していることに、よくあらわれている。この二人の猫役を、「猫祖《びょうそ》公《こう》」「猫祖母《びょうそぼ》」と呼ぶ。[216]猫の男の先祖と女の先祖の意である。虎の姿に装った人たちの隊列の中に、二人の人が猫の衣装をつけて参加する。虎といっしょに並んでいるが、虎の群れの中で跳んだりはねたりして、猫のさけび声をたえず出す。[217]このとき雌猫は、とくべつに雄猫にたいして、「喵ー」（ミャオー）と声を長く引いて答えるという。[218]

虎舞いでは、雌猫は手に茶盤をのせ、雄猫は肩に羊の皮の袋をかついであらわれる。上半身を左右に揺り動かしながら、走り跳び歩く。前に進み、行ったり来たりして、虎の群れのあいだを、左右に行き来して通りぬける。虎舞いのなかでも、もっとも活躍する舞いの役である。八日間の虎節の最後の一日だけは、二匹の猫は、ただあらわれて猫のさけび声をまね、やがて取りかこんで見ている群衆の中にまぎれこみ、跳びはね、さけび声をあげて人々を笑わせる。[219]

この虎節の最後の一月十五日には、虎舞いの仲間による祓《はら》いの行事がある。「老虎《ラオフウ》送禍崇《ソオンフオフオイ》」（虎が禍《わざわい》や祟《たた》りを送る）といっている。この日は、どこの家でも表の大門をあけっぱなしにし、先祖と天地の神位に供える供物用の机の上に灯《ひ》をともし、牲《いけにえ》の器に肉を入れてきちんと並べ、雄雌二匹の猫役の人が、虎役の仲間を引きつれて到着するのをうやうやしく待つ。これを「掃邪祝吉《サオシエジユジイ》」（邪悪なものをはらい、吉《よ》いことがあるように願う）の行事という。[220]

このとき、二匹の猫役だけが、家の中にはいることができる。彼らは机の上にまつられた供え物のなかから、かってに腊肉《ほじし》(ベーコン)をとり、羊の皮の袋につめて、魂梁子《ファリアンズ》と呼ぶ山の上までかついで行く。そこで、虎役や村中の人々、客人たちに食べ物をふるまう。[221] 虎節といいながら、これなどは二人の猫役が主役である。

このように、虎節の虎の仲間に雌雄二匹の猫が特別な役割をおびて加わっているのは、だれがみても、猫と虎とを同一視する観念のあらわれである。しかも、そのなかで、猫をことさらに重視している。この行事が、新年の元日や十五日の行事に行われているのも、先祖を年末から年始にかけて、新年にまつるという信仰で、羅羅人が、猫や虎を自分たちの先祖とする考えに由来しているとみてよかろう。虎節の意義は、麦地冲村の羅羅人の信仰体系の範囲では、ほぼこれにつきている。しかし、それを中国大陸一般で考えようとすると、問題はさらに広がる。

すでに楊継林たちも注意しているように、春節《しゅんせつ》(旧暦の新年)の一月八日に虎舞いを演じている例は、ほかにもある。江西《こうせい》省清江《せいこう》県大橋《ダジアオ》郷の南上程家村《ナイシャンチョンジイア》にある。この村の程《てい》姓の先祖は、北宋《ほくそう》(九六〇～一一二七年)の末ごろに、河南《かなん》省嵩《すう》県から遷《うつ》って来たと伝えるが、農暦(旧暦)の一月八日に虎舞いを演じていた。虎を舞うことは、西漢(前二〇六～八年)以前には広くおこなわれていたといい、道教の祖師《ズウシ》爺《イエ》と伝える張天師《ジャンティエヌシ》も虎に乗っていたが、仏教がはいって来て、舞いも虎から獅子に変わったという。[222]

獅子舞い以前に虎舞いがあったということも、それなりにありそうなことである。それが道教の信仰とも結びついていたとすれば、なおさらである。南上程家村が、道教の七十二福地の一つ、第三十三福地の閣皁山《ゴオジャオ》の麓にあたっていたために、虎を舞う習俗が残っていたということも[223]考えられないことではない。麦地沖村と南上程家村で、それが同じく一月八日の行事であったということも、ただの偶然とはおもえない。

羅羅人は、虎節の意義を、猫節を含めて、虎や猫を先祖の姿とする信仰のあらわれであるという。そうした地域の人たちの信仰体系とは別に、旧暦による歳時習俗としての猫節や虎節の成立には、中国大陸の文化の長い歴史も無関係ではあるまい。虎舞いが麦地沖村や南上程家村で、一月八日であったのをみると、古く『礼記』の「郊特牲」にいう蜡の祭りとのかかわりを、おもわずにはいられない。蜡の祭りに猫や虎を迎えまつったという伝統が、ここに生きているようにみえる。歳末から新年にかけて、元日あるいは十五日の行事に、猫ないしは虎をまつる習俗が、古くから中国の暦をめぐって成立していたにちがいない。

羅羅人は一月一日の猫節に、猫祖公とともに、村のかたわらにある石の虎に酒や肉を供えてまつった。[224]石の虎は羅羅人の先祖の虎の表象で、[225]事実上、元日の猫節にも、猫と虎をいっしょにまつっていた。猫と虎は大小の違いで、ともに先祖の姿とするという羅羅人の信仰はそれとして、広く新年に猫と虎をいっしょにまつる源流は、さしあたって『礼記』の「郊特牲」の蜡の祭り以外にはない。羅羅人の信仰も、そうした伝統のなかで、みずからの信仰が体系をなしたというべきであろう。さかのぼれば、羅羅人の虎節は、蜡の祭りに、なぜ虎と猫がかかわっていたかを考えるための貴重な事実でもある。

近世にも、この蜡の祭りの流れをひく行事が中国にはあった。大木卓さんはその例として、清《しん》の黄漢の『貓苑《びょうえん》』（一八五三年刊）を引いている。浙江《せっこう》省杭州《こうしゅう》の人は猫の神をまつり、称して降鼠《シアンシュ》将軍《ジアンチュヌ》という。年の終わりに、いろいろな神をまつるが、かならず、そのなかに降鼠将軍を入れるという。[226] 降鼠将軍とは、鼠除《よ》けの猫の神である。『日本霊異記』で、膳臣広国の父親の亡霊が一月一日に猫の姿で家に来て、はじめて食物にありついたというのも、元日を猫節とするような中国の習俗が背後にあったにちがいない。歳時習俗としては、それが、猫岳の猫の王の大晦日の会議にまでつながっていたことになる。

参考文献（第Ⅰ部）

第一章

1　後藤是山編『肥後国誌』(下)、九州日日新聞社印刷部、一九一六年、［再版］青潮社、一九七一年、五一七ページ。
2　伊藤常足『太宰管内志』、太宰管内志刊行会、一九三三年、［復刻版］防長史料出版社、一九七八年、「肥後志」八二ページ。
3　同右。
4　後藤是山編、前掲1、五九六〜五九七ページ。
5　熊本県教育会阿蘇郡支会編『阿蘇郡誌』、一九二六年、［再版］名著出版、一九七三年、五六四ページ。
6　中野一路『阿蘇』、私家版、一九二八年、一二八ページ。
7　八木三二「猫の話（熊本県）」『旅と伝説』第六巻第八号、三元社、一九三三年、七八ページ。
8　荒木精之『肥後民話集』、地平社、一九四三年、一九〇〜一九一ページ。荒木精之「阿蘇地方の民話」九州商科大学山岳部・九州英数学館山岳部編『阿蘇山』（『九州山岳シリーズ』三）、中村英数学園、一九六二年、一三八ページ。
9　荒木精之『阿蘇の伝説』（『郷土文化叢書』第五篇）、日本談義社、一九五三年、一三四ページ。
10　一の宮警察署「管内実態調査」熊本県警察本部警務部教養課『管内実態調査書　阿蘇編』、同課、一九五九年、二九ページ。なお、ほかに、近時の報告に、北九州大学民俗研究会『阿蘇山麓の民俗　熊本県阿蘇郡南郷谷　昭和四十二年度調査報告』、同会、一九六七年、三一八ページがある。猫岳とは、猫の大王がすんでいて、年に一度、阿蘇谷と南郷谷の猫を召集して、猫の会議をするからで、召集されて帰った猫は、耳が二つにさけているという。牛島盛光『肥後の伝説』、第一法規出版、一九七四年、五三ページと、荒木精之他『熊本の伝説』（『日本の伝説』二六）、角川書店、一九七八年、五六ページにも、ほぼ同文で、これに近い記述がある。

11　柳田国男編『歳時習俗語彙』、民間伝承の会、一九三九年、［復刻版］国書刊行会、一九七五年、一四七ページ「マメトシコシ」。

12　和歌森太郎「春山入り」『民間伝承』第一〇巻第四号、民間伝承の会、一九四四年、二三～三二ページ。和歌森太郎『日本民俗論』、千代田書房、一九四七年、九五～一一〇ページ「春山入り」、参照。

13　菊池市高齢者大学編『菊池むかしむかし』、青潮社、一九七八年、六八～六九ページ。

14　木村祐章『肥後昔話集』（『全国昔話資料集成』六）、岩崎美術社、一九七四年、一八三～一八四ページ。

15　空戸数義「むかしばなし㈨」『球磨』第一四巻第七号、球磨郷土研究会、一九四一年、三ページ、五九番。

16　筑堂生「猫岳」『郷土研究』第一巻第一号、郷土研究社、一九一三年、五三ページ。礒清『民俗怪異篇』（『日本民俗叢書』）、磯部甲陽堂、一九二七年、一二一～一二三ページ。

17　林黒土校「筑豊の民話　その七九」『毎日新聞』（筑豊版）一九六一年四月二六日、毎日新聞西部本社（田川市立図書館「切り抜き」保存版による）。

18　稲田浩二・前田久子『天草河浦町の民話と唄・遊び』、手帖社、一九九三年、九二～九三ページ。

19　荒木精之、前掲9、一三三～一三四ページ。

20　同右、一二九～一三〇ページ。

21　同右、一三一～一三三ページ。

22　空戸数義、前掲15、三ページ、六〇番。

23　空戸数義「むかしばなし㈠」『球磨』第一三巻第六号、球磨郷土研究会、一九四〇年、一〇ページ。

24　蓮体『礦石集』、毛利田庄太郎、元禄六年（一六九三）、巻一、一八ゥ～一九ゥ。

25　同右、一九ゥ。

26　伊藤常足、前掲2、八二～八三ページ。

27　田中成美「『猫ヶ島に行った男』の話」『種子島民俗』第四号、中種子高等学校地歴部、一九五九年、一一～一二ページ。

28　又吉英仁編『ふるさとの昔ばなし』（『具志川

市の民話』一)、具志川市教育委員会、一九八一年、三一～三二、一二三ページ。

29　同右。

30　「村の話」『奥南新報』一九二九年一二月（稲田浩二・小沢俊夫編『日本昔話通観』第一巻、同朋社出版、一九八二年、三八〇ページ）。

31　武田明『西讃岐昔話集』、香川県立丸亀高等女学校郷土研究室、一九四一年、四六ページ。武田明『西讃岐地方昔話集』（『全国昔話資料集成』九）、岩崎美術社、一九七五年、五八ページ。

32　丸山久子『佐渡国仲の昔話』（『昔話研究資料叢書』三）、三弥井書店、一九七二年、一一一～一一四ページ、一二四番。

33　水沢謙一『赤い聞耳ずきん――下条登美（64才）の語る二百五十一話』、野島出版、一九六九年、四〇八～四一〇ページ、一三七番。

34　稲田浩二・立石憲利『奥備中の昔話』（『昔話研究資料叢書』八）、三弥井書店、一九七三年、二六二～二六六ページ。

35　稲田浩二・立石憲利『中国山地の昔話――賀島飛佐嫗伝承四百余話』、三省堂、一九七四年、二三九～二四〇ページ、一八〇番。

36　儀清、前掲16、一〇四～一〇九ページ。

37　土井卓治『吉備の伝説』、第一法規出版、一九七六年、一四三～一四五ページ。

38　国分直一・恵良宏校注『南島雑話』(1)(2)（東洋文庫）、平凡社、一九八四年、(2)一六三ページ。

39　同右、(1)一四七ページ。

40　柳田国男『孤猿随筆』（創元選書）、創元社、一九三九年、一六一ページ。

41　平岩米吉『猫の歴史と奇話』、動物文学会、一九八五年、［新装版］築地書館、一九九二年、九九ページ。

42　正宗敦夫編『本朝食鑑』(上)(下)（『日本古典全集』第四期）、日本古典全集刊行会、一九三四年、(下)九五一ページ。

43　安良岡康作訳注『徒然草』（旺文社文庫）、旺文社、一九七一年、［五刷］一九七五年、一五〇～一五一ページ。

44　NHKテレビの放送番組による。残念ながら、日時などの覚え書きを忘失した。

45 今泉吉典・今泉吉晴『ネコの世界』（平凡社カラー新書）、平凡社、一九七五年、二九ページ。

46 同右、二五〜二六ページ。

47 同右、二九ページ。

48 同右、二六〜二七、三一ページ。

49 同右、二九〜三〇ページ。

50 小原秀雄『ネコはなぜ夜中に集会をひらくか――イヌとネコの行動学入門』、花曜社、一九八六年、八八ページ。

51 同右、八八ページ。

52 同右、六八〜七〇ページ。

53 同右、八三ページ。

54 同右、八三〜八四ページ、参照。

55 同右、九三ページ。

56 宮本常一「昔話と俗信」『昔話研究』第一巻第一二号、三元社、一九三六年、一一ページ。

57 大木卓『猫の民俗学』〔増補版〕田畑書店、一九七九年、二〇七〜二〇八ページ、参照。

58 宮本常一「猫山の話」『旅と伝説』第七巻第一二号、三元社、一九三四年、一九〜二一ページ。

59 征矢野宏・細川修編『私たちの調べた野麦街道の民話』、たつのこ出版、一九七九年、一〇九〜一一四ページ。

60 稲田浩二・立石憲利、前掲35、一四六ページ。

61 Roberts, Warren E., *The Tale of the Kind and Unkind Girls, AA-TH 480 and Related Titles* (Supplement-Serie zu Fabula Zeitschrift für Erzählforschung, Reihe B : Untersuchungen Heft 1), Walter de Gruyter & Co., Berlin, 1958, p. 121.

62 Eberhard, Wolfram and Boratav, Pertev Naili, *Typen Türkischer Volksmärchen* (Akademie der Wissenschaften und der Literatur, Veröffentlichungen der Orientalischen Kommission, Band V), Franz Steiner Verlag, Wiesbaden, 1953, SS. 65-67, Nr. 59.

63 Coote, H. C., Folk-Lore in Modern Greece, *The Folk-Lore Journal*, vol. 2, London, 1884, pp. 240-241, no. 9.

64　Gubernatis, Angelo de, *Zoological Mythology,* vol. 2, Tübner & Co., London, 1872, p. 62.
65　Roberts, W. E. 前掲61、p. 121.
66　同右、pp. 110, 121.
67　同右、p. 159. 参照。
68　Honti, Hans, *Verzeichnis der pubizierten ungarischen Volksmärchen*（FF Communications, no. 81）, Suomalainen Tiedeakatemia, Helsinki, 1928, p. 24, no. 546.
69　Briggs, Katharine Mary（キャサリン・メアリー・ブリッグズ）, *Nine Lives, Cats in Folklore,* Routledge & Kegan Paul, London, 1980, pp. 128-138.［訳］アン・ヘリング『猫のフォークロア――民俗・伝説・伝承文学の猫』、誠文堂新光社、一九八三年、［二刷］一九八四年、一四七～一六一ページ（Thorpe, B., *Yule-Tide Stories,* Bohn Library, London, 1884, pp. 97-112. を引く）。
70　斧原孝守「舌切り雀の系譜」『比較民俗学会報』第一五巻第三・四合併号、比較民俗学会、一九九五年、一三～二五ページ、参照。
71　昔話に登場する六部がその昔話の語り手であったらしい例に、小島瓔禮『武相昔話集』（『全国昔話資料集成』三五）、岩崎美術社、一九八一年、九四～九五ページ、五一番。

第Ⅱ章

72　Taylor, Archer, Northern Parallels to the Death of Pan, *Washington University Studies,* Humanistic Series, vol. 10, no. 1, Washington University, St. Louis, 1922, pp. 70-75.
73　Westropp, Thomas Johnson, A Study of Folklore on the Coasts of Connacht, Ireland, *FolkLore,* vol. 32, 1921, pp. 105-106.
74　Briggs, K. M. 前掲69、p. 13.［訳］二六ページ。
75　Wilde, Speranza, Lady, *Ancient Legends, Mystic Charms, and Superstitions of Ireland,* ［new edition］London, 1902, p. 153.
76　同右。Taylor, A. 前掲72、pp. 70-71. 参照。
77　Glassie, Henry（ヘンリー・グラッシー）, *Irish Folktales*（Pantheon Fairy Tale and

Folklore Library), Pantheon Books, New York, 1985, pp. 177-178. ［訳］大沢正佳・大沢薫『アイルランドの民話』、青土社、一九九四年、二七〇～二七一ページ。

78　同右、pp. 178-179. ［訳］二七一～二七四ページ。

79　小野寺秀郎『ねこに飼われるコツ』、徳間書店、一九七八年、四一ページ。

80　三宅忠明『アイルランドの民話と伝説』、大修館書店、一九七八年、三一～三八ページ（Murphy, G., *Tales from Ireland*, Browne and Nolan, 1947. を引く）。

81　Glassie, H. 前掲77、pp. 180-182. ［訳］二七四～二七七ページ。

82　Thompson, Stith, *The Types of the Folk-tale, A Classification and Bibliography,* ［2. revision］（FF Communications, no. 184）, Suomalainen Tiedeakatemia, Helsinki, 1961, p. 46, no. 113A.

83　Taylor, A. 前掲72、pp. 60, 70-75.

84　Baughman, Ernest W., *Type and Motif-Index of the Folktales of England and North America* （Indiana University Folklore's Series, no. 20）, Mouton & Co., The Hague, 1966, p. 84, Motif B342（c）.

85　Briggs, Katharine Mary, *A Dictionary of British Folk-Tales in the English Language,* Part B, Folk Legends, 2 vols., Routledge & Kegan Paul, London, 1971, vol. 1, p. 206.（Harland, John and Wilkinson, T. T., *Lancashire Legends, Traditions, Pageants, Sports, etc. With an Appendix Containing a Rare Tract on the Lancashire Witches,* London, 1873, pp. 12-13. を引く）。

86　Baughman, E. W. 前掲84、p. 84, Motif B342（b）.

87　Briggs, K. M. 前掲85、vol. 1, p. 294.（Axon, William E. A., *Cheshire Gleanings,* Manchester, 1884, p. 136. を引く）。

88　Baughman, E. W. 前掲84、p. 83, Motif B342（a）.

89　Burne, Charlotte S., Two Folk-Tales, Told by a Herefordshire Squire, 1845-46, *Folk-Lore*

Jounal, vol. 2, 1884, pp. 22-23.
90　Taylor, A. 前掲72、pp. 60-76. 参照。「猫の王の葬式」は、pp. 64, 72-73.
91　Briggs, K. M. 前掲85、vol. 1, pp. 309-310.（Halliwell, *Popular Rhymes and Nursery Tales,* p. 167. を引く）。
92　同右、vol. 1, pp. 232-233.（Hunt, Robert, *Popular Romances of the West of England,*［reprinted］London, 1930, pp. 102-103. を引く）。
93　同右、vol. 1, pp. 231-232.（Bowker, James, *Goblin Tales of Lancashire,* London, 1883, p. 83. を引く）。
94　Baughman, E. W. 前掲84、pp. 119-120, Motif D 1825.7.1.
95　呉茂一『ギリシア神話』、新潮社、一九六九年、［一五刷］一九七四年、一八八～一八九ページ。Taylor, A. 前掲72、pp. 3-4. 参照。
96　Taylor, A. 前掲72、p. 24.
97　同右、p. 80.
98　同右、p. 60.
99　同右、p. 81.
100　同右、pp. 76-78.
101　Keightley, Thomas, *The Fairy Mythology,* H. G. Bohn, London, 1870,［republished］Gale Research Company, Detroit, 1975, pp. 120-121.
102　Sinninghe, J. R. W., *Katalog der Niederländischen Märchen -, Ursprungssagen =, Sagen = und Legendenvarianten*（FF Communications, no. 132）, Suomalainen Tiedeakatemia, Helsinki, 1943, SS. 58-59, Dämonensagen : Nr. 101.
103　同右、SS. 59, 102.
104　Aarne, Antti, *Estnische Märchen- und Sagenvarianten*（FF Communications, no. 25）, Suomalaisen Tiedeakatemian Kustantama, Hamina, 1918, S. 123, Sagen : Nr. 45.
105　Qvigstad, J., *Lappische Märchen- und Sagenvarianten*（FF Communications, no. 60）, Suomalainen Tiedeakatemia, Helsinki, 1925, S. 45, Sagen : Nr. 50.
106　Dégh, Linda, *Folktales of Hungary*（Folktales of the World）, Routledge & Kegan Paul, London, 1965, pp. 193-194, no. 26.

107 Taylor, A. 前掲72、p. 63, n. 139 ; p. 15, variant 39.（Pröhle, H., *Harzsagen*, Leipzig, 1886, p. 145, no. 157. を引く）。

108 同右、p. 63, n. 138 ; p. 15, variant 38.（Pröhle, H. 同右、p. 50, no. 80. を引く）。

109 同右、p. 63, n. 137 ; p. 16, variant 62.（Eisel, R., *Sagenbuch des Voigtlands*, Gera, 1871, p. 145, ［reprinted］Henne-am-Rhyn, p. 158, no. 235a. を引く）。

110 同右、pp. 63-64, n. 140.（Wolf, *Niederländische Sagen*, Leipzig, 1843, pp. 340-341, no. 246, ［reprinted］de Cock and Teirlinck, *Brabantsch Sagenboek*, Chent, 1909, I, pp. 23-24, no. 15. を引く）。

111 同右、p. 63. 参照。

112 大田正次「ブロッケンの妖怪」『万有百科大事典 一八 宇宙・地球』、小学館、一九七五年、五四五ページ。

113 Leach, Maria (ed.), *Standard Dictionary of Folklore, Mythology, and Legend*, 2 vols., Funk & Wagnalls, New York, 1949-1950, vol. 2, p. 1165, "Walpurgis Night".

114 Baughman, E. W. 前掲84、p. 84, Motif B342 (b).

115 Grimm, Jacob und Wilhelm（グリム兄弟）, *Deutsche Sagen*, vol. 1, Nicolai Buchhandlug, Berlin, 1816, S. 337, Nr. 249, Winkler Verlag, München 1981, S. 254, Nr. 250.［訳］桜沢正勝・鍛治哲郎『ドイツ伝説集』(上)、人文書院、一九八七年、二九〇～二九一ページ、二五〇番。

116 同右、(1816) SS. 339-340, Nr. 251,（1981）S. 256, Nr. 252.［訳］二九二～二九三ページ、二五二番。

117 同右、(1816) SS. 271-272, Nr. 189,（1981）S. 211, Nr. 190.［訳］二三三～二三四ページ、一九〇番。

118 同右、(1816) SS. 49-50, Nr. 39,（1981）SS. 62-63, Nr. 39.［訳］四三～四四ページ、三九番。

119 蓮体、前掲24、巻一、一六ゥ～一七ゥ。

120 『新著聞集』（日本随筆大成編輯部編『日本随

筆大成』第二期第三巻)、日本随筆大成刊行会、一九二八年、三三九〜三四〇ページ。

121 安西勝「城山博物誌鳥獣篇(第一回)」『鉄筆雑誌』第二号、私家版、一九六五年、三四ページ。

122 小島瓔禮、前掲71、四一〜四二ページ、二四番。

123 平塚市教育研究所『平塚小誌』、平塚市、一九五二年、三一〇〜三一一ページ。

124 早川純三郎編『譚海』、国書刊行会、一九一七年、三〇二ページ。

125 永野忠一『猫の幻想と俗信——民俗学的私考』(『習俗双書』第九)、習俗同攻会、一九七八年、二三五ページ。

126 同右、二三五〜二三六ページ。

127 吉川半七編『甲子夜話』第一、国書刊行会、一九一〇年、九七〜九八ページ。

128 同右、二六〜二七ページ。

129 神保五弥他編『京伝・一九・春水』(『図説日本の古典』第一八巻)、集英社、一九八〇年、一〇〜一一ページ。平岩米吉「にっぽん猫変遷史」今泉吉典・今泉吉晴『ネコの世界』(平凡社カラー新書)、平凡社、一九七五年、一三〇〜一三一ページ。

130 平岩米吉、前掲41、四二ページ。

131 川口謙二『相模国武蔵国風土記』、錦正社、一九六二年、一六八ページ。

132 稲田浩二・立石憲利、前掲34、二五八〜二六一ページ、六六番。

133 中村亮雄他編『川崎物語集』巻一、川崎市市民ミュージアム、一九九二年、六一〜六二ページ。

134 柳田国男「手拭沿革」『民間伝承』第八巻第九〜一二号、民間伝承の会、一九四三年、参照。

135 立花正一「讃岐丸亀地方の伝承」『郷土研究』第五巻第七号、郷土研究社、一九三一年、四六〜四七ページ。

136 和気周一「寄物その他」『民間伝承』第一六巻第一号、日本民俗学会、一九五二年、三四ページ。

137 本山桂川『海島民俗誌』、一誠社、一九三四年、三七〜三九ページ。

138　柳田国男『遠野物語』(『文藝春秋選書』五)、文藝春秋新社、一九四八年、一九九～二〇〇ページ、拾遺・一七四番。
139　物集高見編『広文庫』第一～二〇冊、広文庫刊行会、一九一六～一九一八年、第一五冊、二六九～二七〇ページ「ねこ」。
140　佐々木喜善『聴耳草紙』[新版] 中外書房、一九三三年、三四七ページ。
141　中道等『奥隅奇譚』(『郷土研究社第二叢書』)、郷土研究社、一九二九年、二三〇～二三一ページ、六五ページ、参照。
142　稲田浩二・福田晃『大山北麓の昔話』(『昔話研究資料叢書』四)、三弥井書店、一九七〇年、三八六～三八七ページ。
143　西田直養『筱舎漫筆』(日本随筆大成編輯部編『日本随筆大成』第二期第二巻)、日本随筆大成刊行会、一九二八年、一五三ページ。
144　同右。
145　佐々木喜善『老媼夜譚』(『郷土研究社第二叢書』)、郷土研究社、一九二七年、二一〇～二一三ページ。佐々木喜善、前掲140、二八五～二八六ページ、参照。
146　中西良一「長柄人柱のこと」『民間伝承』第五巻第三号、民間伝承の会、一九三九年、八ページ。
147　『浪華百事談』(日本随筆大成編輯部編『日本随筆大成』第三期第一巻)、日本随筆大成刊行会、一九二九年、六三七ページ。
148　柳亭種彦校『江戸塵拾』(国書刊行会編『燕石十種』第三)、国書刊行会、一九〇八年、一七〇～一七一ページ。
149　柳田国男・尾崎恒雄校『耳袋』㊤㊦(岩波文庫)、岩波書店、一九三九年、[三刷] 一九四〇年、㊦二四ページ。
150　Briggs, K. M. 前掲69、pp. 23-25. [訳] 四〇～四二ページ。(Ransome, Arthur, *Old Peter's Russian Tales*, Nelson, London, 1935, pp. 92-104. を引く)。
151　Dégh, L. 前掲106、pp. 192-193, 326, no. 25.
152　大竹國弘編訳『チェコスロバキアの民話』(『東ヨーロッパの民話』)、恒文社、一九八〇年、三〇五～三〇八ページ。

第四章

153　Frazer, James George（ジェイムズ・フレイザー）, *The Golden Bough, A Study in Magic and Religion*, 〔3. edition〕13 vols., The Macmillan Press, London, 1913, 〔reprinted〕1990, pt. 7, vol. 1, p. 224, 〔abridged edition〕1922, 〔new plates〕1951, 〔3. printing〕The Macmillan Company, New York, 1953, p. 734. 〔訳〕永橋卓介『金枝篇』㈠〜㈤（岩波文庫）、岩波書店、一九五一〜一九五二年、〔二刷改版〕一九六六〜一九六七年、㈣二九〇ページ。

154　同右、p. 147. 〔abridged〕p. 715. 〔訳〕㈣二六一〜二六二ページ。

155　同右、pp. 153-154. 〔abridged〕p. 718. 〔訳〕㈣二六六〜二六七ページ。

156　Taylor, A. 前掲72、p. 63.

157　Briggs, K. M. 前掲69、pp. 73-74. 〔訳〕九四〜九五ページ、大木卓、前掲57、一八一〜一八二ページ、参照。

158　Owen, Elias, *Welsh Folk-Lore, A Collection of the Folk-Tales and Legends of North Wales*, 1887, 〔reprinted〕EP Publishing, 1976, p. 341.

159　Radford, E. and M. A., 〔edited-revised〕Hole, Christina, *Encyclopaedia of Superstitions*, Dufour Editions, London, 1961, p. 87.

160　Briggs, K. M. 前掲69、pp. 74-75. 〔訳〕九五ページ。大木卓、前掲57、一八三〜一八四ページ、参照。

161　Radford, E. and M. A. 前掲159、pp. 86-87.

162　Frazer, J. G. 前掲153、pt. 1, pp. 223-224. 〔abridged〕pp. 733-734. 〔訳〕㈣二九〇〜二九一ページ。

163　同右、pt. 1, p. 226. 〔abridged〕p. 735. 〔訳〕㈣二九二ページ。

164　同右、pt. 1, p. 222. 〔abridged〕p. 732. 〔訳〕㈣二八八ページ。

165　同右、pt. 7, vol. 2, p. 39. 〔abridged〕p. 760. 〔訳〕㈤三二ページ。

166　同右、pt. 7, vol. 2, pp. 41-42. 〔abridged〕pp. 761-762. 〔訳〕㈤三四〜三五ページ。

167　MacCulloch, John Arnott, Lycanthropy,

Encyclopaedia of Religion and Ethics, vol. 8. T. & T. Clark, Edinburgh, 1915, [lastest] 1971, p. 208a（Olaus Magnus, Hist. of the Goths, London, 1658, pp. 193f. を引く）

168 Frazer, J. G. 前掲153、pt. 7, pp. 156-169, [abridged] pp. 648-650. [訳] (四)一五四～一五七ページ。

169 Eliade, Mircea（ミルチャ・エリアーデ）, *Cosmos and the History, The Myth of the Eternal Retern*（Harper Torch books）, Harper & Row, New York, 1959, p. 62. [訳] 堀一郎『永遠回帰の神話 祖型と反復』、未來社、一九六三年、八五～八六ページ。

170 Briggs, K. M. 前掲69、p. 185. [訳] 二八五ページ。

171 出雲路修校注『日本霊異記』（『新日本古典文学体系』第三〇巻）、岩波書店、一九九六年、四四～四七ページ。小島瓔禮「『日本霊異記』――作品紹介」小島瓔禮他編『日本霊異記』（『図説日本の古典』第三巻）、集英社、一九八一年、[新装版] 一九八九年、五四～五六ページ。

172 小島瓔禮「現代にみる『日本霊異記』」小島瓔禮他編、同右、二〇五ページ。

173 出雲路修校注、前掲171、四六ページ、注八。

174 小島瓔禮、前掲171、四八～四九ページ。

175 小島瓔禮、前掲172、二〇三～二〇五ページ。

176 Gaster, Th. H.（セオドア・H・ガスター）, *The Oldest Stories in the World*, The Viking Press, New York, 1952. ★ [訳] 矢島文雄『世界最古の物語』、みすず書房、一九五八年、九二～九三ページ、参照。

177 胡麻鶴五峯『飛鳥山を中心とする史蹟』、淳風書院、一九二七年、七二、九五ページ。

178 同右、九五ページ。

179 鈴木棠三・朝倉治彦校注『江戸名所図会』(一)～(五)（角川文庫）、角川書店、一九六七年、(五)一七八～一七九、一八二ページ。

180 蘆田伊人編『新編武蔵風土記稿』第一（『大日本地誌大系』第五巻）、雄山閣、一九二九年、三四四～三四五ページ。

181 同右、三四七ページ。

182　藤沢衛彦『日本伝説研究』第五巻、六文館、一九三二年、第一図（口絵）。
183　胡麻鶴五峯、前掲177、九七ページ。
184　柳田国男『分類祭祀習俗語彙』、角川書店、一九六三年、［再版］一九八二年、二八三〜二八四ページ「カンセギョウ」「ノセギョウ」。
185　南方熊楠「紀州俗伝」『郷土研究』第一巻第二号、郷土研究社、一九一三年、五七ページ。
186　南方熊楠「紀州俗伝㈢」『郷土研究』第一巻第四号、郷土研究社、一九一三年、四五ページ。
187　南栄三「猫の話」『旅と伝説』第一〇巻第六号、三元社、一九三七年、四六ページ。
188　大木卓、前掲57、二一二〜二一三ページ。
189　太田杜山「名古屋より」『郷土研究』第三巻第五号、郷土研究社、一九一五年、五一ページ。
190　石畝弘之「河内聞書」『民間伝承』第一三巻第一二号、日本民俗学会、一九四九年、四〇ページ。
191　大木卓、前掲57、二一四ページ。
192　森正史『えひめ昔ばなし』、南海放送、一九六七年、［三版］一九六七年、一五八〜一六〇ページ。
193　同右、一六〇ページ。
194　同右、一六一ページ。
195　同右。
196　同右、一六二ページ。
197　渡辺霞亭「大阪年中行事」『文芸倶楽部』第九巻第二号（定期増刊『諸国年中行事』）、博文館、一九〇三年、二三五ページ。
198　同右。
199　手島益雄『安芸備後両国の風俗及伝説』（『芸備二州叢書』第一編）、東京芸備社、一九三〇年、二ページ。
200　森正史、前掲192、一六二ページ。
201　楊継林・中甫廉『中国彝族虎文化』（『彝族文化研究叢書』）、雲南人民出版社・昆明、一九九二年、五、一六ページ。
202　同右、二五ページ。
203　陳澔注『礼記』、上海古籍出版社・上海、一九八七年、一四六〜一四七ページ。
204　漢語大詞典編輯委員会・漢語大詞典編纂処編『漢語大詞典』第一〇巻、漢語大詞典出版社・

上海、一九九二年、一三四〇ページ「貓」①。
205 楊継林・申甫廉、前掲201、二二ページ。
206 同右。
207 同右。
208 同右、二四ページ。
209 同右、二四〜二五ページ。
210 同右、二四ページ。
211 同右。
212 同右。
213 同右、二五ページ。
214 同右、二五〜二六ページ。
215 同右、二四〜二五ページ。
216 同右、口絵・図六。
217 同右、二一ページ。
218 同右、二三ページ。
219 同右、一〇〜一一ページ。
220 同右、一一、二五ページ。
221 同右、二五ページ。
222 王斌堂「清江民間舞」『人民画報』一九八八年第一期、人民画報社・北京西郊、四〇〜四一ページ。楊継林・申甫廉、前掲201、三六ページ、参照。
223 王斌堂、同右、四一ページ。
224 楊継林・申甫廉、前掲201、三六ページ。
225 同右、口絵・図一。
226 大木卓、前掲57、五〇ページ。

第Ⅱ部　招き猫の成立

第一章　招き猫の由来

豪徳寺の招き猫信仰

ちょこんとすわり、手ならぬ前足を片方あげた招き猫の姿は、なかなかあいきょうがある。昔ながらに、商家の店の奥などに飾られていることもめずらしくない。店先で、通る人に呼びかけている招き猫もある。あげた手で客を招く、商売繁昌の縁起物である。幸運、金運を呼ぶ呪物《じゅぶつ》であり、神像にもなる。現代では、インテリアの小物として、若い人たちのあいだで人気があるそうである。[1]私の家でも、二寸物の招き猫が飾り棚に置いてある。ふと目をやると、なんとなく心がなごむから楽しい。

小田急線の駅名にもなっている東京都世田谷《せたがや》区（旧、荏原《えばら》郡世田谷村）にある豪徳《ごうとく》寺《じ》は、地元では「猫寺《ねこでら》」と呼ばれ、この招き猫の信仰で知られている。[2]ここでは招き猫を、「招福猫児」（幸福を招く猫）と、いかにも禅宗《ぜんしゅう》の寺院にふさわしく漢語で書き、「まねぎねこ」とよむ。「招き」は、「まねぎ」と発音する。動詞の活用語尾のカ行をガ行、それも鼻濁音の「カ゚」ではなく「ガ」そのものに発音する、東京周辺の方言の特徴が、そのままこの豪徳寺では、招き猫に生きている。

豪徳寺の招き猫の像は、山門の東側の通用門の東脇にある花屋の山崎商店であつかっている。店の前には、「招福猫児　豪徳寺指定配布所」という立て看板が出ている。もとは門前にあった二軒の店で置いていたが、一軒は跡継ぎが先の大戦（第二次世界大戦）で戦死して絶え、もう一軒も、料亭だったが、客の足が遠のいてやめてしまったという。この山崎商店が引き継いだのは、戦後も何年かたってからであるらしい。猫の像に添えて頒布する「招福猫児《まねぎねこ》の由来」と題した由緒書も、昔からのものを、そのままつかっているそうである。なるほど文語調で、一時代昔の文章をしのばせる。

私の家の招き猫も、この山崎商店のものである。この猫は右手招きで、体は白一色、耳の内側と手足の爪、それに口もとは赤。桃色で丸く鼻先をえがき、赤い小さな点を左右につけて鼻の穴にする。目は黄色で形をとり、縁と目玉は黒い。眉《まゆ》とひげも黒、首には絵の具で、赤い紐《ひも》に金色の鈴がえがいてある。もとは江戸の土人形《つちにんぎょう》として伝統があった浅草《あさくさ》（東京都台東区《たいとう》）の今戸《いまど》焼きであったが、こわれやすいので、いまは多《た》治見《じみ》（岐阜県多治見市）のものにしているという。

昭和三十年（一九五五）前後の招き猫の像については、宮田思洋（常蔵）さんの『伝説の彦根』（昭和二十九年刊）の白黒写真と彩色絵、[3]本山桂川さんの論考（昭和三十四年）の白黒写真と解説で、[4]つぶさに知ることができる。このころも、やはり門前の花屋で頒布していた。三センチぐらいから三十センチほどまで数種類あった。なかでも八センチぐらいのものが、いちばん出来がよかったという。

みな白一色の猫で、右手をあげている。目が黄色、耳の内側と口元と手足の爪が朱、眉毛と目の縁とひげは黒らしい。小さな金の鈴をつけた紅糸の首輪を結ぶ。本山桂川さんは、このごろは、紅糸と鈴をやめて、朱と黄で筆書きにしているという。昭和三十年も少しすぎたころであろう。金色の鈴が紅色の首輪につけてあったといえば、現在の今戸焼きの招き猫の姿である。それは、今戸焼きを置いていた時代の招き猫のことかもしれない。

昭和初年には、豪徳寺の門前で、とくべつに、土製と陶製の二種類の招き猫を売っていたそうである。郷土玩具研究家の有坂与太郎《ありさかよたろう》さんの写真によると、土製は顔を正面にむけてすわった姿で、右手を耳より高くあげ、手首を前に曲げて招く。胸には「招福」と書き、首には本物の鈴を首輪にさげている。高さは六・五センチという。陶製もやはり顔を正面にむけてすわった像で、左手を目の高さほどにあげ、これも手首を曲げて招いている。こちらは、胸に、丸に「招」と書く。どちらも、豪徳寺で招き猫の呼称にしている「招福猫児」の名告りを、文字であらわしている。

豪徳寺の招き猫には、寺の歴史をとりこんだ由来談がある。豪徳寺で飼っていた猫が、招き猫の原型であるという。

豪徳寺がまだ小庵《しょうあん》であったころ、庵主《あんじゅ》の僧が一匹の猫を飼っていた。あるとき、庵主が猫をなでながら、独《ひと》り言《ごと》に、精《せい》のあるものならば、育ててもらった恩に報いてもよいのにといった。それを聞き、猫は門前でうなだれていた。

そのうち、はげしい雷雨になった。そこへ立派な狩装束《かりしょうぞく》の武士が、二、三の供《とも》の者を連れて通りかかった。すると猫が、前足をあげて武士を招いた。不思議におもった武士が、猫について行くと、庵がある。そこで雨やどりをしながら、武士は庵主の法談を聞いた。

老僧の高徳・博識と猫の霊妙なふるまいに感じた武士は、その庵を菩提寺《ぼだいじ》に定めた。その武士は、近江《おうみ》（滋賀県）の彦根《ひこね》藩主、井伊《いい》家の第二代当主、井伊直孝《なおたか》であった。[6]

現在、豪徳寺で配布している「招福猫児の由来」の物語も、構想はほとんど同じである。

このような由来で、後年、豪徳寺の境内にある井伊直孝の墓の近くに、猫塚をつくって福運を招いた猫の菩提をとむらったのが招き猫の信仰のはじまりで、寺の門前で、右手をかざした猫の坐像の焼き物を招福猫児（まねきねこ）と称して売りだした。それが人気稼業や花街《はなまち》の人にうけて全国に普及し、水商売の家の神棚には、かならず招き猫がまつられるようになったともいう。[7]

招き猫の信仰は、このように花街などでさかんであったらしい。有坂与太郎さんも、昭和初期には、招き猫を迎えるのは妓楼《ぎろう》にかぎられていたという。[8] 妓楼では男の人に関する特別な神器を信仰するが、人目をはばかるので、御神体に招き猫をかぶせ、神棚にまつっていたそうである。本性を隠して、おとなしそうに見せかけることを、「猫かぶり」というのも、中身と外見が異なる、この招き猫に由来するといい、招き猫は、底がないのがほんとうであるとも伝える。[9]

豪徳寺の境内の西側には、いまも井伊家の広い墓地がある。その入口の門をはいった正面のいちばん奥に、東向きに井伊直孝の墓がある。墓地に来あわせた地元の古老の話によると、招き猫をまつるという招福猫児の祠《ほこら》は、もとは、この直孝の墓のすぐうしろ、現在は木立になっているところにあり、それは小さな祠であったという。そこが猫の墓で、猫塚と呼んだのも、その祠のことらしい。現在はこの祠は廃止され、本堂の西の脇に、二間四方ほどのお堂ができている。このお堂にはいる中門《ちゅうもん》には、「招福廟《びょう》」と書いた扁額《へんがく》がかかっている。

その整備がすすんだのは、昭和三十年（一九五五）ごろからのようである。本山桂川さんは、招福猫児の祠は、もとは井伊家の墓域の一隅に一つの猫塚としてささやかにまつられていたが、二、三年このかた、みるみる盛大になり、いまは本堂脇に立派な拝殿ができ、表門には「招福廟」という額をかかげ、朝から参詣者の香華《こうげ》が絶えないといっている。[10] これは昭和三十四年ごろの見聞である。

昭和五年（一九三〇）ごろには、もともとの猫の墓を中心にした信仰がさかんであった。猫の墓の左右には、その子孫の猫の墓もあり、人々はこの猫の墓にお参りしたらしい。そのころ、招福猫児が有名になり、信者の仲間の集まりである招き猫講社もできて、花街の人たちの信仰を集めた。日々参詣する女の人の着飾った姿がめだったという。猫の墓の土を持ち帰って、神棚に供える人もあった。門前には瀬戸物の猫を売る店があり、寺の本堂にも猫の木像が安置してあったそうである。[11]

招福猫児の祠を本堂の脇に移したのは、猫塚が裏手にあり、歩きにくくて、雨のときなどお参りするのにたいへんだったからであるという。現在では、「招福廟」の西の脇に、東向きに招き猫をまつる場所が設けてあり、やはり人々はここにお参りする。北寄りには、屋根のついた間口一間ほどの棚がしつらえてあって、三段の棚いっぱいに、焼き物の招き猫が並んでいる。願いごとが成就したお礼参りに奉納したものであるという。豪徳寺以外の招き猫も、いくつかまざっている。

棚に並んで、南側には小祠や石碑がある。これがかつての招福猫児の祠にあたる。碑には「招福猫児供養塔」と刻む。この石をこまかく欠《か》いて持ち帰り、店の入口などにまくと、商売繫昌のご利益《りやく》があるという。塔を小石で小砂利のように欠き、自宅の玄関や庭にまくと、金銭に不自由しないともいい、昭和三十四年ごろの石は、約五分の四は磨滅していた。五、六年もすれば、碑の形がなくなるほどであったというが、[12]

現在の碑は、その後、板橋区赤塚《あかつか》の人が寄進したものである。

門前の山崎商店で聞くと、朔日《ついたち》と十五日が縁日で、昔は、花街の人など参詣者でにぎわったという。招き猫を拝む香炉には、線香がいっぱいあがった。その灰を家の掃除をしたあとなどにまくと、客を呼び、商売が繁昌するといって、持ち帰る人が多かった。縁日には灰が熱くて取れないので、後日、取っておいてくれるようにと、頼まれることもよくあったという。猫の墓の土のかわりかもしれない。

こうした豪徳寺の招き猫の信仰も、けっして招き猫だけにある作法によっていたのではない。願いがかなったときに、願かけに用いた招き猫の像を納めるというのも、祈願の習俗のごくありふれたかたちである。[13]墓の土を持ち帰るのも、土に猫の霊力がこもっているという考えであろう。遺骸を葬った埋め墓と、日常にまつる詣り墓《まいりばか》と、二つの墓をもつ両墓制《りょうぼせい》と呼ばれる葬りかたをする土地には、詣り墓をつくるときに、埋め墓の土を少し持って来る例があるが、[14]それと同じ観念である。

石を欠いたり、香炉の灰を取って帰ったりするなども、本質的には同じ気持ちであろう。鼠小僧《ねずみこぞう》や国定忠治《くにさだちゅうじ》など有名な義賊や侠客《きょうかく》の墓石や霊石のたぐいを欠いたものを、賭《か》け事《ごと》のお守りにする習わしは広い。[15]奈良市今御門町《いまみかどちょう》の道祖神社《どうそ》の境内に移されている霊石にも、同じ習俗があった。豪徳寺の招き猫の信仰の作法も、けっして独自のものではなかった。日本人一般の祈願のかたちが、招き猫をとおしてあらわれているとところに特色があった。

招き猫の由来

豪徳寺は、もともと彦根藩主の井伊家の菩提寺として栄えてきた。江戸幕府の地誌で、文政《ぶんせい》十一年（一八二八）成立の『新編武蔵風土記稿《むさしふどきこう》』巻四十八に、豪徳寺の変遷の大要がみえている。文明《ぶんめい》十二年（一四八〇）の開創で、最初は弘徳《こうとく》院といい、臨済《りんざい》宗であった。天正《てんしょう》十二年（一五八四）に曹洞《そうとう》宗に改派、寛永《かんえい》十五年（一六三八）に井伊家が大檀那《おおだんな》になって寺堂を再興、当主の井伊直孝を中興開基とする。万治《まんじ》二年（一六五九）に卒去した直孝の法号、久昌院殿豪徳天英居士《きゅうしょういんでんこうとくてんえいこじ》にちなみ、寺号も豪徳寺《こうとくじ》と改めたとある。[16] 一般には「ごうとくじ」といいならわしているが、地元では、いまも古風に「こうとくじ」と称している。

弘徳院のあった世田谷村が井伊家の所領になったのは、寛永十年（一六三三）である。いわゆる寛永（一六二四～四四）の地方直《じかたなお》しで、幕府は譜代《ふだい》大名の井伊直孝に、世田谷村など世田谷領の十五ヶ村を与えている。しかし、豪徳寺がいつ井伊家の菩提寺になったかは、この『新編武蔵風土記稿』の記事以外には、たしかな典拠はない。

豪徳寺が、井伊家の菩提寺にふさわしい伽藍《がらん》をととのえたのは、寛文（一六六一～

七三）から延宝（一六七三～八一）にかけての大造営のときで、その造営は、井伊直孝の女子の掃雲院《そううんいん》と、その母で直孝の側室《そくしつ》である春光院《しゅんこういん》の手ですすめられた。[17]豪徳寺は井伊家の菩提寺であるといいながら、女人開山《かいさん》の寺院であったことは、重要なことである。女人の招き猫信仰を連想させる歴史である。

そうした掃雲院の功績は、延宝七年（一六七九）に成った梵鐘《ぼんしょう》に刻む、豪徳寺四世、天極秀道の銘文にみえている。掃雲院無染了心禅尼が、父の井伊直孝の冥福のために、いくたの浄財を寄進して伽藍の造営につとめたとある。[18]直孝の菩提にしろ、その直孝を庵に招いた猫の墓にしろ、この掃雲院によって供養されてきたことになる。

掃雲院は、直孝の長女として、元和《げんな》元年（一六一五）に生まれている。幼名は亀姫と伝える。のちの彦根藩主直澄は、十歳年下の同腹の弟である。掃雲院は、生涯独身であった。[19]それは、将軍徳川家光から側室にさし出すようにと沙汰があったのを、断ったためであると伝える。[20]若くして仏道にはいった亀姫は、出家の身を守り通し、元禄六年（一六九三）五月十八日に七十九歳で没している。[21]

この掃雲院あるいは豪徳寺の仏教信仰の一つの特色に、臨済宗黄檗《おうばく》派（黄檗宗）との接触がある。黄檗宗は、承応《じょうおう》三年（一六五四）に長崎に来た明《みん》の僧、隠元隆琦《いんげんりゅうき》が、寛文三年（一六六三）に京都府宇治《うじ》の萬福寺を開山して立宗した。それからまもなくのころ、掃雲院は、黄檗宗の僧、鉄眼道光と鉄牛道機に帰依し、この豪徳寺の伽藍の造営や本尊など仏像の造立に、黄檗様式をとりいれている。[22] 黄檗宗は、この時代、新しい中国文化をもたらし、日本に多くの影響を与えたが、こうした時期に興隆した豪徳寺に、招き猫の伝えがかかわっているのは、それなりに意味がありそうである。

豪徳寺に招福猫児の信仰が起こったのも、そうした新しい時代の信仰が、引き金になっていたかもしれない。黄檗宗あるいは、その時代の中国に、招き猫につながるような猫の信仰があったかどうか、たしかな事例は知られていない。しかし、豪徳寺が猫寺と呼ばれるようになる機縁が、井伊直孝を猫が招いたという伝えにある以上、豪徳寺の礎《いしずえ》をきずいた掃雲院に、そうした招き猫の由来談が結びつきやすかったと考えるのがしぜんである。

豪徳寺には招福猫児に相当する仏堂に、招福観音堂がある。福を招く観音とは、新しい時代の中国の仏教には、ありそうな信仰である。豪徳寺の招福観音の歴史は、その本尊の観音菩薩立像が江戸時代の作であるということのほかは、[23] 具体的なことはわかっていないが、招福を観音菩薩に願う信仰は、案外、掃雲院の時代からあったのではないかと、私は想像している。

ただそれが、豪徳寺の招き猫の信仰とどうかかわっていたかは、なお検討してみなければならない。招き猫の由来を、この豪徳寺の年代記に合わせると、猫が直孝を招いたのは、寛永十五年以前ということになるが、もちろん、それをすぐに史実とみることはできない。豪徳寺の招き猫の信仰も、寺伝と対応するほど、歴史がはっきりしているわけではない。井伊家の墓域にあった猫塚がいつできたものか、また、それがいつ招き猫の信仰になって広まったかが問題である。ましてや、これだけから、豪徳寺が招き猫信仰の根源であるとすることは、とうていできない。

しかし、その由来談から、招き猫の発生の要因を、物語的真実として構造的にとらえてみることはできる。物語の構造では、由来談は、二つの点で猫を信じるかたちで成り立っている。第一は、猫をたいせつにすると飼い主に恩返しをするということ、第二に、猫には人を招く動作があるということである。問題は、それが、どこで招き猫の像をまつる信仰に展開するかである。

豪徳寺の「招福猫児の由来」は、最後を次のように結んでいる。

> 和尚はのちにこの猫の墓を建て、とても心をこめてその冥福を祈った。後世、この猫の姿形をつくり、招福猫児《まねぎねこ》と称えて、あがめまつると、吉運がたちどころに来て、家内安全、営業繁昌、心願成就するといって、その霊験を祈念することは、世に知らない人はなかった。

とある。

「招福猫児の由来」も、いかにも招き猫の像の由来のかたちをとってはいるが、これにも、なぜ招き猫の姿を像にしてまつるようになったのか、具体的な動機はみえていない。つまり、招き猫をまつる由来ではあっても、招き猫の像の信仰の由来にはなっていない。そこで私などが疑うのは、じつは、招き猫の信仰のほうが古くからあり、それを豪徳寺の猫の信仰に結びつけて寺の歴史で構成したのが、ここの招き猫の由来ではなかったか、ということである。

江戸で招き猫の像といえば、浅草の今戸焼きの土人形が有名であった。斎藤幸成（月岑《げっしん》）の『武江年表《ぶこうねんぴょう》』続編第四巻（一八七八年成立）には、この今戸焼きの土の猫の由来を記している。嘉永《かえい》五年（一八五二）三月の条の末尾にみえている。

浅草の花川戸《はなかわど》の辺に、猫をかわいがっている老女がいた。年をとって仕事もはかばかしくなく貧しいので、ほかの家に身を寄せることになり、猫にひまをやった。その夜、猫が夢にあらわれて教えるには、自分の姿をつくらせてまつれば、福徳を自在にすることができるという。そのとおりにすると、老女は仕事を得て、もとの家にもどって住めるようになった。

この話を聞いて、人々は、この猫の作り物を借りてまつるとよい、といいふらしたので、世間に広まり、やがて、今戸焼きで土の猫をつくって貸した。借りた人は猫に布団をつくって供え物をし、神仏をあがめるようにまつった。願いが成就すると、金銀のほかに物を添えて返した。その店は、浅草寺《せんそうじ》の三社権現《さんじゃごんげん》（浅草神社）の鳥居のそばにあった。この猫を求める人が多かったが、四、五年でこの噂もやんだ。

とある。[24]百二十年ほど前の、今戸焼きの招き猫の由来談である。

大正から昭和前期にかけて、郷土玩具の研究にすぐれた業績をあげ、招き猫の成立についてもくわしい考証を残した有坂与太郎さんは、丸〆猫《まるしめねこ》の根源は、これに尽きているとする。丸〆猫とは、嘉永年中（一八四八～五四）にはやった招き猫で、猫の背面に〆の刻印があったので、この呼称がある。すわっている形の右手招きと、横に臥している左手招きとの二種類があった。〆とは、金を〆《しめ》るという意味で、花街ではやったことであるという。[25]

『武江年表』は、年代の古い招き猫の由来の記録として貴重であるが、ここでも、招き猫の像をまつる習慣が、由来談よりは一足先にあったようにみえる。たしかに猫の恩返しの物語ではあるが、豪徳寺のように、猫の恩に報いるために猫の像をまつるようになった、というわけでもない。最初から、猫が、自分の姿の猫の像をまつれば福徳自在である、という夢の告げをしている。つまりは、それが恩返しになっている。すでにあった猫の像をまつる風習が、一人の老女が見た夢の告げによってはやった、というだけのことにみえる。

浅草には、この話の別の伝えが、口伝えでも生きていた。[26]浅草の隅田《すみだ》川のほとりに住んでいた野菜売りの男の話である。ある日、男の家に、人が訪ねて来て、この家に猫の作り物があるという夢を見たので、譲ってほしいという。家には、番太郎《ばんたろう》（江戸市中の番屋の番人）が遊び半分でつくった土の猫の置き物があった。それを渡すと、その人はお金を置いてよろこんで帰った。その後、毎日、別の人が同じことをいって、訪ねてくるようになった。近所の人が、今戸焼きの土の猫を買って家に置いてはどうかという。そうすると、それもみんな売れてしまったという。

この話も、もとは猫の恩返しのかたちをとっていたらしい。男が、病気で寝こんだ父親をかかえて、餌《えさ》を与えることもできなくなったと猫にいうと、猫はいなくなったが、夜には帰って来て、父親の布団の上にあがって、痛むところをもんでいたという。いまの伝えでは、その野菜売りの男の家の飼い猫と猫の像とは関係がなくなっているが、それは、話が伝わっているあいだの変化かもしれない。今戸焼きの土の猫も、すでにつくってあるものを仕入れてきたようにいっている。そのままこの伝えにしたがえば、これは、今戸焼きの猫をまつる信仰がはやったことの由来談である。番太郎がつくった土の猫がこの家の猫の姿を映した像であったというのが、物語のもとのかたちであろう。

このように、さまざまに変化しているなかで、最初の猫の像が、夢の告げであらわれた番太郎のつくった土の猫であることは、無視できない。嘉永年間に今戸焼きの猫がはやる以前から、猫の像をまつる信仰があった体験が、このような語りかたを残しているにちがいない。これら浅草の招き猫の由来には、猫が招く動作をしたという部分が欠けていて、招き猫の起源談としては不十分である。福を招いたから招き猫である、という発想であるというならば、それは、すでにあった招き猫の信仰を、土台にしているにすぎなくなる。

このように、招き猫の由来談であるといいながら、それが不完全であったのは、猫の像をまつる信仰が、猫が人を招くという俗信とともに、これらの由来談より古くからあった証拠であろう。もうこのとき、猫が人を招くことなど、ことさらに説明する必要がなかったとしか考えられない。豪徳寺も浅草も、そうした古い信仰の伝統に、新しい拠点を提供していただけになる。したがって、その由来談も、その拠点ができた理由は説明しても、従来からあった信仰はそのまま受け入れるかたちになっていた。それが、由来談のなかにあらわれていた。本質的な招き猫の信仰の起源は、猫が人を招く動作に出発点を求めなければならない。

顔洗いは客招く

招き猫の像の特徴は、すわった姿で片手をあげているところにある。手の位置は、左招きと右招きがあるほか、あげた高さにも違いがある。それぞれの形に、いろいろな意味を与える人もある。今戸焼きでは、基本的には、右手招きは雄、左手招きは雌と、窯元《かまもと》の白井精二郎さんに聞いた。左手は金運を招き、右手は開運を招くとか、目の高さは近くの運を招き、耳のほうまで高くあげていると、遠くの運まで集める、などともいう[27]。問題は、人を招くというこの猫の姿に、本来、どのような意味があったかである。

猫がこのような姿勢で長いあいだ静止していることは、現実にはまずない。あるとすれば、なにかの行動の一部分の形である。本山桂川さんは、猫が前足を耳のあたりにあげているといえば、前足で顔の毛なみをつくろう、いわゆる猫のお化粧の動作であるとする[28]。してみると、この行動が猫にとってどのような意味をもっていたかである。顔洗いをする猫を、なぜ人間が招き猫とみたか、ここに謎を解く鍵がある。

猫の顔洗いは、顔についている食べ物を除き、そのにおいを消し、目やにをとり、ひげの手入れをするためであるといわれているが、この毛づくろいは、皮膚に刺激を与え、代謝《たいしゃ》機能を高める保健上の意味あいがあるだけではなく、猫の転位行動でもあるという。猫がなにかしようとしたときに、中断させられたとか、失敗したとかいった、なにかしないと気持ちがおさまらないときに、猫は毛づくろいをするそうである[29]。すなわち、顔洗いは、猫がなにか新しい行動を起こすきっかけで、これからなにかが起こるという前兆とみるのに、ふさわしいしぐさであった。

ている。[30]この顔洗いの俗信は、古くは中国の唐代の段成式の『酉陽雑俎《ゆうようざつそ》』続集巻八にもみえ

俗に言《い》はく。猫面《おもて》を洗ひて耳を過《す》ぐれば、すなはち客至る。

猫が顔洗いをして、前足が耳のほうまであがると、来客があるという。これは招き猫の思想そのものである。なんらかのかたちで、中国にもそうした俗信があったにちがいない。

松井輝星（一七五一〜一八二二年）は弘化《こうか》二年（一八四五）刊の『它山石《とやまのいし》』初編巻四で、この『酉陽雑俎』の記事を引きながら、自分の郷里の世間の諺《ことわざ》では、猫が顔を洗って耳を過ぎると、遠からず雨が降るしるしであるという、と記している。[31]輝星は大坂の人である。たしかに日本では一般に、猫が顔を洗うと雨が降るという言い伝えをよく聞く。だからといって、猫の顔洗いを来客がある前兆とする俗信が別にあったとしても、不思議ではない。

アメリカあたりにも、この猫の顔洗いの俗信がある。日本と同じく、猫が顔を洗うのは、雨あるいは晴天の前兆といった気象に関する俗信があるほかに、来客があるしるしであるという伝えもある。とくに猫が客間で顔を洗ったら、なおさらのことである。[32]ヨーロッパにも、猫が窓ぎわで化粧すると待ち人が訪れる、という俗信が生きていた。[33]ドイツのケムニッツでも、猫が体の手入れをすると、客が来るという。[34]これも

猫の顔洗いであろう。イギリスのウェールズでは、猫がひげの手入れをすると待ち人が来るとか、前足を火にむけて伸ばすと来客が家に近づいているとかいう。[35] また、猫が顔を洗うときっと来客があるであろうといい、顔と耳を洗うと雨になるにちがいないともいう。[36]

もう一つ、顔洗いとともに、招き猫の思想が生まれるきっかけになりそうな猫の習性に、前足を振るしぐさがある。たとえば、もうすこしで休息する場所に着くというとき、他の猫にそこをとられてしまったばあいなど、なにかの理由で目的の場所に行けなかったときに、猫は立ち止まって片方の前足をあげ、しばらくそのままにしたあと、上げた前足を振りはらうようにおろして、方向転換する習性がある。[37]

まさに、この立ち止まった猫の姿は、招き猫の像そのものである。しかも、前足を振りおろして向きを変えて歩き出すところは、いかにも、人を招いているようにみえる。ここでも、顔洗い同様に、猫の挙動が、構造的に招き猫の思想を生み出しているにちがいない。豪徳寺の「招福猫児の由来」などの招き猫の由来談にえがかれている猫は、この猫の転位行動そのものである。すなわち、井伊直孝たちに出会った猫は、前足をあげてようすをうかがっていたが、前足を振りおろして、寺のほうにむき直って歩き出したことになる。

日本ばかりではなく、ユーラシア大陸の諸地域で、猫が前足を上げる動作に注目し、それを気象現象など、なにかの前兆とみた。アメリカにもあるのは、ヨーロッパ文化の影響であろう。そうしたなかで、大陸の東西に、顔洗いを来客がある前兆とする伝えがあった。日本ではそれに加えて、あげた前足を振りおろす動作も、人を招くしぐさとみた。そこに、前足を片方上にあげた猫の像を招き猫とする観念が生まれている。これに、猫は人のしあわせを守ってくれるという信仰が結びつけば、そのままで招き猫の信仰になる。

このような招き猫の信仰が、習俗として江戸の町に定着したのは、天明《てんめい》年間（一七八一～八九）に、江戸の向両国《むこうりょうごく》（東京都墨田《すみだ》区両国）にあった金猫銀猫という妓楼で、金銀に彩った大きな招き猫を店頭に飾ったのが、始まりらしいという。[38]現在、郷土玩具研究家のあいだで、一般に招き猫の起源として信じられている伝えで、これは、招き猫の像が顔洗いの姿を写したものであることを認め、猫が顔を洗うと来客があるという俗信を、信じていたことを示している。片手をあげた猫の像を客を招く縁起物としてまつる、招き猫のほんとうの由来談にふさわしい話である。

有坂与太郎さんは、金猫銀猫の所在地は、寛政九年（一七九七）撰、喜多有順『親子草《おやこぐさ》』巻一、蒟蒻《こんにゃく》島の条に、「本所回向院《ほんじょえこういん》前、一つ目弁天前、此二箇所を猫といふ」[39]とあるから、向両国であったことは確実であるという。[40]本所堅川の一つ目橋南詰《みなみづめ》にあった弁財天《べざいてん》社の門前と、すぐ向かいの両国橋東詰にあった回向院の門前を「猫」と呼んでいたということで、そこに、金猫銀猫があったとする。

招き猫の唯一の産地であった今戸一帯では、寛政（一七八九～一八〇一）以前には、招き猫をつくっていなかったそうである。招き猫が多くつくられたのは、文化文政期（一八〇四～三〇）にはいってからで、その当時は、猫と狐が今戸人形を代表するかとおもえるほどであったという。そうしたようすは、天保十二年（一八四一）刊、為永《ためなが》春水《しゅんすい》の人情本『春色伝家《しゅんしょくでんか》の花《はな》』にうかがえる。

> 鎌倉の大河《だいが》を越《こえ》て東の方《かた》、園庄《をんじやう》の面手町《おもてまち》とかいふ所に、最貧困母子《いとまずしきおやこ》あり、母は活業《くらし》の手所為《てしごと》に土人形《つちにんぎやう》を細工《こしらへ》て、娘もこれを見ならへば、猫の形、鼠の形なんどを七才八才《ななつやつ》の頃よりこしらへ覚《おぼ》へ、……（中略）……土人形屋の娘よ……彼小女《あのこ》は近頃まで母人《おふくろ》に手伝《てつだつ》て土の猫ばかり細工《こしらへ》てゐたアナ。

猫と鼠の土人形をつくっているようすがえがかれている。有坂与太郎さんは、鎌倉の園庄面手町とは、江戸の本所外手町を書きかえたもので、これによって、本所外手町でとくに猫をつくっていたことがわかるという。[41]

猫の顔洗いを客の来る前兆とする俗信は、ヨーロッパにもあり、古くは中国の『五《ご》雑俎《ざっそ》』にもみえる。これによれば、招き猫の像をまつる風習は、中国にもありそうである。現在、日本にも、中国製の招き猫の形の水さしのたぐいが輸入されている。[42]一九九五年まで、東京都渋谷区代々木《よよぎ》にあったねこや文具（代々木三丁目四一番二〇号）

でもあつかっていた。この製品のデザインの成り立ちにどのような経緯があったのか、どこでつくられたのかなど、はっきりしないが、なにか伝統がありそうである。

招き猫の姿ではないが、中国にも、焼き物の猫の像をまつる風習があった。雲南省の楚雄彝《そゆうイ》族自治州の楚雄博物館にも、いくつか展示してあった。昆明《こんめい》市にある雲南民族博物館の図録にもある。「瑞獣偶像《ずいじゅうぐうぞう》」とあるから、猫の像を縁起のよいものとして飾るのであろう。呈貢《ていこう》県の漢族のものが三つに、文山《ぶんざん》州の壮《チワン》族のものが一つある。[43] 足を地につけて、縁起物らしいものをかかえている姿である。どれも、どちらかというと上向きかげんで、口を開いている。

このように、猫の像を魔除けにする風習は、中国には広くあったらしい。永尾龍造さんは、つとに、このことに触れている。猫を魔除けにつかうのは、猫の目は夜でも見えるからであるという。百鬼《ひゃっき》は夜行《やぎょう》する。その夜行する百鬼ににらみがきく猫は、かならず魔除けに有効であるにちがいない、と感じるのであるという。商家がおもに猫の像を屋根に置いたり、軒端《のきば》に掛けたりするのは、日本でいう招き猫の意味があって、財宝が集まり、金持ちになれるという俗信があるからであるという。[44]

永尾龍造さんはまた、『誌聞録《しぶんろく》』の記事を紹介している。甘粛《かんしゅく》省涼州《りょうしゅう》府に、猫をとても尊信する人がいた。あるとき、猫が殺されると、悲しんで猫の位牌《いはい》をつくってまつった。その後、猫の霊が、夜な夜な、ほかの家から、いろいろの品物を盗み集めて持って来るので、その人は富を成したという話である。猫を信じると富を成すと一般に信じられていたことがわかるとして、日本の招き猫も、同じ意味かという。[45] 招き猫がこうした中国の信仰と同源であることは、まず疑いない。

猫をたいせつにし、神として崇拝したのは、古代エジプト以来のことである。かつて猫の女神バストに祈願するとき、信者たちは猫の偶像を奉納したという。招き猫も、けっきょくは、家猫の歴史とともに広まった信仰を、土台にしていることになる。今日でもエジプトでは、猫は幸福をもたらすものと信じられ、ことに婦人たちにかわいがられているという。それは、江戸の遊女薄雲《うすぐも》以来の猫抱きの風習にも通じる。招き猫の像には、その体内に、三千年来生き続けてきた信仰が、いまも脈打っている。

すでにみたように、嘉永五年（一八五二）ごろ江戸の浅草ではやった招き猫は、今戸焼きでつくられた「丸〆猫」である。浅草観音で売っていた「招き猫」で、二種類ある。一つはすわっている姿で、清水晴風の『うなゐの友』二編に、極彩色《ごくさいしき》の版画がある。近年の招き猫は顔を正面にむけているが、これは、体にたいして顔だけが左にむき、右手を目の上にあげている。首には、幅の広い首巻きを着ける。頭の上と胴と尾に、灰色で縁どった黒い毛がある。[46] もう一つは臥した姿で、顔を右にむけた形である。左手を、目のあたりまであげている。有坂与太郎さんの丸〆猫の写真では、すわっている姿が高さ約四・五センチ、臥している形は、長さが同じく四・五センチほど

清水晴風『うなゐの友』に描かれた各種の招き猫。右上が浅草観音の境内で売られていた丸〆猫。左上は、一刀彫り奈良人形の招き猫。　京都大学附属図書館蔵

である。[47]

この丸〆猫は、今戸の尾張屋兼吉家でつくり、浅草観音の随身門《ずいじんもん》、いわゆる矢大臣《やだいじん》門（のちに二天門と改称）をはいった三社権現のかたわらで売っていた。有坂与太郎さんが、昭和初年の当主である尾張屋春吉さんから聞いたところによると、丸〆猫は卸《おろし》相場で、ほかの土人形よりもはるかに上値であったという。この猫は明治初年までは続いていたが、その後、まったく廃絶したという。[48] 大正初年に、深川区の富岡八幡《とみおかはちまん》（江東区富岡）の近くにあった瓦楽堂という店で売り出した深川の曲〆猫《かねしめねこ》は、この今戸の丸〆猫を再現したものである。猫の背面には、丸〆にならって「〆の刻印があった。ここは左招きだけで、昭和四、五年（一九二九、三〇）ごろまではあったそうである。[49]

招き猫の像を愛玩《あいがん》する風習は、この時代、比較的早くから普及していたようである。同じく『うなゐの友』二編には、丸〆猫とともに、奈良人形の招き猫がみえている。左手をあげた木彫で、一刀彫《いっとうぼ》りの木目《もくめ》が美しくえがかれている。[50] また、宮崎県北諸県《きたもろかた》郡高崎《たかさき》町で、文久《ぶんきゅう》二年（一八六二）に没した人の墓から発掘された土《つち》人形十八個のなかにも、招き猫があった。これらの土人形は、京都の伏見《ふしみ》人形から型を取って製作したものではないかという。[51]

天保十五年（一八四四）に成立した大蔵永常《おおくらながつね》の『広益国産考《こうえきこくさんこう》』巻六に、伏見人形のことがくわしく記されている。そのなかに、大黒《だいこく》、恵比須《えびす》、布袋《ほてい》、福助《ふくすけ》、狆《ちん》、角力取《すもうと》り、かむろ、太夫《たゆう》、立ち布袋《ぼてい》、笑い布袋、鯛《たい》、猫など人形の種類をあげて、型の数で三百ほどあるという。[52] この猫も、招き猫であったかもしれない。現代でも、伏見人形では、左手をあげた招き猫がつくられている。[53]

明治以後は、今戸人形も衰退の一途をたどった。明治にはいって中止していた製作を、明治七、八年（一八七四、七五）ごろに一時復活したが、明治十三年（一八八〇）ごろには廃絶、大正十二年（一九二三）の関東大震災後に、掘り出した人形の型をもとに再興し、戦前までは四、五軒の業者があったが、戦後はこれも絶えた。[54] 現在は一軒だけ、白井精二郎さん（台東区今戸二丁目二番一八号）が、今戸焼きの看板をかかげて、招き猫などの土人形をつくっている。

いまも今戸焼きでは、数種類の意匠の招き猫をつくっているが、昔の丸〆猫はない。現在の招き猫[55]の基本は、正面向きの左招きである。左の前足を顔の脇に目より低くあげる。左右の前足と頭の上、後足の部分に、灰色で縁取りした黒い斑点《はんてん》がある。耳の内側、足の爪《つめ》は赤い。鼻と口も赤い線であらわす。眉《まゆ》とひげは灰色。目は黄色で縁と目玉は黒でえがく。首には幅の広い赤い首輪がかいてある。

ほかに、まったく同じ意匠で、火入れの招き猫がある。背中半分が空洞になっていて、キセルにつめた刻みタバコに火をつける火種《ひだね》の炭を入れる。空洞の上の部分を手でにぎって持つ。歌舞伎《かぶき》の舞台で、助六《すけろく》がこの招き猫の火入れを持って登場する場面があるそうである。黒猫の火入れもある。体が黒一色で、毛を白くえがくほかは、白猫と同じである。これは新しい意匠で、かつて東京都渋谷区代々木にあったねこや文具が、黒猫は縁起がよいと喜ばれるということで注文したのにはじまると、店主だった金内福子さんに聞いた。

このほか、ほとんど同じ姿だが、右手招きの猫がある。体は白一色の白猫で、細い赤い紐の首輪に鈴がつけてある。これにも黒猫がある。このあたりのものが、かつて豪徳寺で頒布されていたものかもしれない。また、横向きの右手招きと左手招きを一対にした白猫がある。これは丸〆猫の形につながる。首輪と鈴は、赤と黄色でえがいてある。この右手招きの猫だけに、足に黒い斑点をつけた、ねこや文具の特注品もある。これは、現代的な愛玩用の飾り物に、一歩ふみ出した招き猫である。

地元の今戸神社でも、独自の招き猫を頒布している。縁結びの神であることにちなんだ雄雌の猫で、右手招きの猫を二匹、左右一連につくったもので、右側の猫には黒い斑点がある。やはり白井家の製作で、基本的な意匠はほかの招き猫とも共通する。

ここでは、招き猫が、工夫をこらした新しい縁起物として再生している。招き猫も、現代では、信仰の社会的な枠組みを離れて、インテリアの小物になろうとしている。

しかし、神社や寺院で、あるいは市などで買い、願いがかなったあとは納めるという招き猫本来のありかたにかなった信仰も、まだまだ続きそうである。

猫の像をまつる風習

江戸の町には、たいせつにされた猫が、人間に恩返しをする話がいろいろ伝わっていた。人に幸福をもたらすという招き猫の信仰と同じ思想である。招き猫の信仰が、江戸の町でどのように成長したかを知るうえでも、たいせつな手がかりになる。しかも、そのうちのいくつかは、その猫を死後、丁重に葬っている。いやむしろ、その猫の墓の由来談のかたちで、話題になっている。猫をまつることに、主眼がある。豪徳寺の招き猫のばあいと、まったく同じである。その猫の話を聞いて、一般の人が猫の墓にしあわせを願えば、招き猫の信仰になる。なかには、はっきりと招き猫と結びついている例もある。

古くは、江戸の吉原京町《よしわらきょう》の三浦屋四郎左衛門の抱《かか》えの遊女であった三代目薄雲の物語がある。薄雲は、元禄七、八年から十二、三年（一六九四〜一七〇〇）ごろにかけての人である。宝暦《ほうれき》七年（一七五七）序の馬場文耕《ばばぶんこう》の『近世江都著聞集《えどちょもんしゅう》』巻五にみえる。[56]

薄雲が、三毛《みけ》の小猫に鈴をさげた緋《ひ》縮緬《ちりめん》の首玉をつけて、かわいがっていた。

猫はいつも薄雲につきまとい、春の恋の季節にも外に出ない。
薄雲は猫に見入られているという風評が立ち、三浦屋の親方は、その猫を殺すことにした。薄雲の後を追って厠《かわや》についてきた猫の首を、親方が脇差《わきざし》で切ると、猫の首だけが厠の下にはいって、隅にいた蛇をかみ殺していた。
親方は、心ある猫を殺したことを悔い、猫の死骸を道哲《どうてつ》に納めて猫塚と呼んだ。それから、遊女が猫を飼い、揚屋《あげや》通いのときに、猫を禿《かぶろ》に持たせて歩く風俗が生まれたという。

猫の頭が蛇を殺したという物語じたいは、昔話の「忠義な犬」の猫型「蛇をねらう猫」の利用にすぎないが、たいせつなのは、元禄（一六八八〜一七〇四）のころ、遊女が身を守るために猫を飼う習慣があり、その由来談になっていた事実である。今戸焼きの土人形の猫抱きは、猫を抱いて歩くこの遊女の風俗を写している。遊女が猫をお守りにする気持ちは、そのまま招き猫がはやる下地になっている。後世、花街の人たちによって招き猫が信仰されたのも、この流れがあってのことであろう。この飼い猫のかわりに、猫の像を用いれば、そのままで招き猫の信仰である。

道哲とは、元禄板『吉原大全』巻二にいう、道哲庵のことである。念誉上人《ねんよしょうにん》が開山《かいさん》した引願山専称院西方寺《さいほうじ》に、道心の僧道哲が開いた庵である。道哲は、かつて吉原京町の三浦屋の遊女、二代目高尾《たかお》と深い仲であったといい、高尾の墓を供養するために

仮名垣魯文『黄《こがね》菊《きく》花《はな》都《みやこ》路《じ》』の挿し絵。猫が蛇にかみついている。

庵を結んだという。[57] 西方寺は、大正十二年（一九二三）の関東大震災で潰滅し、豊《と》島《しま》区西巣《にしす》鴨《がも》四丁目に移っている。現在は猫塚はないが、寺の入口の右側の門柱の上には、左招きの猫の石像ができている。[58]

この薄雲の猫を招き猫に結びつけた伝えもある。猫を失って嘆く薄雲の話を聞いて、日本橋の唐物屋《からものや》の主人が、長崎から伽羅《きゃら》の木を取り寄せ、その猫の姿を彫って薄雲に贈った。その写しを浅草の歳《とし》の市《いち》で売り出したところ、大当たりした。それが招き猫の始まりだという。[59] 招き猫の信仰にふさわしい由来談である。

さらに江戸の町には、招き猫が金運をもたらすという信仰の下染めになりそうな、猫が恩返しに小判を持って来たという話も、いろいろあった。まず、文《ぶん》久《きゅう》二年（一八六二）刊の宮川政運《まさやす》の『宮川舎漫筆《きゅうせんしゃまんぴつ》』巻四にみえる、[60]江戸本所の回向院（墨田区両国二丁目）に葬られた猫の話である。

　文化十三年（一八一六）の春のことである。江戸両替《りょうがえ》町の時田《ときだ》喜三郎の家の飼い猫に、出入りの魚屋がいつも魚をやっていた。魚屋が長わずらいで金がなくなって困っていると、だれとも知れず、二両の金子《きんす》を置いていった。快気して、商売の元手《もとで》を借りようと時田家を訪ねると、猫がいない。わけを聞くと、せんだって二両なくなり、その後も二度、金をくわえて出るところを取りもどしたので、なくなった金もこの猫が取ったのであろうと、殺したという。

　魚屋が、猫からもらった二両の金子の話をして包み紙を見せると、時田家の主人の手跡であった。それは猫が恩返しをしたのであろうと、時田家では、猫がくわえて出ようとした金子まで魚屋の元手に与えた。魚屋は猫の死骸をもらいうけ、本所の回向院に葬って碑を立てた。法名は「徳善畜男《とくぜんちくなん》」と号し、命日は三月十一日とある。

　いま墨田区東両国二丁目の回向院では、この墓を小判猫の墓と呼んでいる。高さ約五十センチの墓碑で、六十センチほどの三重の台石がある。正面には、記事のとおり「徳善畜男」「三月十一日」と刻む。台石には右横書きで「木下伊之助」とある。飼い主は時田家であるから、これは魚屋の名であろうかという。ここでも墓石の上には、丸くなって寝ている猫の石像がある。[61] 回向院には、もともと、犬や猫を葬り、「猫畜転生門」などと刻んだ墓があった。[62] いわばこれもその一例にすぎないが、もしここにこの猫をまつる信仰が起これば、これも一つの立派な招き猫の拠点であった。

　これと同じ話の別伝かとおもわれるほどよく似た話が、万延《まんえん》元年（一八六〇）自序の石塚豊芥子《ほうかいし》の『街談文々集要《がいだんぶんぶんしゅうよう》』にもある。[63] やはり文化十三年の春ごろのこととする。

　神田《かんだ》川辺（千代田区神田）の福島屋清右衛門という魚屋で、鼠をよくとるきじ猫を飼っていた。主人が病気になり、初秋になっても快気せず、暮らしにも困るようになった。女房のおいくが猫を呼び、飼っておけないわけを告げると、猫はいなくなった。四、五日たち、猫がもどって来た。口に小判を一枚くわえていて、夫婦のところに置いた。夫婦は道ならぬことと知りながら、そのうち二朱《にしゅ》だけをつかった。

　猫はまた、夜になると姿が見えない。翌日、隣町の伊勢屋という問屋で、福島屋の猫が小判をくわえて逃げようとして、店の者に殺されたという噂《うわさ》を耳にした。清右衛門は事情を悟り、病をおして、残りの金三分二朱を持って伊勢屋に行き、使った二朱は快気しだい返すことにして詫《わ》びた。伊勢屋の主人はこれを聞き、飼い主の恩をおもった猫の死をあわれみ、小判一枚は病気見舞いに、清右衛門が返した三分二朱は猫の葬《とむら》い料として、猫の死骸にそえて福島屋にとどけた。末尾に、それ以前にも、名誉の猫がいて、いまに回向院に猫の墓といって諸人がよく知っているところであると、小判猫の墓を意識した書きかたをしている。江戸の町には、こんな話題がたくさんあったらしい。ただただ、招き猫が生まれたから猫の招福信仰が起こったわけではあるまい。おそらく、猫がときとして小判を持って来ることもある、というような風説があって、それをはっきりとした信仰のかたちにしたのが、招き猫であったとみるべきであろう。

新宿区西落合《にしおちあい》にある自性院は、厄除《やくよ》け開運の猫地蔵をまつり、「猫寺」として有名である。猫地蔵には、明和《めいわ》四年（一七六七）の銘がある。高さ五十センチほどの女人の立像で、髪は総髪、右手に数珠《じゅず》、左手に香炉を持つ。顔は猫らしく、三つ口になっている。石材は小松石という。この本尊は年に一度、節分の日に開帳している。[64] 猫地蔵は、江戸牛込《うしごめ》の神楽坂《かぐらざか》（新宿区）にあった弥平《やへい》寿司の主人が奉納したという。一つに、貞女の誉《ほま》れが高かった、小石川《こいしかわ》（文京区）の商家の妻の冥福を祈るためともいう。

しかし別に、猫が迷いこんで来てから店が繁昌した寿司屋が、猫の死後、地蔵をつくって供養したとも伝える。[65] それは、地蔵尊に商売繁昌の願をかけてさずかった黒猫であったともいう。弥平は、地蔵尊へお礼参りに行くと、黒猫は地蔵尊の化身《けしん》であるというお告げがあった。弥平は、黒猫の死後、供養のために石地蔵をつくって納めた。ご利益《りやく》があるので、猫地蔵と呼ばれるようになったという。[66] どれが真実かは問題ではない。猫が来たおかげで店が栄えたという伝えのあることが重要である。その心持ちは、まったくの招き猫の信仰である。

この猫地蔵には、「道灌《どうかん》招ぎ猫」の由来談もある。豊嶋《としま》氏との戦いで道に迷った太田道灌を、黒猫がこの寺に案内し、そのおかげで道灌は勝利をおさめることができた。それを感謝して地蔵尊を奉納したという。[67] これは、豪徳寺の猫が、井伊直孝を寺に案内した話を連想させる伝えである。ここには、河村目呂二画伯が納めた日本一大きい招き猫の銅像がある。[68] 招き猫は、このような猫地蔵などの信仰とも相生《あいお》いに、成長していたことがうかがえる。

山梨県富士吉田《ふじよしだ》市に、白檀《びゃくだん》の招き猫の木像を伝えている家があった。撚糸《よりいと》商の堀内東洋雄家である。昭和三十二年（一九五七）九月十四日付の『読売新聞』夕刊（静岡・山梨版）によると、二十数年前に堀内家の土蔵の中から、等身大の招き猫が見つかった。重さは三・二キログラム、底に「左」という銘があり、左甚五郎の作ではないかと話題になっていたという。堀内家では、自家で経営する富士山の吉田口七合目にある山小屋に、夏のあいだだけ持って行き、商売繁昌の守り神にしているそうである。[69]

製作年代ははっきりしないが、これなどは、焼き物や張り子の招き猫が大量生産されて、市《いち》などで売られるのとは別に、古くから個人で招き猫をまつる習慣があった遺物のようにみえる。浅草の招き猫の由来談でいえば、猫の夢の告げでつくったという猫の像や、番太郎がつくったという土の猫に相当する、流行以前の招き猫の存在をしのばせる。遊女の薄雲の猫に結びつけた伝えにいう長崎屋がつくった伽羅の猫の木像も、この仲間になる。白檀の招き猫が現存する事実から推すと、伽羅の猫もただの話ではなく、ほんとうに実在していたかもしれない。

第二章　猫石と猫絵の時代

鼠除けの招き猫

招き猫の需要は農村にもあった。鼠除《ねずみよ》けの縁起物である。猫が人を招くとか、幸福を招くとかいう信仰ではなく、むしろ猫の像の信仰である。猫は、古代エジプト以来、鼠を防ぐための家畜、ことに穀物を害する鼠の番人として、世界に広まってきたといわれている。[70]日本でも、猫といえば、家の鼠をとらせるために飼っている、というのがふつうである。

ことに養蚕農家にとっては、鼠は大敵であった。蚕の卵を産みつけた種紙《たねがみ》からはじまり、蚕《かいこ》、繭《まゆ》と、蚕の成長のどの段階でも、食いあらす。一晩で、蚕が全滅させられることもあったという。それを防ぐには、猫がもっとも効果的であるというが、困ったことには、その猫がまた、蚕を食べることがある。[71]そこで、猫にあらずして猫の力を発揮する、招き猫のような霊力のある猫の像があれば、いちばん好都合ということになる。

養蚕地帯である群馬県高崎《たかさき》市では、関東一といわれる少林山達磨寺《しょうりんざんだるまでら》の一月六、七日の達磨市に、養蚕の鼠除けにまつる張り子の招き猫が出ている。右手招きと左手招きがあり、大きなものは、手が体から離れている。明治時代の中ごろから、養蚕のあがりのよいことを願う達磨といっしょに、つくられるようになった。農家では繭をかじる鼠除けのまじないとして、商家などでは金運招福、花街などでは客を招く商売繁昌の縁起物にする。[72]

埼玉県所沢《ところざわ》町（所沢市）には、この達磨と招き猫の両方の効果をあわせ願った猫達磨があった。張り子で高さ六寸大の猫が、三寸ほどの達磨を胸から足にかけて両手で抱きかかえている。ここでは、毎月三と八の日に市が立つが、蚕を食う鼠除けをかねて、蚕の出来を願うために、毎年、雛《ひな》の節供《せっく》に近い市の日に出るこの猫達磨を買って、家の神棚にまつった。[73]

東京都青梅《おうめ》市にも、招き猫を鼠除けにまつる風習があった。吉野梅郷の背後の山の上にある巖《いわや》の金比羅《こんぴら》の木造の小祠には、猫の焼き物を供えていた。昭和四十四年（一九六九）十一月に、大木卓さんが訪れたときには、数十個の素焼きや陶製の猫の土偶があげてあったそうである。真新しいものもあったというから、まだまだ信仰は生きていた。このあたりも、養蚕のさかんなところで、養蚕農家では、春にこの猫の土偶を借りて来て、秋には二つにして返していたらしいという。[74]

鼠除けに猫の像を社祠から借りて来る例は、西の方では大阪にもあった。今の大阪市西区西長堀《にしながほり》の白髪橋南詰《みなみづめ》の近くに、猫稲荷《いなり》と呼ばれる祠があった。古くは、明治中期の『浪華百事談《なにわひゃくじだん》』(一八九二〜九五年成立)巻八にもみえている。飼い猫がよそへ行って帰らないとき、猫が早く家に帰って来るようにと、飼い主がこの稲荷に祈る。その祈願が成就すると、子どもがもてあそぶ土の猫でも練《ねり》人形の猫でも、この神に奉納する。そのため、祠の中には、さまざまな猫の形につくったものがたくさん納めてあり、その猫の像を神に請《こ》いうけて家に置くと、鼠があばれないという。[75]

この猫稲荷は、明治時代の末に岸本家の敷地の中になったが、昭和十年(一九三五)ごろまでは、まだ信仰はさかんに続いていた。そのころは、明治十七年(一八八四)奉納とある猫絵馬も残っていた。[76]ちょうど『浪華百事談』が書かれたころの絵馬である。昭和十年ごろにも、願いがかなったお礼に奉納したさまざまな猫の玩具が、神前に百以上もあったという。大部分は、堺《さかい》、住吉《すみよし》、大阪などの瀬戸物屋で売っている陶器の招き猫であった。[77]猫稲荷の招き猫は、猫が家に帰って来るように願う第一次の役目をはたしたあと、もう一度、鼠除けの猫になって人々に信仰されていたのが、おもしろい。

猫稲荷の鼠除けに似た習俗は、宮城県黒川《くろかわ》郡にもあった。大和《たいわ》町の根古《ねこ》の森にある猫神で、祠の中にある高さ六センチほどの素焼きの猫を借りて来る、鼠除けの猫の信仰であったらしい。願いがかなうと、猫を二個にして返す。ふつうにすわった形の猫である。高さ一・五メートルの祠の中には、直径二十八センチほどの猫石が置いてある。祠の内には、明治二十八年（一八九五）の再建と記す。現在では養蚕もおこなわれなくなり、旧暦三月十二日に、近くの集落の人が集まってささやかな祭りを営むだけであるという。[78]

　これらの信仰は、招き猫がはやる以前に、すでに猫の像をまつる習俗があったことをうかがわせる。青梅市の猫の焼き物や大阪の猫稲荷ともども、神のもとに納めてある縁起物を借りうけて、その神の霊力の加護を祈るというのは、祈願の作法としては、ごく一般的なかたちである。願いがかなったときは、お礼にもう一つふやし、二つにして納めるという例もよくある。猫稲荷で、お礼参りに猫の像を一つ納めるというのも、同じ趣旨である。おそらく猫稲荷でも、鼠除けの猫を借りたときは、二つにして返していたのであろう。

　このように、養蚕の鼠の害を防ぐために神社に猫をまつる信仰は、そちこちにあったらしい。新潟県古志《こし》郡西谷《にしたに》村森上《もりあげ》（長岡市）にある南部《なんぶ》神社も、その一例である。養蚕を保護する神で、蚕を害する鼠を退治する神をまつっているといい、猫股《ねこまた》神社と通称している。それは、遠くは中頸城《なかくびき》郡のほうまで知られているという。[79]また山形県東置賜《ひがしおきたま》郡高畠《たかはた》町の高安《こうやす》には、この地方の養蚕農家の信仰を集めている、蚕や繭への鼠の害を防ぐ猫をまつる猫の宮があった。[80]猫の像は、これら猫の宮の霊力を伝える縁起物であった。

　この猫の宮について由来談がある。盲目の法師に化身した地蔵さまが、甲斐《かい》（山梨県）の三毛《みけ》犬と四毛犬に命じて、高安の山奥にすむ古狸を退治した。しかし、犬は二匹とも狸との戦いで死んだ。村人はその犬を葬って、子易聖真子大明神としてまつった。それが犬の宮である。また、その古狸の血を吸い大蛇になって人を悩ませた毒蛇を、命がけで退治した猫をまつったのが、猫の宮であるという[81]。

　蛇を退治した猫をまつったという猫神さまは、宮城県角田《かくだ》市梶賀《かじか》にもある。ある家の飼い猫が、家の人が便所に行くのにもついて来る。だんだんうるさくなり、腹をたてて猫の首を切った。切り落とされた猫の首は、便所の天井《てんじょう》に飛び、天井にからまっていた大きな蛇にかみついた。便所に猫がついて来たのは、家の人を蛇から守るためであったことを知り、祠を建てて猫を神にまつった。最近まで、年に一度、村の人が集まって祭りをしていたそうである。この話は、安政四年（一八五七）、梶賀村の仮《かり》肝入《きもいり》の次兵衛が書いた風土記にもある古い伝えであるという[82]。

　この由来談は、招き猫の起源とも結びついていた江戸吉原の遊女薄雲が飼っていた猫の恩返しと同じく、昔話の「忠義な犬」の猫型、「蛇をねらう猫」の一例である。高畠町の猫の宮の由来も、この昔話の変型であろう。一般には主役が犬であるなかで、猫が蛇を殺す例が、猫をまつる信仰とともに広まっていたのは、注目すべきことである。猫と蛇が、ともに、養蚕の鼠除けの動物としてまつられていたことと関係があるのかもしれない。

猫絵と旅の絵師

養蚕の鼠除けに、猫の絵を用いていた地方もある。養蚕がさかんだった群馬県やその周辺地域では、江戸時代の後期から明治時代にかけて、群馬県新田《にった》郡尾島《おじま》町世良田《せらだ》にいた岩松《いわまつ》（新田《にった》）家の当主がえがいた墨絵《すみえ》の猫が、鼠除けとして珍重されていた。世に「八方にらみの猫」「新田猫」などと呼ばれてきた。[83] 岩松（新田）家は百二十石、交替寄衆《こうたいよりしゅう》の家柄である。

猫絵を残したのは、岩松（新田）氏の十八代から二十一代まで、温純《あつずみ》（義寄《よしより》、一七三八〜九八年）、徳純《よしずみ》（一七七七〜一八二五年）、道純《みちずみ》（一七九七〜一八五四年）、俊純《としずみ》（一八二九〜九四年）の四代の当主で、農民の要望にこたえてかいたものと考えられている。[84] 板橋春夫さんのくわしい調査によると、約四十点が知られている。[85]

この新田猫が、養蚕農家でどのようにあつかわれていたかは、あまりよくわかっていないが、そのいくつかは、信仰の対象になっていた。邑楽《おうら》郡千代田《ちよだ》町下中森《しもなかもり》の細田一郎家は、江戸時代には名主《なぬし》をつとめた家柄で、養蚕の規模も大きかった。ここには

猫絵（新田猫）。養蚕農家が鼠除けにかざった。上は新田徳純、下は新田俊純が描いた猫絵。　写真提供/群馬県立歴史博物館

俊純筆の猫絵があり、いちばん奥の部屋の床間に飾ってあった。「八方にらみの猫」と呼び、戦前までは、長良神社の神官が毎月まつりに来ていたという。[86]

また、蚕の掃《は》き立《た》てのときに、床の間に掛けておいたという家もある。利根《とね》郡川場《かわば》村谷地《やち》の吉野八万夫家で、ここでもその道純の猫絵を、やはり「八方にらみの猫」と呼んでいた。猫絵を蚕の神さまとする家もある。五代前まで新田郡成塚《なりつか》村（太田市）の名主だった須永章家では、代々伝わっている道純の猫絵を「蚕の神さま」と呼ぶ。利根郡水上《みなかみ》町藤原の仙太郎旧居の道純の猫絵も、蚕の神さまであるという。[87] これらの新田猫は美術品ではなく、招き猫と同じく、暮らしのなかに生きる生活の用具であったところに特色がある。

新田猫が広くおこなわれた江戸時代の後期には、ほかにも鼠除けの猫絵がはやっていた。猫絵をかいて旅をする絵師がいたことも知られている。江戸の市中をまわって、猫絵をかく旅の絵師もいた。斎藤幸成（月岑）の『武江年表』（一八四七年成立）の明《め》和《わ》年間（一七六四～七二）の記事に、明和・安永《あんえい》（一七六四～八一）のころ、鼠除けの猫の絵をかこう、といって市中を歩いたのは、常陸《ひたち》（茨城県）の者で、名を雲友といったとある。[88]

また、大田《おおた》南畝《なんぽ》の『一話《いちわ》一言《いちげん》』巻二十五には、坊主白仙のことがみえている。天明・寛政《かんせい》（一七八一～一八〇一）のころ、白仙という六十歳に近い坊主が、出羽《でわ》国秋田（秋田県）にある猫の宮に願いごとがあって、猫と虎とをかいて一枚ずつ奉納したといい、みずから「猫かき」と称して、猫と虎をかいた。筆を持って江戸の市中を歩き、「猫かこう、猫かこう」とふれてまわった。呼び入れてかかせると、わずかな価を取ってかく。その猫は鼠を除けたという。白仙は、上野《うえの》（台東区）山下の茶屋の壁に虎をかいたので、人もよく知っているが、近頃は見えない、とある。[89] 同じく南畝の『平日閑話《はんにちかんわ》』巻一にも、同じ記事がみえている。[90]

白仙は、猫の絵が秋田の猫の宮の信仰とかかわりがあるもののように語っていた。猫の宮の神威が、猫の絵にも移っている、というつもりであろう。神社に納めた招き猫を、鼠除けに借りるのと同じ信仰である。この猫の宮を、秋田県には該当する神社がないとして、永野忠一さんは、山形県の東置賜郡高畠町にある猫の宮ではないかとする。[91] 先にあげた高畠町高安の猫の宮である。ここも養蚕の鼠の害を防ぐ猫として、農家の信仰が集まっていたという。白仙の猫絵は、出羽の猫の宮の神威を、江戸の町に勧請《かんじょう》したかたちの信仰であった。

この白仙とかかわりがあるのか、寛政十年（一七九八年）の序のある人見藤寧の『黒甜瑣語《こくてんさご》』第三編巻二にも、山形あたりの旅の猫絵かきのことがみえている。雪洞山人は、秋田の北秋田郡比内《ひない》の人である。いまは近くの国をまわり、一人の子を背負い、街頭を大声で「絵をかこう。絵はいらぬか。猫の絵をかこう」と横柄《おうへい》に触れ歩く。

山形あたりで人がいうには、この人の猫の絵は精妙で、鼠がおそれて来ないと評判で、蚕を養う家々では、絵一枚を桐葉二分《きんにぶ》にまで値ぎってかかせるということであるという。[92]

青葱堂冬圃の『真佐喜《まさき》のかつら』（一八四八〜五四成立か）には、この筆者が、江戸で新田猫をかいてもらったことが記されている。上野国《こうづけ》新田郡（群馬県）の岩松氏がえがいた猫の絵を貼《は》っておくと鼠が出ないともてはやしたが、世が移り験《しるし》も失せたのであろうか。ある年、岩松氏が江戸の四谷《よつや》湯屋《ゆや》横町（新宿区）の押田氏に逗留《とうりゅう》しているとき、一夜俳席に招かれ、望んでその猫の絵をかいてもらった。家に帰って、飯粒で壁に貼ったが、翌朝見ると、鼠がその飯粒を食おうとしてであろうか、猫の絵もことごとく引きさかれていたとある。[93]

筆者が若いときというから、岩松（新田）徳純の時代であろうか。同じころ、江戸市中に猫の絵をかく男がいたことも、『真佐喜のかつら』は記している。いやしげな男が、鼠除け猫の絵と呼び歩いていた。望むものには、わずかな料でかき与えた。この男のかいた絵は、岩松氏のものよりも、まさっていたということであるという。[94]江戸でも、旅の猫絵師が、代々続いていたようである。

新田猫は、このように旅先でもかかれた。文化十年（一八一三）に徳純が信濃《しなの》の善光寺《ぜんこうじ》（長野市）に旅したときの『信州御道中願人控』によると、道中の先々で、墨絵を計三百七点もかいているが、そのうち九十六点が猫の絵であった。[95] 猫の絵がその三分の一以下であったのは、所望のあったときだけ猫をえがいていたからであろう。信濃路の村々でも、かつては養蚕がさかんで、鼠除けの猫の需要は多かったはずである。

浮世絵の世界にも、鼠除けの猫の絵があった。猫の浮世絵師といわれる歌川国芳《うたがわくによし》（一七九七〜一八六一年）には、「鼠よけの猫」（一八三六年ごろ）がある。黒い斑《まだら》で尾の短い猫が、背を高くして胸を張り、斜め上を見つめている。画讃には、この図は、猫の絵に妙を得た一勇斎《いちゆうさい》（国芳）の写真の図で、家内に貼っておくと、鼠がこれを見ておのずとおそれをなし、しだいに少なくなって出ることがない。たとえ出ても、いたずらをけっしてせず、まことに不思議な図であるとある。[96]

招き猫も、真実を写した写真の像であった。それを信仰上、特別な意義のある姿としてまつった。それが、その縁起物としての神秘的な力から、猫に代わる鼠除けにもなった。養蚕農家にとっては、蚕にいたずらをするほんとうの猫よりも、かえって便利である。猫絵は、そうした猫に代わる、図像の信仰の流れのなかに位置している。歌川国芳の絵などは、絵の写実性で鼠除けの効果を信じさせようとしているが、白仙のように、猫の宮の信仰をふまえたうえで、猫絵をかいた人もいた。新田絵も、蚕神さまとも呼ばれていたように、やはり絵に宗教性が与えられていた例である。

明治時代以降は、印刷による猫の絵も、鼠除けに用いられた。猫が鼠を取りおさえている図で、富山の薬売りが、関東、東北地方の得意先の養蚕農家に配ったものである。[97]「弘《こう》法大師《ぼうだいし》の画猫」という絵もある。猫が鼠をくわえている図で、画讃には、弘法大師の手跡を写したものであると記している。それには、名のある画猫は、鼠を退治するとかいうことである。養蚕家がこれを大守護とすれば、鼠の害を避けるであろう、とある。[98]写実的な絵が、印刷という近代技術を仲介とした、新しい呪力信仰を生み出していた。

　おそらく、このような猫絵の時代を背景にしてであろう。昔話にも、猫絵をかいて、思わぬ出世をした男の物語がある。福井県坂井《さかい》郡《ぐん》三国《みくに》町崎《さき》の伝えである。

　猫の絵ばかりかいて、ほかの仕事をしない男が勘当《かんどう》になった。いままでにかいた猫の絵が、行李《こうり》いっぱいある。それを持って、都に売りに行った。日が暮れ、明かりをたよりに一軒の家をたずねると、娘が一人いて、家の中には、大きな石のカラト（唐櫃《からびつ》。米びつ）が一つだけある。

　この家には、たくさんの鼠がいて、家の道具も家族も食い尽くしたが、娘は石のカラトの中に寝て助かった。厚さ一尺もあったカラトも、かじられて二寸ほどになっていた。娘は、鼠を退治してくれたら身代《しんだい》をやるという。男は猫の絵を出して、あたり一面に貼った。夜中に、鼠が家にいっぱいになった。男が、ここ一つ働け、というと、絵の中の猫が出て鼠をとり、三日間で退治した。鼠は四万六千匹をかぞえた。男は娘の養子になったという[99]。

これは、昔話の「絵猫と鼠」の類話である。この昔話では、猫絵かきを、猫絵十兵衛とか寝坊太郎などと称している。それは、旅する猫絵かきの姿をしのばせる。猫絵かきが猫絵を売るときに、こんな話を語っていたのかもしれない。また、「絵猫と鼠」は、寺院を舞台にしている例も多い。寝坊太郎も、絵の猫が無住の寺の鼠を退治して、そこの住職になったという。墨で猫の絵をかくことじたい、本来は寺僧の技芸であったのかもしれない[100]。

岩手県水沢《みずさわ》市黒石《くろいし》の曹洞宗の正法寺《しょうぼうじ》は、昔話の問屋のようにいろいろな昔話を伝えていたが、ここにも「絵猫と鼠」の話があった。この寺の住職が続けて数人、なにとも知れずに行くえ不明になったことがある。それは、第四世から第六世までの住職であったという。次の住職は絵心があり、あるとき、猫の絵をかいて壁に貼っておいた。夜半になると、その猫がときどき天窓をにらんで、いかった。住職は、これが禍《わざわい》の原因であるとおもって、村人を集め、その猫といっしょになって、大きな鼠を退治した。その鼠の足を用いてつくった経机《きょうづくえ》が、この寺にはあったという[101]。

この昔話は、正法寺の周辺ではいろいろに語られている。猫の鼠退治でも、絵の猫とまではいわない例に、「鼠退治」の昔話がある。「猫檀家《だんか》」とならぶ寺院の猫を主人公にした昔話である。次のような型式である。

㈠　猫が和尚の側を離れない。
㈡　和尚を古鼠がねらっている。
㈢　猫は仲間を呼んで来るからといって出かける（このとき、留守番に猫の絵を貼っておくともいう）。
㈣　猫は帰って来て、大鼠を退治する。あるいは猫も死ぬ。

これも正法寺のあたりでは、この寺の話として知られている。正法寺は江戸時代初期まで、越前《えちぜん》の永平寺《えいへいじ》（福井県吉田郡永平寺町）、能登《のと》の總持寺《そうじじ》（石川県輪島市門前町《もんぜん》）と並ぶ、曹洞宗第三の本寺であった。正法寺には、いろいろな物語が結びついており、曹洞宗の寺院が、口語りの文学の拠点になっていたおもかげを色濃く残している。金沢の唐猫のばあいと同じく、寺院では、経巻の保全のためにも、ことさらに猫をたいせつにしていたらしい。

猫石の信仰

享和《きょうわ》三年（一八〇三）刊、上垣守国《うえがきもりくに》（一七五〇～一八〇六年）の『養蚕秘録《ようさんひろく》』は、江戸時代の養蚕の百科全書として著名である。その上巻の最初の章「日本養蚕始之事《にっぽんこがひはじまりのこと》」で、著者は、『竜雷神人幸人祕訣《ひけつ》』という書物を引き、本文の注のかたちで、二つの養蚕の神の信仰について述べている。但馬《たじま》国、いまの兵庫県養父《やぶ》郡養父町養父市場宮谷に鎮座する養父大明神（養父神社）と、丹波《たんば》国、いまの京都府天田《あまた》郡三和《みわ》町大原《おおばら》に鎮座する大原神社の神である。[102] 守国は、但馬国養父郡西谷村蔵垣《くらがき》、現在の兵庫県養父郡大屋《おおや》町蔵垣の人である。守国にとっては身近な神社の養蚕信仰の紹介である。

まず養父大明神については、『竜雷神人幸人秘訣』を引き、この神が農耕、養蚕、それに牛の神であることを述べたあとに、次のように記している。

　また、この社を養蚕《こがい》の御神であるとして、国中の民が、糸・綿を初穂《はつほ》としてささげて祈禱をするのも、もっともである。また神前の小石をいただいて帰り、蚕のそばに置いて鼠を除ける守護とする。これを猫石《ねこいし》という。

これは、現在の養父神社の組織からいえば、境内社の信仰である。蚕を鼠から守る神として信仰されているのは、境内社の加遅屋《かじや》神社で、これを「猫の宮」と称している。また同じく境内社の山野口神社は、猪《しし》や鹿《しか》の害から田畑を守る神として信仰され、「狼の宮」と呼ばれており、本社の拝殿の前には、狛犬《こまいぬ》とともに狼の石像一対もある。[103] 養父神社は、世間的には、この二つの境内社の信仰で知られていた。鼠や猪などの害をふせぐために猫と狼をまつるというのは、中国の『礼記』の「郊特牲」で、猫と虎をまつっているというのに、よく似た信仰である。

狼の宮についても、『養蚕秘録』には、この『竜雷神人幸人秘訣』の猫の宮の記事のあとに、注のかたちで、次のように記している。

この神は、狼をお使いにしているので、猪や鹿が出て作物を荒らすときは、この社に参って、作物を守るお札をいただいて帰り、田畑のそばに立てて置くと、狼が来て守るので、猪や鹿が作物を荒らさない。そのことが済《す》んでお札を返し納めると、狼も立ち去る。参詣のときに狼を連れ帰ることを願うと、その人のうしろにつきそって来ることは、広く知られている。

猫石を借りることも、狼を借りることも、お守りを媒体として、神霊を自分のところに迎える共通した祈願の方法である。『礼記』がいう「迎猫」(猫を迎える)、「迎虎」(虎を迎える)というのも、同じ発想かもしれない。丹波国の大原神社の条には、次のようにある。

ここも、養蚕の神であるとして、人が多く参って、小石をいただき、「鼠除け猫石」という。古い句に、

〽大原《おばら》さし下向《げこう》おの〱猫抱いて

「大原さし」は、オーハラザシともいう。この猫石を借りたり、返したりする行事の呼び名で、もとは旧暦三月二十三日がハルサシであった。このとき、境内の小石を受けて帰り、蚕室の棚に置くと、鼠の害を防ぐことができると信じられた。この石を「猫」といい、秋の旧暦九月二十三日のアキサシに返す習わしになっていた。[104] この句

は、大原ざしのときに、帰りに、それぞれの人が猫石を持っている情景をよんでいるが、これを「猫抱いて」と表現しているのは、江戸の遊女の猫抱きや、今戸焼きの猫抱き人形と思い合わせて、興味深い。

猫石の信仰は、もとは各地にあったらしい。岐阜県飛驒《ひだ》地方にもあった。高山《たかやま》市の高山の陣屋《じんや》の裏にも、一つの猫石（根子石）があった。もと陣屋稲荷の境内であったところで、これは、殿さまの姫をねらった大蛇《だいじゃ》を食い殺した猫を葬ってまつったという石である。[105]江戸の遊女の薄雲を蛇の難から救った猫を葬ったという、道哲庵の伝えと同じく、「忠義な犬」の猫型の昔話「蛇をねらう猫」の例である。

陣屋の役人、郡代の奥方が猫を飼っていた。その猫は、娘にたいへんなついていて、娘がどこへ行くにもついて来た。あるとき、娘が泉水のそばの松の根方に腰をおろしていると、猫が急に娘の着物の裾をくわえて引っぱった。あまりにはげしく引くので、娘は悲鳴をあげた。それを聞いてかけつけた郡代は、猫のようすを見て、首を切り落とした。すると、猫の首は、空を飛び、松の幹に巻きついて、下にいる娘をねらっていた大蛇の首にかみついた。大蛇は木から落ちた。郡代は、猫が娘を大蛇から守ろうとしたことを知り、猫を殺したことを悔い、稲荷大明神としてまつり、陣屋の氏神としてあがめた。また年貢米の御倉の守護神としてまつったという。[106]

やはり鼠除けの猫の信仰である。最近、稲荷社は一本杉に移ったが、猫の霊がこもっている猫石だけは動かないという御神託で、もとの位置にある。[107]

また、高山市江名子《えなこ》町の荒神社にも、鼠除けの猫石があった。神社の床下にある掌《てのひら》大の石を借りて来て、鼠の通路に置くと、鼠が来なくなるという。鼠の害をもっともおそれる収穫期や養蚕期に、その石を借りて来る。不要になれば、似かよった石を一つ添えて、二つにしてお礼参りに行ったという。明治時代の後期ごろ、岡本（高山市）あたりでおこなわれていた習俗である。[108] これは、丹波国の大原神社の猫石と同じ信仰である。

大野郡丹生川《にゅうかわ》村にも、類似した伝えがある。折敷地《おしきじ》の十二ヶ岳のコダマ石である。貫取《かんとり》石ともいい、養蚕の神であるという。養蚕のときに、その神の石を借りて来てまつり、やはり倍にして返すという。[109] コダマとは、蚕霊《こだま》の意であろう。養蚕の神をコダマサマと呼んでいる地方もある。貫取石とは、繭《まゆ》の量が多くとれるようにと願う石、という意味の名称であろう。鼠除けと、単純な養蚕の神ということでは、意識も異なっているが、霊威のある石を迎えるという信仰にはちがいはない。

群馬県にも、猫石の信仰が各地にあった。だいたいは、社前にある小石を借りて来て、鼠除けのお守りに蚕室に置いた。吾妻《あがつま》郡長野原《ながのはら》町の与喜屋の荒神《こうじん》さんも同じである。この神は蚕の神さまで、猫石さんといい、近くの村からも、五月十五日の祭りには、お参りに来た。神社の石を借りて鼠除けにし、翌年は倍にして返した。その石は、家の軒下あたりから持って行くという。富岡《とみおか》市七日市《なのかいち》の蛇宮神社にも、同じ猫石の習俗があったが、ここでは、御眷属《ごけんぞく》の蛇を借りることもあったらしい。天保十五年（一八四四）の『蛇宮縁起』には、蚕の安全のため、暦にいう一粒万倍日《ひとつぶまんばいび》の利益日に、あるいは口留《くちどめ》と称して御眷属を乞い求め、あるいは猫石と号して、神前の神石を乞い求めるとある。[110]

主神にしたがうお使いの神霊を眷属という。兵庫県の養父神社でも、狼だけをお使いとして、猫以外のものを眷属にしていた。もともと狼や蛇を眷属としていた神社に、眷属に準ずるものとして、猫石の信仰が受け入れられたのであろう。群馬県でも利根郡月夜野《つきよの》町師《もろ》に、諏訪《すわ》神社の御眷属は蛇であるといい、鼠除けに、その蛇がはいっているという笹《ささ》のついた竹筒を神社から借りて来る風習があった。[111] 諏訪の神は蛇体であるという信仰は、長野県諏訪市に上社の本宮がある本社の諏訪大社には、南北朝時代以前からあった。[112]

群馬県の前橋地方には、お諏訪さまから大きな蛇を借りた人の話がある。村には、蚕の掃き立てのとき、鼠に蚕を食い荒らされるのを防ぐために、村のお諏訪さまへ行って蛇を借りて来る習慣があった。空《から》の籠《かご》を背負って行き、「お諏訪さま、この籠の中に蛇を貸してください」といって、拝んで蛇を借りて来ると、その晩からぴたっと鼠が出なくなったという。欲が深くて疑い深い人が、ほんとうに蛇を貸してくれるのかどうかわからないといいながら、お諏訪さまに、うんと大きい蛇を貸してくださいと願った。家に帰ってみると、籠の中に大きな蛇がとぐろを巻いてはいっていて、蛇にあやまったという。[113]一種の笑い話であるが、神から眷属の蛇を借りる信仰が、具体的に語られている。

猫石の信仰は、養父神社の狼の宮の例によってあきらかなように、神の眷属を借りて迎える信仰の典型的なかたちをふんでいた。大阪市の猫稲荷などで招き猫を借りて来るのも、その眷属を迎える方式を招き猫で実行していたことになる。鼠除けでは、招き猫より猫石が古風である以上、猫石の信仰は、招き猫の信仰の原型であるといえる。浅草の招き猫の由来談でも、もともとは招き猫を借り、願いがかなうと返すという方法をとっていたと伝えている。招福猫児《まねぎねこ》の信仰も、本質的には、眷属を迎える祈願の作法をふんでいた。

市《いち》のことをマチと称していた例は多い。本来、市が祭りの役割の一つであった名残である。社寺の祭りのときに市が立つのも、その伝統が生きていたからである。[114]達磨などの縁起物を社寺の市で買うのも、いってみれば、その社寺の神仏の眷属を迎える意味があった。招き猫もまた同様である。招き猫は、その眷属が猫であり、さらにいえば、人を招く猫の姿であるところに、信仰の特徴があった。豪徳寺の招き猫の信仰で、石碑の破片や墓の土や香炉の灰を持ち帰るのも、根源的には、眷属を迎える作法の一つとみることができる。

猫以前に、鼠除けに蛇を飼育していた地域は日本にも多い。古代ギリシアをはじめ、ヨーロッパでもそうであった。蛇宮神社も、本来は養蚕のための鼠除けに、御眷属の蛇をつかわしていたところに、猫石が習合したのであろう。猫石の信仰は、農作物や養蚕を守る眷属信仰では二次的であった。招き猫の信仰は、猫石をあいだにはさみ、眷属の信仰を底辺にして成長していたことになる。蛇を退治した猫の宮の信仰や、昔話の「忠義な犬」の猫型「蛇をねらう猫」も、この蛇と猫を鼠除けにする歴史と交錯して、展開していたにちがいない。

第三章　猫の檀家の人々

招き猫と眠り猫と

豪徳寺の招き猫には、もう一つたいせつな由来談がある。[115] やはり主人公は井伊直孝であるが、昔話の「猫檀家」の物語になっている。

井伊直孝が没し、嗣子《しし》の直澄が父の遺骸を守って彦根《ひこね》に帰るときのこと、箱根の山中にさしかかると、はげしい雷雨になり、火蛇《かじゃ》があらわれて直孝の遺骸を奪おうとした。すると、どこからともなく老僧があらわれて、雷雨を晴らす祈禱《きとう》をしよう、という。老僧が経文を誦《よ》むと、雷雨はやみ、火蛇も失せた。老僧は、世田谷の弘徳庵《こうとくあん》の住持である、と名告って消えた。

直澄はこの奇瑞《きずい》におどろき、その高僧の住む寺こそ菩提寺にふさわしいと、箱根からもどって、父を弘徳庵に葬り、井伊家の菩提寺と定めた。寺号も、直孝の法号をとって、豪徳寺《こうとくじ》と改め、伽藍を営み、田地を寄進して繁栄の基をきずいた。箱根の老僧は、この弘徳庵の飼い猫が化けたもので、庵主の恩に報いたのであるという。

豪徳寺になぜ猫をたいせつにまつる信仰があったのかを語っている。豪徳寺の伽藍をととのえたのが直孝の女子、掃雲院であったという史実にてらすと、井伊直孝を猫が招いたというよりは、この「猫檀家」型の由来談のほうが、歴史になじんでいる。この伝えは、豪徳寺を猫寺と呼ぶ由来談として、周辺の村々にも広く知られている。多摩《たま》川を南に隔てた神奈川県川崎市にもある。[116]

ある貧乏寺の坊さんが、猫をかわいがっていたが、病気で托鉢《たくはつ》ができなくなった。そこで、猫によそに行くように告げると、その夜、猫が坊さんの夢枕《ゆめまくら》に立った。いついつ箱根を井伊直弼《なおすけ》の葬列が通る。そのとき大雨が降るが、そこへ行って経をあげると雨がやむ。そうすれば、しあわせがくるという。そのとおりにすると、坊さんは信用され、遺骸はその寺に安置されることになった。それが豪徳寺であるという。

これは、川崎市高津《たかつ》区久地《くじ》の人、明治二十六年（一八九三）生まれの石塚常太郎さんが、その父福造さんから聞いた話である。すぐ隣の多摩区堰にも、同じ話は知られている。[117]「猫檀家」のような特定の土地と結びついた歴史物語風の昔話は、舞台になった地元でのくわしい伝えが、周辺地域ではしだいに歴史的認識の部分が薄れ、物語の維持に必要な範囲のかたちで、まとまっていくことが多い。これもその一例である。この川崎市の伝えで、井伊家の当主の名が十三代藩主の直弼に変わっているのも、そのあらわれである。豪徳寺の歴史にしたがえば、直孝でなければならないが、直弼も江戸で死に、豪徳寺の井伊家の墓地に墓がある。直孝の名は、豪徳寺の地元の人でもなければ耳に遠い。むしろ直弼は時代も近く、幕府の大老《たいろう》としても著名である。そのための変化であろう。

　猫の恩返しを主題の枠組みにしたこの「猫檀家」の昔話は、ほぼ全国的に分布している。その古い記録は、すでに元禄六年（一六九三）刊の蓮体《れんたい》の『礦石《こうせき》集』巻一にある。「猫火車《クワシャ》ト成《ナリ》テ人ノ死骸《シガイ》ヲ取《トル》事」の条である。[118] 猫が火車になって人の死骸を奪うことを主題とした話である。話の舞台は、京都の浄土《じょうど》宗の寺院になっている。京都の老僧が物語るままを、書きつけたという。年代も古く、語りも詳細で、さすがに物語の構成論理もしっかりしていて、よくまとまっている。「猫檀家」の典型的な例の一つといってよい。

　京都の浄土宗の寺に、長老が三十年も飼っている猫がいた。ある夜、障子《しょうじ》の外で猫が人語《じんご》している。長老が、自分にも人語せよと猫を責めると、猫がいう。猫は数十年も経つと、妖《ば》けることになっている。自分は京中の猫の長《おさ》で、年も多く、才能もすぐれている。もし、よこしまな悪い人がいて死ぬと、自分たちは火車になって死骸を奪う。その火車の仲間のなかでも、自分は主宰者であるという。明日の寅《とら》の刻（午前四時にあたる）に、長老の檀越《だんおつ》（施主《せしゅ》）の尼公が死ぬ。この人は、よこしまで、かってな人だったので、仲間は死骸を奪う相談をしている。しかし、長老が引導《いんどう》に出るはずなので、数十年の厚恩を忘れることにならないため、自分は出ないことにしている、という。

長老は猫の気持ちをあわれにおもい、自由にしてやろうと、猫に死骸を奪うときのことを尋ねた。猫がいうには、雷になって雷鳴をひびかせ、黒雲で暗夜のようにして死骸を奪う。おそろしいものは数珠で、とくに達磨《たつま》（数珠の大玉）で打たれると、たいていは死ぬという。長老はたがいに力をつくそうと、猫と約束をした。

翌朝、寺に、尼公が寅の刻に死んだから、申《さる》の刻（午後四時にあたる）に引導に出てくれという知らせが来た。猫もいなくなった。長老が引導に出て、念仏を唱えて葬送していると、霜月《しもつき》（旧暦十一月）なのに、急に空がくもり、雷鳴がとどろいて大きな雹《ひょう》が降り、棺の上に雷が落ちた。長老が数珠を投げつけると、空も晴れ、雷もしずまった。人々が集まって棺を開けると、べつに変わったことはない。人々は長老の手柄である、といいあった。

葬式をおえて長老が寺に帰ると、猫はもどっていない。三日後に猫は帰って来るが、達磨に打たれたらしく、片目が飛び出している。長老は目薬をさすなどして治療したが、猫はついに死んだという。

この猫は、「猫岳参り」の伝えでいう猫の頭目のたぐいである。『礦石集』の著者は、この猫は主人の恩をよく知っていたのであると記している。

豪徳寺で「猫檀家」が招き猫の由来談になっていたように、この昔話が、寺院の山門の彫刻の眠り猫の由来を語っている例が、鳥取県東伯《とうはく》郡東伯町別宮《べつみや》にある。「猫の踊り」のときにも引いた転法輪寺の伝えである。[119]

むかし、大きな猫が寺に来て、そのまますみついた。和尚は、おふじという名をつけて、かわいがっていた。ある夏のこと、和尚が夜遅く寺に帰ると、たたんでおいたふだん着のすそが、しめっている。二、三日後にも、同じようにしめっている。だれも着物をさわった者はいないという。

その次の夜、寺の裏庭のほうから、おふじを呼ぶ声がする。おふじが台所の窓から出るような音がした。今晩も一向《いっこう》が平《なる》で踊りがあるが行かないか、という声がすると、おふじが、今晩は和尚がいるから行けないが、十五日は泊まりがけの法事があるので、かならず行く、と答えている。和尚は、着物もやはりおふじのしわざであるとおもいながら、知らぬふりをして寝た。

十五日の夜、和尚は法事の家を抜け出し、一向が平に先まわりをして、ようすをうかがっていた。夜がふけると、たくさんの猫が集まり、大きな輪をつくって踊り出した。そのなかに、和尚の白い着物を着たおふじがいた。手ぬぐいをかぶり、踊りの中心になっている。「おふじがおらねば、踊りがしょまぬ。ヨイ、ヨイ」とうたいながら踊っている。和尚は翌朝、寺に帰り、おふじに、もう寺に置くわけにいかないというと、おふじは寺を出ていった。

それから十年以上たって、鳥取から和尚に迎えが来た。その家の若夫人がお産で死んだが、出棺しようとすると雷雨になり、大嵐になった。たまたま来た巡礼が占うには、転法輪寺の和尚に拝んでもらえばよい、というので来たという。和尚が行って経をあげていると、おふじがあらわれ、すべては恩返しのために自分がしくんだことだ、という。和尚はぶじに葬式をすませ、もう一つ寺が建つほどのお礼をもらい、それで寺は栄えた。和尚は、おふじのことを伝えるために、山門の欄間《らんま》に、おふじの姿を彫りつけたという。

これは、『礦石集』の例とまったく同系統で、「猫の踊り」を序段にもつ「猫檀家」である。これが猫の彫像の由来になっているのをみると、寺院には、「猫檀家」の物語とともに、猫の像をたいせつにする風習があったらしい。転法輪寺には、近くの家で葬式があいついだが、占ってもらうと、山門の草葺《くさぶ》き屋根がくさって、おふじの体に雨がもっていたためという伝えが残っている。そこで、屋根を瓦《かわら》に葺きなおしたという話もある。

このおふじ猫は、頭をむかって左下にして丸くうずくまり、顔は右にむけて目をとじている、眠り猫の姿である。日光の東照宮の眠り猫についても、あとでみるように、山形県上山市《かみのやま》には、死者を招く猫の姿を写したものという伝えがあるが、死者を奪う猫ということでは、転法輪寺の伝えも本質は違わない。そうした猫を、寺院を守護する霊あるものとして、まつっていた。豪徳寺の招き猫やその周辺の猫寺の伝えも、猫が守る寺という意味である。眠り猫は、猫がおだやかに眠っているほど、鼠の害もなく安らかであるということを、あらわしている。

転法輪寺の周辺に伝わっている「猫檀家」の昔話は、ことごとく、この寺の物語か、それから転化したとおもわれる例である。その広がりは、中国地方、四国地方一円にたどることができる。いわば転法輪寺は、西日本における「猫檀家」の中心地であった。この転法輪寺の物語は、昔話というものがどのように広まるものであるかを、如実に示している例の一つであった。

火車落としの袈裟

火車とは、もともとは仏教用語で、死者を地獄に迎える車のことである。豪徳寺の由来談で死者をとるという火蛇も、この火車のことである。猫は年を経ると化けるようになり、火車になって死体を奪うという『礦石集』に語られている信仰は、仏教の知識を前提にしなければ成り立たない。火車の信仰によくあらわれているように、この「猫檀家」の昔話は、一般に寺院を拠点にしている。もともと寺僧により、寺院の事実談のように語られていたのであろう。「猫檀家」の昔話の基本型式は、次のようにまとめることができる。

㈠　小さな寺の僧が、猫を長年飼っている。
㈡　年を経て化けるようになったので、猫にひまを出す。
㈢　猫が僧の夢枕に立っていう。いつどこで葬式がある。自分が火車になり、雷雨を起こして棺を奪う。そこで僧が経文を唱えれば、自分は棺をおろす。
㈣　僧は猫の言葉にしたがう。猫のいったとおりになり、法力《ほうりき》のすぐれた僧であると評判を得て、寺は栄える。

物語の主題は、「飼い猫が火車に化けて、飼い主の僧の恩に報いる」ということである。主題の核は、もちろん「火車」である。文芸的な外枠は猫の恩返しであるが、宗教的には、猫が火車になって死骸を奪うという信仰を語るところに、「猫檀家」の物語の特色がある。

現在では、「猫檀家」の昔話には、火車の存在があいまいになっているものも多いが、火車という言葉がはっきり生きている例も少なくない。東日本では、静岡県庵原《いはら》郡両河内《りょうごうち》村（静岡市清水《しみず》区）にある。[120]

駿東郡《すんとう》の杉田にある安養寺の和尚が飼っていた猫が、いなくなって十年後に、十歳ほどの小僧になってもどって来た。猫が恩返しをしたいといって、和尚にいうには、西国の大名が江戸で死んで郷里に帰る。箱根山を通るときに、自分が火車になって死体を空高く奪い、杉田の安養寺と呼ぶ。すると、迎えが来るから、来て経を誦《よ》んでくれれば死体をおろす、という。三日後、そのとおりになり、和尚の名声はあがり、お礼もたくさんもらったという。

豪徳寺の井伊直孝の物語と、同系統の伝えである。

西日本では徳島県美馬《みま》郡西祖谷山《にしいややま》村（三好《みよし》市）にある。[121] 阿波《あわ》（徳島県）の滝寺という寺の飼い猫の話である。

猫がお茶を入れるようになった。住持が、この猫も魔性のものだから、よそに出さなければならないとおもっていると、猫は、寺の天井にいる鼠が住持の命をねらっているから、それを退治したあと、三百軒の檀家をつけよう、といって、ひまをもらった。住持が托鉢《たくはつ》をしているとき、ある婆の葬式に出会った。そこで、猫が火車だといって、棺を上にあげてしまった。おおぜいの僧が祈っても、おりてこない。住持が猫と相談して経文を唱えると、棺はおりてきて、もとどおりになった。それで滝寺には、三百軒の檀家がついた。猫は雲辺寺の裏山にはいった。雲辺寺では、猫の話はできないという。

これなども、猫に関する伝えが、寺僧の知識として広まっていた例であろう。

また、火車の本義が忘れられていくようすを映している例もある。先の鳥取県東伯町の転法輪寺の伝えの一つである。[122]この寺の和尚が飼っていた三吉という猫が踊りに出るようになった場面で、和尚は、猫は劫《こう》なるとカシャになるということだといっている。この昔話には、カシャとはなにかを語るようなくだりはないが、物語の構成は、あきらかに、火車の信仰からくずれたかたちである。このカシャを「化者」と表記し、「化物（化け物）」と説くのは、火車を忘れた人の新しい解釈である。仏教の知識から遠ざかるにしたがって、昔話の語り方も衰微していった。

　火車が棺を奪うという話は、寺院とは無関係に、武勇談としても古くから伝わっている。大田南畝の『一話一言』巻四十一には、諏訪《すわ》備前守《びぜんのかみ》源《みなもとの》頼音《よりね》の詩稿『対雪家稿』巻七から「火車切刀之記《かしやきりのたちのき》」の本文を抄出している。[123]延宝《えんぽう》三年（一六七五）に源頼音が書いた文章で、徳川家康の家臣であった松平五左衛門尉近政が、火車の片手を斬り落としたことを記している。中世文学にもよくある武家の怪物退治であるが、火車の記録としては、『礦石集』よりさらに二十年ほど古い。手を斬り落とすという退治の方法は、やはり猫を主役とする「鍛冶屋の姥」の型である。

　近政が上野《こうづけ》の三之《さんの》倉《くら》（群馬県高崎市倉渕《くらぶち》町）に住んでいたときのこと、友人の妻が死んだ。棺を野に送るとき、急に黒雲が出て、雷が鳴り、稲光《いなびかり》がし、強い風が吹いて雨がはげしく降った。みんながおどろいていると、一片の黒雲が棺の上に降りて来た。雲の中から片手が出て、棺を奪って昇ろうとするので、近政は刀でその腕を斬り落とした。その手には三つの爪があった。爪の色は青磁《せいじ》の陶のようで、先が尖《とが》り、爪の根元からは黒い毛が生えていた。俗にいう火車であった。近政は、その爪と刀を家宝としていた。

筆者頼音の祖父、諏訪因州《いんしゅう》大守頼水は家康の幕下《ばっか》で、信州の諏訪の城にいた。その家臣の諏訪美作守《みまさかのかみ》頼雄が近政の女を妻にしたとき、近政は、この火車を斬った刀に爪一つを添えて、頼雄につかわした。頼水はその刀を乞いうけ、次男の若狭守《わかさのかみ》頼郷に伝えた。頼音は頼郷の子で、刀は相伝して頼音の蔵にある。爪は頼雄の子孫の大学頼及が、いまも所蔵している。その後、頼音は一つの爪を得て、その刀とともに由来をのちに伝えるために、この記をつくったという。この火車切のことは、『新著聞集』巻十、奇怪篇にも、要約がみえている。[124]

武家の勲功記だけでなく、寺院にも火車を退治した寺僧の伝えがある。天保十二年（一八四一）刊、鈴木《すずき》牧之《ぼくし》（一七七〇～一八四二）の『北越雪譜《ほくえつせっぷ》』二編巻三にも、曹洞宗の寺僧の火車退治の話がある。[125] 天正《てんしょう》（一五七三～九二）のころのことである。越後の魚沼《うおぬま》郡雲洞《うんどう》村（新潟県南魚沼市）の雲洞庵の十世、北高《ほくこう》和尚《おしょう》のとき、三郎丸村（南魚沼市）に死者があった。吹雪のなかで葬式をしていると、黒雲が空をおおって闇夜《やみよ》

鈴木牧之『北越雪譜』に描かれた「北高和尚、火車退治の図」。　国立国会図書館ウェブサイトより

のようになり、火の玉が飛んできて、棺の上におおいかかった。火の中には、尾が二股《ふたまた》の希有《けう》の大猫が、牙《きば》をならし、鼻を吹き、棺を奪おうとしている。人々は逃げまどったが、北高和尚は呪文《じゅもん》を唱え、大声一喝《いっかつ》して、鉄如意《てつにょい》で大猫の頭を打った。猫は頭から血を吹き、逃げ去ったという。猫の恩返しのことはいわないが、「猫檀家」の昔話の系統の伝えの一つである。

　雲洞庵には、このとき北高和尚が着ていた衣であるといって、血の痕《あと》のついた袈裟《けさ》が伝わっていた。それを「火車落としの袈裟」と称している。北高和尚は、学徳全備の尊者であったという。この袈裟は、その和尚の法力が優れていた証拠である。寺僧が死者の引導《いんどう》を務め、成仏《じょうぶつ》の供養をつかさどっているかぎりは、火車に無関心ではいられない。火車を退散させる法力は、死者を極楽に導くための供養である。「猫檀家」は、極楽往生の道を開く寺僧の物語になっていた。火車といい「猫檀家」といい、曹洞宗の寺院の伝えであった。

　豪徳寺と同じく、東京都世田谷区桜にある曹洞宗の勝光院にも、火車退治の伝えがあった。[126]

　天正年間、中興開山の天永琳達が、隣の郡、橘樹《たちばな》郡小机《こづくえ》（横浜市）在《ざい》の檀徒の葬儀の導師を務めたとき、出棺のまぎわに、はげしい雷雨が起こり、火蛇があらわれて、死骸を奪い去ろうとした。人々は逃げ去ったが、和尚は悠然と衣の袖《そで》を棺にかけ、水晶の数珠をもんで経文を誦《ず》した。火蛇は和尚の法力に圧倒され、三枚の爪を遺《のこ》し捨てて逃げ去り、雷雨も晴れあがった。人々は和尚の高徳に感服したと伝える。寺ではその異様な爪三枚を蔵していた。

　これも、火蛇は火車である。猫のことには触れていないが、「猫檀家」の一つの変型のかたちをとっている。

　寛政九年（一七九七）初稿の穂積隆彦の『世田谷私記』にも、この勝光院の宝物に、「くわしゃの爪」がみえている。[127]ある死者を送るとき、急に空がくもって黒雲がおおい、死者を奪おうとした。そこでこの寺の住持は、智徳があり、数珠ではらった。そのとき落ちたという火車の爪を伝えていた。後年の注記には、「文化九年（一八一二）十二月五日、その寺宝を見ると、爪が四つあり、数珠は水晶であった」とある。火車の爪は、武家ばかりでなく、寺僧にとっても霊験を示す宝物でもあった。

豪徳寺の招き猫の由来には、さらにもう一つ別の伝えがある。井伊家の墓地をたずねたときに、地元の古老から直接聞いた話である[128]。

> 井伊直孝が鷹狩りに来たとき、夕立ちにあった。大木の下で雨やどりをしていると、猫の鳴き声がする。人家があるにちがいないと、声のするほうに行くと、寺があった。そこで休息し、和尚の法話を聞いているうちに、雷雨がはげしくなり、その大木に雷が落ちた。もし猫が招いてくれなければ、雷に打たれて死んでいた。その猫の恩義に感じて、直孝は、この豪徳寺を菩提寺にした。その猫をかたどったのが、招き猫であるという。

猫が手招きをしたという第一の例の変型であるが、第二の例で、火車になった猫が雷雨を起こしているのをみると、この第三の例にいう落雷も、ただの創作ではあるまい。動物学者によると、雷が鳴ってはげしく雨が降るような直前、猫は毛づくろいをはじめることがあるそうである。はげしい雨を予感して、不安になるのをしずめるためのふるまいで、これも、転位行動の一つであるという。猫が顔を洗うと雨が降るという古い諺も、猫の同じ行動をあらわしているとみている。[129]

豪徳寺の猫が、井伊直孝の一行を雷雨の難から救い、あるいは火車になって雷雨を起こして死者を奪うという伝えは、雷雨を予感した猫がみせる転位行動に前兆を感じとり、神秘性を認めた、人間のイメージに由来していることになる。猫が人を招く姿も、転位行動であった。そうすると、豪徳寺の招き猫の由来は、生態的にいえば、どれも猫の転位行動を基盤にして生まれていたことになる。しかもそれは、豪徳寺だけにとどまらない。招き猫一般の形から、猫が火車になって恩に報いる「猫檀家」にまでおよぶ。猫寺とは、猫の転位行動を、信仰として体系づけた寺院ということになる。

南無とらや南無とらや

昔話の「猫檀家」は、東日本、ことに東北地方では、禅宗、それも曹洞宗の寺院での出来事として語られていることが多い。この招き猫をまつる豪徳寺も、すでに寺伝のところでみたように、臨済宗から曹洞宗に変わった寺院の一つである。それとみごとに符合して、寺の飼い猫が火車になって棺を奪おうとするとき、寺僧が唱える経文は、「南無《なむ》三宝《さんぼう》」（三宝に帰依《きえ》する）という意味の陀羅尼《だらに》からの転訛《てんか》で、禅宗での読みであるという。この陀羅尼は、パロディーとして、室町時代に基盤が成立した能の狂言にもみえている。「犬山伏《いぬやまぶし》」がそれである。[130]

舞台は、山伏と出家が茶屋で出会うところからはじまる。山伏が、自分の伽陀《かだ》箱（加持《かじ》の道具を入れる箱）を、今日の泊まりまで出家に持たせると、むたいなことをいいだした。もちろん、出家は承知しない。茶屋の主人のとりなしで、人食い犬に祈禱をかけ、なついたほうを勝ちにし、負けたほうが勝った人の荷物を持つことにする。茶屋の主人が出家に、「とら」という経文はないかという。その犬の名は「とら」といい、「とら」とさえ呼べば犬はなついてくるという。出家は「とら」とある経文を唱えて祈り勝つ。そこで出家が、山伏に自分の傘を持たせようとして、逃げる山伏を追いかけるところで終わる。

出家が祈る経文は、こうである。

　南無きやらたんのうとらや、とらや、とらや、とらや

これを唱えると、犬の「とら」はなついて、出家のほうに寄る。山伏の祈りの言葉は、次のようである。これは、狂言の「禰宜《ねぎ》山伏」でもつかわれている。[131]引用の完全な「禰宜山伏」から紹介しよう。

　ぼろおん、ぼろおん。橋の下の菖蒲《せうぶ》は、誰《た》が植《うへ》た菖蒲ぞ。折れども折られず、苅《か》れどもかられず。ぼろおん、ぼろおん。

山伏がこれを唱えると、犬がほえかかる。そこで、山伏が相祈《あいいの》りにしようという。

山伏は、

ぼろおん、ぼろおん。いろはにほへと、ぼろおん、ぼろおん。ちりぬるをわか、

と唱える。出家はやはり、「とらや、とらや」をくりかえす。犬は出家になつき、山伏にはほえかかって、かみつきそうになる。

この能狂言の「犬山伏」をラジオで聞いたのは、昭和三十三年（一九五八）ごろである。ちょうど、この二、三年前、私は、岩手県江刺市《えさし》（奥州市）岩谷堂増沢《いわやどうますざわ》で、友人の菊地清行《きくちせいこう》さんから、「猫檀家」の昔話を聞いていた。清行さんが幼いころ、おばあさんから聞いたという話で、その経文の部分がたいへん印象的で、耳に残っていた。

南無とらや。南無とらや。棺おろせ。棺おろせ。

猫の名がトラで、寺僧は経文を誦むかたちで、猫のトラに棺をおろせと呼びかけている。「犬山伏」の発想と、まったく同じである。

そこで、そのころ、相模《さがみ》民俗学会の月例会でいつもお目にかかっていた、高野山《こうやさん》の出身で仏教にくわしい菊池武紀さんに、経文の典拠についてお尋ねした。最初の返事は、奇しくも、清行さんの家に転送されてきたのを受け取っている。手紙の日付は、昭和三十四年三月二十六日である。さらに四月には、二十七日付で、追加の手紙をいただいた。これではっきりしたことは、「南無きやらたんのうとらや」は、「三宝に帰

依する」という意味の経文で、その禅宗での読み方であるということであった。
たとえば、『阿弥陀如来根本陀羅尼《あみだにょらいこんぽんだらに》』の最初の部分は、次のようになっている。

曩謨《ノウボウ》（帰命《きみょう》）囉怛曩怛羅夜耶《アラタンノウタラヤヤ》（三宝）……

これは現在、真言宗で読誦《どくじゅ》している音読の発音である。それが禅宗の読みでは、次のように変わる。これは『千手《せんじゅ》陀羅尼』の最初の部分である。

南無《なむ》（帰命）喝羅怛那《からたんの》（宝）哆羅夜耶《とらやや》（三宝）……

禅宗の読み方ということは、いわゆる唐音による発音である。括弧《かっこ》内は、漢語訳である。

「犬山伏」の出家も禅宗の僧である。文政十年（一八二七）の跋文《ばつぶん》がある大蔵虎光の『狂言不審紙《きょうげんふしんし》』夏の「犬山伏」の項にも、「按《あん》ずるに、この僧は禅宗なるべし」として、「南無喝囉怛那哆囉夜哪」という経文を引いている。[132] 犬の名を「とら」とし、経文に「とら」というのはないか、と茶屋の主人が出家に尋ねている。これは、最初から、「とらやや」がおもしろくて設けた趣向にちがいない。経文のパロディーによる笑いである。「南無三宝」という意味の句であるから、僧職以外の一般の人にとっても、耳になじみの経文である。

山伏の経文も、もちろんパロディーである。「橋の下の菖蒲は……」については、『狂言不審紙』夏の「柿《かき》山伏」の項に、大田南畝の『南畝莠言《ゆうげん》』を引いて、「頼朝のとき、鎌倉のはやり唄なり」とある。[133]『南畝莠言』上巻には、源頼朝のときの俗歌として、「橋の下の菖蒲は折れども折られず、かれどもかられず……」という歌を引いている。[134]喜多村信節《きたむらのぶよ》の『嬉遊笑覧《きゆうしようらん》』巻十二には、そのくわしい考証もある。[135]「今、童のいふは」として、次のような唄も引いている。

草履《ざうり》けんじよけんじ、おてんまてんま、橋の下の菖蒲は、咲《さ》いたか咲《さ》かぬか、まだ咲《さ》き揃《そろ》はぬ、妙々車《めうめうぐるま》を、手に取《と》て見《み》たれば、しどろくまどろく、じうさぶろくよ。

その類歌は、いまも各地に伝わっている。草履を片方ぬぎ、片足跳びをしながら、ぬいだ草履をける、鬼きめの作法の唄である。[136]「いろはにほへと……」は、いうまでもなく、伊呂波歌をよみこんだパロディーである。山伏の祈りにいう「ぼろおん、ぼろおん」は、摩利支天《まりしてん》の種字《しゆじ》である。[137]

狂言「犬山伏」のおもしろさは、けっきょく、出家と山伏の祈りの詞《ことば》のパロディーにあった。昔話の「猫檀家」でも、猫が火車になって死骸をとるという宗教性とともに、これらの類話では、和尚の唱える経文のもじりの文芸性にも、その興味があったといってよかろう。東北地方の「猫檀家」には、経文のかたちが比較的正確に伝わっている例が多い。昔話が、禅宗の僧侶の伝えからあまり離れていなかったからであろう。

山形県新庄市《しんじょう》萩野《はぎの》の安《あ》食《じき》フジさん（明治三十三年生まれ）の語った「猫檀家」では、

ナムカラタンノ、トラヤーヤー、ナムカラタンノ、トラヤーヤー、トラ、トラ、
トラ

あるいは、

ナムカラタンノー、トラヤー、トラヤー、ナムカラタンノー、トラヤー

と唱えている。しかも、ここでも猫を虎猫とし、この経文は、その虎猫がいいはじめたものであるといって、猫の名と経文の「とら」との結びつきにこだわっている。[138]この地方では、一般の人々にとっても、「三宝に帰依する」という経文の禅宗風の発音が、日常的で身近だったのであろう。

「とらやや」が禅宗の唐音読みであるとすれば、「南無とらや」の虎猫経の趣向をもつ「猫檀家」の類話は、当然、曹洞宗や臨済宗の寺僧を介して語り広められたにちがいない。「猫檀家」でも、中部地方から西日本にかけての類話には、虎猫経の趣向が消えている。それは、「猫檀家」を支える寺院の宗派が異なっていたからであろう。京都の浄土宗の寺院を舞台にしている『礦石集』の類話にも、経文の趣向はない。寺院の宗派と昔話の構想が、みごとに符合していた。

この『礦石集』の「猫檀家」の例では、猫が仲間と人語することが発端になっている。猫には猫の社会があり、年経た猫はたがいに人語するという観念である。「猫檀

家」の中部地方から西の類話には、このような猫の仲間の趣向ではじまる例が多い。発端が、昔話の「猫の踊り」や「猫また屋敷」の型をはっきりみせているものもある。『礦石集』は、その古い事例である。人語する猫の趣向と、虎猫経の趣向は、「猫檀家」にとって、あい補い合う要素になっていた。

第四章　人間と猫の魂と

飼い主の後を追う猫

飼い主が死ぬと猫は姿を隠して死ぬ、という話をよく聞く。愛猫家《あいびょうか》として知られた評論家の坂西《さかにし》志保《しお》さんが亡くなったときも、後を追うように飼い猫のタロウが姿を消したそうである。タロウは坂西さんが拾って十二年間飼っていた猫で、坂西さんが外から帰ると、スリッパをくわえて玄関まで出迎えるほどであったという。坂西さんが亡くなったあとは、食事もとらずに、遺体といっしょに蒲団の中にはいっていたが、その後、家を出て行ったきりであった。十日ほどたって、近くの川の淵に死んで浮いているのが、見つかったという[139]。

かわいがられた猫は、飼い主が死ぬと、後を追うものであるというが、私の妻も高校生のとき、沖縄県那覇《なは》市の実家で、そういう事実に出会っている。雌猫のミーコは、父がくつろいでお茶でも飲んでいると、膝《ひざ》の上にすわっているような猫であった。父が昭和二十八年（一九五三）九月に亡くなって、あわただしくすごしているうちに、いつのまにか、ミーコの姿が見えなくなっていることに気づいた。その後、父がいつも寝間にしていた部屋の床下から、ミーコの死体が見つかったという。

これより先、ミーコの子どものタマをもらった当間重民《とうまじゅうみん》さんの家でも、同じことが起こっていた。当間さんは妻の亡父又吉康和《またよしこうわ》の親友で、二人はまさるともおとらぬ愛猫家であった。二人でいつもミーコ母子をほめあっていたが、昭和二十七年二月に当間さんが亡くなると、やはりタマはいなくなり、やがて死んでいるところを発見されたという。しかも、亡くなったとき、重民さんも亡父も現職の那覇市長であった。妻の実家では、ミーコとタマが、母と子でまったく同じ運命をたどったことに、猫の不思議さを、しみじみと話題にしたそうである。

永野忠一さんも、昭和三十八年（一九六三）に、大阪府堺《さかい》市の人から聞いた体験談を記している。その人の祖父は、長いあいだ中風《ちゅうぶう》で臥せっていたが、とても猫好きで、チイという名の猫をかわいがっていた。祖父の死後、猫の姿が見えなくなり、家族の人たちが気にしていたが、その年の夏の大掃除のときに、床下を掃くとチイが死んでいた。それも祖父がいつも臥せっていた八畳の寝床の真下だったので、ぞっとしたという話である。[140]ミーコの話に、そっくりである。

猫が死んだ飼い主の後を追って死んでいたという話は、古くは江戸時代の説話集にもある。寛延《かんえん》二年（一七四九）刊の『新著聞集』第三、酬恩《しゅうおん》篇に、「猫舌を噉斃《かみし》す」と題した話がある。[141]

貞享《じょうきょう》二年（一六八五）十月二十八日のこと、大坂博労《ばくろう》の内、葉山町の鍛冶屋《かじや》八兵衛の妻が、重病をわずらっていた。死期の近づいたことを知った妻は、病床のあたりを離れずにいる長年飼っていた猫に、いってきかせた。自分はやがて死ぬが、あとお前をかわいがる人もないだろう。どこへでも行くがよい、と。猫はしおれていたが、この妻が死ぬと、野辺《のべ》の送りのとき、輿《こし》についてきた。一町ほど来たところで、人々は猫を追い返した。猫は家にもどって、舌をくいきって死んでいたという。

平岩米吉さんは、それは猫の自殺ではないという。横臥《おうが》して死ぬと、ゆるんだ舌の先が下側の歯の間から垂れさがるので、それを、舌をかみきったとおもったのであろうという。[142] たしかにこれを自殺とみたのは、人間の思いこみにちがいない。しかし、物語にしたがえば、これも、飼い主の死にあった猫が、後を追うかたちで死んでいた一つの事例である。たとえ、ただの風聞であったとしても、猫が後追い自殺をするという噂が信じられていた古い例としてたいせつである。

同じく『新著聞集』には、病人のそばにいつも来ていた野良猫が、その人が亡くなるといなくなった、という話もある。第十、奇怪篇「病床に猫来る」である。[143] 江戸中橋牧町の中島五兵衛の家で、五十余歳になる下女が、重い病気になった。どこからともなく、年とった猫が来て、その女の枕元にいる。人々がいやがって打つが、離れない。病人が死ぬと、猫は失せたという。これは飼い猫ではないが、坂西志保さんのタロウの話をおもわせる。

これによく似た、猫を捨てに行ったまま、老女も猫ももどらなかったという話もある。江戸は深川《ふかがわ》永代寺門前の荒物屋の老婆の話である。老婆が病気で臥せっていると、飼っていた猫が床《とこ》の脇に来て、じっと病人の顔を見つめていた。みんなが気味悪くおもっていると、老婆は、病気がなおったら猫を捨てに行くという。床を上げ、ぶらぶら歩けるようになると、老婆は猫を捨てに行った。しかし、それっきり、老婆も猫も帰って来なかった。磯《いそ》清さんが母から聞いた話という[144]。

こうした後追い自殺とは別に、猫の死を飼い主の死と関連づける伝えもいろいろとある。まず、京都府南桑田郡《みなみくわた》（亀岡《かめおか》市周辺）の例をあげる。家の内に病人があるとき猫がどこかで死骸を見せて死んでいると、その病人はなおらない。死骸を見せずに猫が死ぬと、病人は全快する、という[145]。猫の死によって、病人の安否を占っている。飼い主の家族の生死を、猫の生死に結びつけているところは、猫の後追い自殺にかなり近い。

同じような伝えは、神奈川県津久井《つくい》郡相模湖《さがみこ》町（相模原市緑区）の若柳《わかやなぎ》にもある。ここでは、大病人があるときに飼い猫が死ぬと、病人が本復することがあるという。それを、猫が身代わりになったという。ここでも、飼い主に死骸を見せない猫がよい、というそうである。[146]身代わりというのは、猫の生命がさらに強く飼い主の家族の生命にかかわっている、という見かたである。これらの伝えにも、なにか猫が飼い主の死を感じとって死ぬという、現実の経験が関係しているのかもしれない。

イギリスにも、飼い主の家族の病人の安否と、猫の行動とを結びつける伝えがある。病人がいるとき、猫が家を離れどうしてももどらないときには、その病人は死ぬという。猫の夢を見たり、二匹の猫が争っているのを見たりすると、その病人は死ぬともいう。また、葬られていない死者が家にあるあいだ、猫は一時的に家を離れ、葬式がすむともどってくるということもよくいわれているという。[147]飼い主の家に死者があると猫が姿を隠すということで、これも、飼い主の家族の死を猫が知っているという伝えになる。

逆に、猫の死を飼い主の家族の死に関係づける伝えも、イギリスにはある。猫が病気になったら、すぐに追い出さなければならない。感染しなくても、その病気が一家をおそってくるという。死にかけた猫も、死神をおそれて外に突き出す。それは、猫のために来た死神が、家族のだれかのところにとどまる心配があるからである。[148]ここにも、生命について、飼い主の家族と猫が運命的に一体であるという考えがあらわれている。

日本には、長年飼った猫は飼い主の死期を知るという伝えもある。猫が飼い主の死を見とおして墓を掘っていたという話で、沖縄県具志《ぐし》川《かわ》市川田《かわた》にある。[149]

子どものいない夫婦があった。夫婦には、小さいときから白髪《しらが》が生えるまで、長年飼ってきた猫がいた。猫は、主人夫婦の墓を持ちたいと、風水《ふうすい》を見あてて、雨が降るとそこに行って、墓を掘っていた。

隣の人がそれを見て、夫婦に、猫が墓を掘っているから気をつけろ、と教えた。夫婦はおこるが、いわれたように、雨降りの日、家の中に白いものを置いておくと、そこに、猫の爪の泥の跡がついた。爺はそれから一週間もたたずに死に、猫が墓を掘っていたところに墓をつくった。猫は後生に行って風水をくむそうだから、あまり長く飼ってはいけないという。

具志川市のこの出来事は、それほど古いことではないという。風水とは、中国の信仰で、土地の善悪を占うことである。これもやはり、飼い主と猫が、死によって結びついているという観念の、具体的な表現である。そうした考えが、日本だけでなく、イギリスにも共通しているのは、猫に関する知識が、猫とともに広まり、それぞれの文化の伝統的な部分と習合しているからであろう。猫と飼い主との生命の一体観は、いろいろなかたちで伝えられていたようである。

猫を蒸すとその猫の苦しみが相手の人に伝わるという、「のろい」の方法が中国にある。これは、満州（中国東北部）で広くおこなわれていたそうである。それを、蒸猫（チョンマオ）という。憎らしいとおもう人にたいしてこころみたり、品物や金銭がなくなったとき、疑わしい人に白状させるためにするという。そのさいは、白状しないと蒸猫をするぞ、とおどすが、白状しなければ実行する。方法は、相手の生年月日や年まわり（八字という）を書いた紙を、足をしばった猫といっしょに蒸籠《せいろう》の中に入れて蒸す。猫が苦しんで死ぬとともに、その影響が相手におよぶという。[150]

　猫にとっては迷惑至極な話であるが、これとまったく同じ趣意の習俗が、ヨーロッパにもある。ドイツのシュレスヴィヒ＝ホルシュタインの伝えである。果実を盗まれたら、猫をその樹の下に生き埋めにする。そうすると、猫が地の中でもだえ苦しむと同じように、その盗人も七転八倒の苦しみをして死ぬという。[151]似たようなのろいの方法は、ほかにも少なくないかもしれないが、ユーラシア大陸の東西で、猫を用いておこなっていたのは、偶然ではあるまい。これも、猫にともなって広まった信仰を基盤にした呪法《じゆほう》であろう。猫の苦しみが人間にもあらわれるというのは、人間と猫との生命の一体観と同源の思想であろう。

死者を招く猫

日光東照宮（栃木県日光市）の回廊の蟇股《かえるまた》に、左甚五郎《ひだりじんごろう》作と伝える眠り猫の彫刻があるが、山形県上山市菖蒲《しょうぶ》に、この眠り猫の由来談という物語が伝わっている。[152]

彫り物では日本一の左甚五郎という人がいた。甚五郎が大工の年季が明けて家に帰っているとき、師匠が病気だからすぐ来るようにという知らせが来た。甚五郎はさっそく出かけたが、峠《とうげ》を越える途中で、日が暮れた。困っていると、灯《あかり》が見えた。たずねて行くと、一軒の家がある。泊めてくれるように頼むと、爺が出て来た。爺は婆が死に、隣の村まで知らせに行かなければならないが、ほかにだれもいないので、留守番をしてくれという。爺は出がけに、いろりの火が消えると、山にいるたくさんの猫が来て死人を持って行くから、ぜったいに火を消さないように、と注意して出かけた。

甚五郎が旅の疲れでうとうとしているうちに、火は消えてしまった。すると、死んでいたはずの婆がむっくりと起き出し、しきりに外に出ようとする。びっくりして、甚五郎が必死に婆を止めようとしているところに、爺が帰って来た。爺があたりを見まわすと、猫が天井裏で、死んだ婆を手招きして呼んでいる。爺がそばにあった箒《ほうき》で婆をたたくと、婆はばったりと倒れた。猫はそれを見て、逃げて行った。

甚五郎は、この猫をもとに、眠っている猫を彫って、日光に納めた。それから、死んだ人には、枕元に屏風《びょうぶ》を逆《さか》さに立て、体の上に箒や刀などの金物《かなもの》を載せることになった。

この話は、たしかに外枠は眠り猫の由来談であるが、物語がくわしく語っているのは、人が亡くなったときに、死者を誘いに来る猫がおり、それを防ぐには、どのようにしなければならないか、という作法である。すなわち、山の猫が死者を奪いに来るということ、それを防ぐためには、火をたき続けること、猫に招かれて死者が歩き出すこと、止めるには箒で死者をたたくこと、などである。

死者を手招きしていた猫が眠り猫のモデルであるというのは、前に紹介した「猫檀家」の昔話と結びついた、鳥取県の転法輪寺の眠り猫の彫刻の由来に近い伝えである。

ここにえがかれている死者をめぐる習俗は、上山市あたりの伝えの反映である。この地方では、病人が死ぬと、枕元に逆さ屏風を立て、胸の上に刀剣や包丁、小刀などの刃物を置き、部屋の隅には箒を逆さに立てる。これは、死者に魔物や猫の「シンがはいる」のを防ぐためであるという。死者は猫を見ると立ちあがる、とも信じられているという。[153]

猫が屋根の上から死者を招くという伝えは、青森県上北《かみきた》郡野辺地《のへじ》町の古俳人の写生文にもみえている。北海道の函館での体験談である。船着き宿の老女が死んだ。湯で洗っていると、死人が頭に手をあげた。男たちがたくさんいたので、これは猫の仕業にちがいないと、ほうぼうを探すと、猫が屋根の上にいて、手をあげさげしていたという。[154]これは、猫が死者を招くという、前足を振りあげる姿そのものである。招き猫の姿は、死をめぐっても、注目されていたのである。朝鮮で、主人のためによくないといって、猫や犬が屋根にのぼるのを忌むというのも[155]、これと関連する習俗かもしれない。

このような、死者に猫を近づけてはならないという伝えは、日本ではほぼ全国的にある。[156]近親者の死にのぞんで、そうした経験をもっている人は、現代でも少なくない。永野忠一さんも、自分の父親が死んだときのことを記している。大阪府和泉《いずみ》市黒石《くろいし》町でのことである。父が息を引きとると、すぐに飼い猫のトラを表の蔵の中に入れた。猫は魔物だからこうするのだといった兄の言葉が忘れられないという。[157]

安西勝さんも、神奈川県津久井郡城山《しろやま》町（相模原市緑区）川尻《かわしり》での体験を伝えている。昭和三十一年（一九五六）に祖父が亡くなったとき、猫が死者をまたぐと起き返るといって、足のほうに箒を横に載せた。猫がエレキ（電気）を出すからだろうとは、明治二十九年（一八九六）生まれの隣家の人の話である。このときは、足元に鋸《のこぎり》も置いた。本来は刀剣だが、刃物ならなんでもよいとされているという。[158]

猫を死者から遠ざける風習の要点は、だいたいどこでも共通している。猫が死者をまたぐと起きあがるとか、生き返るとかいって、それを防ぐ作法がある。死者の枕元に逆さ屏風を立てたり、死者の上などに刃物類を置いたりする。また、動き出したときには、箒でたたけばよいと、箒を用意しておく土地も多い。死者が起きあがって、柄杓《ひしゃく》で水を飲むという伝えも広い。

猫を死者に近づけない風習は、『山常叢書』の『火車考』にもみえる。人が死んだとき、もがりのあいだなどに、猫をその部屋の中に入れることを忌む。そうしないと、かならずその死者に霊がついて、ひどくさわぐことがあるという[159]。もがりとは、一般には、死者を出棺まで家に置いて供養することで、現代の習慣でいえば、通夜《つや》がそれにあたる。

猫が死者に近づくとどうなるかを、具体的に語っている記録もある。『反古風呂敷《ほごふろしき》』にいう、いまの千葉県松戸市での話である。

小金《こがね》の脇の在所の栗《くり》ヶ沢《さわ》村（東葛飾《ひがしかつしか》郡）で、老女が死んだ。人々が外で涼んでいると、三毛猫が通った。ある男が猫を捕らえ、死者のそばに猫を入れると障碍《しょうげ》をなすというが、ほんとうかどうかためしてみようと、猫を死者の上に置き、二枚屏風を引きまわし、戸を閉めておいた。しばらくして物音がするので、戸を開けて見ると、死者は起きあがって屏風をたおし、顔をあげ、白髪をさか立て、目は光りかがやいていた。そろそろと門まで歩き出し、屋根に跳びあがって、行くえ知れずになった。数日後、野で死体を見つけて葬ったという[160]。

この屏風も逆さ屏風であろう。

このように死者が生き返ることを、猫またになると称している土地がある。神奈川県津久井郡相模湖町（相模原市緑区）の若柳では、猫を飼っている家では、人が死ぬとすぐに猫を籠伏《かごぶ》せにする。死者の枕元には、魔除けとして太刀《たち》を置く。農家では、鉈《なた》などの刃物か箒を置く。猫がまたぐと死者はよみがえり、もし台所の流しで水桶《みずおけ》の水を柄杓で飲むと、千人力を得て、猫またというものになる。死者が起きあがったら、すぐに箒でたたくと倒れる。だから人は、柄杓で水を飲んだり、箒で人をたたいたりしてはならないという。[161]

兼好法師の『徒然草』にも、つぶさに猫またが語られているように、猫またとは、ふつうは化け物になった猫の呼称である。それを、死者が猫またになるというのは、猫が死者をまたぐことにより、猫の怪異性が死者に移り、年経た猫と同じように、死者が化け猫になるということである。死者が動くようになることを、上山市では猫などの「シンがはいる」といい、城山町では猫がエレキを出すからであろうといい、『火車考』では霊がつくといっている。これは、ある霊的な要素が、死者にはいることによって、猫の怪異性が死者につく、という観念があったことを示している。

佐賀県東松浦《ひがしまつうら》郡鎮西《ちんぜい》町の加唐《かから》島では、猫が死者の上を歩くと、ネコダマシが死者を動かすといって、猫を寄せつけず、箒を逆さに立てて置く。[162]ネコダマシは、猫魂《ねこだましい》であろう。岐阜県大野郡丹生川村では、猫が死者をまたぐと、ムネンコが乗り移って踊

『黄菊花都路《こがねきくはなのみやこじ》』に描かれたネコマタ。二股の尾を持つ巨大な怪猫として描かれている。歌川国芳画。

り出すという。ムネンコとは、猫の魂のことである。死者を寝かせてある部屋を猫がのぞいただけでも、ムネンコがついたという話もある。[163] ネコダマシといい、ムネンコといい、じつにはっきりとした猫の霊魂の観念である。新潟県北蒲原《きたかんばら》郡川東《かわひがし》村（新発田《しばた》市）では、葬式の途中で、猫が魔をさして、死者のタマシイがさわぐことがあるという。[164] これも猫の霊力で、死者の魂が動き出すという考えである。

新潟県には、この死者がさわぐことを、死体を奪う猫またの信仰として伝えている地方もある。南蒲原郡大面《おおも》村の大面や北潟には、猫又《ねこまた》権現というものを信仰している人がいて、その信者は、死ぬと死骸がなくなるという。本尊は魚沼《うおぬま》郡にある。信者が死ぬと、すぐに寝間の戸を開けて神の生《い》け贄《にえ》にし、葬式はしても、棺の中には死体はない。信者の一人が死んだときも、棺をかついだ人の話に、風もないのに棺桶が揺れ動き、火葬場につくと、ひどい風と雨でどうにもならなくて、そのまま引きあげた。猫またが死骸をとりに来たのだという。[165]ここにいう猫または火車にあたる。魚沼郡にあるという本尊とは、鼠除けの猫の信仰でみた、猫股神社と呼ばれている栃尾《とちお》市の南部神社と一連の信仰であろう。

　このように、猫には、すくなくとも人間の死者とのかかわりでは、霊魂ないしは霊的なものがあると明確に意識されていた。生きている人間に猫魂がはいるといわないのは、健全な魂が活動しているからであろう。死者に猫魂が移るのは、死者には生者としての魂がなく、他の魂がはいる余地があるということである。しかし、このばあいも、その相手が猫であるところに特色がある。それが他の生物ではなかったのは、霊魂に関しては、猫が人間にとって、もう一つの自己の地位を占めていたからにちがいない。

　最後にもう一度、はじめにあげた上山市の物語に触れておこう。いまみてきた北蒲原郡川東村では、猫が死者のそばで顔を洗うと死者も顔を洗うといって、猫を死者の部屋に入れないように注意するという。[166]これは猫を死者に近づけない習俗の一例であるが、ここでは、招き猫の俗信のように、猫の顔洗いが注目されている。上山市では、猫が死者を招くといっていたが、どちらも招き猫の像のモデルになる猫の動作という点で、共通している。

上山市の左甚五郎と猫の話も、本来は招き猫の像の由来談であったかもしれない。招き猫の姿は、猫を神秘化するのにふさわしい姿であった。こうなると、招き猫の一つとして先にみた山梨県富士吉田市の白檀《びゃくだん》の招き猫に、「甚」と刻銘があったのも意味ありげである。左甚五郎という歴史上の人物が実在したかどうかはともかく、彫物《ほりもの》師《し》のなかにも、招き猫の信仰をもち、鼠除けの猫の絵をかく旅の絵師のように、招き猫の像を彫り与える人がいたのかもしれない。

猫の陽気に生きる

猫が死者に近づくことを忌む習俗は、日本ばかりではなく、漢族にもある。台湾の漢族、いわゆる本島人については、日本でも古くから注目されている。家猫のなかに油蹄《あぶらひづめ》の猫といって、歩いた足跡が油で印したようになる猫がいる。この猫が死者の近くに行くと、その魂が死者に乗り移って、死者はよみがえり、そのかわりに猫は死ぬという。それゆえ本島人は、死者の近くにけっして猫を寄せつけないという。[167]これは、おそらく福建《ふっけん》省南部あたりからの移住者の伝えであろう。

大陸の漢族の伝えも、基本的には変わりはない。漢族では、納棺の前後に棺を母屋に安置するが、やはり、出棺する前に猫が死者や棺に近づくことを、きわめて忌む。一般に、猫やその他の動物が死者に近づくと、その死者をあばれさせることがあるともいう。死者は跳び起きると、人やほかのものにしがみついて放さない。また、猫は虎の性の動物であるともいわれ、伝えに、猫、とりわけ白い蹄の猫や油蹄の猫が、死者を跳び越えたり死者にぶつかったりすると、猫は即死し、死者はよみがえって殭屍《きょうし》になるという[168]。

殭屍とは、堅くなった死体が、霊的に動く状態になることである。死者がよみがえって猫が死ぬというのは、猫の陽気が死者に入るためであるといい、死者は直立すると、まっすぐに歩きだし、出会ったものに死にものぐるいでしがみついて放さない。このとき、肥柄杓《こえびしゃく》や肥箒《こえぼうき》で押し倒すか、あるいは箒や枕などの物を投げつけて、殭屍に抱きつかせればよい。もし人がつかまれば、つかまった人はかならず死ぬという[169]。猫の陽気とは、日本や台湾でいう猫魂のたぐいで、柄杓や箒など、死者が動き出すことを防ぐ方法に登場する用具まで日本と共通している。おそらくこれらの習慣も、猫の渡来とともに、中国大陸から日本に伝わったものであろう。

漢族には、殭屍を老和尚が制伏するという話もある。日本の『反古風呂敷』の例などと同じく、禁忌が破られ猫が死者を越えたらどうなるか、という物語である。[170]

家の人が、死者を部屋の中の板の上に寝かせておいた。夜、だれもいないとき、一匹の猫が死者の上に跳び乗った。死体はすぐに殭屍になり、頭をもたげ、脚を立て、板の上に立ちあがって、部屋の壁の隅に隠れた。家人が納棺をしに来ると、死体がない。家人は他人に知られると困るとおもい、死者の衣服を納棺して葬式をすませた。

何年かたって、この家で飼っている鶏などが、よくいなくなった。野猫などの野獣のせいだろうと、気にもしなかった。ある日、勧進《かんじん》に来た一人の老和尚が、この家には怪物がいて、家人はその毒手にかかるという。この家の亡くなった人の死体が殭屍になり、生きている人を避けて、部屋の壁の隅に隠れているが、爪や歯は長く伸び、夜になると鶏などを食う。やがて、人をおそうようになるだろうという。

その夜、和尚は殭屍を退治するという。夕方、家人が外に出ると、和尚は雲帚《うんそう》（払子《ほっす》）を手に、一人で部屋にすわった。夜半、大きな音がして、殭屍が壁の隅からゆっくりとあらわれ、和尚のまわりを何度かまわって、跳びかかってきた。和尚が体をかわし、雲帚を投げつけると、殭屍は倒れた。脚の骨は硬直しているので、倒れれば立てない。翌日、家人がもどって来ると、爪や歯が長く伸び、腫《は》れあがった肌にこまかい毛の生えた、白い冬瓜《とうがん》のような殭屍が倒れていた。
猫の陽気をうけた殭屍がどのようなものと考えられていたか、そのようすが具体的にみえている。和尚は雲帚で退治しているが、雲帚とは、一般の人の箒をおもわせる。和尚が殭屍を発見し法力を発揮しているのは、中国では、仏教の僧侶が殭屍の信仰をつかさどっていた名残であろう。

日本では、かならずしも死体がかたくなるとはいわないが、沖縄県国頭郡《くにがみ》には、死者が殭屍になるという伝えがあった。死人の上を猫が越えると、死体はくちないといい、そのために洗骨ができなくなるという。[171] 洗骨とは、日本では、鹿児島県の奄美《あまみ》諸島と沖縄県を合わせた琉球《りゅうきゅう》諸島で、一般におこなわれてきた葬法である。洞穴など横穴式の墓に遺体を納めたあと、数年後に遺体を取り出し、洗って骨だけにして甕《かめ》に納め、あらためて葬る。死体がかたくなった殭屍では、洗骨はできない。

沖縄県には、国頭郡に、水死体などで手や足の曲がらない死体は、箒で打てばよいという伝えがある。だから箒で人を打ってはならないともいう。[172] 中頭郡《なかがみ》宜野湾《ぎのわん》村新《あら》城《ぐすく》（宜野湾市）でも、こわばった死体の足を折るのに箒を用いた。やはり、ふだん箒で人を打つことを忌むという。[173] 日本では一般に、箒は動き出した死体を鎮《しず》めるものとするが、動き出した死者を殭屍とみれば、箒で打つのは、殭屍をふつうの死体にもどすためであるから、これも意味は同じである。この箒の効能をとおしてみると、日本でも、動き出した死者を、中国の殭屍と同じようにみていたことになる。

　死体が殭屍になることをおそれる伝えは、洗骨の習俗があった地域には、広くみられたようである。中頭郡美里《みさと》村与儀《よぎ》（沖縄市）にも同じ伝えがある。ここでは、猫の死体を引きあいに出している。死後、出棺するまで、近親者は死者を囲んで別れを惜しむが、そのあいだに、猫が死者の上を跳び越えたり、乗ったりすることを警戒する。猫は死んでもくさりにくいので、死体が猫のようになっては、後日の洗骨のときに困るからであるという[174]。

　沖縄県では、猫が死ぬと、木の枝に吊《つ》り下げておく習慣があった。くさりにくいとは、そうした葬りかたをすることにあらわれている。中国の福建省などにもある葬法である。古代エジプトでは、死んだ猫をミイラにしてまつったが、この葬法も、一種の猫のミイラづくりであろう[175]。死者が殭屍になるというのも、つまりは、動くミイラになるということである。猫魂が死者にはいると生き返るというが、死から完全な生にもどるわけではない。死者として動くというだけである。

　猫が死者に近づくのをきらったのは、つまりは、猫は死者を死者として生かす力があると信じられたからである。それは、人間のミイラが蘇生《そせい》するという話に似ている。

　死者が殭屍になって、化け物として生き続けるという漢族などの信仰は、そのまま古代エジプトの人間や猫のミイラの信仰をおもわせる。琉球諸島を含めて、殭屍の信仰は、猫の葬法ともども、古代エジプトにさかのぼる信仰かもしれない。

猫魂のユーラシア史

このように、死者を家で守っているあいだに、猫が死者に触れたり跳び越えたりすると死者が立ちあがるなどといって、死者に猫を近づけることを忌む風習は、中国大陸では、かつては漢族ばかりではなく、苗《ミャオ》族（ミャオ－ヤオ語群ミャオ語系）などの少数民族にも広まっており、いまもその名残がある。[176] 少数民族の習俗も、基本的には漢族と共通しているが、殭屍になるという意識は、あまり表面に出ていない。その点では、日本に近い。

たとえば、貴州《きしゅう》省の凱里《がいり》県 舟渓《ジョウシイ》地区のミャオ族では、死者は猫がまたぐと起きあがるという。死者を守る役は、中年以上の婦人が引きうけるが、日夜、死者のそばにいて、おもに家猫が死者に近づかないようにする。[177] 徳宏《とくこう》県のミャオ族にも、猫が近づくと死者が立ちあがるようになるという伝えがあり、親族がずっと死者のそばを離れず、猫が死者に近づくのを防ぐ。[178] 貴州省の黔南《けんなん》布依《プイ》族 苗《ミャオ》族自治州の三都《さんと》水《スイ》族自治県などに住む水《スイ》族（チワン－トン語群トン－スイ語系）でも、やはり猫、とくに黒猫が死体をまたぐと、死者が幽霊になって一家の安らぎをさまたげるといって、ひたすらおそれ忌む。[179]

広西壮族《チワン》自治区の武鳴《ぶめい》県や上林《じようりん》県などの壮族《チワン》（チワン－トン語群チワン－タイ語系）でも、死者を棺に入れて守るあいだ、かならず箒を身近に置き、もっぱらそれで猫を追う。猫が死者の体にはいあがったり、跳び越えたりすると、死者はすぐに立ちあがり、ひどく人をおどろかす。棺を守る人は、猫を追う箒を持ち、死者が無事にあの世に行けるようにする。[180] 箒を用いるなど、日本や漢族に近い。

雲南省の楚雄《そゆうイ》彝族自治州のイ族（チベット－ミャンマー語群イ語系）では、人が死ぬと、豚や犬、鶏、猫などが棺に近づくことを禁じ、死者の体の上には、鉄器と骨物を置くことも忌むという。[181] これは、漢族の猫にかぎらないとする伝えと共通している。四川《しせん》省涼山《りようざん》彝族自治州のイ族にも、同類の伝えがある。死者の体が犬や猫に触れられることを忌む。そうしないと、化け物になって、人を害したり、死者の台から身を起こして、あばれたりするという。[182] この涼山州甘洛《かんらく》県のイ族出身である民族学者の吉《ジ》木布初《ムブス》さんと李国秀《りこくしゆう》夫人の話では、楚雄州と同じく、死者に猫や犬、鶏、豚など家畜が触れること、とくにまたぐことをきらうという。もしそうなると、死者は死後の世界に無事に行くことができないという。

吉木さん夫妻の長女である吉木史麗《シリ》さんの体験では、死者に猫が近づくと、霊魂は死後の山に行くことができなくなる、というそうである。涼山州のイ族では、死者の霊魂はいろいろな山に行くといわれ、その道筋は、男の司祭者であるビモによって図示されている。その死後の世界への旅立ちを、猫が妨害するという考えである。漢族の殭屍の物語からもうかがえるように、猫の力で殭屍あるいは化け物になるというのも、つまりは、死者があたりまえの死後の供養を受けられないということである。猫は死者の平安な死後の生活をじゃまする魔物とみられていたことになる。

雲南省の麗江《れいこう》納西《ナシ》族自治県の納西《ナシ》族（チベット－ミャンマー語群イ語系）でも、麗江の研究者の話によると、猫が死者を越えると、死者はすわったり立ったりするようになるという伝えが、一般に知られている。また、同じく雲南省の大理《だいり》白《パイ》族自治州を中心に住む白《パイ》族（チベット－ミャンマー語群パイ語系）でも、一般に、入棺する前の死者を猫が跳び越えることを忌み、よくないという。[183] 死者を安置したとき、けっして猫に死者の頭の上を跳び越えさせない。そうしないと、死者は立ちあがって、そばの人をおどろかせるという。[184]

パイ族の支族である勒墨《クム》人についても、くわしい習俗が知られている。雲南省怒江《ぬこう》州の碧江《へきこう》県洛本卓《ルオベヌジュオ》区での調査である。死者がいつも寝ていた場所、女の年輩者のばあいは炉の右側、男の年輩者のばあいは炉の上側に、長さ六尺、幅三尺の木の板を敷き、その上に遺体を置く。頭をまっすぐにし、顔を上にむけて手足は伸ばし、一本の縄で、胸、腹、大腿部《だいたいぶ》をしばって、板にくくりつける。これは、遺体を床に置くと、猫や犬がその体の上を跳び越え、死者が突然起きあがって、人をおどろかせることがあるからであるという。だから、死体をしっかりと板にくくりつけ、起きあがらないようにする。[185] クム人でも、漢族やイ族と同じく、猫にかぎらず、犬も含めているのが注目される。

俄戛《エジイア》、优登《イオウドン》、西木当《シイムウダン》などの村のクム人は、猫が死体を跳び越え、死者が起きあがって人をおどろかすのを防ぐため、死者の体をつりさげるという。満二十歳以上の男の死者は炉の上の梁《はり》に、女の死者は炉の右側につるす。ふだん置いてある木箱はほかに動かし、板を地面から五、六尺（約一・五〜一・八メートル）離して梁につり、遺体が板の上に載るように縄でくくる。この木箱は、死者をつるすときだけ移すので、ふだんは動かすことを忌む。[186]

これについて当地には二つの由来談がある。一つは、猫が死体の上を跳び越すと死者が起きあがるという話である。先祖の阿若《アルウォ》が死んだあと、死体を床に置いておいたところ、猫がその体の上を跳び越え、死者が起きあがって家族をおどろかした。そこで人々は、猫が死体の上を跳び越えても死者が起きあがることのないように、死体をつるし、縄でしばるようになったという。死体をしばる縄は、托拖《トウオトウオ》などの村では全村に一本あるだけで、喪葬の儀式をとりおこなう世《シ》悉尼《シィニ》が保管しており、葬式のある家ではそれを借りるという。俄戛一帯の村では、縄はきまっておらず、用いた縄は葬式の終わったあと、板といっしょに焼却してしまうという[187]。

もう一つは、鶏の鳴き声を聞いて死者が起きあがる話である。三人の兄弟がいた。次男は口がきけなかった。長男は自分が病気で死にそうになったとき、三男を呼んでいった。自分が死んだあと、夜明けに鶏が鳴くと、自分は突然起きあがるかもしれない。しかし、叫び声をあげたり動いたりせずに、眠ったふりをしていなさい。自分はお前が死んでいるとおもって、傷つけたりはしないからと。

まもなく長男が死に、死体は床の上に置かれ、二人の弟はそのそばで眠った。明けがた鶏が鳴くと、死者は、はたして起きあがった。三男は目をさますが、長男の忠告にしたがって、叫んだり動いたりしなかった。ところが、次男の腿《もも》をうっかりつねったので、次男は目をさまし、長男を見て叫び声をあげた。死者は次男にかみつこうとした。そこで、三男は薪《たきぎ》で長男を打ち倒した。それから、人々は、死体をつるし、起きあがっても、どうにもできないようにするようになったという[188]。夜明けの鶏の鳴き声というが、本来は、イ族のように、死者があるときに、猫や犬とともに鶏もさける習俗があった名残かもしれない。

このように、日本と中国に広く共通する、猫が死者に近づくことを忌む風習は、もともと、東アジア一般に知られていたようである。中間の朝鮮半島の伝えもほとんど変わりない。死者の出た家では、猫を死者に近づけない。猫が屋根にあがったり、寝具を跳び越えたり、オンドルの下にはいったりすると、死者が立ちあがるといって、死者の家では、オンドルの煙出しに栓《せん》をしたり、猫をしばりつけたりするそうである[189]。南方熊楠《みなかたくまぐす》は、つとに、猫が近づくと死者が立って踊るという話はヨーロッパにも似た伝えがあるとして[190]、その問題の根源が、猫の伝播《でんぱ》のごとく、ヨーロッパにまでつづいていることを示唆している。ヨーロッパの一部では、やはり猫は死者とかかわりがある。猫は死者に祈ると考えられている地域もある。とくに、猫が死者を跳び越すと、死者はヴァンパイア（吸血鬼）になるといわれ、その猫が捕らえられて殺されるまでは、葬式は中止になるという[191]。

　東ヨーロッパのいくつかの地方では、けがれのない人でも、死んで葬る前にその死体を猫が横切ると、ヴァンパイアになるという。猫は、ただ接近するというだけで死者に感染させることができる、潜在的なヴァンパイアであると考えられている。イギリス北部のノーサンブリアでは、ぐうぜん死者の上を歩いたり跳び越したりした猫は、同じ理由でしばしば殺されるという[192]。

　しかし、ヨーロッパでも、このような家畜と死者との関係は、かならずしも猫とはかぎっていなかったようである。すなわち、猫あるいはほかの害毒のある動物が、まだ葬っていない死者の上を跳び越えると、ヴァンパイアになるともいう[193]。イギリスでも、もし猫が棺を跳び越えると、その猫がすぐに殺されないかぎり死者の魂にとって悪いことが起こるであろうというが、同じく死者を跳び越えた犬も殺されるという。[195]

これは、そのまま、南スラブ人のヴァンパイアの信仰にまでつながっている。[194] その伝えによれば、不浄な影がさすか、犬か猫が跳び越えるかした人は、ヴァンパイアになるという。そのような人の死体は埋めても腐らず、生きたままの色彩を保っている。ヴァンパイアは、自分の胸の肌を吸うか、自分の体をかじるかして、もっとも近い親戚の人の生命力を侵し弱らせ、死にいたらしめるという。[196]

一般にヴァンパイアとは、死者の精霊、または自分の精霊、もしくは魔物によって生き返った死者をいう。生きている人たちの生命を弱らせ、仕返しするために、その人たちから、血や主要な器管を奪って、自分の生命力を増大する。[197] ヴァンパイアは、日本で猫が跳び越えた死者が猫またになって人を害するといい、中国の漢族で殭屍になって人をとるという、その猫またや殭屍にあたる。それが、ヨーロッパでも、猫だけではなく犬などによっても生じるというのは、東アジアの死者と家畜との関係の信仰と、みごとに共通している。

死者に近づくことを忌む動物が、猫だけではなく、犬やほかの家畜にまでおよんでいた中国の漢族やイ族、クム人の伝えは、東アジア一般ではどちらかというと異例であるが、ヨーロッパでも犬や害毒のある動物も含めていたのをみると、むしろそれが、古い伝えであった可能性が大きい。死者の上を跳び越える家畜といえば、日本では身近な猫ぐらいであろうが、ヨーロッパでは犬も家の中で飼う習慣があり、イ族では豚も鶏も放し飼いである。猫のほかに犬や豚や鶏を忌むというのは、家畜が死者に近づくことをおそれていた、ということになる。

また朝鮮にも、猫や犬が屋根にあがると、主人のためによくないともいう伝えがあった。[198]これも、家畜が家の主人の生命と結びついているという信仰の一例であろう。それがやはり猫にかぎっていなかったのは、朝鮮の死者に猫が近づくことを忌む習俗にも、中国大陸のように犬など他の家畜もかかわっていた可能性がある。

日本でもかつては、猫だけではなかったかもしれない。つとに宮本常一さんは、湯《ゆ》灌《かん》の水の捨てかたの伝えに、犬も死者から離そうとした習俗の痕跡をみている。青森県八戸《はちのへ》市や三戸郡館《たて》村（八戸市）の櫛引《くしひき》では、湯灌した水は家の根太《ねだ》の下にあけるというが、同村の田面木《たものき》では、それを犬がなめると幽霊が出るといって、犬になめられないようなところに捨てたという。[199]宮本常一さんは、これは、死者のそばに人以外のものを近づけないようにした心の名残で、犬より猫のほうが人に近かったために、猫だけが俗信の対象として残ったのではないかという。[200]

年経て怪異性をおびる家畜も、かつては猫だけではなかった。猫は年をとると猫山に行くといい、年数を重ねることを、コウ（劫）するという。山口県大島《おおしま》郡東和《とうわ》町では、犬もコウするものであるという。コウすれば、犬は山犬になり、山犬は狼になるという。[201]野生の動物でも、山中でおそれられたのは、猿も蛇も、年経て怪異性を身につけたものであった。中国の諸民族、あるいは朝鮮と同じく日本でも、家族の死に、猫ばかりではなく犬も、悪影響をおよぼすという観念があったのかもしれない。

イギリスなどでは、死者の棺を跳び越えた犬や猫は、すぐに殺さなければならないという。生きていると、死者の魂に悪い影響を与え続けるということらしいが、これも漢族で、猫が死者に触れると、死者が殭屍になるかわりに猫は即死するというのにあたる。日本では、猫を殺すとか、猫が死ぬという例はないようであるが、死者が猫またになるといったばあい、猫はそのまま生き続けることは不可能であろう。猫魂が死者に移るというと、猫の運命がその後どうなると考えられていたのか気になる。おそらく、猫には死が待っていたにちがいない。

日本でも、飼い主の死と猫の死に、さまざまな因果関係を認める伝えがあった。猫が飼い主の死後、後を追うというのは、その典型的な例である。イギリスのウェールズでは、飼い猫は、死んだ主人の魂が天国へ行ったか地獄へ行ったかを知っているという。猫が人の死後すぐに木に登れば天国、木を降りると地獄と、死者が行っている場所がわかるという伝えもある。[202]人間と猫との死をめぐっての結びつきは、ユーラシア大陸の東西に顕著である。それは、家畜としての猫の伝播経路と密接にかかわっているようである。

しかし、殭屍の信仰のある漢族や、ヴァンパイアの信仰のある南スラブ人などのあいだで、猫だけではなく、犬やほかの動物もあわせて死者に近づくことを忌んでいたのも、無視できない。犬より猫が新しいという家畜としての歴史をみると、猫から犬に拡大したとは考えにくい。漢族やイ族、クム人が家畜一般になっていたことも、猫にとっては不利である。むしろ、古くから家畜について伝えられていた信仰が、特別な信仰と結びつき、もっとも人間に身近に接している猫の伝来によって、猫で強調されるようになったとみるほうがしぜんである。犬は古くから、死後の世界などで人間の霊魂の先導者の役をつとめているという信仰があった。[203]猫が普及する前には、中国や朝鮮、そしてヨーロッパで猫とともに登場している犬が、その地位を占めていたのかもしれない。

第五章　猫は家族とともに

猫の毛替え

神奈川県の相模川中流域にも、一般に死者に猫が近づくことを忌む伝えがある。津久井郡藤野《ふじの》町名倉《なぐら》や城山町葉山島下倉《はやましましたぐら》（相模原市緑区）、高座《こうざ》郡座間《ざま》町入谷《いりや》（座間市）などでは、猫が死者の上をまたぐと魔がさすとか、霊が化けてくるとかいって、それを防ぐために、死者の上に座敷箒を載せたり、枕元に刃物を置いたりする。ごく一般にみられる作法であるが、そうしたなかでも下倉では、とくに猫をコゾーと呼び、川に捨てるという。コゾーとは猫の忌み言葉であるという[204]。川に捨てるといえば、猫のことであるから、生き延びることもあろうが、死ぬことも十分に予想できる。

宮崎県東臼杵《ひがしうすき》郡西郷《さいごう》村田代《たしろ》でも、家に死者があると、飼い猫を川の中に入れて水を飲ませるという[205]。これも、つまりは川に捨てることになる。川の中で水を飲めば、当然のこと溺死《できし》する。猫が死者に近づかないように、消極的に籠伏《かごぶ》せにしたり、蔵の中にとじこめたりする例はあるが、川に捨てるとは、あまりにもはっきりとした追放処置である。なにか積極的な意味がありそうである。

山口県の周防大島《すおうおおしま》（大島郡）のように、家の主人が死ぬとかならず、それまで飼っていた猫を捨てるという例もある。ここでは、ただ捨てるものであるという[206]。長崎県の壱岐《いき》島でも、家の主人が死ぬと、猫は捨てなければならないとされ、ちょっとそこらに捨てるまねをするという[207]。また愛媛《えひめ》県喜多《きた》郡大川村蔵川《くらかわ》（大洲《おおず》市）でも、主人が死ぬと、前からいた猫はその家では飼わないという[208]。

ここで重要なのは、それが主人の死のばあい、といわれていることである。ただ捨てるとか、捨てるまねをするとか、前からいた猫は飼わないとか、家と縁を切ることがたいせつであって、猫の自由を束縛しているわけではない。また、猫を死者に近づけないために捨てるとはおもえない。この蔵川でも、猫が死者をまたぐと、すぐに死者がはい出すといい、それを防ぐために、死者の体の上に刀剣を置く習慣があった[209]。この心得は、主人の死のときにも免除されるわけではあるまい。

長崎県北松浦郡、五島《ごとう》列島の小値賀《おじか》島近くの大島では、家の主人が死ぬと飼い猫を殺すという。その飼い猫は主人の命をとるとして、主取《ぬしと》り猫と呼び、人にやったり、別の島にやったりする[210]。飼い主の生命と飼い猫とがかかわっているという観念であるが、事実は、主人が死ぬと飼い猫をよそにやるということで、他の例と異ならない。

静岡県田方《たがた》郡三島《みしま》（三島市）では、死者のあった家では、ほかの家に猫をあずけることがある。猫が死者の上を跳び越すと死者が立って歩くという俗信があるからであ

ると いう。[211]こうなると、死者から猫を離すふつうの手立てのようでもあるが、徳島県徳島地方では、死者があると、猫ばかりではなく、ふだん飼っている犬や鳥のたぐいもほかにやってしまうといい、これをケカエといっている。[212]

このように、猫以外の家畜にもおよぶという伝えはほかにもある。岩手県下閉伊《しもへい》郡小本《おもと》村（岩泉《いわいずみ》町）あたりでは、死者があると、飼い猫をはじめ、鶏などの家畜をことごとく山に放すという。[213]要は、飼っていた家畜を家にそのままは置かないということである。同じように、愛媛県北宇和《きたうわ》郡の山間部でも、家に死者があると、いっさいの家畜を売りはらうことになっている。残すと家畜が病むという。[214]主人が死ぬと捨てるという習慣も、猫だけの問題ではなかった。

沖縄県には、はっきりと、その主人が死んだときという伝えがある。中頭郡宜野湾村新城（宜野湾市）では、牛や馬は主人が死ぬと、主人について、たおれるものであるという。主人の死後、できるだけ早くほかに売る。よい牛馬で飼っておきたいときは、親戚の人に仮装的に売り、買いもどすかたちをとる。そうすれば禍《わざわ》いは避けられるという。猫もまた、主人が死ぬと家からいなくなるという話もあった。[215]

これを馬だけについて伝えている土地もある。新潟県北蒲原郡川東村では、家の主人が死ぬと、馬はとりかえなければならないとし、馬は二代飼うものではないという。[216]滋賀県高島《たかしま》郡西庄《にしじょう》村（高島市マキノ町）でも、馬を飼っている家では、その家のおもだったものが死ぬと、毛替えといって、異なった毛色の馬に買いかえるという。[217] 猫にも馬にも、家の主人の死という例があった。ただ死者がある、とだけいうのは、一般化した言い方であろう。

猫以外の家畜まで死体に近づくことを忌む中国のイ族にも、この毛替えに似た習俗があった。四川《しせん》省の涼山彝族自治州甘洛県出身の吉木布初夫妻の話では、主人が死に、かわいがっていた馬がいると、親戚の人などが、その馬をよそに売ってやる。主人が死ぬと、馬をそのまま飼っていてはならないという。死者と家畜とのかかわりは、イ族も日本とまったく同じであった。猫は、そうした家畜観のなかで、人間にもっとも近く、独自の信仰的地位を得て、めだっていただけのようである。

日本では、相年《あいどし》などといって、同年齢の人どうしが、相互に祝いごとや不祝儀《ぶしゅうぎ》に参加することを忌む習慣がある。子どもと家畜の相年も忌む。[218] また、相妊《あいばら》みといって、同時期に家族と家畜が妊娠することもきらう。家の中に妊婦が二人いることも忌む。[219] 生まれる子どもが相年になるからであろう。新潟県の北蒲原郡聖籠《せいろう》村では、子どもと同じ年の猫や牛は飼わないという。[220] やはり相年を忌むのである。自分の家の家畜は、人間と対等に家族のなかに含めてかぞえていたことになる。

人間と家畜との相年の例は、古く平安時代初期の『日本霊異記』にもみえている。上巻第二話、狐を妻にする「狐女房」の話である。妻が男の子を生んだとき、家の犬も十二月十五日に子どもを生んだ。子犬はいつも妻にほえついていた。二、三月のころ、子犬にかみつかれそうになった妻は、おどろいて、ついに狐の姿をあらわして去ったという。子犬が妻の正体をあばいたという趣向の背後に、やはり、家族と犬の相妊み、相年を忌む観念があったものと私はみている[221]。

愛媛県北宇和郡などでも、子どもと家畜が同年であることを忌み、ケガエと称して、別の牛や馬と入れ替える風習があった[222]。主人の死による毛替えにも、なにか家族と家畜の対応の論理があったのであろう。事実として、家畜にも代がわりを求めている。飼い主二代にわたっては、家畜を飼わないという。猫にも、三代目まで続けて飼うと、主人にとりついて殺すという伝えがあった。相年や相妊みをきらったように、家畜を家族と一体と考え、人間と並列する存在である家畜は、もう一つの家族という観念があった。

家族と家畜の相妊みを忌む信仰に似た伝えは、ヨーロッパにもある。ドイツのブランデンブルクでは、子どもが生まれたときから犬や猫を飼いはじめてはいけない、という。もし飼うと、子どもか、犬ないし猫のどちらかが死ぬことになるという[223]。人間の子どもと家畜とはいっしょに育たないという信仰で、日本で相妊みを忌むのと変わらない。ここにも、猫と人間とのかかわりが、本来は人間と家畜との関係であったことがうかがえる。

神奈川県津久井郡相模湖町（相模原市緑区）の若柳あたりでは、昔は、親が死んでからはじめて蚕を飼うとき、ヨメゴ（嫁蚕）といって、三齢《さんれい》ぐらいになった蚕を一盆ずつムラ中に配る習慣があった。蚕種を少しずつ配ったり、桑の葉を添えたりする家もあった。[224] これも、いわゆる毛替えの一種であろう。死者のあった年は、他家の蚕室にはいらず、桑の葉も他村から買ったというから、[225] 死の穢《けが》れのつつしみとも関係がありそうにもみえるが、それは、死者一般のことである。先代の主人の死後に自分の家の蚕を他家に持って行くというのは、新しい蚕の披露で、やはり、家の主人が死ぬと家畜を入れかえるという作法の一つとみてよかろう。

日本の家畜の毛替えに近い習俗も、ヨーロッパにある。ドイツのブランデンブルクでは、家長が死んだとき、家畜にそれを知らせないと、家畜が成長しないという。植木にも同様に知らせなければならない。そうしないと、実がならないという。[226] ヨーロッパには、ほとんどの地域で、飼い主や家族が死ぬと、自分の家のミツバチにその死を知らせる習慣があった。そうしないと、ミツバチは、いなくなるか、死ぬか、蜜をつくらなくなるという。この習俗は、アメリカの農村部にもそのまま伝わっている。[227]

これは、ミツバチが神々の使者で、人間の死を神々に報告するという古いヨーロッパの信仰ではないかといわれている。たしかに、ミツバチには、神に準ずるあつかいがある。アイルランド人は、ミツバチに家族の死を伝えるだけではなく、巣箱に喪章をつける。また、ミツバチに秘密を告白したり、新しい計画の成功を願ったりもする。[228]

あたかもミツバチの巣箱が、わが家の聖堂である。

しかし、ほかに家の動物や植物にも家族の死を告げる風習があるのをみると、ミツバチをめぐる信仰も、本質的には、人間と家畜とを一つの家族とする観念のうえに成り立っているとみてよかろう。そのなかでまた、ミツバチは、「主神の鳥」「マリアの鳥」と呼ばれるように、もう一つ別の神聖視する信仰とも結びついていた。[229] それは、家畜一般の共通性のなかで、猫がさらに独自の信仰をもっていたのと変わらない。そこで問題は、ミツバチともども、なぜ猫が信仰上、特出していたかである。

死者に猫が近づくことを忌む習俗でも、中国の漢族やイ族、クム人では、猫以外の家畜についても伝え、イギリスや南スラブのヴァンパイアの信仰でも、猫から犬にまでおよんでいた。猫に特徴的な死者を動かすという伝えでさえも、猫だけでなく、家畜という大きな背景があった。猫を捨てるという習俗も、すべての家畜を放す毛替えの習俗の一部分であった。にもかかわらず、猫が表立ってみえたのは、猫が身近であり、猫独自の死者にかかわる信仰があって、それが強調されたためであろう。

日本には、死者が入棺するまで、刃物や箒を供える風習がある。猫が死者に近づくと死者が動くと伝えているところでは、それを防ぐ呪物としているが、じつは、猫の伝えとはかならずしも関係なく、広くおこなわれている。しかも、刃物や箒を魔除けなどに用いる例は、誕生のさいにもある。[230] 死者儀礼と誕生儀礼に共通して用いるということは、人間の生命、霊魂に関して重要であったということである。日本には、猫の普及よりも古い、呪物としての刃物と箒の歴史があったのかもしれない。それが猫に直接結びついたのは、猫がその排除される魔物の地位を占めていたからにすぎない。

漢族には、旅の僧が殭屍を退治する話がある。これはおそらく、寺僧などによって、殭屍の信仰が管理されていたことを示すものであろう。日本においても、猫が死者にかかわる信仰を寺僧が唱導していたことは、昔話の「猫檀家」や、猫が化けて火車になり死者を奪うという伝えによっても明白である。猫魂の信仰も、現実には、寺僧の知識に導かれるところが多かったかもしれない。殭屍を箒でたたいて倒すという伝えが、日本と漢族およびチワン族で共通していたのも、寺僧の知識の関与を否定することはできない。しかし、そうした新しい知識による統一の根底には、ユーラシア大陸に共通した、家畜をもう一つの家族とみる古風な生命観が横たわっていたのであろう。

猫は霊魂のある獣

中国雲南省のイ族には、人間は死後、猫になるという伝えがあった。やはり、楚雄彝族自治州の双柏県法脿郷の麦地冲村に住む羅羅（ルゥオ　ルゥオ）人の伝えで、これも楊継林と中甫廉の研究にみえる。昔、この村では、人が死ぬと火葬にしていたと伝える。死後一日目には、墓場で屍体を焼き、二日目には、親族が朝早く墓地に行き、骨の灰を手で取って、瓦《かわら》の缶に入れて地に埋めた。その骨の灰を取る前に、親族がもっとも関心をいだくのは、死者が猫になったかどうかを知ることであった。そのために、火葬したあとの火の灰の上に、猫の足跡があるかどうかを、真剣にさがしたという。[231]

猫のような動物の足跡の形があらわれるか、積もった火の灰の凹凸《でこぼこ》の形が猫や虎の足跡のようになっていれば、死者は猫か虎に変わったという。また、三代のあいだ死者が猫に変成することがない家の運命は不幸であるとおもわれていた[232]。人間は死後、猫に変わることが順当であるとする信仰である。

今日では羅羅人は火葬をおこなっていない。しかし、人が死後に猫に変わったかどうかが、現在でも羅羅人の最大の関心事である。火葬をやめて棺葬をおこなうようになっても、やはり火の灰をつかって、それを知る行事をおこなっている。羅羅人は、火の灰を霊のある物、神聖な物として崇拝し、火は、災いを消し難をまぬがれさせる力があり、あらゆるものに変化すると信じている[233]。

現在では、羅羅人は、人が死ぬと棺を母屋の中に置く。葬儀をおこなう前夜、すなわち夜明けの卯《う》の刻に、喪主は、大門の口（外の入口）か家の中庭の中心を、米つき用の木の杵《きね》で三回つき、穴をほり、その上に、洗面器をひっくりかえして伏せる。そして、棺が置いてある母屋の門口から大門の口まで、まっすぐに目の細かいふるいで火の灰をまき、約一尺幅の一条の灰白色の霊魂の路を敷《し》く。このとき親族は、路の両脇にひざまずき、家畜やほかの動物がこの路を踏んでいるかどうかを、しっかりと見とどける。[234]

このあと、伏せて置いた洗面器を取り去り、洗面器が置いてあった跡の円形の灰のない部分の真ん中に、刺《とげ》の多い棠棣樹《とうていじゅ》（庭梅）を一本植える。その樹の上には、銭紙（銭の形を模した紙）をいっぱいかけ、死者の霊魂が銭を取りに来る揺銭《ようせん》樹にする。縁の近い親族たちは、死者の姓名を呼び、いっしょに、「早く来て、銭紙を受けてください」という祈りの詞《ことば》を大きな声で唱え、同時に樹の上の銭紙を焼く。一千張《ちょう》の銭紙を焼きおわると、雑西《ザアシイ》（司祭者）が、魂の死後にたどる道筋を語る「指路経」を大きな声で読んで魂を送る。[235]

それが終わり、夜があけると、大門の外で死者をとむらう音楽の吹奏がはじまり、死者の親族は、揺銭樹の周囲と灰の道の上に、動物の足跡があるかどうかをさがす。もしこの道筋の上に、猫の足跡か虎と同じ足跡をかたどるものがあらわれると、死者の霊魂は、猫か虎に変成しているとし、この死者は、ところを得て幸福になっていることを示しているとする。[236]

それに反して、牛、馬、猪、羊《ひつじ》などの足跡があらわれたばあいは、死者は猫に変成していないといって悲しむ。そうなると、死者の子孫には、猫先祖のような高貴な霊物の保護はなく、不幸であるとおもわれている。また、人の足跡があらわれると、その死者は寿命がまだ満ちていなかったという。これは凶兆《きょうちょう》で、人に変成するおそれがあり、その人は不幸になるという。また、氏族のなかで、あいついで人が死ぬともいう。[237]このように、昔もいまも、方法は異なるが、葬儀のときに、灰の上の足跡の形で死者が猫になったかどうかを占っている。

この麦地冲村の羅羅人がかつて火葬をおこなっていたことは、ほぼ疑いない。三十何代か前、明《みん》代の嘉靖《かせい》四十五年（一五六六）前後のころ、雲南の「改土帰流《かいどきりゅう》」の政策によって、皇帝の詔書で火葬を廃し、棺葬をおこなうようになったという。[238]「土を改めて流れに帰せしむ」、すなわち、地域を治める土司《どし》を廃し、中央政府のもとに州県などの行政官庁を置いて流官に治めさせる、という行政制度の改革にともなって、火葬も悪い風習として廃止になったのである。流は流官《りゅうかん》、すなわち中央政府から任命された役人のことである。

この村には現に、元《げん》代の末期から明代の初期にかけての羅羅人の苗家の先祖の火葬墓が、十数座も保存されていた。一九五八年、これらの墓を掘り人骨を取り出して、カルシュウムや燐《りん》の肥料として農作物に与えてしまったが、村で火葬墓を掘らせてみると、火葬の缶二つと骨の灰一つ、さらに火の灰と泥土が出てきた。[239]これにより、麦地沖村の羅羅人の先祖が火葬をおこなっていたと考えられる。現在、火の灰をまき、そこに猫の足跡を見ようとする行事も、火葬の跡の骨の灰を用いた古い信仰の引き継ぎであるとみてよかろう。

　現代の方法は、おそらく他の棺葬の習俗からの転用であろう。たとえば、海南島《かいなんとう》（海南省）の漢族にも似た伝えがある。ここでは、「一七」といって、死後七日目に死者を供養する行事をおこなうが、この夜、死者の霊が家に帰るといい、祭壇の前に細かい砂を敷いておく。翌朝、この砂の上に足跡があるかどうかを見きわめ、足跡がないときは、死者の霊はすでにほかに離れて行き、もとの家を忘れてしまったと、不吉な前兆として嘆くという。[240]砂の上に死者の足跡を見ようとするところなどは、羅羅人が灰の上に足跡を求めるのと同じ信仰である。

　ことに、その足跡の種類の識別の方法は、羅羅人の観念の基本にきわめて近い。海南島の漢族にも、死者の輪廻転生《りんねてんしょう》の思想があり、死者の魂は三日後には、ほかの物に転付し、転生再生するという。生き物をたいせつにする善根をつんだ者の魂は人に転付し、悪事をなした者はほかの動物に転付する、とかたく信じている。したがって、ここでは、羅羅人と違って、砂の上に人の足跡を見いだすと、ひじょうに喜ぶ。[241]おそらく、動物の足跡があると、その動物に転生したとみるのであろう。

海南島の漢族は人の足跡を喜び、羅羅人は悲しんでいる。判断のしかたではまったく正反対であるが、その方法がまったく等しいのは、猫あるいは虎に転生することを第一とした羅羅人が、火葬をやめたあとは、棺葬にともなう作法を漢族などから転用した結果であろう。むしろ、それでもなおかつ、人の足跡を否定し、猫に生まれかわることを願う信仰が生きていたことが重要である。それが、伝統的な信仰の力というものであろう。

漢族には、猫が死者を殭屍にするという伝えがあり、猫は虎の性の動物であるといわれていた。羅羅人が、死者が猫に転生するのを最大の幸福と考え、猫か虎といったのは、やはり虎と猫を一類とする信仰である。猫は家畜にもなる小さな虎として、その霊性とともに、羅羅人の信仰のなかで大きな地位を得ていた。猫と虎を一対にしてまつる信仰は、古く『礼記』の「郊特牲」の蜡《さ》の祭りにもあったが、家猫が東アジアに来た歴史がそれほど古くないとすれば、ここでも、猫は虎から分化して、独自の地歩を確立したとみるべきであろう。

このようにみてくると、猫を先祖の姿とし、死者が猫に転生することを喜ぶ羅羅人の信仰は、本来のものではあるまい。これも、猫には霊力があり、それが死者に影響を及ぼし、猫と飼い主とが生命の連帯性をもっているという、ユーラシア大陸に広がる信仰からの転化であろう。日本や中国では、一般に、猫にも独自の霊魂があるという考え方があった。その猫が霊魂をもつ獣であるという観念が、人間の死者の霊と結びついたものであろう。殭屍は、猫の霊魂が人間の死者にはいったものである。羅羅人の信仰はちょうど逆で、人間に主体をおいて、死者の霊が猫にはいると考えたかたちである。

中国では、漢族には、猫の霊魂を人間と同じようにあつかう信仰があった。海南島の漢族の伝えでは、猫は死んでも人間のように霊魂が残るので、解亡斎《ジェワンジャイ》をおこなって済度《さいど》してやらなければならないという。しかも、動物にして霊魂があると信じられているのは、猫だけであるという[242]。これは、猫にまつわる信仰を考えるうえで、きわめて重要な事例である。

おそらく、伝統的な猫観において、猫と人間が死を介して密接にかかわっていたのは、こうした、人間と猫には死後に霊魂が残るという同じ信仰があったからにちがいない。海南島の漢族は、猫の目は、夜、鬼《き》（幽霊）を見ることができるという。たしかに、猫に霊魂があるというのも、猫がそのような霊物であると認められていたからかもしれない[243]。猫はすくなくとも、人間の死後の世界に通じていたことになる。

しかし、海南島の漢族にとって、鬼を見る動物は猫だけではなかった。犬は一家の守護者で、夜、鬼を見てほえるという。犬が夜ほえたときには、邪鬼が家にはいってたたりをしようとしているから、すぐに道士《どうし》を招いて防がなければならない、と考えている。[244] ただ、同じ鬼を見るといっても、猫と犬とでは、目的に違いがある。犬が霊物であるのは、一家を守護するためである。猫が鬼を見るのは、猫は死後に霊魂が残ると信じられているように、人間の霊界とつながっていたからであろう。

動物のなかで、猫だけに死後の霊魂があるという伝えがあったのは、興味深いことである。人間と猫だけは、済度するための作法が必要であると聞くと、われわれは、家猫の故郷である古代エジプトの猫のミイラのことを思い出す。エジプトでは、永遠不死の信仰とともに、死者をミイラにして保存する習慣があったが、さかんな聖獣信仰から、多くの動物のミイラがつくられた。そのなかでも、大量のミイラが知られているのは家猫である。[245] 猫には霊魂があるという信仰は、エジプトから家猫とともに広まったとみなければなるまい。

湖山長者の猫薬師

鳥取県鳥取市の旧市街から西へ一里ほどのところに、周囲三里ばかりの湖がある。湖山《こやま》の池という。ここに、一つの長者の物語が伝わっている。[246] 昔、この湖山に長者が栄えていた。千軒の村の長になり、みんなをいつくしんでいたが、三代目の長者は傍《ぼう》若無人《じゃくぶじん》のふるまいで、ついに滅んだという。鳥取から気高《けたか》郡湖山村（鳥取市）を通って末恒《すえつね》村伏野《ふしの》（鳥取市）にいたる砂の中に、古い瓦や木片、器《うつわ》のかけらなどがあるのは、その長者の屋敷の跡であると、土地の人は伝えている。

　ある年の五月のこと、長者の家の田植えがあった。村の女たちが田植えに集まったが、長者は、幾千町もある田を、一日で植えてしまえといった。女たちは一所懸命植えたが、あと四、五町というとき、日が沈みかけた。高殿《たかどの》で田植えを見ていた長者は、日の丸の扇で沈もうとする日をあおいだ。すると、日は中天にもどって、田植えは無事に終わった。ところが、夜が明けてみると、その幾千町の田は、すっかり湖に変わっていたという。

　この湖山長者の家で飼っていた猫のミイラをまつっているという猫薬師と呼ばれるお堂が、鳥取市湖山町にある。[247]

　昔、住職の浄西坊《じょうさいぼう》が薬師像の前で経をあげていると、仏壇の下に光るものがある。赤毛の猫のミイラで、その目が光っている。その夜の夢に猫があらわれ、長者の娘にかわいがられていたが、湖山の池ができたとき、自分はおぼれて池の中にある猫島に着き、そこでひからびた。自分は人間ではないが、この薬師を信心し、そのおかげで、ふたたびこの世にあらわれることができた。これからは、この薬師《やくし》如来《にょらい》につかえ、世の人に利益《りやく》をさずけたいので、力を貸してくれという。

　浄西坊は、数年前に赤毛の猫が来て、薬師の前で手を合わせているのを見たことを思い出した。浄西坊は、この猫のミイラを厨子《ずし》に納め、本尊の薬師如来の右側に安置した。以来、この薬師は猫薬師と呼ばれ、島を猫島というようになった。この薬師如来も、もともとは湖山長者がまつっていたもので、鳥取の町の賀露《かろ》町にお堂があったと伝えている。

猫のミイラそのものをまつっているというのは、日本ではめずらしい。写真で見ると、厨子の格子戸ごしに、黒く猫の側面からの体の形がみえる。体全体はむかって右にむき、両手を前に差し出したかたちである。

このミイラをまつってからは、鼠が一匹も出なくなったといい、鼠の害に困っている家では、この猫薬師のお札《ふだ》をいただいて家に貼るとよいという。鼠が出なくなったお礼には、鼠のおもちゃをつくって納めるという。

また、なにかなくなったときにも、このお堂でお祈りをしてもらうと、すぐに、どこにあるかわかるという。猫薬師で鼠除けのお礼参りに、鼠のおもちゃを納めているというのは、招き猫と基盤を一にした信仰である。

この猫薬師のことは、すでに寛政七年（一七九五）成立の安部恭庵の『因幡誌《いなばし》』巻八にもみえている。高草《たかくさ》郡（のちに気高郡）湖山村の里人の家に、干《ほ》し猫を持っている者があった。この干し猫は、昔、伏野長者の娘がかわいがっていた猫で、この娘が不慮の死をとげたあと、行くえ知れずになっていた。その後、この猫が猫島のほとりで沈んで死んでいるのを拾いあげられ、乾き固まったという。延享《えんきょう》（一七四四〜四八）のころ、備前岡山藩の家中から、この干し猫のことを尋ねられて注意をひいた。いまは猫薬師とあがめられ、鼠があばれるときには、この猫薬師の神符《しんぷ》を受けて来るとある。[248]

死んだ猫が、ただ偶然ミイラになったとはおもえない。しかも、猫薬師としてまつっていることから推すと、かつては、猫をミイラにしてまつる信仰があったのではないかとおもいたくなる。猫がミイラになるといえば、沖縄県では、猫が死ぬと首を紐で結び、海を望む高い場所に生えている木の枝につるした葬法をおもいおこす。

猫を木にかけてとぶらう風習は、私が沖縄に赴任した昭和四十八年（一九七三）当時には、まだ那覇《なは》市の周辺にも見られたそうである。海の見える山の松の木などに猫の死骸をさげた。国頭郡大宜味《おおぎみ》村の喜如嘉《きじょか》では、猫はふつうの動物と違って化けて出ることがあるといって、猫が死ぬと古いざるの中に入れ、海岸近くのアダンの木にぶらさげた。[249]国頭郡では、猫が死ぬと銭六厘《りん》を添えて、木にかけて置くともいう。銭六厘とは、組猫をもらうときには銭六厘やってもらわなければならない、という伝えと[250]呼応しているのであろう。また中頭郡宜野湾村新城では、猫が死ぬと、首をくくって森の木にさげた。地中に埋めることはぜったいになかったという。[251]

これと関連して、沖縄県では「猫女房」の昔話が語られている。新城では次のように伝えている。

宜野湾村我如古《がにく》に老人がいた。若い美しい女と結婚して、子どもを二、三人もうけた。物心ついた子どもが、父が畑に出ると、母は猫になって天井で鼠をとっている、と父に伝えた。老人は、魚をざるいっぱい買い、飯をざるいっぱいたいて、妻に、これを持って出て行けといった。老人が妻の後をつけて行くと、長柵《ながさく》（宜野湾市真栄原《まえはら》）の洞窟《どうくつ》にはいった。ようすをうかがっていると、中で妻とほかの人との話し声がする。妻が、子どもまで生んだのに追い出されて、くやしい。老人をとり殺してやらなければ、というと、相手が、人間はもの知りだから、こういうまじないを唱えたらどうするか、といって、猫の怪異を防ぐ呪文を唱えている。

我如古《がにく》長柵《ながさく》の、青泣きマヤ（猫）、青泣《オー》きするなよ、高泣《たかな》きするなよ、青泣きすれば、松の端《はな》に、首くってさげられて、南《はえ》の風が吹けば、北《にし》の松にガッパラ（こつん）、北《にし》の風が吹けば、南《はえ》の松にガッパラだ、ハ（ああ）おそろしいものだ。

老人はこれを聞き、喜んで家に帰った。その夕方、追い出された猫が、老人をとり殺そうと、家の門口に立って、青泣き高泣きをした。しかし、老人がこの呪文を唱えたので、猫はどうすることもできず、立ち去った。その後何度も、猫は青泣き高泣きをしたが、呪文で追いはらわれた。沖縄ではいまでも、猫が青泣き高泣きすると、この呪文を唱えるという。[252]

この呪文は、沖縄では広く知られている。[253] 食物を持たせて猫を追い出すのは、先にみた猫を家から送り出す作法にあたる。

この呪文で、「松の端に、首くってさげられて」というのが、つまりは、猫にとって死を意味している。風が吹くと松の木にあたるというから、松の木の枝に猫をさげた情景である。猫をさげるには松の木がよいというのは、この呪文によっているともいう。与那国島《よなぐに》（八重山《やえやま》郡与那国町）では、青泣き高泣きとは、アーオ・アーオと、声を低く引いて鳴く声のことで、夜、猫が鳴くとたたりがあるといった。[254] かつて、こんな鳴き声を、沖縄では忌みきらったのであろう。

この物語にいう、我如古の長柵の洞窟は現存している。嘉数《かかず》中学校の横にあり、「青鳴きマヤーガマ」と呼んだ。マヤーは猫、ガマは洞窟のことである。入口の幅一二メートル、奥行き七〇メートルほどの鍾乳洞《しょうにゅうどう》である。この真栄原に住む、昭和四十八年（一九七三）当時、八十六歳であった嶋村安恵さんの伝えでは、主人公は長柵の機織《はたお》りをしている女の人である。

この女の人は一人暮らしで、一匹の雄猫を飼っていた。十年以上も飼ったとき、機織りをしている女の人に、雄猫がとびかかろうとした。女の人が筬《おさ》で猫をたたくと、猫は洞窟に逃げこんだ。洞窟にすみついた雄猫は、人間に化けて、夜な夜な、女の人をたぶらかした。村人の手に負えないので、僧侶に猫退治を頼んだ。僧侶はこの呪文を唱え、猫を洞窟にとじこめた。以後、猫は出て来なくなった。

この僧侶は、同じ宜野湾村の普天間《ふてんま》の神宮寺《じんぐうじ》の僧侶であったとも伝える。猫を木につるす葬法は、この猫退治以来広まったといい、やはり同じ呪文を伝えている。[255]

真栄原の例は、他の新城などの類話とくらべて、物語の要素は同じでありながら、雌猫が雄猫になるなど、構想はすっかり変わっている。真栄原以外の類話は、「猫女房」の型で、猫を退治する方法を立ち聴きするなど、昔話の「蛇聟入《へびむこいり》」の趣向とも共通している。それにひきかえ、真栄原の伝えは、主役の性別も違い、婚姻を回避した化け猫退治の型で、呪文も寺僧の知識で、まったく現実的になっている。どちらが古いかは、かんたんにはきめられないが、この呪文に寺僧がかかわっているという伝えは、この物語の出自を示しているようである。

この沖縄県の猫の葬法は、中国の福建省では現代なおこなわれているという。その実見談も聞いたし、写真も見たことがある。猫は死ぬと、埋めずに木の先端にかける。漳州《しょうしゅう》、廈門《アモイ》、泉州《せんしゅう》、莆田《ほでん》もまた同じである。莆田には、猫の葬法について、一つの由来談がある。

昔、虎と猫がののしりあった。猫がのろって、虎はかならず壁によって死ぬ、というと、虎はのろって、猫は死ぬと人によってかならず木の先にかけられる、といった。それで猫は、このように葬るようになったという。[256]

福建省のこの地方から移住した漢族が多い台湾にも、木につるす葬法がある。猫は死ぬと木の枝につるし、犬は死ぬと水に流すといい、それをあらわした諺もある。

猫死吊樹頭　niau^{1} si^{2} tiau^{3} chhiu^{7} thau^{5}

狗死放水流　kau^{2} si^{2} pang^{3} chui^{2} lau^{5}

これは、雲林《うんりん》県土庫《トウクウ》鎮の馬光《マグアン》村の出身で、福建省南部系の漢族である張瓊文《ちょうけいぶん》さんに聞いたが、同じ伝えは広く知られているらしい。

これと関連して、猫が死ぬとなぜ木の先につるすか、という由来談もある。

猫と虎は親戚づきあいをしていたが、あるとき、仲たがいをして、猫は木の上に逃げて隠れた。虎はおこって、猫が死んだら死骸を食いちらかしてやるといった。猫はなんとかしてそれを避けたいとおもった。そこで人間が、鼠をとってくれる猫の恩に感じ、虎の登れないような木の高いところに、猫の死体をつるしてやることになったという。[257]

ここでも、猫と虎を一類のものとする観念のうえに、伝えは成り立っていた。

朝鮮にも、死んだ猫を木にかける風習があったことをうかがわせる伝えがある。平壌の万寿台にある高等普通学校の庭先に、梨《なし》の木があった。毎年、花はよく咲くが実を結ばない。十数年前のこと、子どもが猫を追いつめ、花の咲いているこの木のもとで殺し、死骸を枝にかけた。その年は、梨の実がいっぱいなった。その子が木に登って実をもぎ、一口食べると、木から落ちて死んだ。梨の実もばらばらと落ちて、その子を埋めた。それ以来、この梨の木には、花は咲くが実はならないという。[258]

台湾の伝えのように、猫の死骸を木の上にかけるのは、他の動物の害を防ぐ効果があったかもしれない。しかし、それだけならば、地に埋める方法もある。木にかけるのは、猫のそのままの姿を保存することになる。それが福建省、台湾島、琉球諸島、朝鮮半島と、中国大陸の沿海周辺部を中心に分布しているのをみると、船で運ばれた猫にともなって広まった、一続きの古風な習俗のようにみえる。貴州省のミャオ族に伝わる「歌を歌う猫」の昔話にも、野良猫を殺して木にかけるという描写がある。[259]これも、同じ葬りかたがあった反映であろう。

この猫の死骸を木にかけるという作法は、日本では、沖縄県以外には、あまり知られていないが、愛媛県今治《いまばり》市など越智《おち》郡地方には、猫が死ぬと、菰《こも》などで簀《す》巻《ま》きにして、人がよく通る川の堤《つつみ》の松の木などにつりさげておく風習があった。[260]海のかわりに川があり、沖縄と同じく、やはり松の木である。張瓊文さんの話では、台湾の雲林県でも、たいていは川のふちの木の上につるすという。このようにつるす猫の死骸は、そのままではミイラとはいえないが、古代エジプトで猫が死ぬと、ミイラにして猫の女神バストなどの聖地に納めたという習俗に、直接に結びつくようにもおもわれる。鳥取市の猫薬師の猫のミイラも、そうした古風な猫の葬法とかかわる遺品かもしれない。

猫が歌う歌

昔話の世界で、浄瑠璃《じょうるり》を語った猫は、なぜか聞き手の老女をかみ殺している。物語としては、怪異性をあらわした猫が、人語して浄瑠璃を語ったことを秘密にするように命じたのに、その約束を老女が守らなかったために殺された、というかたちで完結している。猫は化けるようになると、猫またなどと呼ばれ、人をとるようになるといわれてきた。うっかり聞いていると、この「猫の浄瑠璃」も、化ける猫が人を殺すのはあたりまえと、みすごしてしまいそうであるが、考えてみれば、日常的には人を殺すとはおもえない猫が、なぜ老女をかみ殺したのか、大きな問題である。

「猫の踊り」とは無関係な、独立した「猫の浄瑠璃」でも、主題は猫の秘密をもらすところにある。宮城県登米《とめ》郡米岡村の類話も、その例である。

ある晩、近所で御国《おくに》浄瑠璃があり、老女を一人残して家族は聞きに行った。夜中ごろ、猫が来て、老女に浄瑠璃を聞かせようという。他人に告げたら食い殺すといって、「義経《よしつね》東下《あずまくだ》り」の一節を語った。家人が帰って来て浄瑠璃の話をしているのを聞くと、猫が語った浄瑠璃と同じである。翌朝、つい老女が「ゆうべ猫が」といいかけると、猫は老女ののどめがけて跳びかかった。みんなが猫を追うと、猫はサイカチの大木に登り、行くえ知れずになったという。[261]

この「猫の浄瑠璃」の昔話は、東北地方に多い。猫島として知られる宮城県田代《たしろ》島（石巻《いしのまき》市）の大猫の話にも、この類話がある。猫が歌を聞かせたというほか、歌を歌い踊りを踊ったので、それを話すと殺された、という伝えもいくつかある。祭文《さいもん》を語るという例もある。歌を歌ったり、浄瑠璃を語ったりするのも、踊ることと同じく、化けるしるしである。御国浄瑠璃とは、奥《おく》浄瑠璃、仙台浄瑠璃ともいい、仙台を拠点にした三味線をひく盲目法師、いわゆる座頭《ざとう》の芸であった。この地方では、座頭は村から村へ旅をして歩き、村人に昔話を語って聞かせるたいせつな芸人であった。おそらく、浄瑠璃語りや祭文語りの芸人が、こんな昔話も語り広めていたのであろう。

猫が浄瑠璃を語ったことを口外してはならないというのは、猫が人語をし、芸を演じる化け猫であることを隠そうとしていたことになる。九州地方にも、歌を聞かせた猫の話がある。熊本県玉名《たまな》郡南関《なんかん》町の伝えである。夫が仕事に出たあと、飼い猫が妻に歌を歌って聞かせ、人にいったら食い殺すという。毎日続くので、夫も気づき、だれが歌を歌っているのか、と妻を問いつめた。しかたなく妻が猫を指さすと、猫は妻ののどに跳びつき、食い殺したという。[262] 妻を殺したのは、秘密をあばいた復讐《ふくしゅう》である。「猫の踊り」とともにこの「猫の浄瑠璃」も、「猫檀家」の前段をなしていることが多い。猫が祭文を語ったり、歌を歌ったりしている。しかし、芝居を見せるとか、和尚になって仲間の猫と法座を開くなど、猫の集会を土台にした型が多く、女が一人で聞くという例はごく少ない。青森県八戸《はちのへ》市の猫の宴会も、この型である。虎猫の三蔵が和尚の衣をつけ、和尚に化けて寺を出た。和尚が後をつけると、無住の寺に猫がたくさん待っていて、芝居や踊りや酒盛りをした。和尚が咳《せき》ばらいをすると、真っ暗になったという。これはむしろ、「猫の踊り」の場面に近い。翌朝、猫は和尚に暇乞《いとまご》いに来て、棺を奪う話をする。そのあとが「猫檀家」になる。[263]

このようにみてくると、「猫の浄瑠璃」の基本型式は、次のようにまとめることができる。

㈠　母（または妻、娘）が一人で留守番をしていると、猫が来る。

㈡　他人には口外するなといって、浄瑠璃を語る（または、歌を歌う、歌を歌って踊る）。

㈢　母がつい口外すると、猫は母ののどにかみついて殺す。

「猫の踊り」では、飼い主の家から離れた場所を舞台にし、そこに猫の仲間が集まっていたのにたいして、「猫の浄瑠璃」は、家の中での出来事であり、人間のわざを見せるのも、飼い猫一匹だけである。しかも、それを聞いているのも女一人である。同じ怪異性を帯びた猫が芸を演じるという信仰をふまえた物語でも、「猫の浄瑠璃」は、「猫の踊り」とくらべてひじょうに個別的であり、「猫の踊り」のような、開かれた社会性が失われている。「猫の浄瑠璃」が暗い印象をうけるのは、物語の世界が閉ざされているからである。

「猫の踊り」は、独立した型では、ほとんど人間に危害を加えるということはない。しかし、『礦石集』の「猫の踊り」では、猫が飼い主の妻をかみ殺していたように、「猫の踊り」でも、ほかの昔話の序段として後段に物語が続くばあいには、結びが人間の死にかかわっていることは、めずらしくない。『譚海』の「猫の踊り」が「鍛冶屋の姥」に展開していたのも、その一例である。この猫は太郎平の母を殺して化けていた。「猫の踊り」が、「猫檀家」の序段になっていることも多いが、そのときは、猫が火車になって死者をとるという信仰で、死に結びついている。この昔話は、それ自体が「猫の浄瑠璃」も、本質的な事情はきわめてよく似ている。「猫檀家」に続くばあいには、その飼い主の妻や母を殺すかたちでおわっているが、浄瑠璃を語ったり、芝居をしたり、歌を歌ったりするというのも、主役の猫だけでなく、「猫の踊り」のように、多くの猫が参加している。猫の寄り合いの情景である。それでいて、「猫檀家」の主題にしたがって、その猫が火車になって死者をとるというかたちに展開している。

「猫の浄瑠璃」で、猫が飼い主の妻などを殺すのは、浄瑠璃を語ったことを秘密にする約束を破った復讐である。しかし、恩返しである「猫檀家」でも、猫は死者を奪う火車になっている。殺すだけが仕返しではない。「鍛冶屋の姥」を含めて、なぜ、猫が飼い主の妻や母を殺さなければならなかったか。なにか重要な意味があるにちがいない。

イギリスなどヨーロッパにも、人間をおそう怪異な猫の話はある。キャサリン・メアリー・ブリッグズも『猫のフォークロア』で、「恐ろしい猫」としてとりあげている。そのなかにも、やはり、飼い主に仕返しをする猫が登場している。スペランザ・ワイルド夫人が紹介した、アーサー王の英雄物語の写本の一つにみえる伝えである。

ローザンヌ湖畔の漁師が、湖で網打ちをしていた。最初に捕れた魚を神にさしあげると約束するが、一度目も二度目も、よい魚なのでおしくなった。三度目は、黒い子猫がはいっていた。これも鼠が出るから必要だと、家で飼うことにした。のちに猫は、漁師と妻子を絞《し》め殺し、大きな怪物になった。途中で出会うものは破壊し、殺害して、山奥の洞穴にはいった。のちにアーサー王がその猫を退治した。その山を「猫の山」と呼んだ[264]。

不信心な人への報いのかたちではあるが、怪異な猫は、飼い主など人間を殺すことによって、ますます力をつけて山にはいっていることが気になる。人間の死が、猫の成長につながっている。あたかもヴァンパイアのごとく、人間の霊魂をつぎつぎと猫が吸収して、力を増大している。

南アフリカのバ・ロンガ族には、氏族全員の生命が一匹の猫の生命にかかっているという伝えがある。これは、人間の生命が他の動物の姿をとっているという外魂の信仰の物語として、イギリスの民族学者ジェイムズ・フレイザーは、『金枝篇』のなかでとりあげているが、その物語の思想は、むしろ、『礦石集』の「猫の踊り」などに似ている。猫が踊ったり歌ったり、人語するようになったために殺され、その結果、飼い主の一族の生命も失われるという思想で、この物語は、外魂の信仰をこえて、日本やヨーロッパにある猫と飼い主の生命が一体である、という観念をあらわしている物語のようにみえる。

娘が結婚するとき、家で飼っていた猫をつれて行きたいという。両親は、家族全員の生命が猫に隠されているから、とことわるが、ぜひにといって持って行った。そして、夫にも見つからないように、閉じこめておいた。ある日、娘が野良《のら》に出ているとき、猫が抜け出して家にはいり、夫が戦いのときにつける飾り物を身につけ、踊ったり歌ったりしていた。その声を聞いて、子どもたちが集まり、おどろいて声をあげた。猫は調子にのって踊り、子どもたちをからかった。

子どもたちは、飼い主のところに行き、そのようすをいいつけた。夫がのぞくと、猫が踊ったり歌ったりしている。鉄砲で撃つと猫は死んだ。そのとき、野良で働いていた妻も、自分は殺されたといって倒れ、死んだ猫を筵《むしろ》に包み、自分といっしょに両親の村にとどけてくれ、と夫に頼んだ。村では、妻の親族がみんな集まっていた。筵を開けて死んだ猫を見せると、一族の人たちも、みんな死んだという[265]。

大木卓さんは、これに類比して、新潟県北魚沼郡小千谷《おぢや》町（小千谷市）の昔話をあげている[266]。

猫をかわいがっていた娘が、十八、九になって嫁に行くとき、猫をつれて行った。娘は猫とともに年をとり、婆になった。若い夫婦が猫をきらっていると、猫はどこかへ行ってしまった。四、五年たって、猫がふらっと帰って来た。猫は婆に、長年かわいがってもらった恩返しに、きょうは歌を歌って聞かせたいという。猫は上手に歌を歌い、このことを人にしゃべるなという。

そこに婆の子どもの盲目の座頭が帰ってきて、いまいい声で歌を歌っていたのはだれか、という。婆は、だれもいないと答えたが、あまり聞くので、もどって来た猫が歌を歌ったと話した。そうすると、猫が跳んで来て、婆ののどに食いついて殺した。だから嫁に行くときは、猫をつれて行くものではないという。267

いかにも、バ・ロンガ族の伝えから外魂の信仰をはずしたような伝えであるが、これは、れっきとした昔話の「猫の浄瑠璃」の典型的な類話である。「猫の浄瑠璃」が、飼い主の女と猫との深いつながりの信仰のうえに成り立っていたことをうかがわせる。猫がいなくなったのは、「猫岳参り」にあたる。この猫も、そこで怪異性を身につけてきたのである。

　これらの昔話が、嫁に行くときには実家から猫をつれて行くものではないといっているのは、おそらく、猫と飼い主の家族との結びつきの信仰によるものであろう。猫は飼い主の生命と一体であると考えられているが、嫁に出た娘は、本来なら、その猫とのかかわりはなくなる。それが、つれて行くことによって、娘は逆に、猫の飼い主の地位を確立することになる。娘は猫の生命とともに死を迎え、あるいは、年老いた猫の生命の更新のために、食い殺されることになった。飼い主を殺す小千谷の話は、イギリスの猫の山の話にも似ている。

　猫と人間とのかかわりを主題にした昔話はいろいろあるが、その多くは、猫が人間の死になんらかのかたちで特別な意味をもっていた。「猫の浄瑠璃」は、人間と猫が一対一で結びついていたために、猫が人間の生命を奪うかたちで、一直線に進みやすかった。「鍛冶屋の姥」は、すでに人間の生命を獲得した猫が主役になっていた。「猫檀家」では、猫は恩返しのために、火車になって死んだ者を奪った。

どれも、猫の信仰上の役割は同じである。それを、猫と人間という即物的な動物の個体どうしの関係にせずに、その根底に、猫の霊魂と人間の霊魂とのまじわりという信仰を置いたのが、人類の精神文化であった。日本の猫の昔話の語りを支えた信仰は、人間の霊魂と猫の霊魂とを一体のものとみようとしたところに生命があった。猫の霊魂の信仰は、古代エジプト以来のことである。

沖縄県具志川市の昔話で、飼い主の墓を掘ったという猫が、小さいころから白髪になるまで飼っていた猫であったというのも、やはり、妻が実家からつれて来た猫であったかもしれない。日本でも、猫は家族とともにあるものであった。嫁に行くときには、猫をつれて行くものではないという伝えは、おそらく、猫は三代飼うものではないとか、主人が死ぬと猫を捨てるとかいう、家と猫の結びつきの信仰に由来するものであろう。バ・ロンガ族では、その飼い主と猫との生命が一体であるという観念を、外魂の信仰のかたちで受け入れていたことになる。

参考文献（第Ⅱ部）

第一章

1　招き猫の像の写真と解説は、次の文献にくわしい。有坂与太郎『おもちゃ葉奈志』、郷土玩具普及会、一九三〇年、その三「招猫」。サンリオ編『猫グッズ図鑑』（『サンリオムック』第五三号）、サンリオ、一九八六年、九六〜九九ページ。藤田一咲・村上瑪論『幸せの招き猫』、河出書房新社、一九九五年。
2　豪徳寺については、一九九二年一〇月三〇日の見聞による。「招福猫児の由来」も、この日に頒布をうけたもの。
3　宮田常蔵『伝説の彦根』、彦根史談会、一九五四年、九四ページ、裏表紙。
4　本山桂川「猫と狸と河童――おもちゃと碑のことなど(二)」『土の鈴』別冊、村田書店、一九七九年、三〇〜三一ページ。
5　有坂与太郎、前掲1、「招猫一考察」。有坂与太郎『郷土玩具大成』第一巻「東京篇」、建設社、一九三五年、三七五〜三七六ページ。
6　矢野弦「東京郊外の伝説めぐり」『旅と伝説』第三巻第五号、三元社、一九三〇年、三八〜三九ページ。
7　宮田常蔵、前掲3、九五ページ。
8　有坂与太郎、前掲1。有坂与太郎『郷土玩具大成』前掲5、三七三ページ。
9　宮田常蔵、前掲3、九五ページ。
10　本山桂川、前掲4、三〇ページ。
11　矢野弦、前掲6、三九ページ。
12　本山桂川、前掲4、三〇ページ。
13　たとえば、川崎市川崎区川中島の道祖神は咳の神で、納めてある麻の紐を借りて来て首にまくと、咳の病がなおるという。お礼参りには、借りたものに、新しい麻の紐を添えて納めた。
14　最上孝敬『詣り墓――両墓制の探求』（『民俗選書』）、古今書院、一九五六年、一一〜二一ページ、参照。
15　本山桂川、前掲4、三二ページ、参照。
16　蘆田伊人編『新編武蔵風土記稿』(二)（『大日

本地誌大系』第六巻）、雄山閣、一九二九年、三五〇〜三五一ページ。

17　池上博之「歴史」世田谷区立郷土資料館編『豪徳寺　文化財綜合調査報告』、東京都世田谷区教育委員会、一九八七年、一〇〜一一ページ。

18　同右、一一ページ。

19　同右、一二ページ。

20　宮田常蔵、前掲3、九四ページ。

21　池上博之、前掲17、一一、一七ページ。

22　同右、一三〜一七ページ。

23　稲木吉一・小泉充康「美術」世田谷区立郷土資料館編、前掲17、一二三、一三四ページ。

24　金子光晴校訂『増訂武江年表』㈠㈡（東洋文庫）、平凡社、一九六八年、㈠［一一刷］、㈡［一二刷］一九八一年、㈡一二九〜一三〇ページ。

25　有坂与太郎編『おしゃぶり　東京篇』、郷土玩具普及会、一九二七年、六八ページ。

26　末武芳一『上野浅草むかし話』、三誠社、一九八五年、一四七〜一五二ページ。

27　サンリオ編、前掲1、九八ページ。

28　本山桂川、前掲4、三一ページ。

29　小原秀雄『ネコはなぜ夜中に集会をひらくか——イヌとネコの行動学入門』、花曜社、一九八六年、三八〜三九ページ。

30　段成式『酉陽雑俎』（長沢規矩也編『和刻本漢籍随筆集』第六集）、古典研究会、一九七三年、二三四ページ。今村与志雄訳注『酉陽雑俎』五（東洋文庫）、平凡社、一九八一年、一二二ページ。

31　松井輝星『它山石』（日本随筆大成編輯部編『日本随筆大成』第二期第四巻）、日本随筆大成刊行会、一九二八年、六八ページ。

32　Leach, Maria (ed.), *Standard Dictionary of Folklore, Mythology, and Legand*, 2 vols., Funk & Wagnalls, New York, 1949-1950, vol. 1, p. 197, "cats".

33　Keller, Conrad（コンラット・ケルレル）, *Die Stammesgeschichte unserer Haustiere*, [2. Auflage] 1919. ★［訳］加茂儀一『家畜系統史』（岩波文庫）、岩波書店、一九三五年、九六ページ。

34 Grimm, Jacob, *Deutsche Mythologie*, 4 Bnde, [4. Auflage] tr. Stallybrass, James Steven, *Teutonic Mythology*, 4 vols., George Bell and Sons, 1883-1888, [Dover edition] Dover Publications, New York, 1966, vol. 4, p.1780, no. 72.

35 Briggs, Katharine Mary（キャサリン・メアリー・ブリッグズ）, *Nine Lives, Cats in Folklore*, Routledge & Kegan Paul, London, 1980, p. 71. ［訳］アン・ヘリング『猫のフォークロア――民俗・伝説・伝承文学の猫』、誠文堂新光社、一九八三年、［三刷］一九八四年、九一ページ（Trevelyan, Marie, *Folk-Lore and Folk-Stories of Wales*, London, 1909, p. 80. を引く）。

36 Owen, Elias, *Welsh Folk-Lore, A Collection of the Folk-Tales and Legends of North Wales*, [republished] EP Publishing, 1976, p. 341.

37 今泉吉典・今泉吉晴『ネコの世界』（平凡社カラー新書）、平凡社、一九七五年、一四二ページ。

38 有坂与太郎、前掲1。有坂与太郎『郷土玩具大成』、前掲5、三七四ページ。斎藤良輔編『日本人形玩具辞典』、東京堂出版、一九六八年、四二四ページ「招き猫」。

39 喜多有順『親子草』（市島謙吉編『新燕石十種』第一）、図書刊行会、一九一二年、五七～五八ページ。

40 有坂与太郎、前掲1。有坂与太郎『郷土玩具大成』、前掲5、三七四ページ。

41 有坂与太郎、前掲1。有坂与太郎『郷土玩具大成』、前掲5、三七四～三七五ページ。

42 藤田一咲・村上瑪論、前掲1、三八～三九、七六～七七ページ。

43 雲南民族博物館編『雲南民族博物館蔵品選』、雲南美術出版社・昆明、一九九五年、一一〇～一一一ページ、第二〇二、二〇四～二〇六図。

44 永尾龍造『支那の民俗』（『日本民俗叢書』）、磯部甲陽堂、一九二七年、二五七～二五八ページ。

45 同右、二五八ページ。

46 清水晴風『うなゐの友』二編、書肆芸艸堂、一九〇二年、一七丁オ。

47 有坂与太郎『郷土玩具大成』、前掲5、三七五ページ。
48 有坂与太郎、前掲1、六八ページ。
49 有坂与太郎『郷土玩具大成』、前掲5、三七六ページ。
50 清水晴風、前掲46、一七丁オ。
51 青山幹雄『佐土原土人形の世界』（鉱脈叢書）、鉱脈社、一九九四年、四九〜五〇ページ。
52 土屋喬雄校訂『広益国産考』（岩波文庫）、岩波書店、一九四六年、二三二〜二四六ページ（人形の種類は、二四〇〜二四一ページ）。
53 藤田一咲・村上瑪論、前掲1、四六〜四七ページ。
54 斎藤良輔編、前掲38、二九〜三〇ページ「今戸人形」。
55 現在の今戸焼きの招き猫については、一九九五年五月三一日、ねこや文具、白井家、今戸神社などを訪れての見聞による。
56 馬場文耕『近世江都著聞集』（市島謙吉編『燕石十種』第二）、国書刊行会、一九〇七年、五八七〜五八八ページ。
57 『吉原大全』（山本春雄編『北街漫録』）、一星社、一九二七年、六九〜七〇ページ。
58 平岩米吉『猫の歴史と奇話』、動物文学会、一九八五年、［新装版］築地書館、一九九二年、七〇ページ。
59 藤田一咲・村上瑪論、前掲1、二五ページ。
60 宮川政運『宮川舎漫筆』（日本随筆大成編輯部編『日本随筆大成』第一期第八巻）、吉川弘文館、一九二七年、七四三ページ。
61 平岩米吉、前掲58、七五〜七六ページ。
62 大田南畝『一話一言』（日本随筆大成編輯部編『日本随筆大成』第一期別巻㊤㊦）、吉川弘文館、一九二八年、㊤六四〇ページ。
63 平岩米吉、前掲58、七六〜七七ページ。
64 同右、一九六〜一九七ページ。
65 同右、一九七ページ。
66 木村喜久弥『ねこ――その歴史・習性・人間との関係』［改装版］法政大学出版局、一九八七年、二九四〜二九五ページ。
67 藤田一咲・村上瑪論、前掲1、一〇六ページ。
68 木村喜久弥、前掲66、二九六ページ。

69 同右、二四五～二四六ページ。

第二章

70 平岩米吉、前掲58、二二四～二二六ページ。Werth, Emil（エミール・ヴェルト）, *Grabstock, Hacke und Pflug*, Verlag Eugen Ulmer, Ludwigsburg, 1954, SS. 324-325.［訳］藪内芳彦・飯沼二郎『農業文化の起源——掘棒と鍬と犂』、岩波書店、一九六八年、四四三～四四四ページ、参照。

71 板橋春夫「新田猫と養蚕」『民具マンスリー』第二一巻第七号、神奈川大学常民文化研究所、一九八八年、一～三ページ。

72 斎藤良輔編、前掲38、三〇八～三〇九ページ「豊岡達磨と招き猫」。

73 斎藤昌三「猫達磨に就いて」『土の鈴』第一五輯、土の鈴会、一九二二年、八三～八四ページ。

74 大木卓『猫の民俗学』［増補版］田畑書店、一九七九年、七五ページ。

75 『浪華百事談』（日本随筆大成編輯部編『日本随筆大成』第三期第一巻）、日本随筆大成刊行会、一九二九年、六四〇ページ。

76 岸本彩星「西長堀猫稲荷の由来」『上方』第五〇号、創元社、一九三五年、一〇六ページ。

77 同右、一〇六～一〇七ページ。

78 平岩米吉、前掲58、二二九ページ。

79 同右、八三ページ。

80 明石染人「覚帳の中より㈠」『郷土趣味』第一四号、郷土趣味社、一九一九年、一五ページ。

81 佐藤義則「出羽伝説散歩」『出羽の伝説』（『日本の伝説』四）、角川書店、一九七六年、二一一～二一二ページ。

82 佐藤清晴『へったれ嫁ご』、宝文堂出版販売、一九七一年、［六刷］一九七五年、一二七ページ。

83 板橋春夫、前掲71、三ページ。

84 同右、八～九ページ。

85 同右、七～一〇ページ。板橋春夫「新田猫その後」『民具マンスリー』第二二巻第五号、神奈川大学常民文化研究所、一九八九年、一八～一九ページ。

86　同右、三〜四ページ。
87　同右、六〜七ページ。
88　金子光晴校訂、前掲24、㈠一八七ページ。
89　大田南畝、前掲62、㊤六六二ページ。
90　大田南畝『半日閑話』（日本随筆大成編輯部編『日本随筆大成』第一期第四巻）、吉川弘文館、一九二七年、二二七ページ。
91　永野忠一『猫の幻想と俗信――民俗学的私考』（『習俗双書』第九）、習俗同攻会、一九七八年、七四ページ。
92　真崎勇助・大山重華校『黒甜瑣語』三編、人見寛吉、一八九六年、巻二・一三ゥ。
93　青葱堂冬圃『真佐喜のかつら』（三田村鳶魚編『未刊随筆百種』第八巻）、中央公論社、一九七七年、三五一ページ。
94　同右。
95　板橋春夫、前掲71、一四ページ。大木卓、前掲74、七二〜七三ページ。
96　平岩米吉、前掲58、一八九ページ。藤田一咲・村上瑪論、前掲1、九一ページ。
97　藤田一咲・村上瑪論、前掲1、二七ページ。
98　同右、九三ページ。
99　杉原丈夫『越前の民話』、福井県郷土誌懇談会、一九六六年、五八〜五九ページ。
100　神奈川県鎌倉市の建長寺など臨済宗の寺僧に化けた狸が、僧をよそおって書画を書き残したという「狸和尚」の物語がある。事実は、狸をよそおった寺僧が書いたものであろう。寺僧が勧進の旅先などで、このような書画を書く習慣があったらしい。小島瓔禮『神奈川県昔話集』第二冊、神奈川県教育庁指導部、一九六八年、二一七〜二六四ページ。
101　佐々木喜善『江刺郡昔話』（『炉辺叢書』）、郷土研究社、一九二二年、［再版］一九二六年、八九ページ。
102　上垣守国『養蚕秘録』、須原屋平左衛門、享和三年（一八〇三）、上巻二ゥ〜三ォ。粕淵宏昭訳注『養蚕秘録』（『日本農書全集』第三五巻）、農山漁村文化協会、一九八一年、［四刷］一九八八年、二一〜二三ページ、［注］二九〜三三ページ。
103　宮村忠良「養父神社」『日本の神々　神社と

聖地』第七巻、白水社、一九八五年、三三三ページ。

104 西角井正慶編『年中行事辞典』、東京堂出版、一九五八年、一六一ページ「大原指」。

105 村田祐作「村の猫」『ひだびと』第九巻第三号、飛騨考古土俗学会、一九四一年、四〇ページ。

106 高山西小学校研究部編『飛騨の伝説と民謡』、高山西小学校研究部、一九三三年、三八～四〇ページ。

107 高山市立西小学校研究部編『飛騨の伝説』、高山市立西小学校研究部、一九五四年、三二ページ。

108 村田祐作、前掲105。

109 同右。

110 板橋春夫、前掲71、二～三ページ。

111 同右、二ページ。

112 小島瓔禮『中世唱導文学の研究』、泰流社、一九八七年、三六五～三六六ページ、参照。

113 酒井正保『上州路のむかしばなし』、あさを社、一九七九年、八六～八八ページ。

114 最上孝敬「神事と交易」民俗学研究所編『民俗学手帖』（『民俗選書』）、古今書院、一九五四年、一〇三～一一〇ページ、参照。

第三章

115 矢野弦、前掲6、三八ページ。

116 小島瓔禮『武相昔話集』（『全国昔話資料集成』第三五）、岩崎美術社、一九八一年、三二ページ。

117 同右、二三八ページ、注一六。

118 蓮体『礦石集』、毛利田庄太郎、元禄六年（一六九三）、巻二、一九ゥ～二二ゥ。

119 野津龍『子どものための鳥取の伝説』、鳥取大学教育学部国文学第二研究室、一九七九年、一六八～一七六ページ。

120 静岡県女子師範学校郷土研究会編『静岡県伝説昔話集』静岡谷島屋書店、一九三四年、三三五～三三六ページ。

121 武田明「美馬郡昔話」『昔話研究』第二巻第一号、壬生書院、一九三六年、二九ページ。

122 稲田浩二・福田晃『大山北麓の昔話』（『昔話

研究資料叢書』四）、三弥井書店、一九七〇年、三八二〜三八五ページ。
123　大田南畝、前掲62、(下)七一九〜七二〇ページ。
124　『新著聞集』（日本随筆大成編輯部編『日本随筆大成』第二期第三巻）、日本随筆大成刊行会、一九二八年、三四六ページ。
125　岡田武松校『北越雪譜』（岩波文庫）、岩波書店、一九三六年、［二九刷］一九八四年、二六九〜二七三ページ。
126　矢野弦、前掲6、四一ページ。
127　穂積隆彦『世田谷私記』（太田藤一郎編『続々群書類従』第四）、国書刊行会、一九〇六年、一二一ページ。
128　一九九二年一〇月三〇日の採集。
129　小原秀雄、前掲29、三九〜四〇ページ。
130　笹野堅校『能狂言』(中)（岩波文庫）、岩波書店、一九四三年、四六九〜四七四ページ。
131　同右、四六〇〜四六八ページ。
132　笹野堅校『狂言不審紙』（改造文庫）、改造社、一九四三年、一二八ページ。
133　同右、一二三ページ。
134　大田南畝『南畝莠言』（日本随筆大成編輯部編『日本随筆大成』第二期第一二巻）、日本随筆大成刊行会、一九二九年、五四〇ページ。
135　喜多村信節『嬉遊笑覧』（日本随筆大成編輯部編『日本随筆大成』第二期別巻(上)(下)）、日本随筆大成刊行会、一九二九年、(下)六二三〜六二四ページ。
136　南方熊楠「橋の下の菖蒲」『郷土研究』第四巻第三号、郷土研究社、一九一六年、二一〜二四ページ、参照。小島瓔禮「続いっちく達竹」『ひでばち』第四号、ひでばち民俗談話会、一九五七年、一〜一七ページ、参照。
137　笹野堅校、前掲132、一二四〜一二五ページ。
138　野村純一『笛吹き聟』［再版］桜楓社、一九七二年、一九〇ページ。大友儀助『新庄のむかしばなし』［再版］新庄市教育委員会、一九七一年、四三一〜四三五ページ。

第四章

139　サンリオ編、前掲1、一一五ページ。
140　永野忠一、前掲91、二八五〜二八六ページ。

141 『新著聞集』、前掲124、二六七ページ。
142 平岩米吉、前掲58、六七～六八ページ。
143 『新著聞集』、前掲124、三三九～三四〇ページ。
144 礒清『民俗怪異篇』（『日本民俗叢書』）、磯部甲陽堂、一九二七年、一二五～一二六ページ。
145 垣田五百次「口丹波炉辺話」垣田五百次・坪井忠彦『口丹波口碑集』（『炉辺叢書』）、郷土研究社、一九二五年、七〇ページ。
146 鈴木重光『相州内郷村話』（『炉辺叢書』）、郷土研究社、一九二四年、四八ページ。
147 Radford, E. and M. A., [edited-revised] Hole, Cristina, *Encyclopaedia of Superstitions*, Dufour Editions, London, 1961, p. 87.
148 同右。
149 又吉英仁編『ふるさとの昔ばなし』（『具志川市の民話』一）、具志川市教育委員会、一九八一年、一一七ページ。
150 永尾龍造、前掲44、二〇〇～二〇一ページ。
151 前田太郎編訳『世界風俗大観』、東亜堂書房、一九一四年、二六〇ページ。
152 萩生田憲夫『小僧ッ子と鬼婆』、上山郷土史研究会、一九六五年、七一～七二ページ。
153 同右、七二、七八ページ。
154 中市謙三「［各地の葬礼］青森県野辺地地方」『旅と伝説』第六巻第七号、三元社、一九三三年、三七ページ。
155 日野巌『動物妖怪譚』、養賢堂、一九二六年、［再版］有明書房、一九七九年、［二刷］一九八二年、四一六ページ。
156 『旅と伝説』第六巻第七号、三元社、一九三三年、［各地の葬礼］の部に、各地の資料がある。
157 永野忠一、前掲91、二七ページ。
158 安西勝「城山博物誌鳥獣篇（第一回）」『鉄筆雑誌』第二号、私家版、一九六五年、三三ページ。
159 物集高見編『広文庫』第一～二〇冊、広文庫刊行会、一九一六～一九一八年、第七冊、一一二ページ「くわしや」。
160 同右、第一五冊、二七七～二七八ページ「ねこ」。
161 鈴木重光、前掲146、四八ページ。鈴木重光

「「各地の葬礼」神奈川県津久井郡地方」『旅と伝説』第六巻第七号、三元社、一九三三年、八二ページ。

162 坪井洋文「佐賀県鎮西町加唐島」日本民俗学会編『離島生活の研究』、集英社、一九六六年、五三〇ページ。

163 村田祐作、前掲105、三九ページ。

164 佐久間惇一『二王子山麓民俗誌』、学生書房、一九六四年、一一〇ページ。

165 外山暦郎『越後三条南郷談』（『炉辺叢書』）、郷土研究社、一九二六年、六三ページ。

166 佐久間惇一、前掲164、一一〇ページ。

167 東方孝義『台湾習俗』、同人研究会・台北、一九四二年、［影印本］古亭書屋・台北、一九七四年、二〇五ページ。

168 任騁『中国民間禁忌』、作家出版社・北京、一九九〇年、三八六ページ。

169 同右、三八六〜三八七ページ。

170 鄭幸生編『中国民間伝説集』、華通書局・上海、一九三三年、四八〜五一ページ。

171 島袋源七『山原の土俗』（『炉辺叢書』）、郷土研究社、一九二九年、二三四ページ。

172 同右、一九九ページ。

173 佐喜真興英『シマの話』（『炉辺叢書』）、郷土研究社、一九二五年、［再版］一九三六年、九二ページ。

174 饒平名健爾「民間信仰」『沖縄県史』第二二巻、琉球政府、一九七二年、七四二ページ。

175 大木卓、前掲74、一〇五ページ、参照。

176 鄭傳寅・張健主編『中国民俗辞典』、商務印書館香港分館・香港、湖北辞書出版社・武漢、一九八七年、三九七ページ「霊前忌猫」。

177 貴州省編輯組編『苗族社会歴史調査』㈡（『中国少数民族社会歴史調査資料叢刊』）、貴州民族出版社・貴陽、一九八七年、二八八ページ。

178 徳江県民族志編纂為公室編『徳宏県民族志』、貴州民族出版社・貴陽、一九九一年、一〇一ページ。

179 潘朝霖「水族的古老宗教性禁忌」《中国各民族宗教与神話大詞典》編審委員会編『中国各民族宗教与神話大詞典』、学苑出版社・北京、一九九〇年、五五〇ページ。

180　黄革「趕猫掃」、《中国各民族宗教与神話大詞典》編審委員会編、同右、七六七ページ。
181　《楚雄彝族自治州概況》編写組『楚雄彝族自治州概況』（『中国少数民族自治地方概況叢書』）、雲南民族出版社・昆明、一九八六年、二五ページ。
182　王昌富『涼山彝族礼俗』、四川民族出版社・成都、一九九四年、一七五ページ。
183　施珍華先生（大理州白族）談話、一九九七年一月。
184　楊智勇他編『生葬誌』、雲南民族出版社・昆明、一九八八年、八四ページ。
185　詹承緒・劉龍初・修世華「怒江州碧江県洛本卓区勒墨人（白族支系）的社会歴史調査」雲南省編輯組『白族社会歴史調査』㈢（『中国少数民族社会歴史調査資料叢刊』）、雲南人民出版社・昆明、一九九一年、九〇ページ。
186　同右。
187　同右、九一ページ。
188　同右、九〇〜九一ページ。
189　日野巌、前掲155、四一六〜四一七ページ。

190　南方熊楠「猫一疋の力に憑って大富となりし人の話」『南方熊楠全集』第三巻、平凡社、一九七一年、一〇四ページ。
191　Leach, M.（ed.）前掲32、vol. 1, p. 198, "cats".
192　Dale-Green, Patricia, *Cult of the Cat*, Heineman, London, 1963, p M.（ed.）108.
193　Leach, M.（ed.）前掲32、vol. 2, p. 1154, "vampire".
194　Radford, E. and M. A. 前掲147、p. 87.
195　Briggs, K. M. 前掲35、p. 72.［訳］九二ページ。
196　Máchal, Jan, Slavic Mythology, *The Mythology of All Races*, vol. 3, Boston, 1918, [reprinted] Cooper Square Publishers, New York, 1964, p. 232.
197　MacCulloch, John Arnott, Vampire, Hastings, James（ed.）, *Encyclopaedia of Religion and Ethics*, T. & T. Clark, Edinburgh, 1921, [6. impression] 1967, vol. 12, p. 589b.
198　日野巌、前掲155、四二六ページ。
199　小井川潤次郎「[各地の葬礼」青森県八戸市

附近」『旅と伝説』第六巻第七号、三元社、一九三三年、三三ページ。

200　宮本常一「昔話と俗信」『昔話研究』第一巻第一二号、三元社、一九三六年、一三ページ。

201　同右、一二ページ。

202　Owen, E. 前掲36、pp. 341-342.

203　Koppers, Wilhelm, Der Hund in der Mythologie der alt-zirkumpazifischen Völker. Ein Beitrag : zur Frage derneuweltlichen Kulturbeziehungen. *Wiener Beiträge zur Kulturgeschichte und Linguistik*, Jahrgeng I, Wien, 1930, SS. 359-399. 参照。

第五章

204　大藤ゆき「葬制」神奈川県立博物館編『相模川流域の民俗』(『神奈川県民俗調査報告』㈠)、神奈川県立博物館、一九六八年、一三五ページ。

205　國學院大学民俗学研究会編『民俗採訪　昭和三十八年度』、國學院大学民俗学研究会、一九六四年、三三ページ。

206　宮本常一「行事と代替り」『民間伝承』第三巻第五号、民間伝承の会、一九三八年、五ページ。

207　山口麻太郎『壱岐島民俗誌』(『日本民俗誌大系』第二巻)、角川書店、一九七五年、二二一、二五六ページ。

208　横田伝松「[各地の葬礼]愛媛県喜多郡蔵川」『旅と伝説』第六巻第七号、三元社、一九三三年、一五三ページ。

209　同右、一五一ページ。

210　井之口章次「長崎県北松浦郡小値賀島」日本民俗学会編『離島生活の研究』、集英社、一九六六年、六五六ページ。

211　楽水生「伊豆三島より」『郷土研究』第四巻第三号、郷土研究社、一九一六年、六〇ページ。

212　河野芳太郎「葬礼と猫」『郷土研究』第四巻第九号、郷土研究社、一九一六年、六二ページ。

213　早川孝太郎「猫を繞る問題一二」『旅と伝説』第一〇巻第一〇号、三元社、一九三七年、三ページ。

214　民俗学研究所編『綜合日本民俗語彙』第一〜五巻、平凡社、一九五五〜一九五六年、第二巻、五一四ページ「ケガエ」。

215　佐喜真興英、前掲173、一〇二ページ。

216　佐久間惇一、前掲164、二三～二四ページ。

217　井花伊左衛門「[各地の葬礼]滋賀県高島郡西庄村」『旅と伝説』第六巻第七号、三元社、一九三三年、一一一ページ。

218　民俗学研究所編、前掲214、第一巻、三ページ「アイドシ」。

219　同右、第一巻、四ページ「アイバラミ」。

220　迷信調査協議会編『迷信の実態』(『日本の俗信』(一))、技報堂、一九四九年、[五版]一九五六年、二三九ページ。

221　小島瓔禮「『日本霊異記』――作品紹介」「現代に見る『日本霊異記』」小島瓔禮他編『日本霊異記』(『図説日本の古典』第三巻)、集英社、一九八一年、[新装版]一九八九年、四〇～四一、二〇八ページ。

222　民俗学研究所編、前掲214、第一巻、三ページ「アイドシ」。

223　前田太郎編訳、前掲151、二四一ページ。

224　鈴木重光「[各地の葬礼]神奈川県津久井郡地方」、前掲161、八六ページ。

225　同右。

226　前田太郎編訳、前掲151、二四三ページ。

227　Leach, M. (ed.) 前掲32、vol. 1, p. 130, "bees". Hoffmann-Krayer, Eduard, Biene, Bächtold-stäubli, Hanns [Hrsg.], *Handwörterbuch des deutschen Aberglaubens* (Handwörterbucher zur deutschen Volkskunde. I. Abteilung), 10 Bde., Walter de Gruyter, Berlin, 1927-42, Bd. 1, SS. 1232, 1236n.

228　Leach, M. (ed.) 同右。

229　Hoffmann-Krayer, E. 前掲227。

230　牧田茂「産神と箒神と」『民間伝承』第八巻第七号、民間伝承の会、一九四二年、九～二〇ページ、参照。

231　楊継林・中甫廉『中国彝族虎文化』(『彝族文化研究叢書』)、雲南人民出版社・昆明、一九九二年、二二一～二二三ページ。

232　同右、二二三ページ。

233　同右。

234　同右。

235　同右。
236　同右、二三〜二四ページ。
237　同右、二四ページ。
238　同右、二一ページ。
239　同右。
240　香坂順一『南支那民俗誌（海南島篇）』（『台湾総督府外事部調査』第一四六・文化部門第九）、台湾総督府外事部・台北、一九四四年、四一〜四二ページ。
241　同右、四二ページ。
242　同右、七六ページ。
243　同右。
244　同右。
245　Viau, J.（ヴィオー・J）, Mythologie Egyptienne, Guirand, F. (ed.), *Mythologie générale*, Librairie Larousse, Paris, 1935. ★［訳］中山公男『オリエントの神話』（みすず・ぶっくす）、みすず書房、一九五九年、［二刷］一九六二年、「エジプトの神話」一〇五ページ。
246　高木敏雄『日本伝説集』、郷土研究社、一九一三年、七四〜七六ページ。一九一三年の採集。
247　野津龍「湖山長者」『日本の民話』第一一巻、研秀出版、一九七七年、九ページ。野津龍、前掲119、一〇〜一六ページ。
248　安部恭庵『因幡誌』（『因伯叢書』第三冊）、名著出版、一九七二年、四七六〜四七七ページ。
249　平良豊勝『喜如嘉の民俗』、私家版、一九七〇年、八九ページ。
250　島袋源七、前掲171、二一七ページ。
251　佐喜真興英、前掲173、一三二ページ。
252　佐喜真興英『南島説話』（『炉辺叢書』）、郷土研究社、一九二二年、九〜一二ページ。
253　同右、一二〇ページ。
254　与那国町文化財調査委員会編『与那国町の文化財と民話集』、与那国町教育委員会、［再版］一九九二年、三七ページ。この与那国町の類話（三五〜三七ページ、一三番）は、前掲252を下敷きにしたような文章であるが、この鳴き声の部分は、前掲252にはなく、与那国島での伝えらしい。
255　琉球新報社『琉球新報』一九七三年五月二五日朝刊（二版）、九ページ「ふるさと」四一

「長柵の青鳴きマヤーガマ」、琉球新報社。

256　葉国慶「死猫掛樹頭——莆俗瑣記——続」『民俗』第八〇期、国立中山大学民俗学会・広州、一九二九年、一八ページ。

257　福原椿一郎「死猫吊樹頭」『民俗台湾』第三巻第六号、東都書籍台北支店・台北、一九四三年、四二～四三ページ。

258　三輪環『伝説の朝鮮』、博文館、一九一九年、一六七～一六八ページ。

259　魏全方「野猫」『南風』一九九三年六期、南風編輯部・貴陽、一九九三年、二八～二九ページ。斧原孝守「うたう猫——東アジアの小動物転生譚の変成」『比較民俗学会報』第一七巻第四号、比較民俗学会、一九九七年、七～一五ページ、参照。

260　森正史『えひめ昔ばなし』、南海放送、一九六七年、一六二ページ。

261　工藤勇「米岡の怪猫」宮城県教育会編『郷土の伝承』第一輯、宮城県教育会、一九三一年、九〇ページ。

262　能田太郎「玉名郡昔話㈢」『昔話研究』第一巻第四号、三元社、一九三五年、二八ページ。

263　「村の話」『奥南新報』一九二九年一二月（稲田浩二・小沢俊夫編『日本昔話通観』第二巻、同朋舎出版、一九八二年、三八〇ページ）。

264　Brrigs, K. M. 前掲35、pp. 149-151.［訳］一七四～一七七ページ。

265　Frazer, James George（ジェイムズ・フレイザー）, *The Golden Bough, A Study in Magic and Religion,*［3. edition］13 vols., The Macmillan Press, London, 1913,［reprinted］1990, pt.7, vol. 2, pp. 150-151,［abridged edition］1922,［new plates］1951,［3. printing］The Macmillan Company, New York, 1953, pp. 785-786.［訳］永橋卓介『金枝篇』㈠～㈤（岩波文庫）、岩波書店、一九五一～一九五二年、［二刷改版］一九六六～一九六七年、㈤七四～七五ページ。

266　大木卓、前掲74、一七七ページ。

267　水沢謙一『とんと昔があったげど』第二集（『日本の昔話』二）未來社、一九五八年、九九～一〇〇ページ。

第Ⅲ部　猫山の世界

第一章　猫と狩猟信仰

猫と切り矢の信仰

山で狩りをする猟師のあいだには、猫にたいする特別な信仰がある。猫は猟師にとって、魔物であるという。たとえば、今日なお狩猟生活の生きている、九州中央山地の宮崎県児湯《こゆ》郡西米良《にしめら》村小川《おがわ》の猟師は、ニタマチをしているとき、夜待ちをすると猫が来るという話を思い出して心細くなった、と回想している。[1] なぜ猫が猟師には魔物なのか、われわれの猫の精神史にとって、大きな課題である。それは、「猫岳参り」の伝えにみるように、猫は劫《こう》を経ると化けるようになり、家を離れて山にはいるという、山を猫のすむ別世界とする伝えを抜きにしては、理解できないことである。

山の中にある湿地がニタである。猪《いのしし》は体についたダニやシラミを落とすために、ニタに出て来て土に体をこすりつける。その猪をニタの近くで待っていて撃つのが、ニタマチである。月夜が多いが、闇夜《やみよ》にも行く。夜、待っていて撃つので、夜待ちともいう。[2] 猫は夜行性の動物である。ニタマチなど夜の狩猟のときに、猫が魔物としておそれられた動機は、いろいろありそうである。

そこでまず第一に注意しなければならないのは、夜待ちには、基本的な魔物除《よ》けの信仰があったことである。夜待ちをするには、なにか小楯《こだて》を取っておけ、と教えられたという。蛇が来ることもあるので、大きな枝や大木・岩などを背にして、うしろを固めておけ、油断をするな、という意味である。昔の人は、ニタマチに行くときは、鉄の弾を一発隠して持っておけ、といったものであるという。[3] ふだん用いるのは鉛の弾で、鉄の弾には特別な魔除けの意味があった。「もう一つの弾」の信仰である。

西米良村の北隣になる東臼杵《ひがしうすき》郡椎葉《しいば》村では、この鉄の弾をキリヤとか、キリガネダマと呼ぶ。椎葉村の猟師は、猫を魔物とする伝えのなかで、このキリヤについて語っている。下福良《しもふくら》の佐礼《ざれ》の椎葉三郎さん(一九〇六年生まれ)は、猫の見ているところでは、鉄砲の弾をつくってはならないという。鉄砲の弾を鋳《い》るとき、猫は手をあげて弾をかぞえておき、山の中で魔物に化けて猟師をおそう。猟師が弾を撃ちつくすと、主人に跳びかかって殺そうとする。だから、キリヤといって、タカガミの名を刻んだ弾を隠し持っていなければならない。この弾は、ねらわずとも命中する。それで猫の飼い主の猟師は命拾いしたという。[4] タカガミとは高神の意で、霊力の強い神をいう。

これは、日本各地に分布している昔話の「猫と茶釜《ちゃがま》の蓋《ふた》」の一例である。だいたい、次のような型の昔話である。

㈠ 猟師が弾をつくっていると、そばで飼い猫が弾の数をかぞえている。

(二) やがて猫がいなくなり、茶釜の蓋がなくなる。
(三) 狩りに行くと、化け物に出会う。
(四) 弾を撃ち尽くすが、金物にあたる音がして化け物はたおれない。
(五) 隠し弾で撃つと、たおれる。
(六) 化け物は飼い猫で、そばにはなくなっていた茶釜の蓋がある。

椎葉村では、この「猫と茶釜の蓋」が、やはりニタマチの話として多くの猟師に伝えられ、信仰として生きている。野老ヶ八重《のろはえ》の那須平次郎さん（一八九八年生まれ）は、猫を撃つと弾があたらなくなるといい、猟師は猫を飼わないという。[5] 仲塔《なかとう》の那須儀三郎さんは、家で鉄砲の弾入れをするときは、猫を追いはらってからしなければならないという。[6] また、尾前《おまえ》の尾前善則さんは、これを、ある猟師が千頭目のシシ（猪）を撃ったときの話として伝えている。ようやく鉄の隠し弾でしとめたが、血をたどって行くと、家の飼い猫であったという。鉄の隠し弾は、チ（鉄鍋《てつなべ》の底のイボ）でつくるとよいという。[7]

鹿児島県には、千頭の獲物を獲ると、千頭供養の石碑を立てる習慣があり、[8] 猟師にとって、千頭目の獲物には特別な意味があった。宮崎県西臼杵郡高千穂《たかちほ》町の五ヶ所《ごかしょ》には、千頭のシシを射止めた猟師が、千一頭目を獲ろうとして化け猫におそわれ、その後、発心《ほっしん》して観音像を彫り、全国を行脚《あんぎゃ》して東北地方に堂を建てて安置した、という物語もある。[9] 千頭供養は、化け猫をおそれる猟師の信仰を語るのに、かっこうの舞台であった。

椎葉村にも、尾手《おって》納《のう》の法者（修験者）が、熊本県球磨《くま》郡水上《みずかみ》村の横才《よこさい》というところに住み、千頭の獲物を獲ることを願う千丸《せんまる》の願《がん》をかけた話がある。九百九十九丸目に自分の命を奪われそうになったので、千丸を獲ることをあきらめ、それまで殺生《せっしょう》したシシの霊を慰めるために、自分と妻の木像を彫ったという。[10] その像は今も尾手納にある。[11] これらの地方には、猟師は九百九十九頭の獲物があったところで、猟をやめなければならない、という伝えもある。[12]

ここでたいせつなのは、「猫と茶釜の蓋」の昔話をめぐる猟師の信仰で、おそれているのは、一般の猫ではなく、自分の家の飼い猫で、それが山の中で魔物に化けると伝えていることである。そこで、猟師は猫を飼うものではないという伝えも生まれてくる。猫が家で弾をかぞえることを警戒するように、猫が山にすみつくことよりも、むしろ猫が家と山を往来することが問題になっている。家にいればあたりまえの飼い猫が、山にはいると、主人をねらう魔物になる。「猫岳参り」の信仰と同じである。「猫と茶釜の蓋」を支えている論理は、猫に殺されるか、猫を殺すかである。その鍵《かぎ》をにぎっているのが、隠し弾である。そこには、飼い主と猫と、どちらかの生命しか存在しえない、という思想がよめる。

人間の死をめぐる習俗には、猫と飼い主と、生命に一体感があるとする伝えが少なくなかった。そうした信仰と、猫が山にはいって人間とは別の世界をつくり、人間に対峙《たいじ》するという観念とが結びついたところに、この「猫と茶釜の蓋」の昔話の構想は成り立っている。それが猟師の信仰になっていたのは、猟師も家から異界である山に行き、そこで仕事をする人だったからである。

このキリヤなど、「もう一つの弾」の信仰は、全国的にみられる。長野県上伊那《かみいな》郡三峰《みぶ》川谷では、日常の鉛弾《なまりだま》では魔性《ましょう》のものには無力であるといい、そんなときには、鉄の弾か銀の弾、ときには金の弾を撃ちこまないと効果がないという。魔性のものには金の弾、狒狒《ひひ》などの化け物には銀の弾、大蛇には鉄の弾がよいともいう。[13]鉄の弾をキリヤと呼ぶ言葉は、熊本県阿蘇《あそ》郡内牧《うちのまき》（阿蘇市）にもある。[14]語義は切り矢で、最後の矢ということである。おそらく、弓矢による狩猟の時代からの用語であろう。この最後の弾を、本来の意味どおり「もう一本の矢」にした「猫と茶釜の蓋」の類話が、江戸時代初期の説話集にある。延宝《えんぽう》五年（一六七七）刊の『宿直草《とのいぐさ》』の改版本である、俳諧師《はいかいし》荻田安静（一六六九年没）の著、同六年刊の『御伽《おとぎ》物語』巻一第十二「弓法の徳をおぼえし事」である。

弓をたしなむ人が、一人で夜道を行った。弓に矢を十筋《とすじ》取りそえていたが、途中で篠《しの》を一本切り、矢の長さに合わせて根をそぎ、筈《はず》をつけて十筋の矢に加えた。

やがて、道の真ん中に、黒いものがいるのに出会った。狐《きつね》か狢《むじな》であろうと矢を放つと、金物などにあたって飛びのくような音がする。十筋射ても同じである。矢があと一筋になったとき、黒いものは、上に被《かぶ》っていたものを脇にどけて、跳びかかってきた。そこで、残った一筋でしとめた。近くで見ると、それは狸《たぬき》で、被っていたのは鍋であった。狸も十の数を知っていたのであろう。それを十一にしたのが、弓法の徳であるという。[15]

昔話にも、猟師が矢を用いる例がある。兵庫県氷上《ひかみ》郡柏原《かいばら》町の伝えである。

猪《しし》猟師が夜撃ちに行くために、矢を十二本研《と》いでいるところを、猫が見ていた。妻は産み月なので行くなというが、仕事なので用があっても呼びに来るなと、妻にいいおいて出かけた。夜ふけに、猫が女中に化けて、赤子が生まれそうだと呼びに来た。どことなくおかしいので、猟師は、帰らないと答えて、女中を矢で射た。しかし、矢は飛んであたらない。猫が鍋蓋を持って、矢を受けていた。

猫は、猟師が十二本射てしまったら、かぶりつこうとおもっていた。猟師に隠し矢があるのを知らなかった。隠し矢があたり、猫は血の跡を残しながら、家に帰った。床下で正体をあらわし、鍋蓋を一つ持って死んでいたという。[16]

この例は、鉄砲以前にも、「猫と茶釜の蓋」の昔話が、猟師が矢を研ぐところを見て、猫が矢をかぞえていたというかたちで語られていた可能性を示しており、貴重である。

キリヤの信仰は、山の魔物一般についての伝えであった。それが、猫に限定され、猟師が猫を魔物としておそれるという現実の生活を語る話になっていた。猟師にとって、山にいる猫は人間の世界にいる猫ではなく、怪異な世界にいる魔物だったからにちがいない。猫も飼い主の猟師と同じく、家と山とを行き来していた。猫は山と里と二つの世界に通じているという意味でも、特異な存在であった。それは、あい対立する両極を一つのものの中にあわせもつ、両義性の魔性をそのままみせていた。

猫が猟師の妻に化けること

猟師がニタマチをしていて猫の化け物に会ったという話も、やはり江戸時代初期の『御伽物語』にみえている。巻二第一「ねこまたといふ事」である。[17] ここではニタマチをノタマチと呼んでいる。

摂州《せっしゅう》萩谷《はぎたに》（大阪府高槻市《たかつき》）の人が、ノタマチを好んでいた。猪は深い山から里の田に出て来て、夜のうちに餌を食い、夜明けになると山に帰る。水が湧《わ》くところで、転がって体を打つ。その跡がはっきりしているので、昼のうちによく見ておいて、夜、猪が出て来るのを待ち、そこに来たところを弓や鉄砲で獲る。

夜、ノタマチをした。月もふけたころ、声がかすかに聞こえた。耳をそばだてて聞くと、母が自分を呼んでいる。用があるにしても、二十四町もの坂道を一人で来るのはおかしい。一矢《ひとや》射ようと待った。声はたしかに母であるが、化け物でもあろうかと迷いながら、もし母であれば腹を切ってわびようと意を決して、雁《かり》股《また》の矢を引きしぼって放った。矢はあたった。引き返しながら叫ぶ声は母である。
　夜が明けてみると、矢が射通した跡から血が道に流れ、自分の家の母の隠居の門口に続いている。はいってみると、母は健在である。血はさらに簀垣《すがき》の下につたわっている。簀の子の下をさがすと、母がかわいがっていた虎毛の猫が死んでいた。

　飼い猫が母に化けて、猟師をおそおうとしていたという話である。

　これとよく似たニタマチの話は、元和《げんな》年間（一六一五〜二四）刊の『曾呂利《そろり》物語』巻三「ねこまたの事」にもある。[18] ここでは、ヌタマチという。山から鹿が下って来るのを、庵《いおり》で待って射る。庵とは、ヌタマチをするための小屋掛けのことである。

　宵《よい》からヌタマチをしていると、妻が片手に行灯《あんどん》を持ち、杖《つえ》にすがって来て、今夜は早く帰れという。男は変化《へんげ》のものであるとおもい、妻であるにしても、夜半にここまで来るのは納得できないと、大雁股《おおかりまた》の矢を射た。行灯も消え、女も見えなくなった。こんな夜は早く帰ろうと家にもどると、門口に血がたくさん流れている。びっくりして寝間に行くと、妻は無事で、どうして今夜は早く帰ったのかという。血の跡をたどると、年経た飼い猫であった。猫は長く飼うものではないという。

これらの話は、全体的には「猫と茶釜の蓋」に似ているが、猫が弾の数を知っていて茶釜の蓋で防ぐという特色ある趣向が欠け、猫が家族に化けて猟師を迎えに来るという独自の型になっている。この型の類話は昔話にもある。鹿児島県川辺《かわなべ》郡知覧《ちらん》村（南九州市知覧町）では、狩りに行っている武士を女中が迎えに来たので、怪しんで撃つと飼い猫であったという[19]。「猟師を呼びに来る妻」とでもいうべき、一つの型をなしている。

これに近い昔話に「山姥《やまんば》の糸車」がある。怪異な動物が婆に化け、糸車をまわして糸を紡《つむ》いでいる話である。『曾呂利物語』の例で女が行灯を持って来たというのは、これに近い。「山姥の糸車」は、おおよそ、次のような型にまとめることができる。

(一) 猟師が狩りに行く。
(二) 山の中で、糸車をまわして糸を紡いでいる婆に出会う。
(三) いくら撃ってもあたらない。
(四) そばの行灯を撃つと、婆は消える。
(五) 正体は怪異な動物である。

しかし、「猟師を呼びに来る妻」と「山姥の糸車」とは、構想上、本質的な違いがある。前者は、猟師が一定の場所でヌタマチをしているところに化け物が近づき、後者は、化け物がいるところに猟師が近づくかたちである。ヌタマチをしている猟師は、「山姥の糸車」の主人公にはなりにくい。

それと呼応してか、「山姥の糸車」の化け物には、狸や狢が多く、猫の例にはなかなか出会わない。「猫と茶釜の蓋」や「猟師を呼びに来る妻」では、しばしば主人公がヌタマチの猟師であり、化け物も猫であることが多いことと、好対照である。猫がヌタマチの猟師を化かそうとするのは、「猫と茶釜の蓋」の「もう一つの弾」の伝えでみたように、あきらかに猟師の信仰の反映である。山の魔物の地位を占める猫は、山の猟師の信仰のなかに生きていた。

寛政《かんせい》九年（一七九七）ごろ成立の横井希純の『阿州奇事雑話《あしゆうきじざつわ》』には、「猟師を呼びに来る妻」の系統で、ヌタマチをする猟師に山女《やまおんな》などが訪れる話がある。猟師が夜ふけに火をたいていると、山女らしいものが来て、鉄漿《かね》をつけたいので火を貸してくれという。さらに、鹿を追い出して来たら撃ち殺してくれるか、と頼む。猟師が鹿を殺してやると、山女は鹿を引きさいて肉を食った。猟師はおそれて、例の用意の鉄の弾をこめて撃つと、かき消すように逃げたという。[20]

また、大きな髭《ひげ》をかぶせたような、正体のわからない怪物の話もある。ヌタマチをしていた。夜中に一人で火をたいていると、夜明け前に怪物があらわれた。昼間とっておいた鹿の足を切って与えると、食べる。もう一方の足をやると、これも食べてしまう。たき木をとって来てくれと頼むと、怪物はとりに行った。猟師は鉄の弾を持ちあわせていなかったので、鉄の柄の小刀を打ちくだいて鉄砲につめ、たき木をとってもどって来た怪物を撃った。翌日、血の跡をたどると、人も行かない岩の間に、松の大木を根こそぎにした穴があり、そこにはいったようすであったという。[21]

著者の横井希純は、これらを、山父や山姥など山の怪物の奇談の例とみている。[22] その正体が動物であるともいっていない。純粋に山の異形《いぎよう》の人の怪異である。「猟師を呼びに来る妻」という物語の構想をとおしていえば、猫はその山の怪物と交代する地位を占めていた。猫は山の怪異な動物である。年経た猫は山にはいって化け猫になるといい、猫岳には、猫の王をいただく猫の社会があった。その点では、猫は山にすむ山父や山姥にもあたる山の化け物であった。

物語は「猟師を呼びに来る妻」の型でありながら、猫が弾や矢の数をかぞえているという趣向のある「猫と茶釜の蓋」の例もある。先にみた兵庫県氷上郡の昔話である。ここでは、なぜ猫が家人に化けて迎えに来たかが、明確になっていた。猫は、飼い主である猟師にとりついて殺そうとしている。この猫は、この家で三代にわたって飼われていた猫で、ここでは、猫は三代置くものではないといい、三代目の猫は飼い主にとりついて殺すと伝えていた。[23] 一種の猫の毛替えの観念である。

猫は代を重ねて飼うものではないという伝えは、昭和十三年（一九三八）十二月の木曜会でも話題になっている。木曜会とは、柳田国男が主宰していた民俗学の研究会である。当時の民俗学会の機関誌であった民間伝承の会の月刊誌『民間伝承』の十二月号の記事の合評会で、柳田国男は、沖縄では猫は古くなると主人の生命をとると伝えている、という比嘉春潮《ひがしゅんちょう》さんの発言をうけて、あちこちでいうことで、猫を二代続けて飼うなとか、猫の相続はいけないとかいう、と述べている。[24]

これに続けて柳田国男は、山の猫のことにふれている。八丈島《はちじょうじま》と隠岐《おき》島について、山にはいる猫の例を聞いたが、西谷君の例もおもしろいという。その西谷勝也さんの記事は、岡山県英田《あいだ》郡豊田《とよだ》村（美作市《みまさかし》）山口での聞き書きで、山にはいる者は猫をひじょうに忌《い》むという。[25] ここで柳田国男がとりあげた一連の問題は、ちょうど、この氷上郡の例に代表される「猫と茶釜の蓋」の昔話の背景をなす、猟師などの信仰をみごとに語っている。昭和十四年十月にできた柳田国男の「猫の島」という論考は、[26] このときの発言と深くかかわっている。

「猟師を呼びに来る妻」では、ことごとく、猫は妻や母など家の女に化けている。女を傷つけると、猫が傷ついて見つかるというのは、この昔話の特色であるが、「鍛冶屋の姥」でも、猫の手を切ると、猫が化けていた女も手を切られていたという。これは、猫を傷つけると正体は女であったという、逆の語りかたをするヨーロッパの「手を切られた猫」にもつながる。猫が家の女に化けるというのは、日本の怪異な猫の物語の古い伝統であった。「猟師を呼びに来る妻」も、そうした猫の奇談の歴史のなかから生まれたものであろう。

氷上郡の類話で、妻ではなく女中が迎えに来ていたのは、妻が産み月であるということに呼応している。妻が山に行くなというのに、ヌタマチに行って猫の怪異に出会っているのは、なにか意味のあることにもおもえるが、まだよくわからない。しかし、一般に、漁師は妻などに出産があると、そのけがれを忌むが、猟師は忌まないといわれ、猟師が山の中で山の神の出産をたすけたので、山の神の保護をうけるようになったという伝えもあり、猟師と妊婦とはかかわりが深い[27]。

「鍛冶屋の姥」の昔話で江戸時代からよく知られていたのは、高知県安芸《あき》郡佐喜浜《さきのはま》村(室戸《むろと》市)の鍛冶屋にまつわる伝えである。山中で鍛冶屋の婆に化けていた狼《おおかみ》の仲間におそわれた妊婦を、旅人がたすけて無事に出産させたという話で、ここでも妊婦がかかわっている。この佐喜浜村の鍛冶屋の婆は狼であるが、「鍛冶屋の姥」の主役は、一般には狼ではなく猫である。猫が女に化けるという一連の物語を支える猟師の信仰に、妊婦とかかわるものがなにかあったのであろう。

猟師が猫をおそれる信仰が生きていた宮崎県椎葉村にも、典型的な「猫と茶釜の蓋」の話でありながら、「猟師を呼びに来る妻」の型になっている例があった。尾手納の椎葉成記さんの伝えである。

猟師がつくっている鉄砲の弾の数を、猫がかぞえていた。猟師はあとで、一つ余分の弾をつくっておいた。ニタマチに行くと、時がたたないのに、朝日があがってきた。猫が自分を獲りに来たなと猟師がおもっていると、猫の目が朝日にかがやいて近づいて来る。撃つと、カランと音をたてて弾をはじく。最後に隠し弾で撃つと命中した。

猫は、おまえは母親を撃ち殺したといって立ち去った。夜が明けて、母親のことを心配しながら猟師が家に帰ると、猫は釜の下で死んでいた。母は、猫は三年養っても三日の恩しか知らない、こういうものが自分に化けて、お前がだまされなくてよかった、といったという。[28]

氷上郡の昔話とよく似ている。「猫と茶釜の蓋」は、かつては、このように猟師の信仰を語るところに眼目があった。

猫と銀の弾と

猫は山にはいると怪異な動物になる。「猫と茶釜の蓋」の昔話は、こうした猟師の信仰のうえに成り立っていた。しかしこれも、日本だけの昔話ではなかった。この昔話の物語の核である「もう一つの弾」に相当する趣向は、ヨーロッパにも、銀の弾が巨人や幽霊、魔女にたいする守りになるという信仰として伝わっていた[29]。次の例は、アメリカのペンシルベニアのドイツ系の人の伝えである。ここでは、猫の正体は男の人であるが、一般には女の人になっている。

窓の近くの木のてっぺんに猫が登って、男を悩ませていた。金か銀の弾で撃ちさえすれば猫を殺すことができると、男は知っていた。男は、ボタンから二つの弾をつくった。最初の弾ははずれ、二つ目の弾で殺した。翌朝、猫が木の下で死んでいるのが見つかった。同じ日、一人の男が、銀の弾で撃たれて死んでいるのが発見されたという[30]。

これは、ただたんに、銀の弾の趣向だけの共通ではない。主役が猫で、物語も、猫が傷つけられるか殺されるかすると、魔女も傷つくか殺されるかするという型である[31]。猫数をかぞえる趣向はないが、「猫と茶釜の蓋」と共通し、「猟師を呼びに来る妻」や「山姥の糸車」などとは、まったく同じ物語の類型である。この「猫と銀の弾」が、もともとヨーロッパでそれなりに分布していたとすると、「猫と茶釜の蓋」がいかに日本の猟師の信仰にとけこんでいようとも、鉄砲がヨーロッパ文明の所産である以上、日本で発生した昔話ということはできない。猫と同じく、ヨーロッパなどから伝わったものとみなければならない。

ところが、ヨーロッパでも、すくなくともイギリス諸島には、「猫と銀の弾」ではなく、猫以外の「野兎《のうさぎ》と銀の弾」があった。まず、アイルランドの例をあげてみよう。

野兎の姿をした魔女を撃つが、なかなかあたらない。魔女を傷つけることができるのは、六ペンス銀貨か一シリング銀貨でつくった銀の弾だけである。そこで、ふつうの鉛の弾ではなく、銀の弾で撃つと野兎にあたった。負傷した野兎を追跡すると、女の人の姿で、住まいの目立たない場所に、傷ついた腕《うで》か足ですわっていたという[32]。

この「野兎と銀の弾」はイングランドにもあるが、アイルランドはじめ、ウェールズ、スカイ島、スコットランド高地地方、コーンウォールなど、ケルト領域に広く分布しており、「猫と銀の弾」より古風である可能性が大きい。

野兎以外にも、動物の姿の魔女が銀の弾で撃たれ、負傷あるいは死んで正体をあらわす話が、アメリカにはいろいろある。烏《からす》を銀の弾で撃つと、弾が魔女の腕を切断していたとか[33]、山羊《やぎ》を銀の弾で撃つと、翌日、魔女が青黒い顔をしていたとか[34]、鹿を撃つと、撃った男の母親が同じ傷をうけて死んでいたとか[35]、ヤマウズラを銀貨の一部分で撃つと、魔女の手首に穴があき、けっして癒《なお》らなかった[36]、などという例がある。動物の種類はいろいろになっているが、銀の弾が動物に変身した魔女の正体をあばくというかたちで、物語が広がっていた。

日本の「もう一つの弾」でも、猫以外の動物も登場している。『阿州奇事雑話』では、「猟師を呼びに来る妻」やその変化型で、山女とか、正体のわからない怪物や、山の怪物を退治するために、鉄の弾を用いている。このなかに含まれている「狒狒《ひひ》」は、のちにふれる山言葉や沖言葉で、猫とともに忌み言葉の対象になっている猿のうちとくに年経た怪異なものの称である。「山姥の糸車」の昔話のなかにも、猿を鉄の弾や金の弾でしとめたという伝えがある。また、大蛇を金の弾で退治した話もあるが、蛇もまた、山や沖で忌み言葉を用いる、宗教的にとくべつな動物であった。

銀の弾の信仰は、ヨーロッパでは、怪異なものを撃つための弾で、魔女を撃つ「猫と銀の弾」の昔話として類型をかたちづくってきた。日本でも、山の怪異なものを撃つ「猫と茶釜の蓋」の昔話で語られている。しかし、それでいて、猫を主役とする伝えが、イギリス諸島でも日本でも、めだって多かった。くしくも、ユーラシア大陸のさらに東西に位置する二つの群島に、「もう一つの弾」である銀の弾の伝えが、猫を怪異な動物とする信仰とともに分布していた。

弾は弾、猫は猫として、まったく無関係に信仰が広まっていたとも考えられるが、それにしては、あまりに共通している。鉄の弾、銀の弾、金の弾といえば、鉄砲の歴史以後である。日本へは、種子島《たねがしま》銃の伝来よりのち、ヨーロッパの鉄砲の技術が伝わるなかで、銀の弾の信仰も、ヨーロッパから運ばれてきたとしか考えられない。「猫と茶釜の蓋」にもえがかれていたように、日常用いる鉛の弾は、猟師が自分でつくっていた。しかし、金の弾や銀の弾もさることながら、宮崎県椎葉村では、鉄のキリヤの弾は鍛冶屋につくってもらうことになっていた。[37]

それはおそらく、現実にはお守りの弾であった。熊本県阿蘇郡内牧では、自分の手でつくらない弾を一つ持っていて、命をとられそうになったときに撃った。それを「切り矢」といい、どこにむけて撃っても命中するという。[38] 愛媛県越智《おち》郡大島（今治市宮窪《みやくぼ》町・吉海《よしうみ》町）でも、「猫と茶釜の蓋」の昔話で、イノチダマ（命弾）のことが語られているが、イノチダマは最後につかうもので、これをつかったら猟師をやめるともいう。[39]

ユルシノタマ（許しの弾）も同じで、危急存亡のときに用いる特別な力のある弾である。金、銀、鉄の三種があり、伊勢《いせ》神宮で許しを得ると伝える。徳島県剣山《つるぎさん》の麓の滝では、二月の午《うま》の日に四国中の猟師が集まって、金の許し弾で的を射る儀式があったという話も伝わっている。また、和歌山県日高《ひだか》郡上山路《かみさんじ》村（田辺《たなべ》市 竜神《りゅうじん》村）では、許し弾を八幡大菩薩《はちまんだいぼさつ》ともいい、尻《しり》に八の字が刻んであるという。[40] これらもおそらく、鉄砲鍛冶によって、鉄砲とともにつくられた護符の弾であろう。

そうした鍛冶屋と結びつく「もう一つの弾」が、ヨーロッパでは「猫と銀の弾」として、「手を切られた猫」の一部分を構成していたことは重要である。「手を切られた猫」は、日本では「鍛冶屋の姥」と呼ばれてきたように、物語に鍛冶屋がかかわっていた。銀の弾で猫を撃つと、魔女が負傷していたというイギリスの話が、日本では、そのままの型で「猫と茶釜の蓋」になり、もう一匹の頭目《とうもく》の猫を招くという「もう一匹の猫」の趣向と複合して、この「鍛冶屋の姥」になっていた。

「鍛冶屋の姥」の物語が、現実の鍛冶屋と結びついていたのは、鍛冶屋が、この物語の語り手であったからであろう。しばしば昔話は、このような職人によって管理され、語り広められていた。鉄砲鍛冶というが、もともとは、専業にするものは少なく、ふだんは野鍛冶として、日常の用具をつくっていた。[41] 村の猟師の鉄砲の世話をする鍛冶屋が、そこここにいたにちがいない。鍛冶の技術が必要な「もう一つの弾」から、猫が人間に変身するという伝えが鍛冶屋の信仰と結びつき、「鍛冶屋の姥」をはぐくんだのであろう。

「猫と茶釜の蓋」は、「猫と銀の弾」とほとんど一致しているが、「猫と茶釜の蓋」には、猫が弾の数をかぞえるという、たいへん特色のある趣向がついている。数をかぞえるのがすきな魔物が、かぞえるがゆえに退治されるという話は、ヨーロッパにもありそうだが、まだたしかな典拠を見いだすことができない。日本では、NHKが放送しているテレビ番組の『セサミストリート』に、カウント伯爵というキャラクターがある。数をかぞえることが好きな魔物であるが、「かぞえる」と「伯爵」という語が、ともに、“count”と同音であることによるもじりである。ヨーロッパに、そのような怪物がいるという伝えがあるわけでもないらしい。

数をかぞえる趣向は、日本では、「もう一つの弾」ではなく、「もう一つの矢」の型でも伝わっている。しかも、文献でも、それなりに古くさかのぼる。矢の根を研ぐのを見て、猫が数をかぞえているという語りかたは、鉄砲になる前に、昔話にも「もう一つの矢」の時代があった可能性を示している。イギリスでも、「猫と銀の弾」以前には、弓矢を用いていたはずである。ヨーロッパには、矢の例もある。

オランダの昔話には、少女におそいかかる狼を、ある男が矢で射る話がある。矢は狼にささった。翌日、男は、見なれない給仕の男が、わき腹に矢がささって死にかけていると聞く。男が見に行くと、自分の矢であった。その男は、自分が狼人間であることを告白したという。[42] 狼人間とは、人狼とも訳されている語で、ヨーロッパで古くから伝わっている狼に変身する人間のことである。しかし、イギリス諸島の「猫と銀の弾」に、数をかぞえる趣向が一般にはないところをみると、日本の「もう一本の矢」に、鉄砲にともなって伝わった銀の弾の信仰が習合したのが、「猫と茶釜の蓋」であるということになる。すでにみたように、弓矢の時代にも、魔物が矢をかぞえるという趣向は、成り立ちそうである。

昔話の「山姥の糸車」には、二つの語りかたがあった。この昔話は、山姥が糸車をまわす場面など、山の怪異を演出してみせるところに特色があるが、その退治の方法には、「もう一つの弾」の型をとるものと、行灯などを撃つと手ごたえがあったという単純な型とがあった。山姥の趣向に主体をおいてみると、後者の行灯を撃つ型は、一つの独自の昔話であったかとおもわれる。そこに、猫を山にいる怪異なものとする信仰がはいりこみ、「もう一つの弾」が習合したのが前者であろう。

ヨーロッパでも、「猫と銀の弾」以前には「野兎と銀の弾」であったように、日本の「猫と茶釜の蓋」も、猫以前があった可能性は大きい。いまもこの「猫と茶釜の蓋」の昔話のなかには、わずかながら、「もう一つの矢」の型もあり、怪異な動物も猫に統一されずに、ほかの狸なども登場していた。これは、猫が普及する以前のおもかげをとどめているのかもしれない。猟師の切り矢の信仰では、かえって猿や蛇が対象になっている。「山姥の糸車」では、むしろ猫は少なかった。猫以前には、山の怪異なものの地位を、猿や蛇がしめていたようである。

猫の忌み言葉

忌み言葉といって、ある言葉をつかうことを忌みはばかり、ほかの言葉で代用する習慣がある。スル（減る）という語音を避けて、するめをアタリメ、摺《す》り鉢をアタリバチといいかえる類である。猟師など山で仕事をする人たちにも、忌み言葉の一種として、山言葉がある。山で仕事をするあいだ、特定の単語だけ、里で日常につかう語を避けて、別の言葉に置きかえる。そのなかには、動物に関する語も少なくない。猿、熊などの山の獣にその用例が豊富であるほか、鼠から犬や猫などの小家畜にまでおよんでいる。

　猟師などが、山にはいっているときだけ、ある種の動物に忌み言葉を用いたのは、おそらく、その動物に特別な意義があったからであろう。広い地域で猫に山言葉があったのも、猟師などに、それだけの意識があった証拠である。「猫は山中では話題とする必要もなかつたらうと思ふが、やはり山言葉の一つとなつて居り」[43]というが、ニタマチをする「猫と茶釜の蓋」の昔話一つをみても、猟師にとって、猫がとくに注意しなければならない魔性のものであったことは明白である。つまりは山言葉の対象になっていたのも、山の怪異なものとしての猫の性格のあらわれである。

　宮崎県東臼杵郡椎葉村にも、猟師は猫を飼わないという伝えがあったが、岡山県には、山の神は、とても猫を嫌うという伝えがある。山で仕事をする人は、猫も、猫という言葉も、ひじように忌み、山に出かけるとき猫を見ると、その日は仕事を休むそうである。山では、猫のことをチョウタ（長太）と呼ぶ。[44]猫に山言葉があったのは、山の中では猫そのものを忌みきらったからであるらしい。

御津《みつ》郡加茂村（吉備中央町）では、猫と山の神との関係を、具体的に伝えている。山の神が大好きなオコゼを猫が食べたので、山の神がたいへんにおこった。それで、山の中では、猫という語を忌むのであるという。猫の忌み言葉は、ここでもチョウタである。[45] 猟師がオコゼなどと称する魚を山の神に供えて豊猟を願う風習は、全国的にあり、オコゼは山の神の妻であるという伝えもある。[46] 和気《わけ》郡日笠《ひかさ》村（和気町）あたりでは、山の神の妻がオコジョであるから、猫を嫌うのであるという。[47]

岡山県では全般に、オコゼは山の神の好物であると伝えている。[48] オコゼは魚であるから、生ぐさものの好きな猫にとっては、たいせつな好物かもしれない。オコゼを妻とする山の神が、危害をおそれて、猫を遠ざけようとするというのもわかる。岡山県で、山仕事の人が猫をきらう風習が顕著であったのは、この地域の山の神信仰が、オコゼを尊重していたこととかかわっていることまでは、認めなければならないかもしれない。しかし、つねにオコゼが原因で、猫が山できらわれているわけではない。「猫と茶釜の蓋」の昔話は、そのよい例である。

同じ岡山県でも、阿哲《あてつ》郡上刑部《かみおさかべ》村（新見市大佐《おおさ》）では、猫という語を、とりわけ木《こ》挽《び》きが嫌うという。猫という言葉を耳にすると、仕事をやめてしまうといい、猫のことを忌み言葉でチョリと呼ぶ。[49] 高知県土佐《とさ》郡土佐山《とさやま》村でも、木こりが山で猫という語を耳にすることを忌み、ヒゲという。猫の話を朝のうちに口にしたり聞いたりすることを、とくに嫌う。[50]猟師だけではなく、木材の仕事にたずさわる木挽きや木こりも、猫という言葉を避けている。要は山で仕事をする人にとって、猫が忌まわしい存在だったのである。

北の方では、青森県津軽《つがる》地方のマタギが、猫を山言葉でマガリという。[51]マタギとは、東北地方で専業的な猟師をいう。中津軽郡西目屋《にしめや》村砂子瀬《すなこせ》でアガリというのも、同じ語であろう。ここには、カチャギという山言葉もある。砂子瀬には、狐や猿にも山言葉があるが、猫という言葉をもっとも嫌い、これを口にすると、垢離《こり》をとらせたという。[52]猫というと、垢離をとるというのは、猫という語を口にしたためにふりかかる禍《わざわ》いを除くために、身を清めるということであろう。

山言葉は、山で仕事をする人たちが、里とは異なった世界で生活していることを如実に表現する効果をもっているが、猫という語にたいするあつかいかたは、きわめて重く、宗教的である。山にはいる前から避けているのは、むしろ猫そのものにたいするおそれであろう。狐や猿という語よりも強く忌むというのは、もう山という別世界での用語だけの問題ではない。猫を山の中で徹底して警戒している。これは、八丈島や隠岐島など山猫の島の猫や、猫岳の猫の王、「猫また屋敷」の猫と同じく、山の猫を、人間と対峙するものとしてみていたからにちがいない。

猫の山言葉になっている語の意味を分析することは、なかなかむずかしい。チョウタというのは、単純な擬人名かもしれない。チョリというのも、同系統の語であろう。チョウタという山言葉は、鳥取県にもある。八頭《やず》郡池田《いけだ》村落折《おちおり》（若桜《わかさ》町）では、山小屋で猫という語をつかうことを極度に忌み、トリスケまたはチョウタという。兵庫県佐用《さよう》郡でも、猫の山言葉はトリスケまたはトリである。[53]広島県山県《やまがた》郡では、ジンタという。[54]どれも人名にもありそうな呼称である。

猫が猫でないことをあらわすために、猫という語を避ける。したがって、猫の忌み言葉は、かんたんにいいかえれば、猫とさえいわなければよいことになる。しかし、いいかえるからには、いいかえが必要になる理由に合わせた意味の語が、忌み言葉にはふさわしい。マガリ、アガリ、カチャギという語にも、忌み言葉にしたそれなりの意義があったのであろう。チョウタなどの語が擬人名にみえるのも、猫が猫ではなく人間であるという、動物を人間と対等のものとみる、いいかえかもしれない。山の猫をおそれる人間にとって、猫を人間といいなすことは、このうえなく安心なことである。

忌み言葉のなかで、ヨモあるいはヨモノという語は、さまざまな獣をさす忌み言葉として、広く通用している。おそらく、ヨモノが原型で、忌みはばかるものという意味で、ある獣の実名を呼ぶことを避けた呼称であろう。福島県から京都府にかけては、ヨモノで鼠をさしていた。静岡県や福井県、鳥取県では、狐や狸のことになっている。[55]

西の方では、九州南部で猿をヨモといい、山で猿を見たら、かならずヨモといえというから、やはり山言葉である。[56] 桐山震の『飛州志拾遺《ひしゅうししゅうい》』には、猫をヨモというとあるが、この岐阜県飛驒《ひだ》地方では、ヨモは、日常の言葉である。薄墨と灰色の縞《しま》模様の猫のことで、それが白い毛にまじっていれば、ヨモブチという。[57]

猫をヨモと呼ぶ語は、一般に忌み言葉ではない。新潟県三島《さんとう》郡西越《にしごし》村相田《あいだ》（出雲崎《いずもざき》町）では、縞模様の黒い猫をヨモ、刈羽《かりわ》郡内郷《うちごう》村灰爪《はいづめ》（柏崎《かしわざき》市西山《にしやま》町）では、虎毛の白味の多い猫をヨモネコと呼ぶ。青森県や岩手県、秋田県でも、やはり虎毛で黒味をおびた猫がヨモギネコである。[58] 同じ語は、さらに富山県にもある。東礪波《ひがしとなみ》郡上平《かみたいら》村では、虎毛で青毛のかつものという。マダラ毛の一種をヨモギ、ヨモギ猫という。岐阜県大野郡荘川《しょうかわ》村・白川《しらかわ》村、加茂《かも》郡山《やま》之上《うえ》村（美濃加茂市）などでは、東京あたりでいうキジネコと同じ毛なみで、黒毛の中に灰色の細かい斑、あるいはその逆の毛色をさし、石川県江沼《えぬま》郡西谷《にしたに》村（加賀市山中《やまなか》温泉）では、三毛のような毛色をいう。[59]

日常にヨモといい、ヨモギネコというとなれば、ただただ忌み言葉が一般化したともいえなくなるが、猫のなかでも、ヨモギネコには、とくべつな伝えがある。たとえば、秋田県北秋田郡西舘《にしだて》村（大舘《おおだて》市比内《ひない》町）では、ヨモギネコは、田圃《たんぼ》に連れて来た赤子の番をし、一般に家人を守ると信じられているという。[60] また、東礪波郡の五箇山《ごかやま》では、ヨモギネコは化けるという。[61] 化けるというと悪いことをするのがふつうだが、一般の猫にはない霊力をもっているとすれば、家人を守るというのも、いわば化け猫に通じる。

ヨモギネコのヨモが、忌みはばかるものという意味のヨモであるかどうかは、速断できない。しかし、忌み言葉でヨモとも呼ぶ猿には、里言葉にもヨモザルという語がある。これは、すくなくともヨモネコと同じ造語法である。しかも、猿にはヨモという日常語もある。沖縄県には、過去にわかる範囲では野生の猿はいなかったが、猿を意味するユムという語がある。[62] これは、文語のヨモに相当する言葉である。実名をはばかるための忌み言葉が、そのままふだんの用語になっていることもあったらしい。

山の山言葉のように、海には沖言葉があった。漁民などが海に出たときに、忌みはばかる語のかわりに用いる言葉である。こちらは、山言葉ほどは多方面にわたっていないが、やはり動物の名称に顕著で、それも山言葉と共通する動物が多い。猫にも、広い地域で沖言葉がおこなわれている。岩手県下閉伊《しもへい》郡鵜住居《うのすまい》村（釜石《かまいし》市）では、猫をヨコザという。[63] ヨコザとは横座で、囲炉裏にすわるときの主人の座をさす。囲炉裏の座席には、すわる人の場所が定まっており、それが家族の制度的な地位をあらわした。横座には、主人以外には猫でもなければすわらないという「猫と馬鹿とは横座にすわれ」という諺《ことわざ》もある。[64] ヨコザとは、それによる戯《たわむ》れの呼び名であろう。

島根県の隠岐島島後《どうご》の穏地《おち》郡都万《つま》村（隠岐郡隠岐の島町）では、釣りに出たときには、猫といわずにアノモンという。[65]「あのもの」と漠然と指示代名詞を用いて、動物の実名を避けているいいかたである。このように猫に沖言葉があるのは、山言葉のばあいと同じく、漁師や船人が猫を忌むからである。たとえば、愛媛県伊予《いよ》郡松前《まさき》町では、船霊《ふなだま》が忌むから猫を飼わないという。[66]船霊とは、船にまつる神霊である。海で猫のことを話さない、猫を船に乗せないという伝えは、西日本に広く分布している。[67]

沖言葉では、猫以外にも、山言葉と同じく、蛇や猿を一般に忌む。[68]宮城県本吉《もとよし》郡大《おお》島《しま》では、猿をヨーボーという。[69]これは、山言葉のヨモと同じ言葉であろう。鯨《くじら》や鱶《ふか》、海豚《いるか》などの語を忌むというような、海の生活を反映した独特な例もある。これらをエビスなどと呼ぶのは、[70]海の大きな生きものを、海の幸をもたらす神のエビスにたとえたものである。しかし、沖言葉と山言葉は、その対象も呼称もその信仰も、共通している部分がきわめて多い。

そのなかでも、とくに猫と猿は、山と海で重なりあうところが多かった。獣の忌み言葉になっているヨモにたいして、猫にヨモネコ、ヨモギネコ、猿にヨモザルという里言葉があったのも、忌み言葉の世界で、猫と猿とが共通した性格をもっていたあらわれであろう。千葉県君津《きみつ》郡など関東地方で、猫と猿の忌み言葉にヤマネコという例があったのは、[71]猫と猿との不思議なつながりをおもわせる。

これと関連して興味深いのは、福島県のわらべ唄の詞章に、猫と猿を一対にした発

想がみられることである。一つは、

　山猫が、猿のけづ、ぶっ裂《さ》いだ。

とある。[72]これだけでは、猿にとって山猫がおそろしいものであるという以上には、その意味は、はっきりしないが、なにか猿の忌み言葉をヤマネコとすることとも、かかわりがありそうである。地理的にも、関東地方に接している。

また、同じ福島県のわらべ唄にこんな一節がある。花嫁が、伯母からもらった小袖《こそで》を洗っている場面である。

　二階さ乾《ほ》さば、猿なめる。いろりさ乾さば、猫なめる。猫待ちや、猿待ちや。飲みかけお茶でも、飲んでゆけ。……

とある。[73]ここでも猫と猿が並んでいる。ここには、山でも沖でも忌まれ、忌み言葉の対象になっている猫と猿とが、信仰上一つのもの、あるいは表裏の関係にあったことが、あらわれているようである。

　愛知県北設楽《きたしたら》郡本郷《ほんごう》町（東栄《とうえい》町）付近では、猫の肉を食べるときに、猫とはいわずに、忌み言葉でキジという。[74]鳥の雉《きじ》の肉というつもりであろう。しかし、このキジも、一般には猫の種類の呼び名になっている。よそでヨモギネコといっている猫と、だいたい同じ毛なみのようである。キジネコの称は、東京のほか、静岡県から西に広く分布している。秋田県仙北《せんぼく》郡雲沢《くもさわ》村（仙北市　角館《かくのだて》町）あたりでは、赤トラと称するトラ毛の猫を、キジマダラと呼ぶ。[75]

早川孝太郎さんが、ヨモギネコはキジネコの忌み言葉であるとも考えられそうである、としたのも、[76]理由のないことではない。ヨモはやはり、忌むものという意味であったことになる。忌むべき獣を指したヨモという言葉は、猿についても顕著であった。猿では山言葉でも沖言葉でも用いられ、地域によっては日常語にもなり、ヨモザルという複合語の形まであらわれていた。そのヨモが、猫の山言葉になり、ヨモギネコとして、特定の種類の猫の忌み言葉になっていたことになる。ここに、ますます猿と猫の共通の底辺をみる。

猫の王の猫岳のように、猫は山にはいって独自の社会をつくっていると考えられた。猟師にとって、山にいる猫は魔物である。山にはいった猫は怪異な猫であった。猫が山言葉の対象になったのも、そのためであろう。猿を忌み言葉でヤマネコと呼んだのは、まさにその山猫の意味にちがいない。猿に忌み言葉が発達していたのも、山の怪異な獣とみたからである。山猫と猿は、いわば同義語であった。猫以前ということを想定してみれば、山猫の役を猿が演じていたことになりそうである。

猿もしばしば河童《かっぱ》の仲間の実体とみられた。河童のことをエンコウと呼んでいたのは、そのあらわれである。エンコウは漢語で、「猿猴」である。[77]神奈川県横浜市鶴見《つるみ》区のもとの漁村地域では、カッパというのは、カワウソのことであるという。[78]空想的な妖怪を、実在する獣にあてるものの見かたがあった。山猫は、そうした猿の地位を受け継いでいたようである。

海で沖言葉をつかう動物を、海の神が嫌うからといわずに、船霊が嫌うといっているのは、たいせつな点である。海が嫌うのではなく、船が嫌うことになる。新造船の船《ふな》おろしの前後に、山の神おろしなどと称して、船材の木について来た山の神に、船から下りてもらう作法があった。[79]木材を材料にした船は、もともと山の神の支配する木であった。猫や猿が山でも海でも忌まれたのも、船が山の神の信仰の延長線上にあったからかもしれない。

海で働く人たちが猫という言葉を口にすることを忌む風習は、イギリスにもある。猫、とりわけ真っ黒な猫を船に乗せることは、縁起のよいことであるが、船乗りは、海上では猫という名を避ける。[80]日本でも、船の守りに三毛猫の雄を乗せる習俗があった。そうしたなかで、猫という言葉を忌むのは、本質的には、猫と人間との交渉史の長い歴史の問題である。

イギリスでは、鉱山でも猫という語を忌む。コーンウォールでは、かつて鉱夫たちは、坑内にはいっているとき、猫という言葉を口にしなかった。もし猫が坑内で見つかったようなときは、猫が殺されるまで、鉱夫たちはその坑内では仕事をしなかったという。[81]これは日本で、猟師が猫や猫という語を忌むのによく似ている。これら猫をめぐる禁忌の習俗は、当然、猫の伝来とともに広まったとしかいいようのない共通性である。

忌み言葉と関連して、仕事に出るときに、猫に出会うことを忌むという習慣に近い伝えも、ヨーロッパにある。ドイツのシュレスヴィッヒ＝ホルシュタインでは、白猫は幸福、黒猫は不幸の表象であるといい、よそへ行くとき黒猫が道を横切ると、不幸な目にあうという。また、途中で年老いた女にあったり、野兎が斜めに横切ったり、あるいは猫に出会ったりしたら引き返せといい、そうしないとふしあわせになるともいう。[82] これは、日本でもイタチなどについていう道切《みちき》りを忌む習俗の一例であるが、問題は、その動物に猫も加わっているところにある。

この猫の道切りを不幸であるとするのに呼応して、この地方には、外出するときに、うしろから猫が走ってくると幸福になるという伝えもあった。以前は、外に出かける人に、うしろから猫を投げつけたものであるという。[83] 外出するときに、猫の挙動で幸・不幸を判断している。それは一見、日本の山や海で仕事をする人たちが、仕事に出るときに猫に出会うことを忌むのとは異なっているようにもみえるが、その根底にある、人間が外出するにあたって猫の反応を問題にするという意識には、やはり同じ猫と人間とのかかわりの歴史が作用している。

蛇を切る猫

切り矢の信仰についてすでにみたように、長野県上伊那郡の三峰川谷では、鉛弾は魔性のものには無力であり、魔性のものには金の弾、狒狒などの化け物には銀の弾、大蛇には鉄の弾がよいといっていたのは興味深い。ここには、山の中の魔性のものには、えたいの知れない魔性のものと、年経た猿が化けるようになった狒狒のような化け物と、そのままの姿でもおそろしい大蛇とがあるという観念があったことがうかがえる。

宮崎県児湯郡西米良村で、ニタマチのとき、山の中の魔物として猫をおそれながら、蛇が来ることもあるから小楯を取っておけと教えられたというのも、同じ趣旨の伝えである。猟師たちは、猫を怪異なものとして警戒すると同時に、もっと大きな魔性のものの恐怖を感じていた。猫は自分の家でも飼っているごく身近な家畜である。いわば、もっとも現代的な魔物である。それにたいして、古老たちの伝えのなかで生きてきた信仰の深い谷間に沈んでいる魔性のものに、猿や大蛇があった。

それを如実に伝えるかのように、猟師の切り矢信仰を語る「猫と茶釜の蓋」の昔話でも、猫にかわって、猿がしきりと山の怪異な動物を演じていた。猫と並んで猿が登場するのは、山言葉や沖言葉だけではなかった。先にみた横井希純の『阿州奇事雑話』巻二には、阿波《あわ》（徳島県）の板野《いたの》郡板東《ばんどう》村（鳴門市大麻《おおあさ》町）の大麻山のあたりの狒狒の話がある。

　狒狒がいつも人を害した。そこで、勇気のある猟師が、里人に頼まれて狒狒退治に山に登った。狒狒が見つからないまま、夜になって帰ろうとすると、狒狒があらわれた。用意してきた鉄の弾で撃つと、手ごたえはあるが、狒狒は動かない。もう一発撃つが、響く音があって、狒狒は平気である。月明かりで見ると、狒狒は釣り鐘で鉄の弾をよけている。そこで猟師が、さらに鉄の弾をこめて逃げるふりをすると、狒狒は鉄の弾を撃ちつくしたとおもったのか、釣り鐘を捨てて、追いかけて来た。猟師は、それをしとめたという。[84]

狒狒であるから、家で弾の数をかぞえる趣向は成り立たない。最初から化け物退治であるから、猟師も鉄の弾を持ち、それも複数用意している。この『阿州奇事雑話』には、年数を多く積んだ猿が狒狒になるとある。[85]猿に山言葉が必要であった理由も、ここではきわめて明瞭である。猫と同じく、猿も劫《こう》を経ては化けるようになる、と信じられていたからである。猿の忌み言葉にヤマネコというのがあったのも、ますます意味深いことにおもえてくる。

昔話の「山姥の糸車」にも、怪異な動物を猿とする伝えは少なくない。長野県上伊那郡三峰川谷にもある。

兄弟の猟師が、山へ狩りに行ったときの話である。兄弟は別々の山小屋に泊まっていた。夜、兄の小屋で鉄砲の音がした。翌朝、弟が行ってみると、兄はなにものかに食い殺され、手の骨が一本だけ残っていた。その夜、弟は兄の山小屋に泊まることにした。

夜ふけのこと、小屋の中が明るくなった。灯《あか》りの下で、白髪の大きな老女が、糸車をまわして、麻をつむいでいる。弟は老女の頭をねらって撃ったが、手ごたえがない。鉛の弾は撃ちつくしてしまった。最後に、鉄の弾を灯りの真ん中目がけて撃つと、灯りは消え、暗闇《くらやみ》になって、谷間になにかが落ちて行く。翌朝、行ってみると、劫を経た六尺余りの大猿が倒れていた。[86]

これは「山姥の糸車」に切り矢の信仰が複合して、「猫と茶釜の蓋」の型になった例である。ここにも、年経た猿が化けるという信仰があらわれている。

柳田国男の『遠野《とおの》物語』には、猿の経立《ふったち》の話がみえている。経立とは、方言のフッダツのことで、猿などの年経たものをいうらしい。[87] 岩手県上閉伊郡遠野町地方（遠野市）の伝えである。猿の経立は、おそろしいものである。人によく似ていて、女色を好み、里の婦人を盗み去ることが多い。松やにで毛を塗り、砂をその上につけているので、毛皮は鎧《よろい》のようで鉄砲の弾も通さない。六角牛《ろっこうし》の山に行って、猿の経立に出会ったという人もある。この地方では、子どもをおどすのに、六角牛の猿の経立が来るぞというのが、つねのことであるという。[88]

同じ遠野郷上郷村《かみごう》（遠野市）細越《ほそごえ》の旗屋《はたや》にいた鵺《ぬえ》という猟師の伝えがある。その狩猟奇談の一つに、やはり猿の経立の話がある。これも昔話の「山姥の糸車」の類話である。

鵺が山に狩りに行き、泊まっているときのことである。大木から光がさし、そばで一人の女が糸車で糸をつむいでいた。再三撃つが、女はただ笑っている。翌朝、鵺が父親にこのことを話すと、鉄の弾を五月節供の蓬《よもぎ》や菖蒲《しょうぶ》でくるんで鉄砲にこめ、筒穴《つつあな》には葉でもつめて撃てば命中する。それでだめなら、とっておきの金の弾で撃つよりしかたがないという。

その夜、鵺は、昨夜と同じように、糸車をまわしている女を、父親の教えにしたがって、鉄の弾で撃つが、女は平気で笑っている。そこで、先祖伝来の秘蔵の金の弾で撃った。そうすると、なにもかも消えた。翌朝、血の跡をたどると、岩穴に怪物が倒れている。父親に見せると、猿の経立だという。皮は殿さまに献上し、褒《ほ》められたうえ、鵺という名をたまわったという。[89]

金の弾を秘宝とする切り矢の信仰がうかがわれる。鵺とは、『平家物語』巻四の「鵺」の章で有名な、源三位《げんざんみ》頼政《よりまさ》が退治した怪物の鵺にちなんだ名で、その怪物退治の腕前をたたえたものであろう。

この鵺には、大蛇を退治したという話もある。

あるとき、山の神が夢枕に立った。東南《ひがしみなみ》の深い山の大木の朽《く》ちた穴に毒蛇がいる。明日、雷を鳴らすから、そのとき鉄砲で撃ち殺せという。翌日、お告げにしたがって、大木のところに行った。雷が鳴り、大木が二つに裂けるとみるまに、大蛇が飛び出した。鵺が大蛇を撃つと、胴を貫いたが、大蛇はそのまま追って来る。鵺は自分の家に逃げこみ、入口から、金の弾で大蛇の喉笛《のどぶえ》から頭を撃ちぬいた。その大蛇の轆轤《ろくろ》骨は、近年まで、家の入口の踏み台にしてあったという[90]。

これも、金の弾の切り矢の信仰である。

蛇も、猫や猿とともに、山や海でその名を称《とな》えることを忌まれ、山言葉や沖言葉で呼ばれた。海ではきわめて顕著で、ナガムシ、ナガモノ、ナガなどといい、船霊さまが長い動物はいやがるからであるという[91]。蛇も猫と同じく、船霊さまがきらうといっているのは重要である。蛇を沖言葉で長いものというのは、ほとんど全国的である。青森県下北《しもきた》半島では、チョロサマ、オヤジと呼ぶ[92]。山言葉ではあまり明確ではないが、このように、山には大蛇の怪談が豊富にあった。信仰の深みにみえるという点では、蛇は山の魔性のものとして、猿よりもさらに古風であったかもしれない。

蛇も魔性をもつのは、やはり年経たものらしい。長野県下伊那郡遠山《とおやま》地方では、年数を経て大きくなったヤマカジという蛇を、とくにウワバミといい、耳が生えているという。近年も、耳のある蛇を見たという人がある。また、ウワバミになる前の蛇をヤマブキ（山吹）といい、あごの下が黄金色で、獰猛《どうもう》きわまりないという。寛政《かんせい》年間（一七八九〜一八〇一）、京都の東本願寺《ひがしほんがんじ》の材木をとりにはいった遠山郷の杣頭《そまがしら》の条八《くめはち》という人が、山吹という大蛇とたたかって、それを倒したという話もある。[93]

こうした遠山郷の山の怪奇は、寛政十年（一七九八）に京都で出版された華誘山人の『遠山《とおやま》奇談《だん》』巻四第十九章にも記されている。天明《てんめい》八年（一七八八）一月に類焼した京都の東本願寺の再建のため、遠州《えんしゅう》浜松（静岡県浜松市）の齢松寺の僧が、大木を求めて遠山にはいったときのことを聞いて書いたものである。そのなかにも、寛政元年の十一月に、大きなウワバミを退治した話がある。いよいよ木《き》を伐り出すために、山小屋を建てて泊まっているとき、東沢山上《ひがしさわやまかみ》の小屋で、夜、大きなウワバミが小屋を取りまいた。泊まっていた十六人が斧《よき》で切り倒したが、長さはおおよそ二十間（約三六メートル）はあったろうという。[94] こんな大蛇が、山の中では信じられたのである。

家や蔵などに自由にすみついたアオダイショウのような蛇がいることを喜んでいた家は、かつては少なくなかったようである。飼っているとまではいえないにしても、たいせつにしていたということでは、半家畜であった。自然にはいりこんで、蛇が鼠をとってくれる。土蔵は、蛇のよいすみかである。長野県上伊那郡の中箕輪《なかみのわ》町下古田《しもふるた》には、アオダイショウを捕らえて来て、自分の家の土蔵の中に放して鼠をとらせている人もあった。[95]

また、手良《てら》村の蟹沢《かにさわ》（伊那市）には、土蔵に白蛇がすんでいるといわれている旧家があった。土蔵の中に蛇がいるのを見つけると、土蔵の主《ぬし》として蛇を神聖視する。それが白蛇であればなおさらである。しかし、土蔵の蛇が他人の目につくようになると、その家は零落するといわれている。[96]下古田のあたりでも、屋敷の内にいる大きな蛇は福蛇といって、その家に福運をもたらすものだから、殺してはならないという。[97]家についた蛇は、ただの鼠とりではなかった。このような例は、各地にあったようである。[98]

蛇をたいせつにするのは、鼠を除くのが目的で、猫のかわりのようにみえるが、猫が広まった歴史からいえば、蛇は猫の先輩であった。猫がヨーロッパに広まったのは、紀元一世紀以降といわれている。猫以前には、イタチの類が鼠退治の役を引き受けていた。[99]しかし、古代ギリシアでも、蛇は家畜であった。鼠をとるからである。この事情は、その後も変わらなかったであろうという。蛇の聖性は、この有用性にも支えられていたとおもわれると、ゲルマン文化研究の飯豊道男さんはいう。[100]

リトアニアでは、異教時代、人々は自分の家に、一匹ずつ蛇を飼っていた。家の片隅に寝床を用意し、その蛇をたいせつに世話した。蛇は家を守護する神であった。[101]日本の蛇にたいする信仰ともよく似ている。家を守るとは、やはり実利的には、鼠の害を防ぐということであったかもしれない。そこに、鼠をとる猫がはいって来た。猫も家畜とはいえ、半飼育の状態で、家と外とを自由に往来した。おそらく、蛇の地位を引き継ぐのに、かっこうの動物であっただろう。

蛇は世界の多くの民族のなかで、大地の主の神格を得ていた。それは、世界最古の神話を伝える古代オリエントのシュメール人の伝えでも、すでにそうであった。[102]家の守りに蛇を飼う風習も、世界観からいえば、そうした信仰を、家という小宇宙で実現してみせることである。[103]おそらくこれも、歴史の古い習慣であろう。猫の神秘性も、そうした実用性と、基盤になった家の蛇の信仰に負っていたにちがいない。

古代エジプトの紀元前一二五〇年ごろのアニの『死者の書』などに、猫が刃物で蛇を切る図がある。猫は太陽の神、蛇は空のナイル河にすむ巨大な蛇アポピである。アポピは太陽の神の宿敵で、太陽が乗る小舟をアポピがひっくりかえしたときに、日蝕が起こるという。[104]この『死者の書』の図は、死者が冥界《めいかい》に行くのを妨げるアポピを、太陽神としての猫が切ることをあらわしている。[105]古代エジプトでは、蛇と猫は永遠の敵《かたき》であった。

猫が家畜化された古代エジプトでは、猫は女神バストの聖獣とされた。バスト女神じたい、もともと太陽の豊かな熱を人格化した獅子《しし》の女神であったが、のちにはその聖獣である猫の女神とされた。太陽の神が猫でえがかれているのは、そうした信仰の表現である。猫の神性は、ヨーロッパへ渡っても、古代エジプトにおける猫の崇拝の精神が生き続けているといわれている。[106]ヨーロッパでも日本でも、猫は蛇の神性の跡継ぎでもあった。ユーラシア大陸へ出ても、猫は太陽の神として、蛇の神と戦うべく運命づけられていたらしい。

第二章　水車小屋の猫

手を切られた猫

スカンディナヴィアには、ニッセ（nisse）と呼ばれる家の精霊がいる。一歳ぐらいの赤子の大きさの姿で、老人のような顔をしている。ふつうは、とがった赤い帽子に灰色の服を着ているが、ミカエル祭の日には、農民のような丸い帽子をかぶるという。ニッセがすまない農家は、繁昌しないといい伝えている。ニッセは、いたずらもするが、まじめな手助けになることもする。台所や馬屋を一夜のうちに掃除をしたり、馬の手入れをしたりもする。[107] ミカエル祭は、大天使ミカエルの祝日で、九月二十九日である。イングランドやスコットランドのブラウニー（brownie）や、ドイツのコボルト（kobold）に似ているが、[108] 日本でいえば、岩手県などのザシキワラシや、琉球《りゅうきゅう》諸島のキジムナーなどが近い妖精である。

ノルウェーの伝えでは、水車の力で粉をひく水車小屋にも、このニッセがすんでいる。ノルウェーの民俗学者ピーター・クリスチャン・アスビョルンソンの一八七一年の昔話集には、水車小屋のニッセが粉ひきの邪魔をする話がある。水車小屋の主人が水車に水をむけると、いつもニッセが、車の心棒を押さえて運転を止めてしまう。そこで主人は、松やにとタールを鍋で煮て、大きくあけたニッセの口に投げこんだ。それ以来、水車が止まることはなくなり、いつも粉がひけるようになったという。[109]

水車小屋は、ノルウェーの物語の世界では、しばしば不思議なことが起こる舞台になっている。アスビョルンソンの同じ昔話集に、水車小屋の主人の妻が、猫の姿で手を切られたという話がみえている。[110]事件は聖霊降臨祭の夜に起こっている。聖霊降臨祭はキリスト教会の祝日で、復活祭（イースター）のあとの七回目の日曜日で、聖霊が天から降って来るという日である。ヨーロッパでも、怪奇な出来事は、日本と同じく、このような節日に起こっている。

ある水車小屋が、聖霊降臨祭の夜に二年も続けて火事で焼けた。三年目の聖霊降臨祭が近づいた日、水車小屋近くの主人の家に、主人の日曜着を縫いに仕立て屋が来ていた。主人が、今年もこの祝日の晩に小屋が火事になるだろうか、と心配していると、仕立て屋が、そんなことになるはずがないと、水車小屋の番を引きうけた。番を引きうけた仕立て屋は、小屋の床の真ん中にすわり、悪魔除けに、自分のまわりにチョークで円を書き、その周囲にぐるっと「主《しゅ》の祈り」を書いた。

「主の祈り」とは、『新約聖書』の「マタイの福音書」第六章九節から十三節にある、キリストが弟子たちに雛形《ひながた》として示した祈りの言葉である。

ここで登場した仕立て屋が、この事件の直接の体験者になっている。ヨーロッパには、旅まわりの仕立て屋がいた。スコットランドの北部・北西部の高地地方では、旅の仕立て屋や靴づくりが泊まっている家で、夜のつれづれに家の主人と昔話を語りあった。[111] 仕立て屋は、ほかの村で聞いてきた昔話を別の村で語って聞かせる昔話の伝播《でんぱ》者《しゃ》でもあった。この水車小屋の物語で仕立て屋が主人公になっているのも、仕立て屋が物語を自分の体験のように語っていたからであろう。ドイツのグリム兄弟の昔話集『子どもと家庭のための昔話』にも、仕立て屋が主人公になった誇張談がいくつかある。[112]

物語は、続いて水車小屋に黒猫の群れが登場する。

仕立て屋が水車小屋の番をしていると、真夜中に戸が開き、かぞえきれないほどの黒猫がはいって来た。猫は、炉の上に大きな鍋をかけ、火をつけた。鍋は煮たってきた。鍋の中は松やにとタールらしい。仕立て屋は、火事の原因はこれだなとおもった。一匹の猫が、鍋の下に前足を入れ、鍋をひっくり返そうとした。仕立て屋が猫に、前足を引っこめろというと、その猫はほかの猫に、その仕立て屋に気をつけろ、という。

猫が鍋に手をかけてひっくり返そうとするしぐさは、怪異な猫のきまったいたずらの一つらしい。これは、ヘンリー・グラッシーのアイルランドの昔話集にあった猫の王の裁判の話で、猫が鍋の中に手を入れていたのを、連想させる場面である。

猫たちは炉から離れて、円のまわりを踊ったり跳んだりしている。先の猫がまた鍋をひっくり返そうとする。仕立て屋が前のようにくりかえしていうと、猫もいい返す。猫たちは同じように、踊ったり跳んだりしている。そんなことをもう一度くりかえしたあと、猫たちは、円のまわりをどんどん速い調子で踊り続けた。仕立て屋が目がまわりそうになったとき、先の猫が前足を円の中に入れて、仕立て屋を引っかこうとした。仕立て屋は、ナイフを抜いてかまえ、もう一度その猫が前足を出したとき、すばやく前足を切り取った。猫はみんな戸の外に逃げ出した。

この猫の集会は、「猫の踊り」や「猫の舞踏会」の昔話そのままである。人語《じんご》し、踊りを見ている仕立て屋を名指して発言しているところまで、日本やドイツの類話にそっくりである。この水車小屋に猫が集まっているのも、猫の寄り合いのようすを映したものであろう。言葉をつかい、前足を切られた猫は、この仲間の頭目である。これも、猫の寄り合いの制度に、親方のような地位の猫がいたことと符合する。

仕立て屋は、円の中で寝た。夜が明けると、水車小屋を閉め、主人の家に行った。祝日の朝で、主人も妻もまだ起きていなかった。仕立て屋は主人の部屋に行き、朝のあいさつをして握手した。主人は仕立て屋が無事であることを喜んだ。

仕立て屋が妻にもあいさつに行き、握手をもとめると、妻は元気がなく、手を蒲団《ふとん》の下に隠している。妻はしかたなく左手を出した。仕立て屋には、これで、手を切られた猫が水車小屋の主人の妻であることがわかった。

これは、猫の姿で魔女が手を切られ、翌朝、手を失っていることでわかるという、「手を切られた猫」の昔話の一例である。

ノルウェーの「猫の王が死んだ」の昔話のなかにも、猫の王が教区副牧師の妻に化けていたとする、「手を切られた猫」の類話がある。これは、ピーター・クリスチャン・アスビョルンソンがまとめた一八七〇年刊の『民間説話集成』にみえる。ある旅まわりの人が、ユール（クリスマス）の時期、ドヴレフィールドを横切っているときの体験のかたちをとっている。これも、時はユールのころ、主人公は旅人と、水車小屋の猫の話と同じく、物語が事実談らしく語られるかたちをとっている。

旅まわりの人が、夜をすごすために、ある小屋に泊まった。旅人はそこで、目が光っているとても大きな黒猫を見つけた。猫はつぎつぎと小屋にはいって来た。旅人は猫を追い出すが、一匹出すと二匹はいって来る。旅人はあきらめて、別の小屋に行った自分の御者を待っていた。まもなく御者の少年がもどって来て、牧師の妻が階段で倒れ、片足を折り、一晩ももたないだろうと聞いた、と知らせた。するとと黒猫は、「なに、偉大なプシェが死んだって。それじゃ、支配は自分のものだ」といって、あわてて外へ出て行ったという。113

第三者が伝えた猫の王の死の情報を聞いて、自分が猫の王だと名告っているところは、まったく「猫の王が死んだ」の昔話の特徴であるが、牧師の妻が足を折って死にそうだというかたちで、猫が瀕死《ひんし》の重傷を負ったことを語っている。前足と後足の違いはあるが、「手を切られた猫」の要素をもつ一類話である。しかも、この小屋での猫の集まりも、猫の寄り合いの描写である。頭目の猫が牧師の妻であるのも、「猫の舞踏会」にみるように、頭目を雌猫とする伝えにつながっている。「手を切られた猫」に「猫の舞踏会」の趣向が重なり、「猫の王が死んだ」のなかに「手を切られた猫」の要素が含まれていた。ここでも、猫の社会を背景にして成り立っているかにみえる一連の猫の昔話は、相互に同心円をえがいていた。

水車小屋の娘

一九一九年に、この「手を切られた猫」をとりあげたアメリカの民俗学者アーチャー・テイラーは、水車小屋の職人の伝説として、この物語を紹介している。

ある水車小屋の主人の徒弟が、化け物が出る水車小屋で夜をすごした。徒弟は、猫の群れにおそわれ、一匹の猫の前足を切り取った。次の日、水車小屋の主人の妻が片手を失っているのが見つかった。[114]

ここでも、水車小屋は化け物の出る不思議な場所であった。これととてもよく似た物語は魔女の文献にたくさんあるとして、ティラーは、その初期の記録、ティルベリのヂャアヴェスという十三世紀ごろの歴史家が書いた『オティア・イムペラリア』の一節を引いている。[115]

ティラーは、このほかにも、「手を切られた猫」の類話に関する二十余りの文献をあげている。それによると、分布は、オランダ、ドイツ各地、イギリス諸島のイングランド、スコットランド、アイルランド、それに、ロシアにおよんでいる。[116]アメリカの民俗学者スティス・トンプソンは、さらにいくつかの文献を追加し、イギリス諸島と北アメリカ各地の多くの類話を体系化したアーネスト・ボーマンの研究のほかに、インドや日本の類話も加えている。日本では「鍛治屋の姥」がこれにあたる。また第二の型、魔女が猫の姿で手を切られる話では、さらにほかに、アイスランド、リトアニア、スイス、スペイン、それに西インド諸島をあげている。[117]

この西ヨーロッパ北部に多い「手を切られた猫」の類話は、ティラーが水車小屋の職人の伝説と称しているように、水車小屋を舞台にしている例の分布が広い。次のアイルランドの類話も、その一つである。アイルランドのコークの伝えである。

ある粉屋で、小麦の粉がだめにされたが、どうしてなのかわからない。大きな被害をうけた次の夜、水車を止めて用心していると、夜中に、上の部屋で大きな物音がした。見に行くと、部屋いっぱいにちらかった小麦粉の上に、たくさんの猫がいた。粉屋は、一匹めがけて小刀を投げつけ、足を切り落とした。翌朝、家に帰ると、娘が手を切り落とされて寝ていた。粉屋には、なにが被害を起こしたかわかった。粉屋は、自分が娘の手を切ったのかもしれないと考えた。その後ずっと、夜になっても猫を見かけなかったという。[118]

　アメリカにも、水車小屋の例が少なくない。ヨーロッパからの移住者が伝えたものであろう。これほど「手を切られた猫」が水車小屋と結びついているからには、なにか水車小屋と猫に特別な関係があるにちがいない。たくさんの猫が小屋に集まっていたということが信じられたのは、人けのない夜の水車小屋が、猫の寄り合いに都合がよかったからかもしれない。しかし、ただそれだけで、これほどまでに水車小屋の猫が、生命力を維持し続けるとは考えにくい。

　コークの伝えでは、猫の群れが小麦粉をだめにしてしまうので困ったといっているが、もし水車小屋で猫が必要であるとすれば、むしろ小麦や小麦粉を鼠の害から守るためであったろう。その猫の頭目が粉屋の主人の妻や娘であったというのをみると、粉屋で猫に特別な意味をこめて飼っていた可能性もある。猫の寄り合いの制度で、地域の頭目になる猫が、その土地で有利なところにテリトリー（なわばり）をもつ猫であったということも思い合わされる。水車小屋の猫が周辺の猫の頭目になりやすい事情も、想像できそうである。

水車小屋の妻が猫に変身して小麦を守る魔女であるということは、水車小屋の主人にとっては、ほんとうは誇らしいことであったかもしれない。それが粉屋の繁昌につながっていく。粉屋は猫の信仰を受け入れるのに、もっともふさわしい職業であった。「手を切られた猫」は、粉屋の妻が本当は猫の頭目であったことを立証する文学になっていた。この物語が、水車小屋の職人の伝説であったゆえんもここにある。「長靴をはいた猫」の猫も、水車小屋の猫であった。

第二型の、魔女が猫の姿で手を切られる話では、猫が人間の女であったという第一型の語りかたとは異なって、魔女が猫に変身するという信仰を主軸にしている。ウェールズの伝えをみよう。

猫に変わることができる二人の姉妹の魔女がいた。二人は宿屋を営み、旅人から盗みをしていた。ある男が気がついて、魔女を見張った。男は夜中に、猫が男の金を盗もうとしているのを見つけた。男が猫の前足を刀で斬ると、猫はかなきり声をあげて、煙突に逃げ登った。翌朝、姉は身を隠そうとしたが、旅人は姉を見つけ、姉の右手に包帯が巻いてあるのを見た。そのあと、妹に針をさすと、二人とも悪いことをしなくなった。[119]

このように、「手を切られた猫」も魔女信仰のかたちをとると、猫の負傷あるいは殺害が魔女にあらわれるということに主題を置いて、さまざまに展開する。アーネスト・ボーマンは、イギリス諸島と北アメリカの類話によって、この趣向の変化をくわしく分析している。[120] まず第一に、この型では、猫が殺されると同時に魔女が死ぬ。これは、イングランド東部のリンカーンシャーや南東部のエセックス、それにアメリカにある。[121] 殺すという趣向からも、その広がりかたからも、やや特色のある類話群である。

第二に、アメリカには、そのなかに、銀の弾で猫が殺されるという例が分布している。[122] ヨーロッパでは、銀の弾は、巨人や幽霊、魔女など霊的なものにたいする守りである。[123] アメリカには、魔女の絵や象徴を、銀の弾で撃つことによって魔法がとけたという[124]か、人間の姿の魔女を銀の弾で撃つとか、[125] 悪魔が銀の弾で傷ついて逃げたとかという[126]話がある。ヨーロッパから伝わった信仰であろう。「猫と銀の弾」の昔話である。あきらかに、日本の「猫と茶釜の蓋」の類話で、猟師の金の弾、銀の弾など、「もう一つの弾」と同じ伝えである。

第三は、猫が傷つくと、魔女が同じ傷をうける。これは、傷の種類によって、いろいろな語りかたが生じる。「手を切られた猫」の趣向も、人が猫の前足を切り取ると、魔女も手を失っていたという、この型の一例である。[127] ボーマンは傷の種類で十六の趣向に分けているが、[128]量的には、特色のある類話群は、この「手を切られた猫」のほかにはない。「手を切られた猫」は、そうした傷ついた猫のなかでも、傷のうけかたもはっきりとしており、水車小屋とも結びついていて、まとまった型を備えている。完成した物語として語り広められたものであろう。

猫の七継ぎ松

日本の「鍛冶屋の姥」も、ヨーロッパの「手を切られた猫」と基本的な型はまったく同じである。猫の群れにおそわれた人が、その頭目の猫の片手を切ると、ある家の妻が片手を失っていたという。日本でも、こまかい語りかたにはいろいろな変化があるが、まず、「水車小屋の妻」に近い一群の類話からみてみよう。これらの類話の特色は、物語の主役が猫の仲間であるところにある。「鍛冶屋の姥」の猫型と呼ぶべきものである。

広島県安佐《あさ》郡と山県《やまがた》郡の境にある可部《かべ》峠《だお》に、七継《ななつ》ぎ松《まつ》という松があり、ここに「鍛冶屋の姥」の猫型の一つが結びついていた。

江戸《えど》飛脚《びきゃく》が朝早く、この峠《とうげ》の辻《つじ》の宿屋を立った。峠を少しおりかかったとき、後から七匹の大きな猫が追いかけてきた。飛脚がそばの松の大木に登ると、七匹の猫がつぎつぎに手を延ばしてきた。刀を抜いて猫の手を斬り落とすと、猫はみんな逃げた。飛脚は猫の手を風呂敷包みにいれたまま、江戸に行った。その帰りに、同じ宿屋に泊まり、その家の婆に会わせてくれと頼んだ。

強《し》いて飛脚が寝間に行き、婆の手を出させると、片手がない。飛脚が斬り落とした手とぴったり合った。婆を斬り殺すと、猫の正体をあらわした。三年前にこの茶屋の婆を食い殺して、猫が婆に化けていた。それ以来、飛脚が登った松の木を、七継ぎ松と呼ぶようになったという[129]。

七継ぎとは、猫が七匹つながって登ろうとしたという意味であろう。獣がつぎつぎに体を継いで、高い木の上にいる人に近づくという趣向は狼が有名で、「狼梯子《おおかみばしご》」と呼ばれている。

このように、猫を主役にした「鍛冶屋の姥」は、島根県隠岐島の周吉《すき》郡（隠岐郡）中村《なかむら》にもある。

商人が山越えで日が暮れ、山頂の大きな松の木の梢で寝ていた。夜中に下で声がする。山猫が十四ほどいる。頭分《かしらぶん》らしい大猫が、自分が登って落とすから食えといって、爪を立てて木に登って来た。商人は旅刀で猫を刺した。ほかの猫も、商人につぎつぎと傷つけられた。山猫たちは、相談して、庄屋《しょうや》の婆《ばば》の手をかりようと、迎えに行った。駕籠《かご》で来た庄屋の婆は、大きな白猫で、袖無《そでな》しを着て、白《しろ》手拭《てぬぐい》をかぶっていた。庄屋の婆は木に登って商人に跳びつくが、商人に刀で額《ひたい》を突かれた。山猫たちは、庄屋の婆を駕籠に乗せて、山を下って行った。

商人は夜を明かし、里へ下って庄屋の家に行った。庄屋に夜のことを話すと、婆がそんなところに行くはずがないという。しかし、婆は魚ばかり食べると聞き、商人は持っていた鰤《ぶり》を庄屋に差し出し、婆に進ぜてくれと頼んだ。庄屋が持って行ったところを、商人が唐紙《からかみ》のすきまからのぞいて見ると、婆は白猫になり、生のまま鰤をかじりはじめた。庄屋は猫を斬り殺した。床の下から、ほんとうの婆の骨が出てきた。猫が婆を殺し、化けていたことがわかった。[130]

これには、「狼梯子」の要素はないが、主役はやはり猫の仲間である。「水車小屋の妻」の序段や『譚海《たんかい》』の序段の「猫の踊り」とも、猫の集まりであるという点では共通する。「鍛冶屋の姥」の前段は、猫が仲間をつくっているという猫の寄り合い、社会組織を土台に成り立っていた。この隠岐島の伝えでは、まず猫の仲間に頭目らしい猫がいたといい、さらに庄屋の婆が呼ばれている。庄屋の婆は、もう一段上位の猫である。この婆を呼ぶ趣向は、物語の型でいえば、「猫の踊り」で、猫たちが、もう一匹の猫が来ていないという部分にあたる。『譚海』の太郎婆である。ドイツの「猫の舞踏会」で、「もう一匹の猫」に舞踏会に来るように伝言するのも、同じ趣向である。一連の「鍛冶屋の姥」も、この「もう一匹の猫」の趣向を介して、「猫の舞踏会」や

「猫の王が死んだ」など、ヨーロッパの昔話とも同系統ということになる。

かならずしも猫の手を切り落としたとはいわない、ただ傷を負わせたというだけの「鍛冶屋の姥」の前段には、さらにいろいろな変化がある。まず、このような猫の寄り合いをおもわせる例は、岩手県上閉伊郡土淵《つちぶち》村（遠野市）にもある。

ある男が旅の帰路、たくさん猫が集まっているのに出会った。木に登って見ていると、そのなかの大猫が、だれだれのお頭《かしら》が来ていないという。それはその男の名である。やがて、年寄りの猫が来て、お頭さまと呼ばれる。それは、その男の飼い猫である。侍《さむらい》が通りかかると、猫たちは食おうとするが、侍に斬られて大猫も傷を負った。男が侍をつれて家に帰ると、婆が氷ですべって眉間《みけん》を割ったといって寝ている。婆を斬り殺すと、のちに大猫になった。猫がほんものの婆を食って、婆に化けていたことがわかったという。[131]

これなどは、まったく猫の寄り合いの情景である。頭目だけが人間に化けていたのは、もっとも劫《こう》を経た猫であるからであろう。『礦石集』の「猫檀家」の話で、猫が自分は火車の長《おさ》になっていると語っているのを思い出す。年経た猫が火車になる。その火車の頭目といえば、もっとも年を経た怪異な猫である。火車は人間に化けるとはいわないが、死者を奪う。猫が人間を殺し死者になりかわるということは、本質的には、猫が火車になって死者を奪うことと異ならない。死者に猫魂がはいるという信仰も、同じ思想である。

夜出て来た猪を待って撃つ夜待ちにたいして、猪が朝帰るところをねらう猟を、朝ねらいという。大分県北海部郡《きたあまべ》臼杵町《うすき》（臼杵市）には、猟師が朝ねらいに山に行くと、猫が集まって相撲《すもう》をとっていたという前段ではじまる「鍛冶屋の姥」の話がある。しょうべえ婆には、どんな猫も勝てないが、けさはどうして遅いのか、と猫がいっている。そこに赤猫が来た。猟師がその赤猫を撃つと、猫たちは逃げた。血の跡をたどって行くと、ある家にはいった。家の婆が、縁から落ちてけがをしたという。猟師が、寝ている婆を蒲団の上から撃つと、婆はやがて赤猫になった。床下にはほんとうの婆の骨があったという[132]。

前段が猫の相撲というのもめずらしいが、山猫がさかんに活躍している隠岐島では、人間に相撲をいどむのは、化け猫の代表的な行動の一つであった。「鍛冶屋の姥」の前段は、このように、猫の仲間の寄り合いらしいさまざまな型に変化していた。「猫の踊り」と関連する「猫の浄瑠璃」のように、猫が芝居をしていたという前段ではじまる「鍛冶屋の姥」もある。福井県坂井郡三国町《さかいみくに》に住む人の伝えである。出身は坂井郡川西町小幡《かわにしこわた》（福井市小幡町）である。

坂井郡金津町《かなづ》に馬面《ばべん》という姓の家が三軒あり、その一軒は宿屋であった。あるとき、その宿屋に、加賀《かが》（石川県南部）大聖寺藩《だいしょうじはん》の武士でサンゾウという人が泊まった。食事に出た魚に歯の跡があるので、とりかえさせると、女中が、たびたびこういうことがあって困っているという。

翌日、宿を出て、牛の谷峠《うしやとうげ》にかかると、たくさんの猫が菜の花畑に集まって芝居をしていた。サンゾウがいたずらに手裏剣《しゅりけん》を投げると、一匹の猫にあたって死んだ。ほかの猫はおこって、サンゾウにかみついてきた。サンゾウは刀を抜いて、防いだ。猫はかなわないとみると、頭立《かしらだ》った猫が、馬面の婆を呼んで来いという。二匹の猫が金津のほうへ走った。やがて、三匹になってもどってきた。馬面の猫が、先になってかかってきた。サンゾウが斬りつけると、馬面の猫をはじめ、ほかの猫も逃げた。

翌朝、サンゾウは金津へ引き返し、馬面の家を訪れた。婆がいるかというと、昨夜ちょうず（便所）に行って、縁側から落ち、額をけがしたという。サンゾウが婆さんの部屋に行くと、婆は正体をあらわし、窓から跳び出して山へ逃げ、行くえ知れずになった。たたりをおそれて、婆を白山権現《はくさんごんげん》にまつった。古くからいた猫が、婆が死んだとき、婆の死体を縁の下にかくし自分が婆に化けて、ヨミズ帰りをしたのであるという。[133]

ヨミズ帰りとは、黄泉路《よみじ》帰りのことであろう。黄泉路は、死者の世界（黄泉）へ行く路のことで、おそらく、猫が死んだ婆のかわりになって、婆が生き返ったということであろう。日本の「鍛冶屋の姥」で、猫が妻や母に化けていたというのも、人間の死者に猫の霊魂がはいると猫またになるという信仰と同じ観念で語られていることになる。先に火車の信仰などからみたように、「鍛冶屋の姥」も、人間の死と飼い猫が、宗教的に密接なかかわりがあるとする信仰のうえに成り立っていることが、ここでは、はっきりと意識されていた。

この話では、サンゾウは猫と戦うだけであるが、ほかの一般の伝えでは、サンゾウは木の上に登り、馬面の婆が鍋をかぶって攻めて来るのを、刀で背中を刺したことになっている[134]。これは猫の七継ぎ松の「狼梯子」の語りかたである。鍋の趣向をふくめて「狼梯子」の要素は、このあとにみる「鍛冶屋の姥」の代表的な例である狼型には、特徴的に語られている。猫型も狼型も、物語の基本の型は、あまり違わなかったようである。

すでに、『譚海』でみたように、猫を主役にし、「猫の踊り」を序段にした「鍛冶屋の姥」の猫型にも、江戸時代以来の歴史があった。しかし、この種の物語をいろいろ書き残しているかにみえる江戸時代の文献には、意外なほど「鍛冶屋の姥」の特徴をそなえている例は多くない。「鍛冶屋の姥」では、猫を傷つけると、老女にも同じ傷害が起こっていたという語りかたに特色があるが、その点を単純にして、そぶりのおかしかった老女が猫の姿をあらわした、などと伝えている例が多い。それが、事実談

三好想山『想山著聞奇集』に描かれた大猫。老女を食った猫は、大きな犬ほどの大きさがあり、尾が二股に分かれていたという。　富山大学附属図書館蔵

に近づいた話の変化の傾向であるらしい。

嘉永《かえい》三年（一八五〇）刊の三好《みよし》想《しょう》山《ざん》（一八五〇年没）の『想山著聞奇集《しょうざんちょもんきしゅう》』巻五にも、そうした例がみえている。「猫俣《ねこまた》、老婆《ろうば》に化居《ばけい》ある事」である。想山は、江戸時代後期のもっともすぐれた奇談の採集家で、これも、ことこまかに記述している。上野国《こうづけ》（群馬県）の屋根葺《ふ》き職人の家での出来事である。年来、酒を好み、気むずかしくなった老女が、ある日、うめき声をあげている。寝間を見ると、大きな猫が、母の着物を着て酔って寝ている。囲炉裏のそばの床下に、母の骨があった。そこで、猫を生け捕りにして殺し、猫俣塚《ねこまたづか》と

いって、石碑を立てて埋めたという。

想山は、その当時、近くの村にいて、その猫を見たという大工から話を聞いている。江戸にいる大きな犬ほどで、赤茶と白黒の三色、尾は約四尺、先七、八寸ばかりが二つに分かれて、股になっていたという。化け猫は、尾が二つに割れ、猫またと呼ばれるという、その例である。想山は、二十年あまり前に聞いたので、人の名などは忘れたが、そのとき年をかぞえてみたら、寛政八年（一七九六）ごろのことであったと記している。[135]

江戸の町奉行《まちぶぎょう》であった根岸鎮衛《ねぎしやすもり》（一七三七〜一八一五年）の見聞記『耳袋《みみぶくろ》』巻二の話も、この型の話である。年経た猫が老婆を食い殺し、老婆に化けていることがあるという話である。

昔、ある男の老母が猫の姿をあらわした。男は、猫が母を食い殺して化けたのであろうと斬り殺したが、母の姿になったままで猫にはならない。男は、親を殺したつぐないに切腹しようと、親しい人を呼ぶと、ある人が、猫狐のたぐいは、人間に化けて年久しくなると、命を落としてもなかなか形をあらわさないものだと、切腹を止めた。夜になり、だんだんと古猫が姿をあらわしたという。[136]

ややまとまった、「鍛冶屋の姥」の型をそなえている例が、曲亭馬琴《きょくていばきん》の随筆『兎園《とえん》小説《しょうせつ》』第十一集の文政八年（一八二五）の項にある。[137]

長年飼っていた源兵衛の猫が、ふいといなくなった。そのころから、老母が人目をさけ、食べ物の食べかたがおかしくなった。おりから、源兵衛が湯からあがったところを、真っ黒なものが跳びかかってきた。こぶしで強く打つと、そのまま逃げた。そのとき以来、老母が、背中が痛むという。源兵衛は、猫が化けているのであろうと疑い、親族に相談して、母親を矢で射ることにした。殺すと、一夜明けて、飼い猫の姿になったという。

猫が集まるという序段はないが、猫のけがは老女のけがという、「鍛冶屋の姥」の主題が生きている。文政七年に、鳥井《とりい》丹波守《たんばのかみ》の家令《かれい》高須源兵衛の家で起こったことという。事実談として信じられたらしく、深く秘めて人に語らなかったので、知るものはないとある。家の中での奇怪な事件というかたちをとるにしたがって、物語は、老女が猫であったという部分にばかり焦点が合わされ、しだいに話の起伏は失われるようである。

源兵衛の話には、こんな挿話もついている。源兵衛が老母を射殺する決心をし、矢をつがえて弓を引こうとすると、老母は起きあがって胸に手をあて、「母を射るならここを射よ」といった。ひるんだ源兵衛は、矢を射そんじた。親族は、射芸《しやげい》が十分でないからだと源兵衛をたしなめ、「早く射とめよ」という。今度はおもいきって射あてると、母は逃げ出して庭でたおれた。しばらく待っても、婆のままである。源兵衛が腹を切って死ぬという、明日まで待て、という人がある。一夜を明かすと、飼い猫の姿になったという。射芸といい、切腹といい、いかにも武家好みの話題であるが、馬琴は、その当主は十五歳で、これは在所でのことか、昔のことであろう、としている。切腹の段は『耳袋』の話にもあった。江戸市中の「鍛冶屋の姥」は、武辺話に近づきながら生き続けていた。

中山三柳《さんりゆう》の寛文十年（一六七〇）自序のある随筆『醍醐《だいご》随筆』巻下にある、138 美作国《みまさか》（岡山県北部）の武家の話も、武士の教訓談になっている。夜、十五、六歳になる嫡子《ちやくし》が、あやしげな老人におそわれた。弓馬の家に生まれて、そのようなものをおそれるようではだめだと親にさとされ、その老人を匕首《あいくち》で斬った。血の跡をたどると、屏風のうしろに大きな犬ほどの猫が臥《ふ》し、肩から腰まで二つに斬られて死んでいたという。老人を斬ると猫も斬られていたというだけで、これも一歩「鍛冶屋の姥」からは離れているが、それが物語の変化の一つの方向であった。

かの源兵衛が、最初に老女の挙動から猫ではないかと疑ったのは、昔物語に聞くように、猫が化けたのではないかとあやしんだからであった。

さては、むかし物がたりに聞きしごとく、猫のばけしにや、といぶかりあへる……

と馬琴は記している。「鍛冶屋の姥」のような伝えが、次から次へ信じられたのは、そのような物語が、そちこちに知られていたからである。これらの「鍛冶屋の姥」から遠ざかろうとする話も、もとは、昔話のような型をふんでいたのであろう。それが、事実談へ進む道であった。信じるがゆえに、古い伝えが、新しい現実味のある話題を生み出していった。物語が話題に型を与え、信仰が型に生命を与えて、新しい変化を誘った。物語も猫の七継ぎのごとく、つぎつぎと継いでは崩れ去っていた。

狼梯子を登る猫

日本の「手を切られた猫」の昔話が「鍛冶屋の姥」と呼ばれてきたのは、古来、この物語が「鍛冶が母《かか》」の名で知られ、高知県安芸郡佐喜浜村には、鍛冶屋の跡をはじめ、その物語ゆかりの場所がいろいろ残っていたからである。この地を中心に、「鍛冶が母」の話はよく知られていたようである。しかしそれは同じ「鍛冶屋の姥」でも、猫型とは異なり、狼の仲間の頭目の狼が鍛冶屋の母であったという、狼型である。「鍛冶が母」の舞台は、この佐喜浜村の北西の山中、野根《のね》山の峠道にあった産《さん》の杉《すぎ》と呼ばれる杉の古木である。地上四メートルほどの高さのところで幹が横にまがり、その上が平らになっていて、そこは五、六人もすわれるほど広かったという。明治三十二年（一八九九）の暴風で根元から吹き倒され、昭和になっては古株だけが残っていた。この伝えは、南方熊楠が「千疋狼《せんびきおおかみ》」でとりあげ[139]、柳田国男も「狼と鍛冶屋の姥」で論じてよく知られているが[140]、ここには、同じころ、佐喜浜村の人、小堀春樹さんが書いた『佐喜浜村を語る』から紹介しよう[141]。

飛脚の吉助が、高知県の東のはずれ、安芸郡甲浦《かんのうら》（東洋町）から、高知の城下への便《たより》を持って、野根から野根山街道にむかった。日も暮れたころ、峠近くで、産気づいた女が一人で苦しんでいるのに出会った。狼の遠吠《とおぼ》えもする。吉助は、根元で曲がって突き出ている大杉に登り、女を木のくぼみに入れ、無事に出産させた。狼の群れはその杉の木を取りかこみ、木に登りはじめた。吉助は刀を抜いて狼に斬りつけ、半数はたおした。

すると、古くて大きい狼が、これは手ごわい、崎《さき》の浜《はま》へ行って鍛冶が母《かか》を呼んで来いという。しばらくすると、年老いた立派な狼が、仲間をつれて来た。狼たちは、杉に登ろうとして跳びかかる。吉助が狼の頭《かしら》に一太刀《ひとたち》斬りつけると、古狼は仲間をひきいて引きあげた。夜が明けると、吉助は、女をすぐ近くの岩佐関所にあずけ、町へ出て崎の浜の鍛冶屋を探した。鍛冶屋の若い娘に、母はいるかと聞くと、ゆうべ井戸端でころんで頭を割り、奥で休んでいるという。吉助は、狼が鍛冶屋の母を食って化けているといって、近所の人を集めて奥へはいり、母の姿の狼を殺したという。

佐喜浜は知らなくても、カジガカカ（鍛冶が母）の話を知っている人が多いと、小堀春樹さんも不思議がっているように、なぜか江戸時代から有名な話であった。[142]寛延《かんえん》二年（一七四九）刊の『新著聞集』第十、奇怪篇にも、この話のことがみえている。越前《えちぜん》国大野《おおの》郡（福井県）の菖蒲《しょうぶ》池に伝わる「鍛冶屋の姥」の類話を記し、その末尾に、土佐《とさ》国（高知県）の崎が浜の「鍛冶屋がかか」といって、これと少しも違わない話があると注している。

土佐の国（原文「土佐の岡」は誤り）崎が浜の鍛冶屋がかかとて、これに、つゆたがはざることとあり。

崎が浜は、佐喜浜の古い書きかたである。『譚海』から二、三十年後に書かれたかという案本胆助《あんぽんたんすけ》の『江戸《えど》愚俗徒然噺《ぐぞくつれづればなし》』には、もう少し具体的にみえている。[143]

我、前かたのこと、ある家に行きければ、そのとき、前にいふ鍛冶屋のばあさまといふ猫の踊りををどるを、武者修行の者退治の咄《はな》しをして居るところへ行き合はせ、ともに聞き居たるとき、猫を殺す人の名を忘れて……。

とある。この「前にいふ鍛冶屋の……」とは、次のような物語である。[144]

辻堂《つじどう》あるいは森の中に一宿せしに、狐狸猫のたぐひ集まり、踊りを始めたるときに、何屋のばば様が参らぬといふを、物陰に見聞きして居たるところへ、その

ばばが来たり、踊るを見れば、古猫あるいは古狸ども咄《はな》す。翌日その家に尋ね行
きて退治せし咄し……。

とある。猫の踊りに呼ばれてきた鍛冶屋の婆は年経た猫で、翌日、修行者がその家に行って退治した、という話になる。これは崎が浜の話ではないかもしれないが、『譚海』のような「猫の踊り」に「鍛冶屋の姥」が複合した型が、鍛冶屋の婆の話としても、古くから知られていた証拠としても興味深い。

しかし、ここで注意しなければならないのは、野根山では、集まったのは狼であって、猫ではなかったことである。南方熊楠や柳田国男の論考に引かれている野根山の伝えの数例も同じである。野根山の例は、山中での出産と結びついていたことが特異であった。この由緒でこの杉は有名になり、この杉の皮を煎《せん》じて飲むと安産であるということで、あちこちの村からとりに来たという。[145] これと関連して、柳田国男は、鍛冶屋が狼とのゆかりで、安産の信仰にかかわっていたのではないかとし、鍛冶が母が産婆の前身ではなかったかと考えた。[146] そうすると、狼を主役にする「鍛冶屋の姥」は、鍛冶屋の信仰のもとに形成されていたことになる。

ほかにも、狼が主役になっている「鍛冶屋の姥」の類話は少なくない。先の『新著聞集』巻十、怪奇篇の菖蒲池の話も、それである。

菖蒲池のあたりは、狼の群れが出るので、日が暮れてからは人が通らなかった。

ある僧が菖蒲池の孫右衛門のところへ行くとき、狼が出た。高い木の上で夜を明かすと、狼たちは木の下から見上げている。一の狼が、菖蒲池の孫右衛門がかかを呼ぼうという。まもなく、大きな狼が来た。狼がつぎつぎに肩車をして、近づいてきた。僧が小刀でその狼の顔の正面をつくと、狼の肩車はくずれ、みんな帰って行った。夜が明けて、孫右衛門の家に行くと、妻が昨夜死んだという。見ると死骸は大きな狼であった。子孫まで、背筋に狼の毛がひしと生えていたという。[147]

富山県にも、江戸時代の記録に狼の例がある。文化十二年（一八一五）の序のある富山藩士、野崎雅明の『肯搆泉達録《こうこうせんだつろく》』巻十五に、婦負《ねい》郡駒見《こまみ》村（富山市）のヨウユウという人の家の話がある。

長く使っていた姥が、狼の化けた者であった。山伏《やまぶし》が夜ふけに、呉服《くれは》山（呉羽山）古坂を通った。狼の群れに出会い、高い木に登った。狼も梯子をつくって登ってきた。一番上の姥が、山伏を引き下ろそうとするので、山伏は短刀で姥の肘《ひじ》を打ち落とした。姥はうめき臥していた。山伏がヨウユウの家に行くと、姥は逃げ出して、行くえ知れずになったという。[148]

ヨウユウとは、中国春秋時代の楚《そ》の弓術の名人として知られる養由基《ようゆうき》の伝えにちなむ名である。

寛保《かんぽう》年間（一七四一～四四）の佐藤景嶂の『因府夜話《いんぷやわ》』にも、因幡《いなば》地方（鳥取県東部）の伝えがみえている。

ある山伏が、但馬《たじま》（兵庫県北部）に急用があって夜道を行くと、狼がたくさん出て来て、せめたてた。山伏はふせぎきれなくなって、そばの大木に登り、木の股で息をついた。しかし、大きな狼が一匹、木に取りつくと、つぎつぎとその上に乗り、山伏の足もとに近づいてきた。大きな狼がすこしたりないというと、ほかの狼が、金の尾の五郎太夫婆を頼んで来いという。一匹の狼が走って行き、大きな狼をつれて来た。上に登らせ、山伏の足元にとどきそうになった。山伏が脇《わき》差《ざし》を抜いて、いちばん上の狼の頭に斬りつけると、狼の梯子はくずれ、狼たちは逃げてしまった。山伏は夜明けを待って木から降り、金の尾村を通るついでに、勧進乞《かんじんご》いのふりをして、五郎太夫の家をたずねた。老女が昨夜、外で大けがをしてきたと、さわいでいたという。[149]

江戸時代の文献には、このように、崎の浜の鍛冶屋を離れても、怪異な動物を狼とする伝えが広く知られていた。それも、だいたい「狼梯子」の趣向をともない、崎の浜の「鍛冶が母」の物語がそのまま広まったかとおもわれるほど、共通していた。ところが、そうしたなかで、呼ばれてくる名のある頭目だけが猫である例がある。狼が先か、猫が先か、柳田国男は、人間の言葉をつかって身元があらわれるという話は、狼にはほかに例がないようであるが、猫にはあるとして、狼より猫が先であろうという。[150]猫にはあるというのは、「猫の踊り」の例である。

この頭目だけを猫にする類話は、四国地方では地元以外でも、崎の浜の鍛冶屋の話として伝わっていた。徳島県三好《みよし》郡西祖谷山《にしいややま》村では、狼が呼ぶのは鍛冶の婆である。その婆は白毛の大猫で、やはり手を切り落とされる。血の跡をたどると、鍛冶屋にはいり、そこの女房の手が片方切られている。鍛冶屋が女房を殺すと、それは大猫であったという。[151]ほかにも、香川県三豊《みとよ》郡詫間《たくま》町志々《しし》島や仲多度《なかたど》郡佐柳《さなぎ》島に、旅人をおそった獣たちが、野根の鍛冶屋の婆を呼ぶ話もある。これも手を切られ、最後に切り殺すと大猫であったという。[152]

本拠の崎の浜を離れたから物語が変化したとも考えられるが、全体が猫になるならいざしらず、鍛冶屋の婆だけが猫に変わっているのは、ただの混乱とはおもえない。柳田国男も注意したように、「もう一匹の猫」を招く趣向は、「猫の踊り」の重要な要素で、ドイツの「猫の舞踏会」にも共通し、ヨーロッパの「猫の王が死んだ」にまでつながっていた。このような関連する昔話の広がりからみると、この「もう一匹の猫」の要素は、ほんらい猫の物語にともなう伝えであったとしても、おかしくない。中部地方にも、狼の頭目が猫であったという例が分布している。長野県下伊那郡では、その猫を新道の鍛冶屋の婆と呼んでいた。[153]

『江戸愚俗徒然噺』がそうであったように、古くは、鍛冶屋の婆も、崎の浜には、かぎらなかったのかもしれない。むしろ、崎の浜の鍛冶屋の話になっていたのは、新しい土着であったとみることもできる。崎の浜の鍛冶屋の婆が刀をよけるために鍋や釜をかぶっていたという趣向は、別の昔話の「猫と茶釜の蓋」の主要な要素と一致している。[154]この「猫と茶釜の蓋」じたいは、鍛冶屋とは直接関係ない語りかたになっているが、「猫と茶釜の蓋」の核になっている「もう一つの弾」は、猟師が自分でつくる鉛の弾と異なった鉄の弾で、それは鍛冶屋につくってもらうものであった。これらの昔話が展開する底流で、鍛冶屋が重要な役割を演じていたことは疑いない。

南方熊楠は小学校時代、「狼梯子」の話を、日常的に耳にしていたという。狼は群れて来て、木を支えにして仲間がつぎつぎと肩車をし、高い木の上に登った人に近づき、傷つけて落としたところを食うという話である。[155]一見、「鍛冶屋の姥」の発端だけが断片になって残ったようにもみえるが、和歌山市あたりでは、狼の習性として一般に語られていたように、それじたいは、独立した言い伝えであった。神奈川県川崎市の多摩《たま》川べりの村、いまの多摩区堰《せき》にも、狼の習性の話として伝わっていた。[156]「鍛冶屋の姥」の形成を考えるうえで、「狼梯子」が、狼にふさわしいか、猫にふさわしいか、それが一つの問題である。猫が主役の「鍛冶屋の姥」には、ほんとうの意味での「狼梯子」の趣向はない。つぎつぎと猫が木に登ってくる程度である。独立した猫の梯子の話も聞かない。猫は木に登るのに梯子をつくるにおよばない。そうすると、梯子をつくって人をおそったのは狼で、その頭目が人に変身できる猫であるという型が、「鍛冶屋の姥」の完成した型であったということになる。では、なぜ狼の頭目を猫にする必要があったのか、その動機が問題である。

第三章　猫と鍛冶屋の姥

猫とユーラシアの狼梯子

猫は登場しないが、「狼梯子」の類話は、ヨーロッパにも少なくない。たとえば、ベルギー南部のケルト系住民であるワロン人には、典型的な例がある。

飢えた狼が木こりの小屋に入ろうとして、木こりの妻に、熱いスープでやけどをさせられた。のちに狼は、仲間といっしょに森の中で木こりをおそった。木こりが木の上に登ると、狼たちは、つぎつぎとその上に立って登ってくる。そこで木こりは、「すっかりあけてしまえ、ケーテ（妻の名）」とさけんだ。木こりの妻が狼にかけた、あの熱いスープをおもいださせるためである。下に立っていたその狼は、びっくりして逃げ出した。それで、この狼の梯子はくずれ落ちてしまったという。[157]

この類話は、ヨーロッパ各地に広く分布している。ことにフィンランドなどバルト海沿岸の地域や、ハンガリーに多く知られていて、世界の昔話の分類目録の基礎をなした、アンティ・アールネの一九一〇年の『昔話類型目録』にも、すでに一つの類型としてみえている。

　狼たちが、たがいに背中の上に登って木にあがって来る。木の上には豚がいる。

　下の狼が逃げ出す。

という型である。[158]これは、日本の「狼梯子」とまったく同じ構想である。主役の狼が梯子のいちばん下にいるというところが異なるが、それも、上か下かという二者択一の差で、あい補いあう関係の変化にすぎない。日本の「鍛冶屋の姥」とくらべて重要なのは、単純な「狼梯子」で、「手を切られた猫」と結びついていないことである。

　そこで興味深いのは、ルーマニアのトランシルバニア地方のハンガリー人の伝えに、この「狼梯子」の趣向を含む、猫と狼の葛藤《かっとう》談があることである。

　飼い主が雄牛の肉を食べさせたために、大きくなりすぎた猫がいた。森の奥に猫を捨て、馬をつれて行って殺し、餌にした。狐が馬の肉を食いに来たが、猫は追い払った。狐が助けを求めた狼も、猫に追われた。狐と狼は、アナグマと猪と熊に出会うが、どの動物も猫を退治できなかったという。獣たちは、仲間で宴会を開いて猫を招くことにして、狼が呼びに行った。猫は来るが、危険を感じて、木のてっぺんに登った。狐たちの仲間は猫を捕まえようと、たがいに肩の上に跳びあがって近づいてきた。狼がいちばん上に来て猫を捕まえようとすると、猫がくしゃみをした。その風で、狼は木から落ちた。ほかの獣たちも木から落ちて、首や骨を折った。猫は家に走って行き、飼い主をつれて来た。飼い主は、狐たちを車につめこんで家に運んだ。それが長いあいだの食べ物になったという。[159]

これも基本的には「狼梯子」の類話であるが、全体の叙述から、リンダ・デッヒは、ハンガリーに類話が数例ある次の昔話の一つとする。[160]

猫が王であると主張し、おどろいて猫から逃れようとする動物たちから、食物を受け取る。

しかも、猫が木に登っている点では、ヨーロッパ一般に分布する、

見なれない動物から、野生の動物たちが隠れる。猫がかなきり声を出すと、熊が木から落ちて、背骨を折る。

という昔話にも近い。[161] 熊が木から落ちるところも、「狼梯子」に似ている。トランシルバニアの「狼梯子」は、狼だけではない。しかし、注目されるのは、木の上に登っている猫を、他の動物とともに肩車をした狼が、いちばん上になって捕まえようとしているところである。これは、鍛冶屋の婆が「狼梯子」で旅人にせまるのと同一であり、しかも、その相手として猫が登場している。猫は狼の頭目ではなく敵であるが、「鍛冶屋の姥」と同じ動物が主役を演じているのは、物語の一つの変換の型のようにもみえる。どうも、ここでも、猫と狼は、信仰や昔話のなかで、役割が変換できるような性格の動物であったらしい。「狼梯子」をめぐる猫と狼との交錯は、

ヨーロッパ以来のことということになる。

こうした類型群のなかに、猫が王であると主張して他の動物をおどかすという趣向を含む話があったのも、不思議な因縁である。「猫の王が死んだ」にみたような猫の王の観念が背後にあるにちがいない。それは当然、日本の「猫の王の会議」にもつながる。猫をめぐる伝えの主要な部分は、ここでも一つに束ねられていた。その束が、そのままユーラシア大陸を東西に旅していたようにみえる。

南方熊楠は、日本の「狼梯子」のほかに、インドネシア領域の北ボルネオ（ブルネイ）の伝えをあげている。テンパッスク地方のドゥスン族（Dusuns）の類例で、日本以外にも類話のあることに、大きな意義をあたえている。[162]

プアカ（Puaka）とは、豚の姿をした精霊で、とてもするどい舌をもつ。木の先の樹皮を食べるが、そこにとどくまで、たがいに背中に登って、先頭のものが樹皮をなめる。プアカは人に出会ったとき、人が止まるとプアカも止まり、人が走るとプアカも人を追う。人が木に登ると、プアカも人を捕まえるまで、たがいの背中に登って来て、先頭のものが人の肉をなめつくす。人がプアカに追われたら、川を渡ると安全である。人が川を渡ると、プアカもついてくるが、対岸に着くと止まり、自分自身を骨だけになるまでなめつくして死ぬという。[163]

「鍛冶屋の姥」のような物語的な結構は、プアカにはない。このドゥスン族の伝えは、プアカという精霊の性質を語っているだけである。しかし、プアカ自身が木の先の樹皮を食べるときや、人間が木に登ったときに、つぎつぎと背中に乗って、木の先や人間にとどくまで梯子をつくって来るというのは、まさに「プアカ梯子」である。ヨーロッパの「狼梯子」ともども、「鍛冶屋の姥」の背後にある、説話の広く大きな歴史を考える手がかりにしなければならない。

アジアにはインドに、「狼梯子」ならぬ「虎梯子」がある。虎の仲間が、つぎつぎに上に乗って、木に登って来る話で、木の上には人間がいる。いちばん下の虎が傷つけられ、逃げ去ってみんな落ちるという。ヨーロッパと同じ語りかたである。虎が豹《ひょう》に変わっていたり、人間が山羊《やぎ》になっている類話もある。[164]

インドでは、この「狼梯子」は、「二人の旅人」型の昔話のなかでも語られている。全体の構成は、中国の「不誠実な兄弟とたくさんの宝物」の類話にあたる。そのなかでもインドには、また独立した類型になるほどの特色ある類話がある。「木から落ちる男と悪魔」である。はっきりした「狼梯子」の型を備えているこの例が、中部インドのサンタルにある。カラとグジャという兄弟を主人公にした物語である。

二人が森の中を歩いていると、虎の洞穴に行きついた。二人は虎をおそれさせ、洞穴から出るところを捕らえ、虎の尾をもぎ取って、焼いて食べた。虎は、森にすむすべての虎を会議に召集し、二人を殺して食べようと決定をした。二人は、大きな深い水槽《すいそう》の脇のパルムの木に逃れ登った。水に映る二人の影を見て、虎たちは水の中に跳びこんだが、二人はいない。一匹の虎が木に登っている二人を見つけた。

虎たちは、どのようにして木に登ったのかを、二人に尋ねた。たがいに肩に乗ってと答えると、虎たちも、尾をとられた虎をいちばん下にすえ、たがいに肩の上に乗って登ってきた。虎が二人にとどかないうちに、兄が弟に、おまえのよく切れる戦い用の斧であの虎のひざの腱《けん》を切ってしまおう、といった。それを聞いた例の虎が、われを忘れて跳びのいたので、虎の梯子はくずれ、虎たちは、地面に積み重なった。虎の仲間は、例の虎をののしりはじめた。この虎は、仲間にひきさかれるのをおそれて、森の中に逃げ去ったという。[165]

サンタルにはほかにも、カラとグジャの兄弟の物語と同じ構想の類話がある。[166]サンタルのこの類話で、虎の仲間が会議を開くというのはおもしろい。やはり「二人の旅人」型の「木から落ちる男と悪魔」のインド西部の類話にも、虎の王の会議がある。

理髪師が、貧しい托鉢僧《たくはつそう》を連れてジャングルに行き、木に登った。木の下では、いつもジャングル中の虎が集まって会議を開いている。大きな片目の虎の王も来た。例の虎が、あの男がまた来たらどうしようというと、虎たちは、明日決めようといって散会した。二人は木から降りて、虎がおいていった宝物をとって帰ったという。[167]

これが、他の類話では、「虎梯子」の登場する部分である。

これは、アイルランドの「二人の旅人」の話で、一年に一度、猫の王が仲間を集めて会議を開くところに、旅人の一人が行き合わせたという話と、まったく同じ構成である。それがインドでは、虎の王の会議に変わっていた。ここにも、物語のなかでは、虎と猫が交換する可能性があることが示されている。インドには、「猫は虎の叔母《おば》」という伝えもある。[168]猫と虎の同一視は、十分にありうることである。インドでも、トランシルバニアのハンガリー人の伝えと同じく、「猫の王の会議」と「狼梯子」が出会っていたことになる。

サンタルの二つの類話では、二人が木に登る趣向が、「虎梯子」の話に展開したり、直接に宝物を得る挿話につながったりして揺れ動いているが、マイソールなどには、「二人の旅人」の型で、「狼梯子」の要素が、悪魔から宝物を奪う挿話に結びついていた例がある。[169]二人の旅人が、ラクシャスの家から宝物を持ちだす話である。ラクシャス（ラクシャサス Rakshasas）は、インドではよく知られている超人的な怪物で、巨大でおそろしい牙《きば》をもっている。同じ話は、インドネシア領域にもある。一つはインドネシアのロティ島である。ここでも、怪物を大鬼ラクササといっている。[170]

これらのラクシャスの物語は、南方熊楠が紹介した北ボルネオのドゥスン族の「プアカ梯子」と同じく、超人間的な魔物の梯子の例である。南アジアには、プアカのように、魔物が梯子をつくって人間をおそうという伝えが、一般にあったのかもしれない。しかし、プアカも豚の姿をした精霊であった。ヨーロッパで、狼におそわれて木に登ったのが豚であったのとくらべると、動物の種類の変化も、いわば主客の転倒でしかない。なにか、この「狼梯子」の昔話の根底には、一つの大きな文化の流れがありそうである。

インドの「虎梯子」に近い伝えは、西北モンゴルにもある。

雌牛を盗もうとして、まちがえて虎の背中に跳び乗った盗人が、雌牛もつれて逃げ去った。盗人は、虎に乗っているあいだに、虎の尾をもぎ取った。虎はおどろいて逃げ去った。この盗人は、ハーン（汗）の宮廷で虎殺しの英雄として祝われ、そのほかの虎たちも殺すことをまかされた。

盗人が虎を避けて高い木に登っていると、虎たちは、盗人のところにとどくように、たがいに背中に乗って登って来た。尾をもぎ取られた虎が、いちばん下にいた。盗人が、もぎ取った尾で下の虎をおどすと、その虎は逃げ出した。ほかの虎たちもつぎつぎと下に落ち、たおれて死んだという。[171]

これは、インドの「狼梯子」の一部の類話と同じく、虎が逃げだす「古屋の漏り」

の昔話と複合している。梯子がくずれる原因が、いちばん下の虎にあるところも一致している。

「古屋の漏り」と結びついた「狼梯子」で、前段の「古屋の漏り」から引き継いでいる要素が、もぎとった虎の尾である。先にみたサンタルの類話で、二人がまず虎の尾をもぎ取って焼いて食べているのも、本来、同じ意義をもっている趣向にちがいない。日本の「鍛冶屋の婆」でも、『譚海』の例では、「猫の踊り」の場面で、猫の尾をもぎ取っている。「鍛冶屋の婆」では、それが猫が婆に化けていた証拠になる。インドやモンゴルには、虎が人間に化けていたという趣向はないが、ここまでくれば、「手を切られた猫」との習合も、もう一歩である。

中国大陸では、本格的な「狼梯子」の類話はきわめて微弱である。現在わずかに知られている南西部の少数民族の二つの伝えも、いずれも、異なる動物たちが、つぎつぎと重なりあって木に登って梯子になるという型にすぎない。チベット（蔵）族の例では、象の上に猿、その上に兎、錦鳩《にしきばと》と、上に乗って、木の上の果物をとるという話である。[172] 動物たちの梯子にはちがいないが、一般の「狼梯子」の趣向にはほど遠い。

しかし、四川省のイ族の伝えでは、物語はややまとまった型の昔話になっている。「二人の旅人」型の「不誠実な兄弟とたくさんの宝物」の類話である。しかも、物語の主役は虎で、インドの「二人の旅人」型の「虎梯子」とあきらかに同系統である。

一例だけであるが、インドから中国にかけて「虎梯子」が広まっていた証拠として貴重である。

このイ族の物語の主人公は、黒彝《こくい》（地主階層）の家の奴隷になっている兄弟である。二人とも名を木呷《ムーヤー》といったので、区別をするために、人びとは大きいほうを大木呷《だいムーヤー》、小さいほうを小木呷《しょうムーヤー》と呼んだ。この登場人物を大小で一対にする方法も、この「二人の旅人」の昔話の、ヨーロッパからアジアに共通する特色である。

畑を荒らす猿の番をしていた弟の小木呷は、猿にしかえしをするために、畑で死んだふりをして横になっていた。猿たちは死んでいると思って、猿の山洞に連れて行き、死者の供養をした。そのとき、弟は起きあがり、猿たちを追いはらい、供えてあった金銀をとって山道を走った。

とちゅう、崖から足を踏みはずし、中腹の虎の巣に落ちた。虎の子二匹を手なづけ、帰ってきた母虎にも、もっと肥ってから自分を食えばよいといってだまし、早く肥らせるには、雪を食べさせるのがよいと教えた。母虎は遠くの山まで雪をとりに行った。母虎が出かけたあと、弟は子虎を石で打ち殺した。皮をはぎ、石に着せて子虎に見せかけ、子虎の油を大きな木の幹に塗りつけ、木の上に登って繁みに隠れた。

母虎が帰って来て、子虎が皮を張った石であることを知り、母虎は弟を探した。

木の上に弟を見つけると、母虎は跳びかかったが、高くてとどかない。母虎は懸命に木にぶつかって揺すった。そこで弟は、みんなを呼んで、母虎が自分を食べてよいかどうか判断してもらおうと提案した。母虎はしかたなく弟の意見にしたがって、三声ほえた。すると、山の中の野獣たちがみんな集まり、弟が登っている大きな木をかこんだ。獣たちは異口同音《いくどうおん》に、弟は虎の巣の中に落ちたのだから、虎が食べてよい、といった。ほかの獣たちも、弟の肉と血を味わいたかった。

獣たちは、大きな木を囲んで弟を攻めたが、子虎の油が塗ってあるので、木に登ることができなかった。そこで熊は、自分は尻が大きいので地上にすわろう。みんなは自分の肩の上につぎつぎとあがって、人間をつかまえようといった。虎、豹《ひょう》、熊、狐、狼、猿と、獣たちがつぎつぎに肩に乗って、木に登って来た。弟はつかまりそうになったとき、助けを求めた。すると、蝶が飛んで来て、熊の耳に入り、羽ばたきをした。熊は耳がかゆいので、体を動かすと、肩の上に乗っていた獣たちは、みんな落ちて地面にころがった。そのあと弟は、二匹の黒尾狐に金銀を載せて、家にむかった。[173]

物語は以上で終わるが、これは、「二人の旅人」の昔話のうちでも、主人公が虎の巣に行き、やがて「虎梯子」に展開する一群のインドの類話と同系統である。しかも、主人公が木の上に登っているとき、木の下に獣たちが会議のために集まってくるという趣向は、インドばかりでなく、ヨーロッパの「二人の旅人」にもある、木の上に宿った旅人が木の下で開かれる「猫の王の会議」を見聞するというアイルランドの語りかたに近い。「二人の旅人」をめぐる昔話の展開に、ユーラシア的な大きな動きがあったことを想定せずにはいられない。そこに、直接間接に猫がまつわりついているところに、われわれの興味はある。

このように、ヨーロッパからアジアに転じ、インド、モンゴル、中国、日本とたどってくると、都合のよいことに、「虎梯子」の昔話の分布は、朝鮮半島にも続いている。次の話は、ソウルでの伝えである。

　木こりが山の中で虎に出会い、高い柳の木に登った。虎は木こりにとどかないとみると、山に行き、仲間を連れて来た。虎は一匹ずつ上に乗って、木こりに近づいて来る。木こりは死を覚悟して、好きな柳の笛をつくって吹いた。すると、いちばん下の虎が踊りだした。そのために、上の虎たちは落ちて死んだ。その虎が踊り続けているうちに、木こりは家に帰ったという。[174]

この類話は、朝鮮にもいくつかある。朝鮮には、踊りの好きな虎がいるという伝えがある。巫女《みこ》も踊りが好きなので、それを巫堂（ムーダン。巫女）虎という。「踊る虎」といえば、「猫の踊り」をおもわせる。「踊る虎」が「虎梯子」を構成しているとする伝えは、「鍛冶屋の姥」をめぐる「猫の踊り」や「狼梯子」の存在に近い。インドのラクシャスの話にもある。仲間を呼んでくる趣向は、「鍛冶屋の姥」の「もう一匹の猫」にも通じる。日本の「鍛冶屋の姥」も、こうした東アジアの伝えをうけて成り立っているにちがいない。

　朝鮮の昔話と日本の昔話とを比較すると、朝鮮で虎として語っている話はだいたい日本では狼になっている。虎のまつげをかざして見ると人間のほんとうの姿があらわれるという朝鮮の「虎の睫毛《まつげ》」の昔話は、日本では「狼の眉毛」である。雨漏《あまも》りよりこわいものはないと聞いて虎が自分よりおそろしいものがあるのかと逃げだすという昔話「古屋の漏り」も、朝鮮の虎が日本では狼である。朝鮮の「虎梯子」が日本で「狼梯子」であるのも、ごくしぜんな変化であった。

　このように、「虎梯子」が「二人の旅人」を枠にして、インド、中国、朝鮮と広がっていたことがわかると、大いに目をひくのは、すでに南方熊楠も「狼梯子」の類例として注意した[175]唐代の段成式の随筆『酉陽雑俎《ゆうようざっそ》』第十六巻にある、臨済《りんざい》郡の西にある狼の塚の話である。[176]臨済郡は、いまの山東省にあった臨済県かという。

　ある人が数十頭の狼に出会った。積んだ草の上に逃げ登ると、二頭の狼が一頭の年経た狼をつれて来た。その狼は、積んである草を、下のほうから口で抜きはじめた。ほかの狼も同じようにする。草の山はくずれてくる。その人は、来合わせた猟師に助けられた。その年経た狼は狽《ばい》であろう、という。

とある。これと同じ話は、現代の内モンゴルにもあるが、[177]あまりにも似すぎている。おそらく、この『酉陽雑俎』など書物から出た話であろう。

これは、積み草をだんだん低くするという、「狼梯子」を裏がえしにしたかたちであるが、あとから年とった狼が来て、人間をおそう趣向は、まったくもって「もう一匹の猫」である。その点では、「鍛冶屋の姥」にきわめて似ている。日本に近づくにしたがって、ただの「狼梯子」ではなく、「鍛冶屋の姥」との共通性がみえてくる。それはやはり、日本の「鍛冶屋の姥」が、このあたりを直接の源流にしているからであろう。しかし、けっして「手を切られた猫」と一つにはなっていないところをみると、「狼梯子」と「手を切られた猫」との複合は、現在の知識で判断するかぎり、日本で起こったと考えるのがしぜんである。

弥三郎と妙多羅天女

カジガカカという熟語ができているように、「鍛冶屋の姥」では、猫や狼はかならず女、ことに母に変身しているが、人を食うようになった母の手を息子が切り落とすという話は、日本には古く平安時代後期の『今昔物語集』巻二十七にある。[178]

兄弟二人の猟師が、山で鬼におそわれた。兄の髻《もとどり》をつかんだ鬼の手を弟が射切った。その手は母の手に似ていた。手を持って家に帰ると、母が自分の部屋でうめいている。二人が戸を開けると、母がつかみかかってきたので、兄弟は、手を部屋の中に投げ入れて戸を閉めて去った。母はまもなく死ぬが、母の片手は手首から切れていたという。

この物語のあとに、人の親は年をとると、かならず鬼になり、子どもを食おうとするものである、と記しているが、これは、『今昔物語集』の著者などが、語り手の立場でつけたしたものであろう。この当時の人が、そのようなことを信じていたわけではあるまい。「手を切られた猫」など一連の昔話から推測すれば、この母も、怪異なものが化けていたと考えるのが自然である。このまま理解すれば、人食い鬼が母になっていたということになる。

この物語で主人公の兄弟が猟師であったのも、昔話の「猫と茶釜の蓋」とおもいあわせて興味深い。「待ち」とよぶ、高い木の股に木を結び、そこにすわって下に来る鹿を待って射る猟法がある。兄弟はむかいあって、四、五段《たん》（一段は六間）隔てた木の上にいた。九月下旬の闇のころで、きわめて暗い。「猫と茶釜の蓋」の類話にしばしばみる、月のないころの夜待ちである。夜待ちのときに猫の化け物などがあらわれるという猟師の信仰が、日本には、物語として千年近くも前からあったことがわかる。

手を切り落として怪物を退治するという物語は、中世の文学にも少なくない。『太《たい》平記《へいき》』巻三十二には、鬼切《おにきり》という太刀《たち》の物語としてみえる。[179]

鬼切は、もと源 摂津守頼光《みなもとのせっつのかみよりみつ》の太刀であった。大和《やまと》国宇陀《うだ》郡（奈良県）の大きな森に、夜になると怪物が出て、人を食い、家畜を引きさく。頼光はこれを聞き、家来の渡辺綱《わたなべのつな》に、この太刀で鬼を退治させた。鬼は女の姿であらわれ、綱の髪をつかんで宙に引きあげたが、綱は鬼の手を斬り取り、頼光に献上した。鬼は手を取りかえそうと、頼光の母に化けて来て、鬼の手を見たいという。頼光が手を見せると、母は、これは自分の手であるといい、右ひじに合わせると、二丈ほどの牛鬼《うしおに》（牛の頭をした鬼）になった。母は綱を左手にさげ、頼光に走り寄った。頼光が鬼切の太刀で牛鬼の首を斬り落とすと、首は中空に飛びあがり、やがて地に落ちて死んだ。牛鬼の体は破風《はふ》から逃げ去った。いまに渡辺の一族では、家造りに破風を用いないのは、この由来によるという。

『平家物語』の「剣巻㊤」では、渡辺綱が鬼女を退治した話になっている。[180]

嵯峨《さが》天皇の代、公卿《くげ》の女子が嫉妬《しっと》のあまり、貴船《きぶね》大明神に鬼になりたいと祈った。神の告げにしたがって、女子は宇治《うじ》の河瀬にひたって鬼になり、人をとるようになった。それを宇治の橋姫といった。のちに、源頼光の四天王の一人、渡辺綱が、一条反橋《もどりばし》でその鬼に行きあった。鬼は綱の髻をつかんで宙を飛んだ。綱は髭切《ひげきり》の刀でその鬼の手を斬り取った。鬼の手を櫃《ひつぎ》に入れ、七日のあいだ物忌《ものいみ》をしていると、綱の養母が摂津《せっつ》の渡辺（大阪府北部）の地から来た。ことわりきれずに家に入れると、鬼の手を見たいという。しかたなく見せると、養母は、これは自分の手だといって取り、鬼の姿をあらわして、家の破風から逃げだした。それから、髭切を鬼丸《おにまる》とあらためたという。

これでは、武将の勲功談になっているが、鬼はやはり一貫して、女の姿をとっている。

『今昔物語集』以来の「手を切られた母」によく似た伝えは、新潟県では、妙多羅《みようたら》天《てん》女《によ》の話としてよく知られている。西蒲原《にしかんばら》郡弥彦《やひこ》村の弥彦神社の本地仏《ほんじぶつ》をまつる宝光院の本堂に、本尊の阿弥陀如来《あみだにょらい》像と並んでまつられている妙多羅天女の由来である。いわゆる「弥三郎《やさぶろう》の母」の昔話で、主人公の男の名は弥三郎、年老いた母は弥三郎婆《ばば》と呼ばれている。

宝暦《ほうれき》六年（一七五六）自序、丸山元純の『越後名寄《なよせ》』巻五後にみえる。[181] 弥三郎が、ある暗い夜、鴨網（網を使った鴨猟）に出かけると、なにかが空中から、弥三郎の頭をつかんで引きたてようとした。持っていた鎌でその腕を切り取り家に帰ると、母が腹が痛むと奥の間に臥している。翌朝、母のところに行くと、血がたくさん落ちている。その跡をたどると、前夜、怪物の手を切ったところに着いた。そこで母の正体がわかった。その後、母は、蒲原郡の山野に出て、悪行をはたらくようになったという。

この弥三郎の母を済度《さいど》したのは、石瀬《いしぜ》（新潟市西蒲区《にしかん》）聖了寺（青竜寺）の真言《しんごん》宗の法印《ほういん》で、妙多羅天という戒名をつけると、弥三郎の母は柔和になったという。その姿を木像に彫って伊夜日子《いやひこ》社の阿弥陀堂の本尊の脇に安置した。今の西蒲原郡にあたる蒲原郡中島《なかじま》村（西川町中島）から真木ヵ花村（燕《つばめ》市牧《まき》ヶ花《はな》）に行く道のかたわらの農地の中に方六、七尺ばかりの土地があり、そこが弥三郎の屋敷であったという。これも、弥三郎が鴨網をしているときといい、狩猟の方法は異なるが、『今昔物語集』と同じく、夜待ち猟での出来事である。猟師の髪の毛を鬼女がつかむというところも、一致している。物語は一つの共通した基盤の上に成り立っていたとしか考えられない。

一般の伝えでは、「弥三郎の母」の特色は、はじめは死者をとって食ったが、やがて殺して食うようになったということにある。東頸城《ひがしくびき》郡安塚《やすづか》町の伝えもその例である。牧野に住む弥三郎は、老母と妻と女の子の四人暮らしであった。母親は鬼婆と呼ばれ、葬式があると出かけて墓の死体をとってきて食った。葬式が遠のいたとき、婆は子どもを殺して食った。死人よりもうまかったので、生きた人間を食うようになった。

弥三郎が怪物の手を切り落として家に帰ると、婆が具合が悪いといって寝ていた。怪物の話をすると、婆は弥三郎の妻子も食ってしまったといい、切りとられた腕をつかみ取り、煙出しから飛び出した。そのあとは、死者ばかりでなく、人を殺して食ったが、宝光院の僧に済度され、妙多羅天になったという。[182]鬼が破風から逃げ出したという『平家物語』の「剣巻」と、まったく共通した型である。

「鍛冶屋の姥」に一歩近づいて、主役を狼とし、しかも、「狼梯子」の要素もある「弥三郎の母」もある。

新潟県柏崎《かしわざき》の八石山の麓、刈羽《かりわ》郡善根《ぜごん》村（柏崎市）の久木太に、弥三郎婆がいた。山犬や狼をひきい、漆山《うるしやま》に待ち伏せして人を食った。十一月の末、弥三郎が柏崎に行った帰り、漆山で婆におそわれた。弥三郎が木に登ると、婆も登って来てつかみ落とそうとする。弥三郎が持っていた鉈《なた》で額を打つと、婆は逃げた。弥三郎が家に帰ると、母が額に傷をうけている。子どもがいなくなっているので母に聞くと、食べたという。

そこで母は鬼の正体をあらわし、暴風にまぎれて破風を抜け、八石山のほうに逃げた。婆は岩屋に住み、葬式の赤い日傘《ひがさ》と赤い衣を見ると、棺をさらって屍体《したい》を食った。善根村飛岡の浄慶寺の住職が、日傘と衣を青色に変えると、棺をとられなくなった。それで、この寺だけは、青をつかっている。婆はのちに西蒲原郡弥彦村の方に飛んで行き、そこの堂にまつられたという。[183]

これも、妙多羅天の弥三郎婆である。木に登った弥三郎を婆が追う場面は、「狼梯子」にもう一歩である。

弥三郎婆が狼の頭目になって死者を奪って食うというのは、以前にはごく信じやすい伝えであった。埋葬したあとの作法には、狼が死体をとりに来るのを防ぐためというわれのある習俗が少なくない。「狼はじき」といって、竹を割って弧状にさしたり、「狼除け」といって火をたくなどである。[184] ただ、弥三郎婆が死者を食うというだけの伝えも、その素性には狼を想定しているのかもしれない。その狼が、「鍛冶屋の姥」とどうかかわっているのかが、問題である。

そうしたなかに、はっきりと狼に呼ばれる頭目を弥三郎婆としている伝えもある。これは、完全な「鍛冶屋の姥」の例である。「狼梯子」の趣向も備わっている。南蒲原郡葛巻村《くずまき》（見附市《みつけ》）の伝えである。

　弥三郎が網をつかって鳥を捕っていると、狼が四匹来た。弥三郎が松の木に登ると、狼はつぎつぎに肩にあがって近づくが、とどかない。弥三郎婆を頼もうといって、一匹の狼が走って行った。やがて黒雲が来た。そこから手が出て、弥三郎の首をつかんだ。鉈でその手を切ると、狼たちは逃げた。弥三郎が腕を持って家に帰ると、母はうなっていたが、鬼婆の姿になり、腕をとると、自分の腕の切り口につけて去った。床下には弥三郎の母の骨があったという。[185]

「弥三郎の母」の伝えに、この頭目を呼ぶ「もう一匹の猫」の要素がついているほうが古いのかどうかは、かんたんには断定できない。単純な「弥三郎の母」の型であったものに、「鍛冶屋の姥」が習合したとも、また逆に、「鍛冶屋の姥」に、この地方で人気のある「弥三郎の母」の物語が習合したとも考えられる。と同時に、一連の「鍛冶屋の姥」などの昔話の変遷のなかで、独自性の強い型が生まれた可能性もある。それを見きわめなければならない。

そこで興味深いのは、文化四年（一八〇七）刊の鳥翠台北茎《ちょうすいだいほっけい》の『北国奇談巡杖記《ほっこくきだんじゅんじょうき》』巻三の「猫《みよう》多羅天女の事」である。[186]

夏の夕方、佐渡《さど》国雑太《さわた》郡の小沢の老婆が涼んでいると、老猫が砂の上でころってたわむれている。老婆もつられて遊ぶこと数日、そのうちに、飛行自在の力を得た。老婆は、雷鳴をとどろかせて越後国の弥彦山に飛び移り、大雨を数日降らせた。里人は困り、これを鎮めて猫多羅天女とあがめた。年に一度、猫多羅天女が佐渡にわたる日には、ひどい雷鳴があるという。

弥彦山の猫多羅天女が、猫の精をうけた老女であったという伝えがあったのは重要である。この猫多羅天女を弥三郎婆に代入してみると、弥三郎婆は、猫から変身したものであるということになる。南蒲原郡の「鍛冶屋の姥」の類話の弥三郎婆も、狼たちの頭目をつとめる猫であったことになる。それは、先に現在の資料から私が推定した「鍛冶屋の姥」の古い型そのものになる。「弥三郎の母」も、「鍛冶屋の姥」の歴史の流れのなかにあった、と考えることができる。

「弥三郎の母」の伝えは、山形県東置賜《ひがしおきたま》郡高畠《たかはた》町にもある。これも母は猫で、それが狼の群れを支配している話になっている。

この地に弥太郎という豪族がいた。ある夜、弥太郎は夢の中で、首に玉の輝いている猫が天から向かいの山に降りて来るのを見た。巫女に占ってもらうと、東の方の山に行って狩りをすると、よい獲物があろうという。そこで、鳩峰《はとみね》山に狩りに行くと、おおぜいの天女が琴をひいている。天女は天に舞いあがったが、一人だけ地上につかわされたといって残った。弥太郎は、その天女を妻にした。名を岩井戸《いわいど》といった。

一年後の三月、男の子が生まれた。弥三郎と名づけた。十三歳のとき、父は戦いで死んだ。弥三郎は母のつれてきた嫁と婚礼をあげ、修行に出かけた。嫁はまもなく、病気になって死んだ。母は家族とつぎつぎと別れ、一夜にして白髪となり、鬼のような形相《ぎょうそう》になった。

七年たち、弥三郎が村の追いかね橋の近くまで来ると、盗賊に声をかけられた。賊が笛を吹くと、数十匹の白い狼が弥三郎をとりまいた。狼を使っているのは、白髪の老女である。弥三郎は老女の片腕を切り落とし、その腕を持って家に帰った。

家は荒れはて、母が寝ていた。狼使いの老女の片腕の話を聞き、母は見せろという。母は片腕を取ると腕につけ、自分の片腕だといって、空に飛び去った。弥三郎の母は、新潟の弥彦山にはいり、夫婦の守り神になった。

ある村の弥左衛門が、母のために薬草とりに弥彦山に行くと、弥三郎の母が、薬草のいっぱい生えているところに案内してくれ、よい嫁をさがしてやると、嫁入り途中の大阪の鴻池《こうのいけ》の娘をさらってきて、弥左衛門の妻にした。やがて子どもが生まれた。娘をさがしていた鴻池の下男が、三年目に弥左衛門の家にたずねて来た。鴻池では弥左衛門を迎え、大阪屋弥左衛門という大商人にした。

弥三郎の母は村に帰り、旅人の道案内に立って道祖神になった。村の人は、風邪の神といって、いまでもお参りしている。それが、高畠町の一本柳の追いかね橋のたもとにある、弥三郎の母をまつるという道祖神である。[187]

天から猫が降る夢を見たというからには、天女の本性は猫であった。弥彦山の神とは、妙多羅天女をさしているにちがいない。

弥三郎の母をまつった小祠《しょうし》を道祖神とはいわずに、妙多羅天堂とする別の伝えでは、人物を史伝風に語っている。それによると、弥太郎は安倍貞任《あべのさだとう》の一族であるという。[188]してみると、弥三郎は、歴史物語にいう、鎌倉の御霊の宮にまつられた鎌倉権五郎景政《かまくらのごんごろうかげまさ》を矢で射た鳥海弥三郎《とりのうみのやさぶろう》にあたる。弥三郎と権五郎を一対にしたかたちの伝えは、新潟県には多い。たいていは「炭焼長者」の昔話のたぐいで、主人公の炭焼きの権《ごん》に、弥三郎の母が潟池の娘を嫁に世話するという挿話もある。高畠町の弥左衛門の伝えも、この類話の一つである。それらは、鍛冶屋がかかわっている物語であった蓋然《がいぜん》性が大きく、「弥三郎の母」が「鍛冶屋の姥」と深くかかわっていた証拠にもとれる。[189]

年をとった猫が変身した弥三郎婆が死者を奪って食うといえば、それは劫を経た猫が火車になるという伝えそのものである。江戸時代初期以来、棺を奪おうとした火車の手を切って死者を守ったという物語がいろいろあったのも、この「手を切られた猫」の一つの変型である。「弥三郎の母」は、このような火車の信仰と一つの伝えである。「鍛冶屋の姥」で狼と猫が交錯していたのも、一方に狼が死者を奪うという伝えがあったためかもしれない。

弥彦山には、弥三郎は、承暦《じょうりゃく》三年（一〇七九）の弥彦宮造営のときの鍛匠《たんしょう》（鍛冶屋）であるという伝えがある。その黒津弥三郎が、工匠との上棟式《じょうとうしき》の日取り争いにやぶれたために、老母が怒って鬼になり、飛行して在所の死者をつかみとったという伝えもある。工匠弥三郎も、この弥三郎の一類であるといわれている。[190] 宝光院の本堂の裏手にある、樹齢千年、高さ四〇メートル、周囲一〇メートルという杉の大木は、婆《ばば》杉《すぎ》といって、弥三郎婆が死体をかけておいた木であるという。[191] 宝光院でも、弥三郎婆は火車の仲間であった。

「弥三郎の母」の昔話を、史伝風に書いたのがこの縁起であろう。おそらく、弥三郎の母に化けて火車になった猫を、宝光院の座主《ざす》である典海阿闍梨《あじゃり》が済度して、妙多羅天女にまつったというのが、その元の物語であったとおもわれる。弥三郎という名は、権五郎とともに、鍛冶屋とゆかりのある名告りであった。弥三郎も鍛冶師と伝える。こうなると、弥三郎婆もまた、カジガカカの一人であった。弥三郎婆の名も「弥三郎の母」ないしは「鍛冶屋の姥」の物語にともなって伝えられた名であろう。

延享《えんきょう》二年（一七四五）成立の『佐渡風土記』上巻にも、「弥三郎の母」の類話がある。[192]

佐渡の本間《ほんま》家の家来、駄《だ》栗毛《くりげ》左京が中秋名月に近い八月十三日の夜、河原田（佐渡市）の館に行くときに、急に雷雨にあった。馬を静かに進めていると、雨雲が落ちかかり、そのなかから、熊のような手が馬の尻の上の方をつかんで、馬が歩かない。左京が大刀で斬りはらうと、一丈ほどの鬼女の姿をあらわして逃げた。馬の尻に、毛のはえた腕が半ばから斬られて残っていた。左京が病気と称して家にこもっていると、そこへ毎晩、老婆が訪ねて来た。知らぬ顔をしていたが、九月中旬に事の子細を聞こうと会うと、老婆は弥彦山の近くの農夫の弥三郎の母で、生きながら鬼女になったという。腕をもらいうけ、二度と島には来ないと約束して、のちに名僧の教化《きょうげ》をうけて神となり、弥彦の末社の妙虎天《みょうとらてん》という小祠にまつられたという。

『北国奇談巡杖記』に近い舞台設定である。それにも、猫多羅天女が佐渡に渡るとき雷を呼んだとあったが、これは、火車になった猫があらわれるときの特色でもある。「鍛冶屋の姥」一連の昔話は、猫の霊力を核にして、一つの環を形成していた。弥三郎婆が馬をとろうとして腕を切られたというのは、河童《かっぱ》が馬を引いて腕を切られる話にあたる。[193]山猫の伝えのさかんな島では、河童の仲間と山猫とを同一視していた。人間の世界と異界とを往来する霊異なものを、現実の猫の姿で考える観念が基本にあった。

鍛冶が母の系譜

魔女は猫に変身する、猫は魔女が変身した姿である、といわれる。しかし、家畜としての猫は、ヨーロッパの社会でも新参者である。猫以前にも魔女信仰があったとすれば、当然、魔女が変身するほかの動物があったはずである。そうした猫以前の魔女信仰の痕跡の事例とおもわれる伝えもある。とくに「手を切られた猫」の昔話については、他の動物に変化した類話を、われわれは数多くみることができる。そのなかでも、人間が狼に変身する「狼人間」には、この例が顕著である。

フランスの歴史学者ジュール・ミシュレ（一七九八～一八七四年）は、その著書『魔女』のなかで、この類話を記している。魔女が狼に変身していたというアンリ・ボゲ（一六一九年没）の語った話である。ボゲは、フランスのジュラ地方の大判事で、魔女の追求で有名であった。

猟師がある夜、オーベルニュの山の中で、一匹の雌狼を撃ち、脚を一本切り落とした。しかし、雌狼は、そのまま逃げ去った。

猟師が近くの城の貴族に宿を頼むと、貴族は、獲物はあったかという。猟師が獲物入れから狼の脚を取り出すと、それは人間の手に変わり、指には指輪があった。貴族の妻は傷を負い前腕を隠していた。貴族は、その手が妻のものであることを認めた。貴族は、猟師が持って来た手を妻の腕に合わせた。妻は、自分が狼の姿で猟師をおそい、脚を一本残して来たことを白状した。貴族は妻の処分を裁判にまかせ、妻は火あぶりの刑に処せられたという。[194]

一八六五年に『狼人間の本』を書いたイギリスの民俗学研究家ベヤリング－グウルドも、『民俗学の話』のなかで、この「手を切られた狼」の類話に触れている。一つは、ニーノルトが一六一八年に、狼憑《つ》き（Lycanthropy）についての著書で述べているスイスのルセルンの近くの村の話である。農夫が材木を伐り出しているとき、一匹の狼におそわれた。男は身をもって防ぎ、狼の前足を片方切り落とした。血が流れはじめると、狼の姿は腕のない女に変わった。女は生きながら焼かれたという。[195] この女も魔女である。

さらに、フランスのボダンのいろいろな変身談のなかから次の話を紹介している。太守のブウルダンが一匹の狼を射た。矢は狼の後脚のももに突きささったと、太守は確信した。数時間後、その矢は、負傷して臥しているある男の足のももから抜き取られた。それは確かな筋から得た話であるという。[196] 男が狼に変身していたことがそれでわかったということになる。

こうした「手を切られた狼」をあげながら、ベヤリング＝グゥルドは、イギリス諸島ではつとに狼が駆逐されたので、変身した魔女をあらわすのは野兎《のうさぎ》と猫だけであるという。[197] たしかに「手を切られた猫」の類話でも、猫以外の動物では、野兎が圧倒的に多く、変化も豊かである。野兎の姿の魔女が、その野兎を追って狩りをしている犬に傷つけられるという「傷ついた野兎」の型の伝えは、イギリス諸島に多い。アイルランド、マン島、スコットランドのほか、イングランドにも広く分布する。[198] イングランド南西部のサマセットシャーの伝えをみてみよう。

何人かの人が、魔女の家のすぐ近くの牧草地で、草刈りをしていた。彼らは、草を刈っているあいだじゅう、大鎌のあいだを走り続けている一匹の野兎にいらいらさせられ、いくども仕事を中断させられた。やがて一人が、野兎は魔女にちがいない、といった。そこでもう一人が、早く正体を見ようと、自分の犬を呼び、野兎を追わせた。

野兎は犬に追われて、魔女の小さな家に着き、かなきり声をあげて窓から跳びこもうとした。しかし、犬はもっと跳びあがり、野兎の後足を捕らえた。野兎は足を引き裂かれ、ようやく家の中に逃げこんだ。そのあと、人々は、家の中から、陰気なうめき声がするのを聞いた。翌日、魔女が片足を引きずってあらわれた。どうしたのかと尋ねると、枝木を切っていて自分の足を切った、と答えたという。[199]

野兎が撃たれると、魔女が負傷しているとか、殺されているという型も、イギリス諸島には多い。イングランドにもあるが、とくにケルト領域のアイルランド、スカイ島、スコットランドの高地地方、ウェールズ、コーンウォールなどに顕著である。[200] ふつうの弾で撃ったというほかに、銀の弾で撃ったという型もある。「猫と茶釜の蓋」に相当する「猫と銀の弾」の昔話である。これは、つまりは「野兎と銀の弾」である。

スコットランドのフィフェ地方の伝えにもある。セント・アンドリュウスの近くの村には、十九世紀の前半には、世にいう魔女がすんでいたという。魔女の家の近所で射撃をしていた若者が、野兎を見つけ銃をかまえて撃った。野兎は負傷しながらも丘を走り下って、逃げていった。野兎は道を横切り、壁を越えて、魔女の家の庭の中に着いた。野兎はそこで見えなくなった。若者は家族に、自分は魔女を撃ったといった。

翌日、魔女が出て来たとき、魔女の頭には包帯がまかれていた。[201]

すでに「猫と銀の弾」でみたように、「傷ついた猫」には、猫と野兎のほかに、いろいろな動物が登場する。しかし、圧倒的に多いのが、猫であり野兎である。野兎はヨーロッパではごく身近な動物であったようである。私もオーストリアに滞在していたとき、ウィーン周辺の村の広場を、昼日中、野兎が走り抜けていくのを見たことがある。道を横切って行くことなどは、めずらしくないらしい。野兎と猫は、人間にとって身近な小さな獣として、きわめて近い性格をもっていた。

猫を主役にする「傷ついた猫」の事例を、ベヤリング゠グウルドは、やはりボダンの著述から引いている。一五六六年、フランスのヴァーンでの出来事である。魔女と男の魔法使いが、猫の姿でおおぜい集まった。その日、四、五人の男が、何匹かの猫におそわれた。男たちは一匹を殺し、多くの猫を負傷させた。翌日、町にはおおぜいの傷ついた女たちが見られた。女たちは傷を負った事情を、裁判官に精確に申し立てたという。[202] 女たちは魔女であるということになる。

このように猫に変身した魔女の話も、それなりに古い。ただただ猫が新しいとばかりもいえない。しかし、イギリス諸島や北アメリカの「手を切られた猫」の一連の昔話をみると、その主役の動物には、猛獣の狼はすでに登場せず、獣では野兎を除くと、家畜が中心になろうとしている。猫と野兎との比較でいうと、アメリカには、猫については、「手を切られた猫」のさまざまな変化した型があり、移民したあとにも、信仰が生きていたことがうかがえるが、野兎については、アメリカにはその類話さえほとんど知られていない。野生の獣をめぐる信仰は維持しにくかったのである。ほかには、他の家畜を主役とする例が、いろいろ伝わっていただけである。[203]

日本の「鍛冶屋の姥」の主役は、狼を除くとほとんど猫に限られていた。「手を切られた猫」の昔話も、猫とともに日本に伝来し、土着していたのではないかとおもいたくなる。日本でも、ヨーロッパのように、人間が動物に変身し、あるいは動物が人間に変身するという信仰があって、そのなかで、猫が選ばれたとはとうてい考えられない。化ける動物は、日本には狐や狸がいたが、これらの獣は、「鍛冶屋の姥」にまぎれこんだかとおもわれる例がある程度で、いわばまったくかかわっていない。

ただ歴史的にみると、日本には、「手を切られた母」の物語が古くからあった。それは、動物からの変身はともなわないが、ほかには「手を切られた河童」としても普及していた。しかも、ごくわずかではあるが、「鍛冶屋の姥」に、狼の手を切る例があったことも無視できない。これは、ヨーロッパで、「狼人間」や狼憑きの信仰を基盤に伝わっていた「手を切られた狼」と一致していて、ただの偶然ともおもえない。

日本には、狼を神秘的な動物とみる信仰がいろいろあり、それを伝える物語も少なくない。「狼梯子」もその一例である。しかし、「鍛冶屋の姥」を離れては、狼が人間に変身したり、手を切られたりする伝えはほとんどない。してみると、「手を切られた狼」は、狼が人間を食い殺し死者を奪う動物として、猫を主役とする「鍛冶屋の姥」の昔話に習合したために生まれた新しい型と考えるのが、いまのところよさそうである。それにしても、ヨーロッパの「狼人間」と土佐の崎の浜などの「鍛冶屋の姥」の狼の例との暗合は、なお今後とも注意してみる必要がある。

『今昔物語集』以来、日本では、手を切り落とすことが、怪物退治の物語の一つの型になっていた。これが、「手を切られた猫」から派生したものであると考えられないとすれば、ヨーロッパで「手を切られた猫」の代表的な主役になっていた猫にともなって昔話も伝来し、もともと日本にあった「手を切られた母」と習合して、「鍛冶屋の姥」が成立したと考えられる。ヨーロッパでは猫に化けた魔女であったものが、老母に化けた猫に変わっていたのは、「手を切られた母」を鑄型《いがた》にして、「手を切られた猫」が土着していたからであろう。

魔物の手を切るということは、魔物と人間とが同一人であることを立証するための手がかりであり、証拠である。怪物退治にこの趣向が核をなしていたのは、そのためである。人間と動物の変身を話題にすれば、ぜひ必要になる要素である。したがって、人間の思考の論理から、各地で別個に発生したとも考えられるが、そうとばかりもいいきれない。なお、歴史的なつながりも考慮してみる必要がある。「手を切られた母」

も、さかのぼれば、ヨーロッパの「手を切られた狼」と、どこかでつながるものであろう。それがどのようなかたちであったかは、人類史の大きな課題である。

中国にも、「手を切られた狼」の話があることが知られている。農夫が一匹の狼におそわれて、狼の前足を切り落とした。血の跡をたどると、ある家に着いた。そこで片手を失った老人を見つけた。老人は殺されると狼の姿になった。狼になる前、老人は長いあいだ病気であったが、病気がなおると姿を消していたという。[204] これなどは、狼を主役とする「鍛冶屋の姥」の基本部分そのままである。

また江蘇《こうそ》省の灌雲《かんうん》には、やや変化した、世間話的な例がある。

ある子どもが、父親にせっかんされるのをおそれて、家を出た。これを見つけた化け狼が、その子どもを食べるために、土地神の祠《ほこら》に、轎舁《かごか》きを食べさせてくれと許しを願い、旅人の姿に化けて、子どもの跡をつけた。これを見た測字《ツオズ》先生（易者）が、子どもに、いっしょに歩いているのは化け狼だと教えた。子どもは、助けを求めて寺にかけこんだ。和尚《おしょう》は大きな鐘をふせて子どもをかくまったが、狼は鐘の下の土を掘り、前足を片方入れた。子どもが斧があればよいのにと考えると、手に斧をにぎっていた。子どもは、狼の前足の爪を斧で切り落とした。狼は次に別の前足、次には両方の後足を入れたが、みんな子どもに切り落とされて死んだ。子どもは鐘の中から無事に出てきて、寺の和尚は、何日も狼の肉を食べたという。[205]

北宋の李昉《りぼう》等編の『太平広記《たいへいこうき》』巻四二二の「狼」の項にも、類話がある。『広異記《こういき》』からの引用である。

　唐の永泰《えいたい》（七六五年）の末、絳《こう》州（山西《さんせい》省賀城《がしょう》県の南東）正平《せいへい》県のある村での出来事である。老人が数か月病気をしたのち、十日余り食わずにいたが、夜、とつぜんいなくなった。どうしたのか、だれもわからなかった。ある夕方、畑で桑《くわ》をとっていた村人が、牡狼に追われた。あわてて樹に登ったが、樹はあまり高くない。狼は立って、その人の着物のすそをくわえた。その人はあやうく、桑をとる斧で狼に切りつけると、狼の額にあたった。狼はくじけ、ようやく立ち去った。

　村人が夜明けに樹の下に行き、狼の足跡をたどると、足跡は老人の家に着き、さらに部屋の中にまではいっている。老人の子どもを呼び、事の次第を話した。子どもが老人の顔をよく見ると、額に斧の傷がある。老人が人を傷つけることをおそれて殺すと、老人は一匹の狼になったという。[206]

　これには、「手を切られた狼」の典型である手を切り落とす趣向はなく、ただ傷つけるだけであるが、村人が木に登って難をさけるという「狼梯子」に相当する部分もあり、日本の「鍛冶屋の姥」の型にきわめて近い。中国にも、古代から現代まで、このように「傷ついた狼」の昔話が語られていたのをみると、日本の「鍛冶屋の姥」がそれらと無関係であったとは、とても考えられない。

ただ、これら中国の事例が、日本と異なって、狼が女ではなく男であることは大きな問題である。内モンゴルの東北端にある西ウジムチンあたりの狼は、群れをなし、その頭目は雌であるという。[207]「鍛冶屋の姥」で、狼の仲間が頭目の雌の狼を呼びに行くという構想は、そうした自然の生態の観察に合っている。してみると、崎の浜の鍛冶屋の母が狼の頭目であったという物語も、ニホンオオカミの習性を反映していたのかもしれない。

古代エジプトでも、猫はバスト女神の聖獣であった。もし特別な意義をもつ猫に性別を定めるとすれば、とうぜん猫は女になりやすかった。ヨーロッパの「手を切られた猫」も、日本の「鍛冶屋の姥」の猫型も、手を切られる主役の猫を雌にしていたのも、そうした家猫の歴史の必然のようにみえる。ユーラシア大陸で家猫が狼より新しい以上、ヨーロッパでもやはり、「狼人間」のうえに猫の物語が根をおろしたと考えなければなるまい。

第四章　猫の島の山猫たち

犬を飼わない猫の島

民俗学者の柳田国男に、昭和十四年（一九三九）十月に書いた「猫の島」と題するエッセイがある。飼い猫が家を離れ、猫だけの社会をつくるという観察と思想が、古くからの言い伝えのなかにあらわれていることを論じた、猫の民俗学にとってきわめて重要な論考である。それは、宮城県牡鹿《おしか》半島西南の沖にある田代《たしろ》島の話からはじまっている。田代島は、かつては牡鹿郡田代村といったが、現在は石巻《いしのまき》市に属している。この島は、この地方では猫の島であるといわれ、犬を飼ったり、犬をつれて来たりしてはならない、という伝えがあるので有名であった。[208]

周囲は約二里（約八キロ）、そのころは百三十戸たらずの島で、島の中央にある丘には猫神社があり、そこにまつられている神という大きな黒猫は、いまも島の岩窟の中にすんでいると伝えていた。島で犬を忌むのも、この猫に遠慮してのことであるという。猟犬をつれて来ることとさえきらう。島の人は、この猫の神をあつく信じ、毎年の初漁には、かならず魚を一尾供えてまつった。もしおこたると、たちまち不漁になるといい、ときには、その大猫を見たという話も伝わっていた。[209]

伝えによると、この猫は、対岸の牡鹿郡牡鹿町の大原浜《おおはら》(石巻市)から渡って来たという。大原浜の八兵衛という漁民の家に、三十年も飼っていた猫がいた。ある晩、女房が一人で留守居をしていると、猫が浄瑠璃を語って聞かせた。それ以来、猫はいなくなったが、船をやとって田代島に渡ってきた立派な武士がその猫らしいという。そのとき武士からもらった船賃が、あとでよく見ると木の葉であった、という話もある。[210]これは、東北地方に多い「猫の浄瑠璃」の昔話の一度の応用であり、銭が木の葉であったという「銭は木の葉」も、狐などの昔話によく用いられている奇談である。

田代島の南、牡鹿半島の西南に並んでいる牡鹿町の網地島《あじ》(石巻市)にも、同じような猫の伝えがある。網地島は東西一里、南北十町(約一・一キロ)ほどで、そのころは約三百戸の島であった。この島にも山猫がすんでいるといい、人間に危害を加えたり、化かしたりすると信じられていた。やはり、犬を飼うことを忌み、よそから犬が島に来ると、たちまち海が荒れるという。島の人の山猫にたいする信仰心はあつく、山猫をお猫さまと称し、田代島と同じく、その年はじめて鰹《かつお》や鮪《まぐろ》が獲れたときには、そのお初穂を、まずはお猫さまにささげることになっていた。[211]猫の島を支配する山猫の神とは、阿蘇《あそ》山の猫岳の猫の王をおもわせる伝えである。

網地島にも、山猫に化かされたという話はいろいろ伝わっている。山猫の姿を見たとか、足跡を見たとかいう者もいる。足跡は犬の大きさの倍ぐらいあったとか、鮪の置いてある浜小屋で番をしていると、皿のような目をかがやかせた大きな山猫が枕もとにすわっていたなどという。しかし、具体的な姿が伝えられることは多くないという。山猫を見たことを世間にいいふらすと、なにか禍《わざわ》いを受けるおそれがある、というような気持ちがあり、秘して語らない風があるためらしい。[212]

そうしたなかで、猫が人間に化けて、田代島から網地島に渡ったという、田代島の山猫の由来の続編のような伝えがあった。暗くなりかけたころ、田代島には見かけない紳士が、漁師に網地島に船を出してくれという。島に着くと、紳士は二人の漁師に五円紙幣を一枚ずつ渡した。二人は翌日帰ることにして、網地島の宿に泊まった。紙幣を出してみると、木の葉になっていたという。[213]ここにも、昔話の「銭は木の葉」の一例が生きていた。

武士といい、紳士といい、お猫さまの奇談は、つねに新しくなって生きている。田代島では、猫がたかったのは、だれだれ以来のことだ、という人もいる。「たかる」とは、猫が人間について化かすことである。そこで、二つの島の山猫の伝えは、犬を飼わないという風習より新しいという判断も生まれる。[214]すなわち、猫神をはばかって犬を飼わないというが、それは逆で、犬を飼わない習わしがあるから、犬の敵になるものがいる、それは猫である、という説が起こったという論理である。

たしかに、猫の島といいながら、これらの島の生活は、現実には猫の姿とはほとんど縁がない。田代島の大泊《おおどまり》浜では、鎮守の鹿島《かしま》神社が嫌うから犬を飼わないといい、網地島でも、氏神のお咎《とが》めをうけて不漁になるから犬を飼わないという。[215] また、網地島の網地浜では、鰹など漁があると、種ヶ崎の神社の社前に魚を一尾供えるという。[216] どれも外形はその土地を守る神社の信仰で、その神社の神が猫神であると信じなければ、山猫とはかかわりのない伝えである。

柳田国男も「猫の島」のなかで、田代島について、これとまったく同じ経緯を推測している。犬を飼うことを忌む理由としては、この島が死者の島であったからであろうとする。[217] かつては、地上に棺《ひつぎ》を置き、亡骸《なきがら》の滅びるのを待つ葬法があった。そのために地離れの小さな島を葬地とした例は、とくに琉球諸島ではめずらしくなかった。[218] 葬地を荒らすおそれのある犬をその島に入れることを忌むというのも、納得できる。そのために、犬を入れない伝統のできた島もあるかもしれない。

しかし、田代島や網地島がそれに該当するかどうかは、大いに疑わしい。これだけの村が開けるほどの島が、ただの死者の島であったとは信じにくい。人間の住む以前のことというのだが、そうなれば、そんな古い世のことを、近代の人までが、なぜ守る必要があったかが問題になる。それが習俗というものの特性である、という人もあるかもしれないが、そこまでいうためには、そうでなければならない理由を、はっきり議論しなければならない。

死者の島というならば、むしろ、二つの島に村ができたあと、島の墓地に地上に死者を安置する葬法があったために、犬を忌むことになったと考えるほうが、はるかに現実的である。それにしても、犬を飼わないから、神聖な猫がいるとみるという発想も、あまり論理的ではない。ただ犬を飼わないから猫の神がいる、といいだしたとするのは、あまりにかってなはなしである。犬猿の仲という諺からいえば、猿神でもよい。いずれにしても、なぜ山猫がいると信じられたのか、あきらかにされなければならない。それが犬を忌むことに結びつけば、いちばんつごうがよい。

私は、この田代島や網地島が、ただの飼い猫の島ではなく、山猫の島であったことがたいせつな見どころであるとおもっている。山猫とは野性化した猫のことで、それは、山猫がすむ島として知られる八丈島や隠岐島と共通した伝えということになる。山猫を島の主神にまつると信じているということは、この島を山猫が支配しているという信仰である。阿蘇の猫岳などのように、これらの島が、周辺の村々から家を離れた飼い猫が集まる島、とおもわれていた時代があったのかもしれない。

牡鹿半島から田代島へ、田代島から網地島へ、猫が人間の姿に化けて渡ってきたという風説があったのは、猫が渡る島という、その間の事情を反映しているようにもみえる。なぜ田代島や網地島が猫の島になったのか、それを解くためには、山猫の話を豊富に伝えている八丈島や隠岐島と比較してみなければならない。それが民俗学というものである。

猫がたかったという、猫に化かされた話は、網地島には、きりがないほど残っているそうである。結婚式の夜に逃げ出し、いいかわした人が毎晩美しい声で歌を歌ってくれるといって、山の中にすわっていた女の人もあった。薪《たきぎ》とりに行き、相撲をとろうといわれたといって、裸で踊り続けていた男の人や、夜道を一人歩きしている若い女の人を送ってやろうとして、一晩中引っぱりまわされた男の人もいた。魚を山猫にとられたという話も多い[219]。

山猫の島として有名な八丈島や隠岐島でも、山猫の歌を聞き、山猫と相撲をとり、山猫に歩きまわらされたという話は、いくらでも聞くことができる。魚をほしがるのは猫の特徴で、これらの島にもいろいろな伝えがある。これは、田代島や網地島の山猫の伝えが、いかに八丈島や隠岐島と共通しているかを示している。われわれが考えてみなければならないのは、この二つの島で、なぜこれほどまでに、猫の怪異が信じられたかである。網地島の小学校では、島の人々の頭から山猫を除き去ろうと努力したが、いっこうに効果がなかったという[220]。

隠岐島にも、田代島や網地島と同じく、見なれない身なりの立派な人を、猫化かしとみる話がいろいろある。日暮れに、山から帰ろうとすると、絣《かすり》の着物の女が後から来た。ふくしん屋のおかみさんが山からもどるのだろう、つれだって帰ろうと待っていると、その女の人は止まる。自分が歩き出すと、女の人も歩く。こら、猫ちゅうもんだわいと、その人はおもったという。[221] 海士郡《あま》（隠岐郡）海士町東《ひがし》での伝えである。

この隠岐島の伝えからみると、田代島などで、武士など身なりの違う人を山猫の姿としたのも、古くからの怪異談の型である。村人と異なった姿の人は、村人ではない。旅人もおおよそは服装がきまっている。それ以外の人は、みんな怪物である。古風な村人の世界観の論理のなかで、怪異な猫の思想が生きていたのである。隠岐島でも、この類の猫化かしは、きわめて近代的である。山でオーバーを着た大きな立派な男を見たとか、将校マントを着てステッキをついた人に出会ったとかいう体験談にもなっている。[222] これも海士町東の例である。

田代島や網地島の犬飼わずの習俗とおもいあわせて興味ぶかいのは、隠岐島の知夫《ちぶ》郡（隠岐郡）西ノ島《にしのしま》町市部《いちぶ》の若松屋の物語である。山猫が主人の背についていた。家に帰ると、犬が気づいてほえた。猫は逃げて木に登ったが、主人に鉄砲で撃たれた。その後、残ったつがいの山猫のうらみで、そこの家の人は病気になり、家は絶えたという。[223] 隠岐の島前《どうぜん》にはよく知られた話らしい。ただの奇談にもみえるが、これは、犬が山猫を見破ったために生まれた悲劇である。

犬も鉄砲も、猟師にとってはたいせつな武器である。この若松屋の主人も、猟が得意であったと伝える。[224]この話は、昔話の「猫と茶釜の蓋」にあらわれているような、猟師が猫を忌むという信仰を背景に成り立っているようである。それが、山猫が犬をきらうという田代島や網地島の犬飼わずと、裏表の関係にあることは、重大な事実である。若松屋が絶えた原因を、山猫のうらみと世間一般の人たちがみたのも、もしかすると、猟師の猫に関する信仰がかかわっていたのかもしれない。山を猫が支配する異界とすれば、犬はその侵略者であり、猫にとって大敵になる。そういう意味でも、田代島や網地島は山猫の島であった。

　人を化かす獣といえば、日本では一般には狐と狸がいる。夜道で魚を持って歩いていてとられたというと、たいていは狐である。神奈川県の山の中の村、愛甲郡愛川町半原で育った私などが、子どものころになにかと聞いたのも、そんな話である。しかし、狐や狸がすんでいない島では、その役を山猫が演じていた。田代島も網地島も、その点でも山猫の島であった。山猫が魚をとるのも、魚は猫の大好物というだけではなさそうである。どうも人間の社会の隣には、化ける獣の社会が必要だったらしい。化ける動物がいないとさびしい。人間の心の輪には、化ける獣と重なる部分が、いろいろあったようである。

山猫の島の心象風景

島にはよく猫に化かされたという話が伝わっている。東京都伊豆諸島の三宅《みやけ》島（三宅村）も、その一つである。三宅島には、古くから山野に大きな山猫がすんでいた。ときによって、いろいろな姿になってあらわれ、島の人に危害を加える。魚を持って歩くと、かならずだまされて魚をとられたという。そんな話が、現代まで体験談として伝わっていた。

　伊豆村の男の人が伊《い》ヶ谷《や》村に出かけ、帰りがけに知人の家に寄った。留守だったので、提灯《ちょうちん》を借りて家にむかった。途中、村境の坂で、だれかに行き合った。相手は知人の名を名告って、男の人が持っている鰹に手をかけ、自分の家に行って一杯やろうと誘った。ことわるが、まつわりついてはなさない。ようやく振りきって家に帰ってみると、鰹は尾をちぎられ、皮は爪のようなものでかきむしられていたという。

　これは、その人の家族からの直話であるという。[225] 三宅島も、狐も狸もすまない山猫の島である。

　山猫とはいっても、動物学的には、飼い猫の野生化したものである。しかし、野生にもどった猫は、食肉目ネコ科の猛獣の姿に立ちかえるらしい。洋画家の東郷青児《とうごうせいじ》さんは若いころ、三宅島の山猫を飼ったことがあるそうである。山猫は、乳離れしたばかりのころから、飯や芋《いも》は見むきもせず、生《なま》ものにはうなりながら跳びついたという。少し大きくなると雀をとるようになり、さかりがつくと凶暴そのもので、よその猫を食い殺し、内臓のはみ出した死骸を引きずってくることもあったという。[226]

島の山猫がおそれられたのは、このような事実を見聞していたからであろう。現に三宅島には、明治二十年（一八八七）ごろに捕らえた山猫の毛皮が、阿古《あこ》村の武蔵屋旅館に保存されていた。毛皮はまだら縞《じま》模様で、頭から尾までの長さが七六センチある。[227]もちろん、これも野生化した猫であるが、[228]山猫の怪異を信じたのには、それなりに根拠があった。

三宅島からさらに黒瀬川《くろせがわ》（黒潮《くろしお》）をへだてて南にある八丈島（八丈町）も、古来、山猫のすむ島として知られている。ことに古く曲亭馬琴《きょくていばきん》の作品にえがかれて著名である。文化五年（一八〇八）刊の『椿説弓張月《ちんせつゆみはりづき》』後篇巻一の第十七回、標題に「勇婦《ゆうふ》刀を振《ふるっ》て山猫 忽《たちまち》死す」とあるのがそれである。[229]八丈島では、出産のときには、村の産小屋に行く風習があったが、産小屋で出産した女が、自分の母親に化けて来た山猫に赤子を奪われる話で、それを知った女の従妹である東《ひがしの》 七郎《しっちょう》 三郎《さぼり》の長女《にょこ》が、その山猫を退治する。『椿説弓張月』には、画家として名高い葛飾北斎《かつしかほくさい》の挿絵があり、赤子をくわえた山猫を、長女が刀で斬る場面が二葉はいっている。[230]

この『椿説弓張月』の山猫の描写の典拠は、天明《てんめい》二年（一七八二）成立、佐藤行信の『伊豆国海嶋風土記《かいとうふどき》』であるといわれている。この本は、馬琴自筆の写本も残っていて、その可能性はきわめて大きい。[231] これは、典農司の役人であった佐藤行信が、天明元年に、吉川義右衛門秀道に伊豆諸島を調べさせたときの記録である。この『伊豆国海嶋風土記』の「八丈嶋」の章には、次のようにある。

　猫のほかに、山猫といって、山奥にすむ大猫がいる。ときおり人をもつれ去り、また、人里に出て害を与えることがある。しかし、ふだんは人の目に触れず、どれだけ山深くすんでいるのであろうか、深山の岩窟などに、とって食べた鳥の羽などがあることもある。

　四、五年前、大賀《おおか》郷《ごう》の民家で、母が抱いて寝ていた二歳の子どもを、山猫がくわえて引き出した。母がおどろいて追いかけ、戸口で子どもの足をとって引き留めた。山猫は、肩から耳の下にかけて食い切って、子どもをはなした。人々が追ったが、猫は行くえしれずになった。その後、樫立《かしたて》村の名主、市郎左衛門が、わなでその山猫を捕らえた。下男と二人で半時余りも打ち、力をつくしたが死なない。簀《す》巻《まき》にして、重しに石をつけて海に沈めたという。この猫は、毛色は薄黒く、飼い猫とくらべて、足は短く胴は太く、尾はとても長かった。頭から尾まで四尺余りであったとある。[232]

このころ八丈島に渡った人の見聞記には、この種の山猫の記事が散見される。島で話題になっていたのであろう。寛政十二年（一八〇〇）に成った三島正英（勘左衛門）の『伊豆七島風土細覧』にもみえている。安永《あんえい》四年（一七七五）に、百姓騒動の罪で新島《にいじま》に流された飛騨《ひだ》高山《たかやま》町（岐阜県高山市）の上木屋甚兵衛自賢を看護するため、寛政十二年まで十年ほど、新島に滞在したときの島々の見聞記である。

まず『椿説弓張月』に引かれているのと同じ事件かとおもわれる記事がある。明和《めいわ》（一七六四～七二）の中ごろ、大賀郷で山猫が二歳の子どもを食い殺した。三根《みつね》村の名主の長尾市郎右衛門がおこって、わなを張って山猫を捕らえた。大の男が三、四人がかりで棒でたたいたが、半日かかっても死なない。しかたなく、簀巻にして海に沈めたという。[233] このころ、八丈島で有名な出来事だったのであろう。

猫またの話もある。寛延《かんえん》（一七四八～五一）のころ、樫立村の名主、稲生清兵衛の妻が死んだ。その後、毎夜、亡くなった妻が清兵衛の寝間にあらわれた。清兵衛はそのたびに体がしびれ、やがて病気になった。友人の忠右衛門が夜伽《よとぎ》に来てくれるが、妻はあいかわらずあらわれる。忠右衛門が菊池家伝来の名刀を借りて来て、夜ふけを待った。妻の姿があらわれると、莨宕《たばこ》を刻んで炉の火にくべた。煙に少しひるむすきに、忠右衛門が刀で突き刺して殺した。犬より大きい猫魔《ま》太《た》であったという。[234]

『七島日記（伊豆七島日記）』に描かれた山猫。赤子をくわえだそうとしている。
筑波大学附属図書館蔵

寛政八年（一七九六）、伊豆の代官、三《み》河口《かわぐち》輝昌（太忠）にしたがって伊豆諸島を巡見した小寺美泰（応斎）の『七島《しちとう》日記』にも、山猫の記事がある。

　山猫というものがあって、とかく人の子どもをとろうとする。先ごろ、はつね村で、当歳《とうさい》の子を寝かせておいて母親が出かけたすきに、その足をくわえて引き出したのを、母親が追いかけて、子どもを取りかえしたということだ。[235]

とある。はつね村は、みつね（三根）村のあやまりであろう。

『七島日記』は、寛政十年成立、文化九年（一八一二）初版、文政七年（一八二四）再版である。多くの図を収めるが、その一つに、この赤子を山猫が奪う図がある。赤子をつれ出した山猫にむかって、棒を振りあげて追う母親の姿がえがかれている。[236] 先にあげた『伊豆国海嶋風土記』や『伊豆七島風土細覧』などの記事とも共通しているが、『七島日記』に「ややもすれば、人の子をとらんとする」と小寺美泰も記しているように、島には、山猫が赤子をとるという伝えが一般にあったのかもしれない。野生になった猫の挙動を、おそれただけではなさそうである。

近藤富蔵《とみぞう》は、『八丈実記《はちじようじつき》』第三十二巻（東京都公文書館所蔵原本）「土産《どさん》」の「怪異」の項で、「山猫」について次のように記している。

　昔は人を害すと。今はただ、時により人を誑《たぶら》かすのみ、害には及ばず。[237]

昔は人に危害を与えることもあったが、今はときどき人をだますだけであるという。近藤富蔵は文政九年に、二十二歳で遠島《えんとう》を申しつけられ、文政十年に着島、明治十三年（一八八〇）に赦免《しやめん》されて国地《くにじ》へ渡ったが、同十五年にふたたび八丈島に帰って住み、明治二十年に八十三歳で島で没した。[238] その間の見聞である。

近藤富蔵が樫立村の伊郷名《いごうな》で見たという山猫は、たしかに赤子を引きさくというような狂暴性は感じられない。大きな牛ほどで、両眼のあいだは七、八寸であった。歩くと大地をとどろかせたという。[239] 猫というよりは、ただの怪物に出会ったような書きかたである。赤子を山猫が奪うという風説は、一時期の島での流行であったかもしれない。近年の島の山猫の話にも、人を害するというような伝えは、まったくないようである。

しかし、この山猫が赤子を奪うという話が、福岡県鞍手《くらて》郡の「猫岳参り」の修行の伝えで、猫岳から帰って耳がさけた猫のそばには、赤子を寝かせないといっていたのに通じることに、注意しなければならない。猫の尾が、猫の身の丈ほどになると化けるという。赤子に直接の危害を加えるとは語っていないが、赤子にとってよくないことがあると考えられていたことは、たしかである。八丈島で山猫が赤子を奪うというのも、ただの作り話ではなさそうである。

八丈島の山猫も、三宅島と同じく、飼い主から離れて山野に住みついた猫である。しかし、飼い猫のほうからいえば、それは一定の規則にしたがって山猫になったものである。ここでも、猫は十年以上飼うものではないとか、飼い猫は一貫目（三・七五キログラム）をこえると化けるようになるとかいう。[240] また、そのころになると、自分から姿を隠すとか、そろそろ出て行けというと、急にいなくなるともいう。[241]「猫岳参り」のように、八丈島でも、猫は人間とは別に山の世界をきずいていた。山猫の怪異は、そうした山と里との対照のうえに成り立っていた。島では、山地が猫岳であり、猫の王が支配する猫の社会であった。ここに、島に山猫の伝えが生まれ、山猫の島ができる要因があった。

赤子が山猫に食い殺されるということも、東郷青児さんの三宅島での山猫の実験にしたがえば、十分想像できることであり、それをおそれるということは、ますますってありうることである。しかし、だからといって、すべてが事実であると信じるわけにもいかない。赤子を山猫が奪い、殺すこともあるという伝えが信じられた事情が、山猫の世界のほうにも、あったようにもおもわれる。

八丈島には、猫が赤子の泣き声をたてていたという話がある。三根村の人の伝えである。細い道を通ると、真っ暗な闇夜に赤子の泣き声が聞こえた。声のほうに行くと、泣かなくなった。こわくなって引き返そうとすると、土手につまずいた。ふと土手の下を見ると、真っ白な大きな猫が、眼をギョロギョロさせながら逃げて行ったという。[242]山の中で赤子の泣き声がするといい、それを猫の化かしであるとみることは、山猫が赤子を奪うという話の背景を示しているようである。山猫と山にいる赤子、それは、里の人間がえがいた、山の猫の世界の神秘であった。

猫とテッジメと

近藤富蔵の『八丈実記』第三十二巻「土産」の「怪異」の項には、「山の人　テッチ」についての記事もある。八丈島には、山の人、あるいは「テッチ」と呼ばれている怪異なものがいるという伝えである。[243]「テッチ」は、現代、テッジとかテッジメとかいっている語[244]にあたる。テッジメとは、テッジに、動物などの呼称につける接尾語のメを加えた語形である。猫はカンメとある。[245]

この記事によると、山の人の大きな特徴は、人をだましたり、山の中に火を燃やすことである。その火は、見ているうちに、あるいは近く、あるいは遠く、虚空《こくう》を走るという。また、山の人は姿をあらわすこともある。子どものようで、斬髪《ざんぱつ》である。子どもをだまして山谷をつれ歩き、のちには村はずれの野原に放す。しかし、人をあやまつことは聞かないとある。[246]

また、山の人は、たいていは子持ちの女の形であるともいう。山の灰小屋に山の人がいるときは、洗米《せんまい》をまき、咳《せき》ばらいをして、三度まわってから、戸を開けなければならない。そうしないと、その焼いた灰が、みんな失われるという。[247]山の人に、灰小屋からこっそり退去する時間を与えるということであろう。末吉《すえよし》村の長戸路《ながとろ》家所蔵の『八丈実記』には、山の人について、

高橋長左衛門下男の大力と流人《るにん》とあらはれ、角力《すもう》とりて、田中へなげこみ失せたるは、天保《てんぽう》年中にかあるべし。[248]

と、山の人が相撲に強いという伝えがあったことをおもわせる記事もある。

さらに、山の人が魚を獲るという伝えもある。山の人はエイガ舟で釣りをするといい、そのときには、一般の人には漁がないという。山の神が釣った鰹は山の中に積ん

である。人が見て盗むが、上からとると、たちまちたたりがある。下から引き抜くと、知られずに、とがめはないという。[249] 山の人が釣りをしていると人間には漁がないというのはおもしろい。

ところが、江戸時代の記録には、このテッジと山猫との関係に注意した記述がいくつかある。小寺美泰の『七島日記』の別本とみられる『巡島日記』にもあり、「天児《てんじ》」とみえている。深い山には天児というものがいて、人をだまし、悩ますという。国地の狐つきなどというもののように、狂わしく悩みわずらう者があると、天児のせいであるとおそれる。そのようなものがいるともおもえないが、山猫の年経たものがいてそのようなことをするのであろうか、とある。[250] 国地とは、島にたいして本土をいう。

形のはっきりしないテッジは否定しながら、姿の明確な山猫の怪異を信じているのは、いかにも江戸の知識人の合理的な解釈にもみえるが、[251] 大原正矩も、『八丈志』で、山猫とテッジを結びつけている。大原正矩は、寛政二年（一七九〇）に八丈島に遠島になった飛騨郡代の大原亀五郎の長子で、享和《きょうわ》二年（一八〇二）、十四歳のときに、願い出て八丈島に渡り、父とともに中之《なかの》郷《ごう》で十年近くすごし、父の死後、文化八年（一八一一）に国地にもどった。そのときの見聞記である。[252]

猫は飼い猫のほかに、山にすむ猫も多い。深山にすむ大猫がいて、昔は人家に来て害をなすことがあった。夜ふけにも人目につかないのは、ごく深い山や谷の岩窟にすむのであろう。また、島にテンジというものがいる。島の人は、それにおどろかされる者もある。多くは火の変を見るという。これをテンジの火という。島には狐や狸はいない。人をおどろかすのはこの山猫であろうという[253]。

今日でも八丈島では、山猫やテッジの話をいろいろと聞くことができる。現に島には、テッジとは山猫のことであるとおもっている人も少なくない[254]。小寺美泰も大原正矩も、テッジメとは山猫のことであろうと、個人的な見解であるように書いている。島の伝えでも、テッジと山猫とはそれなりに区別していたにちがいない。しかし、島の人まで、同一視していた事実があることもたいせつである。テッジは、井原西鶴などの江戸時代初期の文学で、猫をテジ、テジメと呼んでいたのとおそらく同語であろう（五三ページ参照）。

このようにみてくると、テッジと山猫を一つのものと考えようとするのは、八丈島での一般の人たちの伝えの傾向であったようにおもわれる。山猫には山猫に固有の怪異性を認めながらも、なおテッジと共通する部分が少なくなかった。山猫は家を離れた飼い猫である。その実体のある猫を、形のあいまいなテッジの姿とみたのである。島の人も島の生活に触れた外来者も、山猫の怪異の底辺に、テッジの信仰があったことを感じていたにちがいない。

天保十年（一八三九）に流人として島に渡り、明治元年（一八六八）の大赦《たいしゃ》まで滞在した鶴窓帰山《かくそうきざん》こと五郎左衛門の八丈島の見聞記『やたけの寝覚草《ねざめぐさ》』にも、猫とテッジを同一視する記述がある。島の話し言葉を筆録したかたちの記事のなかに、猫を「てッちめ」といい、その注記に「ヤマネコ」とある。これに補注をつけた小林亥一さんは、この「てッちめ」について、「てっち」あるいは「でんぢ」ともいい、妖怪《ようかい》変化《へんげ》のことで、小島や青ヶ島を含めた八丈島では山猫がその妖怪の代表である、と記している。[255]鶴窓帰山の見解は、井原西鶴の時代の「てじ」の用法に近い。

また、近藤富蔵の『八丈実記』巻三（東京都公文書館蔵原本）「抜書」に引く別本の『やたけの寝覚草』には、この正本にはない話し言葉の記録があり、ここにもテッジがみえている。猫をののしって「テッチササリ」と呼んでいる。注記には「山神　附タ」とある。[256]「山の神がついた」という意味であろう。猫をテッジがついているものとする表現で、ここでは、テッジを山の神としている。テッジは、古くから山の精霊とおもわれ、実体は、猫と考えられていたことがうかがえる。

たしかに、山猫の話とテッジの話には、共通している部分が多い。テッジの火もその一例である。大原正矩の『八丈志』にも、テンジの火といって、テッジの怪火を見た話を記している。夜釣りに出たとき、夜半ごろに、磯山に数十丈の火が燃えているのを見た。いあわせた五郎太に、島の人がいつもいっているテンジの火であろうとおもって尋ねると、五郎太はものをいうな、といって答えない。やがて火は消えて、見えなくなったという。[257] テッジの火の伝えを信じていなければ、怪火を見てそれをテッジの火と判断することはない。
　灯火がとぼしかった時代には、夜の不思議な明かりは、怪異な現象として、もっとも印象的なものであった。山猫も、火をともなってあらわれることが多いという。たとえば、三根村の人が、夜道で提灯が歩いて行くのに出会った。猫に化かされないように、機先を制して、こちらから声をかけて、その明かりを利用して帰って来た。最後に礼をいうと、ニャーンといって、提灯の火が消えたという。[258]
　魚をとられるといえば、三宅島にもあった山猫らしいしわざであるが、八丈島では、それがテッジの火に通じる怪火と結びついて語られている。末吉村の男の人が、飛魚を籠に入れて夜道を歩いていると、あたり一面に提灯のような火がともった。山猫のしわざだとおもって、飛魚を一本投げると、火は消えた。それをくりかえして、家につくまでに、飛魚はすっかりなくなっていたという。[259] 山猫がテッジと同じく怪火を見せるという伝えがなければ、このような話は生まれない。
　八丈島には、山猫が女に化けて来る話も多い。末吉村の人が、三根村から鰹を背負って帰るとき、美しい女に出会った。女は末吉村まで行くといって、いっしょに歩いていたが、家に帰り着くと、鰹が一本残らずなくなっていたという。[260] また、中之郷の人が、酒を飲んで夜道を帰る途中、きれいな着物を着た女の人二人にさそわれて、女の家に泊まった。気がつくとそこは野原の中で、そばに二匹の猫が目を光らせていたという。[261]

これは、まず、テッジでいうと、人を道にまよわせるという伝えにあたる。たとえば、近藤富蔵の『八丈実記』第十七巻（東京都公文書館蔵原本）「村々役名」に、その古い例がみえている。寛政八年（一七九六）八月十八日に、樫立村の年寄《としより》新八がふと家出をし、三日目にもどって来た。また、二十八日にも家を出て、五日目にもどった。それから四度もそんなことをくりかえして役を退いたが、それは、テッチというものにつかれたものであるとしている。[262]

さらに、これは、テッジが女の姿をしているということにつながる。中之郷の伝えに、子どもが行くえ不明になり、十日もたったころ、山の中で生きて見つかったことがあるが、それは、テッジが養ってくれたのであるという。テッジは体に瘡《かさ》が出ており、乳をたすきのように両肩にかけているという。[263]女に化かされるという話は狐にも多いが、八丈島のテッジでは、大きい乳房をもち子どもを養うというところに、大きな特色があった。

ここで注意しなければならないのは、テッジは、ただの否定的存在ではなかったことである。人を化かすといいながら、子どもを山の中で養うというなど、肯定的な存在でもあった。テッジと親しくなり、マグサを刈って門口《かどぐち》まで持って来てもらったという話もある。[264] 山猫についても、人間の手助けをするという伝えが残っている。中之郷では、山で仕事をしていたら、猫が手伝いをしてくれたという。お礼をいっていっしょに来ると、途中ですっといなくなったそうである。[265] 猫の提灯を利用した話なども、山猫がときとして人間を助けてくれるという伝えの下染めがあって、成り立っていたのかもしれない。

このようなテッジや山猫の特色と呼応して、八丈島では、山猫ばかりでなく飼い猫までが、飼い主のために怪異性を発揮している。家の人が食べ物に困っていると、山鳩の子を獲って来てくれたとか、祭りの宿にあたっているのに、肴《さかな》の用意ができずにいると、雪の道を猫が大きなササウオを引いて来てくれた、などという話も少なくない。[266]「猫檀家」など、猫には一連の恩返しの昔話があって、ほかにも類例がないわけではないが、これなどは、恩返しのために小判を持って来たという、江戸の町の小判猫の話に近い。八丈島では、山猫の怪異と一対をなして、飼い猫が飼い主に恩を返す怪異が語られているのは興味深い。

もともと鼠の害がひどかったので、八丈島ではどこの家でも猫を飼い、家族の一員のようにいつくしんでいた。だから、猫が飼い主のために尽くしたという話もいろいろある。ある家が祭りの宿にあたったが、不漁のために馳走《ちそう》に出す魚がない。困っていると、家の飼い猫が、ほかの村に行き、婚礼のために用意してあった魚をとって来て、飼い主の急場を救ったという。猫はかわいがれば、そのくらいのことはするものであるとおもいますと、カッペタ織りで知られた末吉村の玉置《たまおき》びんさんはいう。267

これらの山猫の伝えを、近藤富蔵が『八丈実記』で注意したテッジの特性と照らし合わせると、さらに別の角度からも、山猫とテッジの共通性をうかがうことができる。第一は山の人の釣りである。山猫に魚をとられた話は多いが、テッジもまた鰹を釣り、そのときは一般の人は漁がないというのは、テッジが釣りを好むというだけでなく、人間のとり分の鰹まで奪ってしまうということであろう。本質的には、テッジが魚をとるという観念が、山猫と重なっている。

第二に、山の人が子持ちの女の姿である、ということである。それは、現代の中之郷の伝えにも生きているが、私には、これは、江戸時代後期の記録が伝える山猫が赤子を奪うという一連の話と表裏一体の関係にあるようにおもわれる。テッジが養い、山猫が殺すというと、まったく相反する性格にみえるが、山に幼い子どもをつれて行くという点では、まったく同じである。山の人が山の中で子どもを育てているという伝えを土台にして、山猫と山の人を同一視すれば、山猫が赤子をとるという話がすぐに成立する。山猫が赤子を害するというのは、山猫が現実の存在であったためであろう。

現代も八丈島の人々に語られているテッジが、山の人という別称をもち、かつ山猫と同じもののようにおもわれていたことは、猫岳の猫の王以下、猫が山の中に独自の社会をきずくという伝えをたどってきた私にとって、またとない貴重な事実である。山の人、テッジ、山猫と並べてみると、山にすむ山の人の世界の信仰を母胎に、山猫の伝えが成長していたことがうかがえる。猫の王にも、猫の時代以前があったのかもしれない。いわば猫の王は、山の人の王の系譜を継承していたことになる。

猫と河童の仲間

八丈島のテッジと山猫との共通性でさらに注目されるのは、テッジが片手を切られる話である。冬のあいだ、牛を飼うために小屋に泊まっているとき、テッジメがなにかくれといって手を出した。そこでテッジの手を鉈《なた》で切ると、テッジメは、その手をくれといってもらいうけ、元どおりにつけたという。中之郷ではこれを、多くの人が、テッジメあるいは山の人のこととして語っているが、そのなかに、テッジメといいながら山猫のこととして語っている例もある。[268] そこには、テッジを具体化すると山猫の姿になるのを当然としている、島の人の感覚がはっきりとあらわれている。

テッジに、切られた手を元どおりに継ぐという話があったのは、テッジの性格を考えるうえで、重要なことである。つとに柳田国男が『山島民譚集《さんとうみんたんしゅう》』のなかで論じているように、それは河童に特徴的な伝えであった。いたずらをして手を切られた河童が、手の継ぎかたを人間に伝授するなどの謝礼をして、手を返してもらう話である。[269]これから類推すると、八丈島のテッジとは、広くみると、河童の仲間の妖怪の一種ということになる。

さらに、テッジが山猫であるという観念にたつと、もう一つ大きな問題に発展する。山猫が手を切られたといえば、日本の昔話では、「鍛冶屋の姥」で代表される「手を切られた猫」の一例ということになる。ヨーロッパでも「水車小屋の妻」の昔話などで知られている。そうすると、「手を切られた猫」の昔話が、テッジと山猫とは同じものであるという島の人の考えからテッジの話に転化した、とみることもできる。しかし問題は、この仮定が、八丈島のテッジについて正しいかどうかである。

そこで、次に考えてみなければならないのは、テッジが乳房をたすきのように両肩にかけているという伝えである。近藤富蔵の『八丈実記』第九巻（東京都公文書館蔵原本）「小島」の神主菊池家の系図にも、乳房の大きい妖怪のことがみえている。正《しょう》徳《とく》元年（一七一一）に没した八丈小島の神主家の六世、菊地虎之助の体験という。高倉に妖怪が出ると聞いて、嘉左衛門という百姓とともに高倉の中に寝ていると、夜中に外から戸を開けようとする者がある。吹く息は火炎のようで、右の乳は左の肩に、左の乳は右の肩にかけている。虎之助が刀で突くと、たちまちに失せた。翌日たずねてみると、八十戸の山で血のしたたりが止まっていた。その後は、なにごともなかったという。[270]

これは、テッジとはいっていないが、中之郷の伝えから推して、あきらかにテッジと称してよい例である。現にテッジとは山姥のことであるという人もいる。[271] 近藤富蔵が伝える山の人は子持ちの女の姿であるという話も、これと関連する。山姥については、山にすみ、大きい乳房で自分の子どもを育てているという話もある。[272] ヤマンバ(山姥)に化かされるという伝えもあり、大間知篤三さんも、テッジ、ヤマンバ、山ノ人を、一種類の妖怪とみている。[273] ヤマンバとは、テッジをさす新しい言葉であったかもしれない。

肩に乳房をかけている妖怪といえば、ほかに、沖縄諸島の国頭郡恩納《おんな》村名嘉真《なかま》から本部《もとぶ》半島にかけて分布するシェーマがある。シェーマは女性で、大きな長く垂れた乳房を持ち、人が夜うなされるのは、その乳房で鼻や口を押さえられるからであるという。[274] 本部町には、このシェーマは、夏は川で漁をして木にすむが、寒がりで、冬は山にいて炭焼きがまの焚き口で火にあたっていたりする、という伝えもあった。[275] これは、鹿児島県奄美《あまみ》諸島のケンムン、屋久《やく》島のガロ、薩摩《さつま》半島から九州中央山地のヤマワロ、カリコボウなど、九州南部の河童一類の伝えにある、彼岸を折り目に、春から秋までは川に、秋から春までは山にすむという伝えにつながる。[276]

大きな乳房をもつということが河童の仲間にもある特徴であるとすれば、手を切られるという話も、河童の一類であるテッジ本来の特色とみるのがしぜんである。そうすると、テッジと「手を切られた猫」との共通性は、もう一歩奥でつながっていることになる。八丈島では、のそのそとして手がなんとなく変な人を、テッジノマクレといって非難するそうである。[277] これも、テッジが手を切られた話と一連の観念であろう。テッジの伝えは、八丈島ではきわめて根が深い。山猫は、テッジの伝えを母胎に、あたかもテッジの現実の姿であるかのようにふるまっていたことになる。

そこで、われわれの興味をひくのは、シベリアに住むアルタイ語系諸族にも、乳房の大きい霊的な存在の伝えがあったことである。これらの諸族には、一般に、自然の物や現象に、それを支配する「主《ぬし》」（あるじ、Herr, master）があるという信仰がある。自然の主の思想である。たとえば、森には森の主がいて、獣たちを支配しているという。[278] ところが、これらとは別に、人に拝まれず、ふつうは悪い存在としかおもわれていない精霊がある。[279] そのなかに、大きい乳房をもつ妖怪の伝えがある。

その一つが、ヴォルガ・タタール族が伝えるシュレレである。人間をおびき寄せてくすぐり殺してしまうという長い指をもち、肩の上にかけられるほどの長い乳房がある。ときにはその乳房を人間の口に押しこんで、窒息させるという。草地では、もっともよい馬をへとへとになるまで乗りまわす。シュレレは、顔をうしろむきにして馬に乗る。シュレレにおそわれたときは、川を渡れば助かる。シュレレは水をおそれるという。[280]

また、キルギス人のアルバスタも、この類例である。頭が大きく、乳房は膝まで垂れ、指には長く鋭い鉤爪《かぎづめ》がある。並はずれた大きな女で、おもに妊婦をおそうという。アルバスタが捕まえた女の肺を洗っているのを見たという話もある。アルバスタは、産褥《さんじょく》の婦人をおそう夢魔であるともいう。妊婦は、魔除けに赤いリボンか布を頭に巻きつけるという。[281]大きな乳房で口をふさぐというところは、本部半島地方のシェーマの伝えそのままである。

フィンランドの民俗学者ウノ・ハルヴァは、多くの民族は、とっくの昔に死んでしまったこうした女の霊を、ひどくおそれているという。[282]乳房の大きい精霊の伝えを、自然の主などとは異なった、もうひとつ古い信仰の名残とみているようである。人間にさまざまないたずらをするところなどは、日本の河童の仲間そっくりである。河童もまた、神などとは違った、独自の霊的存在であるところに特色がある。その点で、河童やシュレレの仲間は、ヨーロッパの妖精や小人に似ている。

八丈島のテッジと本部半島地方のシェーマの共通性でもう一つ重要なのは、近藤富蔵がテッジが斬髪《ざんぱつ》の子どもの姿であらわれる、といっていることである。これは一見、大きな乳房をもっているということと矛盾しているようでもあるが、シェーマも、子どもの姿であると考えられている。頭髪も散切《ざんぎ》りとはいわないが、ばら髪である。それは、河童の仲間一般の特性でもある。テッジとシェーマは、きわめて近い性質をもっている。斬髪・散切りとは、要するに、河童の頭髪であるオカッパのことである。

沖縄諸島には、大きく分けて、三種類のシェーマの仲間がすみ分けをしている。恩納村名嘉真から本部半島一帯にかけてのシェーマのほかに、その北、大宜味《おおぎみ》村や国頭《くにがみ》村にかけては、ブナガヤーの伝えがあり、その南、那覇《なは》、首里《しゅり》を含めて本島の中・南部全域には、キジムナーが広がっている。ブナガヤーは山にすみ、山仕事の手伝いをするといわれ、キジムナーは家や村のガジマルやウスクの古木にすみ、寝ている人をうなされさせるなど、いたずらをするというが、どれも一般には、子どもの姿と考えられている。

さらに、テッジとシェーマで共通しているのは、シェーマも魚獲りにすぐれているという伝えがあることである。ほかのブナガヤーやキジムナーも含めて、川で蟹《かに》やえびを獲るというほかに、海で魚を獲るのがうまいという。シェーマの仲間は魚の目しか食べないので、シェーマなどと友だちになると、魚で富をきずくことができるという。これは、八丈島の山の人が鰹釣りの名人で、積んでおく鰹を人間が奪ってくるという話と、まったく同じ趣意になっている。

これほど重要な特徴が一致しているからには、八丈島のテッジや山の人は、沖縄諸島のシェーマ、ブナガヤー、キジムナーなどと、もともと一つの伝承であったものが、地域的に分化したものではないかとおもわれる。テッジの仲間は山にすんでいる異人であった。山の人という呼称に、それが端的にあらわれている。しかし、海の漁に出るなど、海ともかかわりが深かった。シェーマの仲間も、シェーマが夏と冬で川と山とすみかえるといい、ブナガヤーやキジムナーも山や古木にすみ、海や川の漁の達人であった。

テッジも河童の仲間も、本来は山にすむ山の人でありながら、里にも往来する異人であった。家に飼われながら、家を離れて山にはいる猫が、やはり里と山を往来するものとして、八丈島では山の人と習合していたのである。山にはいり独自の社会をつくる猫は、山の人の観念と合致していた。猫は山を拠点に、里の家を仮のすみかにして、山と里を往来するところに、両義性の魔性があった。

猫は妖精の姿

日本海では、隠岐島（島根県）が山猫のすむ島として有名である。ここの山猫については、柳田国男が「猫の島」でその概要をまとめている。第一に、島後でも島前でも、飼い猫が山にはいってしまうことを説く者がいまも多いという。[283]隠岐島の山猫も家を離れた飼い猫で、それがやはり狐や狸のすまないこの島で、怪異な世界を支配していた。隠岐島も八丈島などと同じく、島の山地が一つの猫岳になっていた。

たとえば隠岐島でも、猫が一貫目以上になると山猫になると伝え、油断してはならないという。[284] これは、各地で聞く猫が化けるようになる条件で、山猫になるというのは、山にはいることで、九州の「猫岳参り」にあたる。どの猫も十四、五年もたつと、化かすようになるともいう。ふつうの猫は、出入口の隅を歩くが、敷居の真ん中から出入りするようになると、化かす猫になっているという。[285] 猫も人間と同じく、堂々として格式がついてくるということらしい。

山猫は、行動だけではなく、体にも特色があらわれる。化かす猫は尾が二つあるという。一つの尾の猫も化かすともいうが、[286] 一般に、江戸時代の浮世絵師がえがいたように、化け猫の尾は二股になっているというそれである。足の爪にも特徴があるという。雪の降った朝、爪先が二つに分かれた足跡を見る。それが山猫であるという。[287] 猫岳に登った猫は耳が切れているなどという伝えと、共通した猫観である。

山猫がはたす役割は、隠岐島でも、だいたい八丈島などと共通している。山道や森陰に著名な猫がすみ、魚売りがおどされて籠の荷をとられ、酔った人が祝宴の帰りに引きまわされて、みやげやら、ろうそくを奪われるという。[288] 近年でも、猫ばかしの体験談はいろいろ聞くことができる。隠岐島の山野での山猫の勢力は、いまだに衰えていないようである。

まず、提灯の明かりにだまされて道に迷った話がある。ある晩、老人が家に帰るといって道に出ると、先に提灯が歩いている。「待てな」というと、「早来《はよ》いや」と答える。いくら行っても、追いつかない。自分の家は近いのにおかしいとおもっていると、竹やぶの中にはいっていた。夜が明けると、気が晴れた。ああ、こら、猫に化かされたなあ、とおもったという。[289] これは、八丈島の山猫やテッジとまったく同じである。

猫に化かされたといえば、隠岐島では、たいはんは、このように道に迷わされた話である。物をとられたというのも、多くは道に迷ってのことである。とられるものはやはり魚が多い。[290] これも八丈島と変わらない。猫に化かされてとられたみやげは、魚だけ食べてあるので、それとわかるともいう。[291] 魚は猫の好物であるということにも合っているが、よその例でいうと、狐に化かされた話に、こんな伝えがめだっている。むしろこれは、怪異なものの特色とみるべきであろう。

第三に、山猫は相撲をいどむという、ほかの地方なら河童や川天狗《かわてんぐ》がしそうないたずらまで、隠岐島では猫がしている。[292] 猫と相撲をとった話も、多くは道に迷わされてのことである。気がつくと木の株と組み合っていたとか、[293] 道に迷った人が一人で相撲をとっているところを発見されたとかいう。[294] 山の中で一人で変なかっこうをしていた、というだけのことでもなさそうである。

もう一歩ふみこんだ伝えもある。相撲で猫に勝った人はいないともいう。[295] なにか山猫は、相撲に強い怪異なものになっている。逆に、毎晩道に迷わされた人が、相撲で猫を退治した話もある。山に行くと、猫が相撲をいどんできた。取り組んで、猫の片方の足をぎゅっとふみつけると、キャオンといったという。[296] 青森県中津軽郡西目屋村《にしめや》砂子瀬《すなこせ》で、猟師が山で相撲をとることを嫌うといい、相撲を山言葉でフタリグミ（二人組み）といったのも、[297] 山では、相撲は怪異なものが人間にいどむことであったからかもしれない。

このように、山猫に河童と同じ性格があるとなると、注目されるのは、この隠岐島の川子《かわこ》の伝えである。川子といえば、一般にいう河童にあたる。隠岐島でも、春の彼岸から秋の彼岸までは川子になり、秋の彼岸からは山にあがってセコになるという。雪にこまかい赤ん坊の足跡が残るのがセコで、ヨウ・ヨウ・ヨウと鳴いて、尻声がないのが特色であるという。尻声がないとは、歌詞の最後がはっきりしないことである。昭和十七、八年（一九四二、四三）以前には、歩けばつきあたるほどセコがいたというところもある。[298]

ふつうの川子や猫化けは信じないという人でも、このセコだけは、たしかに存在したと主張するそうである。[299] セコの信仰が、山猫の伝えなどよりいっそう深く、隠岐島の文化に定着していたのであろう。このセコが、河童の仲間である沖縄諸島の大きな乳房をもつシェーマが、夏と冬で川と山とすみかを移動するという伝えを介して、八丈島の山猫の伝えの原形をなすらしい大きな乳房をもつテッジに結びついてくることは重大である。

隠岐島でも、山猫の伝えの基底には、セコの信仰があった可能性が大きい。たとえば、山の中で猫の歌を聞くことがあるが、出だしはよいが、あとはムニャムニャとなり[300]、猫の歌は尻なし声であるという[301]。これは、セコの鳴き声には尻声がないのが特色であるという伝えと共通している。雪の上の赤子のような足跡はセコの足跡である、という伝えも、雪の上に爪先が二つに分かれた足跡があるのは山猫のものである、という語りかたに似ている。

山猫の奇談で、歴史のように伝わっていた西ノ島町市部の若松屋の話でも、山猫が赤ん坊の泣き声をたてて、若松屋の主人たちを化かしたという[302]。これも、もしかすると、セコの足跡が赤ん坊と同じであるという伝えとかかわりがあるのかもしれない。セコを赤ん坊の姿で考えていたということになる。八丈島にも、赤ん坊の泣き声がするのでそちらに行くと、泣き声が止まり、猫が逃げて行くのを見たという話があり、それが、山猫が赤子を奪うという伝えと、かかわりがあるかもしれないという問題に結びつく。

このほか、隠岐島では、いろいろな山などの怪異が、山猫のしわざと信じられている。猫は石を投げるというのも、その一例である。前足で石をはさんで蹴《け》るという。[303]うしろむきで落とすともいう。海岸でもよくあることらしい。[304]八丈島にも、大きな石が落ちる音を聞いて、猫に化かされていると気になった、という話があるが、[305]隠岐島では、山の中で木を伐る音をさせるのも、山猫であるという。[306]

石を投げるといえば、天狗が石をばらばらと投げるという天狗つぶての怪異がある。[307]海岸で出会うというのは、長崎県西彼杵《にしそのぎ》郡の江島《えのしま》（西海《さいかい》市崎戸《さきと》町）でいう石投《いしな》げんじょに似ている。五月のもやの深い晩、漁をしていると、岩の崩れる大きな音がするという。[308]山東弥源太の猫岳の猫退治でも、山の崩れる音がしている。木を伐る音も、天狗倒《だお》しとか空木《そらき》返《かえ》しとかいって、広く知られている山の怪異である。[309]

山猫はいわばこのように、山の怪異を支配していた。山猫が山の神秘の代表である。したがって、山で起こる怪異はすべて、山猫のしわざと考えるのも、ごくしぜんなりゆきであった。しかし、具体的に、山猫が相撲を好むことで河童に共通し、現に河童の仲間のセコの伝えが隠岐島に生きていたのをみると、なにか古くからの怪異なものをふまえ、その生身《なまみ》の姿として登場していたと考えたくなる。セコの実像を、山猫と感じるような信仰である。

隠岐島には、昔、飼い猫を捨てたところで、「よーい、よーい」と、その猫が呼ぶ声を聞いたという話がある。[310]また、山でかつて飼っていた猫に出会い、その猫を山から家につれて来たという例もある。[311] 家を離れて山にはいった猫でも、飼い主とのきずなは切れていないらしい。これは、劫を経た飼い猫がいなくなり、やがて家に帰って来るという伝えの変型かもしれない。それも、山から里へと来るときに、飼い主に結びついている。一種の「猫岳参り」であるが、この伝えでは、山を主体にしている。猫が家と山とを往復するのは、昔話の「猫と茶釜の蓋」と共通し、人間が猫のところを訪ねるのは、「猫また屋敷」の思想に一致する。

人間の社会の周辺には、かつては、怪異な動物が支配する異界があるという世界観があった。その異界は、しばしば里にたいする山であり、怪異な動物は猫であった。阿蘇山の猫岳の猫の王の伝えは、その典型的な例である。島の山猫は、それを島という海に隔てられた独立性の強い社会の中で実現していた。その山猫の存在が顕著になる八丈島などで、山猫の伝えが、テッジのようなほかの怪異なものと習合、共通していたことは、見逃すことのできない事実である。

しかも、そのテッジは、隠岐島のセコなど、河童の仲間への系譜のつながりをもち、春と秋の彼岸を境に、川と山とを往来するという伝えとのかかわりも想定できた。山の怪異なもののなかで、猫にきわだった特色は、家畜として家と山を往来する伝えである。そこに里と山を往来する河童との一致点がある。猫は、イギリス諸島などヨーロッパで、妖精と習合するかたちで信仰上の地位を確立していたように、日本でも、河童の仲間などの伝えを土台に、猫の伝えは展開していたのであろう。

秋の彼岸から春の彼岸まで、冬のあいだ河童の仲間が山にいるというのは、冬期、山の仕事を重んじた時代の名残にちがいない。日本では狩猟は冬の仕事であった。[312] 猟師が猫の怪異をおそれたのは、猫と河童との習合にうまくあっている。魚を好むというのも、猫ばかりではなく、沖縄諸島のキジムナーやシェーマを含む河童の仲間の特性である。もともと実体のなかったテッジやセコに姿を与えたものが猫であった可能性は、ますます大きくなる。

参考文献（第Ⅲ部）

第一章

1　那賀教史「米良の狩人」『宮崎県の民俗』第四九号、宮崎県民俗学会、一九九四年、三〇ページ。
2　同右。
3　同右。
4　千葉徳爾『狩猟伝承研究』〔総括篇〕、風間書房、一九八六年、二三四ページ。千葉徳爾『狩猟伝承研究』〔補遺篇〕、風間書房、一九九〇年、九六ページ。
5　千葉徳爾『狩猟伝承研究』〔総括篇〕、同右、二二五ページ。
6　永松敦『狩猟民俗と修験道』、白水社、一九九三年、一九ページ。
7　同右、三〇～三一ページ。
8　同右、二九ページ。
9　同右、三〇ページ。
10　同右、二九ページ。
11　同右、二七ページ、写真。
12　同右、二九ページ。
13　松山義雄『山国の神と人』、未來社、一九六一年、一一四～一一五ページ。柳田国男・倉田一郎『分類山村語彙』、信濃教育会、一九四一年、二八四～二八六ページ、参照。
14　八木三二「猫の話（熊本県）」『旅と伝説』第六巻第八号、三元社、一九三三年、七八～八〇ページ。
15　野間光辰校『お伽物語』（『古典文庫』第六五冊）、古典文庫、一九五二年、三七～三九ページ。
16　天野真弓「氷上郡昔話集㈣」『旅と伝説』第一〇巻第九号、三元社、一九三七年、三三～三四ページ、二六番。
17　野間光辰校、前掲15、四三～四五ページ。
18　『曾呂利物語』（石橋思案校『校訂落語全集』〔帝国文庫〕、博文館、一八九九年、〔三刷〕一九〇二年、四二九～四三〇ページ。
19　楢木範行「鹿児島の伝説処々」『旅と伝説』

第四巻第三号、三元社、一九三一年、三四～三五ページ。

20 坂本章三校『阿州奇事雑話』(『阿波叢書』第一巻)、阿波郷土研究会、一九三六年、九一～九二ページ。

21 同右、九二ページ。

22 同右、八九ページ。

23 天野真弓、前掲16、三三～三四ページ、二六・二七番。

24 柳田国男他「前号から」『民間伝承』第四巻第四号、民間伝承の会、一九三九年、九ページ。

25 西谷勝也「村制其他」『民間伝承』第四巻第三号、民間伝承の会、一九三八年、三ページ。

26 柳田国男『孤猿随筆』(創元選書)、創元社、一九三九年、一五一～一六七ページ。

27 柳田国男「山立と山臥」柳田国男編『山村生活の研究』、民間伝承の会、一九三七年、五四五～五四六ページ。

28 永松敦、前掲6、一九～二〇ページ。

29 Thompson, Stith, *Motif-Index of Folk-Literature*, 6 vols., Indiana University Press, Bloomington, 1955-1958, vol. 2, p. 210, Motif D1385. 4.

30 Starr, Frederick, Some Pennsylvania German Lore, *Journal of American Folk-Lore*, vol. 4, 1891, p. 324.

31 Baughman, Ernest W., *Type and Motif-Index of the Folktales of England and North America* (Indiana University Folklore's Series, no. 20), Mouton & Co., The Hague, 1966, p. 273, Motif G275. 12 (bb).

32 Doherty, Thomas, Some Notes on the Physique, Customs, and Superstitions of the Peasantry of Innishowen, Co. Donegal, *Folk-Lore*, vol. 8, 1897, pp. 17-18.

33 Baughman, E. W. 前掲31、p. 275, Motif G275.12 (eab).

34 同右、p. 275, Motif G275.12 (ia).

35 同右、p. 276, Motif G275.12 (kaa).

36 同右、p. 276, Motif G275.12 (raa).

37 千葉徳爾『狩猟伝承研究』［総括編］前掲4、二二五ページ。

38　八木三二、前掲14、七九ページ。
39　柳田国男・倉田一郎、前掲13、二八五ページ。
40　同右、二八六ページ。
41　所荘吉「てっぽうかじ　鉄炮鍛冶」国史大辞典編集委員会編『国史大辞典』第九巻、吉川弘文館、一九八八年、九〇五ページ。
42　MacCulloch, John Arnott, Lycanthropy, Hastings, James (ed.), *Encyclopaedia of Religion and Ethics*, vol. 8, T. & T. Clark, Edinburgh, 1915, [lastest] 1971, p. 209b.
43　柳田国男『禁忌習俗語彙』、國學院大学方言研究会、一九三八年、一一三ページ。
44　児島重三「山の神とヲコゼ」『民間伝承』第二巻第六号、民間伝承の会、一九三七年、七ページ。
45　時重寿重「チョウタ」『近畿民俗』第六号、近畿民俗学会、一九五一年、六ページ。
46　渋沢敬三『日本魚名集覧』第三部（『日本常民生活資料叢書』第三巻）、三一書房、一九七三年、一五六〜一八九ページ、参照。
47　児島重三、前掲44、七ページ。
48　同右。
49　民俗学研究所編『綜合日本民俗語彙』第一〜五巻、平凡社、一九五五〜一九五六年、第二巻、九三四ページ「チョリ」。
50　桂井和雄『土佐山民俗誌』（『市民新書』四）、高知市立市民図書館、一九五五年、九五ページ。
51　柳田国男、前掲43。
52　森山泰太郎『津軽の民俗』（『郷土を科学する』第一集）、陸奥新報社、一九六五年、二七〇ページ。
53　民俗学研究所編、前掲49、第三巻、一〇七四ページ「トリスケ」。
54　柳田国男、前掲43。
55　同右、一〇〇ページ。民俗学研究所編、前掲49、第四巻、七一四ページ。
56　柳田国男、前掲43、一〇〇ページ。
57　村田祐作「村の猫」『ひだびと』第九巻第三号、飛騨考古土俗学会、一九四一年、三八ページ。
58　沢田四郎作「ヨモ猫」『民間伝承』第八巻第二号、民間伝承の会、一九四二年、一九ページ。

59　早川孝太郎「猫を繞る問題一二」『旅と伝説』第一〇巻第一〇号、三元社、一九三七年、六〜七ページ。
60　沢田四郎作、前掲58。
61　早川孝太郎、前掲59、四ページ。
62　伊波普猷「琉球篇」金田一京助他『日本昔話集』(下)（『日本児童文庫』）、アルス、一九二九年、一三九〜一四六ページ、参照。
63　瀬川清子「海上禁忌」柳田国男編『海村生活の研究』、日本民俗学会、一九四九年、三六二ページ。
64　柳田国男・山口貞夫『居住習俗語彙』、民間伝承の会、一九三九年、一七四ページ「ヨコザ」。
65　民俗学研究所編、前掲49、第一巻、四〇ページ「アノモン」。
66　瀬川清子、前掲63、三六二ページ。
67　永野忠一『猫の幻想と俗信――民俗学的私考』（『習俗双書』第九）、習俗同攻会、一九七八年、一二九〜一三〇ページ。
68　柳田国男、前掲43、一〇五ページ。柳田国男・倉田一郎『分類漁村語彙』、民間伝承の会、一九三八年、三四一ページ「オキコトバ」。
69　瀬川清子、前掲63、三六〇ページ。
70　同右、三六〇、三六二ページ。
71　民俗学研究所編、前掲49、第四巻、一六五一ページ「ヤマネコ」。
72　仙台中央放送局編『東北の童謡』、日本放送出版協会、一九三七年、一四九ページ。
73　同右、二四五ページ。
74　早川孝太郎、前掲59、八ページ。
75　同右、七〜八ページ。
76　同右、八ページ。
77　柳田国男『山島民譚集』(一)（『甲寅叢書』第三編）、甲寅叢書刊行所、一九一四年、四八〜五二ページ。
78　二〇年近く前の採集。カワウソが一ッ目の大入道に化けるという話は、川崎市川崎区塩浜や幸区北加瀬にもあった。麻生区上麻生では、小豆をとぐような音をたてる小豆とぎ婆も、正体はカワウソであったという。宮前尋常高等小学校編『郷土之お話』、神奈川県橘樹郡・同校、一九三三年、［謄写版］下之巻、一四番、中村亮雄他編『川崎物語集』巻一、川崎市市民ミュージアム、一九九二年、八一～八五ページ。
79 須川邦彦『海の信仰』（上）、海洋文化振興、一九五四年、［再版］一九五七年、一三三～一三五ページ。
80 Radford, E. and M. A., [edited-revised] Hole, Christina, *Encyclopaedia of Superstitions*, Dufour Editions, London, 1961, p. 86.
81 同右、p. 87.
82 前田太郎編訳『世界風俗大観』、東亜堂書房、一九一四年、二五〇～二五一ページ。
83 同右、二五〇ページ。
84 坂本章三校、前掲20、九〇ページ。
85 同右、八九ページ。
86 松山義雄『山の動物記』、吾妻書房、一九五〇年、一五八～一六〇ページ。
87 高橋喜平『遠野物語考』、創樹社、一九七六年、［四刷］一九八二年、四五～四六ページ。
88 柳田国男『遠野物語』［私家版］一九一〇年、［復刻版］（『名著復刻全集』）、近代文学館、一九六八年、三五～三七ページ、第四四～四七番。
89 佐々木喜善『聴耳草紙』、中外書房、一九三三年、一五三～一五四ページ。
90 同右、一五四～一五五ページ。
91 須川邦彦、前掲79、一五七ページ。
92 柳田国男、前掲43、一〇二ページ。
93 松山義雄『山村動物誌』、山岡書店、一九四三年、二八四～二八五ページ。
94 向山雅重校『遠山奇談』（『日本庶民生活史料集成』第一六巻）、三一書房、一九七〇年、二五五～二五六ページ。向山雅重校『遠山奇談』、山村書院、一九四三年、六三～六七ページ。
95 松山義雄、前掲93、二七一ページ。
96 同右、二七二ページ。
97 同右、二七六ページ。
98 小島瓔禮編著『蛇の宇宙誌　蛇をめぐる民俗自然誌』、東京美術、一九九一年、一、九八～一〇二ページ。
99 Werth, Emil（エミール・ヴェルト）, *Grabstock, Hacke und Pflug*, Verlag Eugen Ulmer, Ludwigsburg, 1954, S. 325.［訳］藪内芳彦・飯沼

二郎『農業文化の起源——掘棒と鍬と犂』、岩波書店、一九六八年、四四四ページ。Keller, Conrad（コンラット・ケルレル）, *Die Stammesgeschichte unserer Haustiere*, [2. Auflage] 1919. ★ [訳] 加茂儀一『家畜系統史』（岩波文庫）、岩波書店、一九三五年、九四ページ。

100 飯豊道男「畏敬と追放——ヨーロッパの蛇」、小島瓔禮編著、前掲98、二四四ページ。

101 Alexinsky, G. et Guirand, F., Mythologie Lituanienne, Guirand, F. (ed.), *Mythologie Générale*, Librairie Larousse, Paris, 1935. ★ [訳] 小海永二『ロシアの神話——スラヴ、リトワニア、フィンランド』（みすず・ぶっくす）、みすず書房、一九六〇年、「リトワニアの神話」七七ページ。

102 小島瓔禮「ヤマタノオロチと蛇神の系譜」『文化遺産』第三号、島根県並河萬里写真財団、一九九七年、四三〜四五ページ。

103 小島瓔禮「家つきの蛇」『日本民俗文化資料集成』編集のしおり二二、三一書房、一九九八年、一〜二ページ。

104 Malek, Jaromir, *The Cat in Ancient Egypt*, British Museum Press, London, 1993, [paperback] 1997, pp. 84-87. Viau, J.（ヴィオー・J）, Mythologie Égyptienne, Guirand, F. (ed.), *Mythologie Générale*, Librairie Larousse, Paris, 1935. ★ [訳] 中山公男『オリエントの神話』（みすず・ぶっくす）みすず書房、一九五九年、[二刷] 一九六二年、「エジプトの神話」三四ページ。

105 矢島文夫「イブをだました蛇——西アジアからヨーロッパへ」、小島瓔禮編著、前掲98、二二六〜二二七ページ。Malek, J. 同右、p.84.

106 Keller, C. 前掲99、[訳] 九六ページ。

第二章

107 Keightley, Thomas, The Fairy Mythology, H. G. Bohn, London, 1870, [republished] Gale Research Company, Detroit, 1975, pp. 139-140.

108 Leach, Maria (ed.), *Standard Dictionary of Folklore, Mythology and Legend*, 2 vols., Funk & Wagnalls, New York, 1949-1950, vol.2, p. 794.

"nisse".

109 Asbjørnsen, Peter Christen, *Norske Folke-Eventyr*, 1871, [tr.] Dasent, George Webbe（サー・ジョルジ・ウェッブ・ディセント）, *Tales from Fjord*, Giving, London, 1896. ★［訳］高木真一『北欧民話』、山一書房、一九四三年、一七～一八ページ、二番。

110 同右、［訳］一九～二二ページ、三番。

111 Hartland, Edwin Sidney, *The Science of Fairy Tales*, Mr. Walter Scott, 1891, [2. edition] Methuen, London, 1925, p. 6. 西村真次『神話学概論』、早稲田大学出版部、一九二七年、一六五ページ。

112 Grimm Brüder（グリム兄弟）, *Kinder- und Hausmärchen*, 2 Bnde.（Reclams Universal-Bibliothek）, Philipp Reclam Jun., Stuttgart, 1982. Band 1, SS. 127-136, Nr.20; SS. 192-195, Nr. 35, Band 2, SS. 146-149, Nr. 114; SS. 361-363, Nr. 183.［訳］関敬吾・川端豊彦『グリム昔話集』㈠～㈥（角川文庫）、角川書店、一九五四～一九六三年、㈠一五五～一六七ページ、二〇番、㈡五九～六二ページ、三五番、㈣一八三～一八七ページ、一一四番、㈥六三～六六ページ、一八三番。

113 Taylor, Archer, Northern Parallels to the Death of Pan, *Washington University Studies*, Humanistic Series, vol. 10, no. 1. Washington University, St. Louis, 1922, pp. 66-67, n. 150; p. 22, variant 225.（Asbjörnsen, Peter Christen, *Norske Huldre-eventyr og Folkesagn*, [3. edition] Christiana, 1870, pp. 307-308. を引く）。

114 Taylor Archer, Schrätel und Wasserbär, Modern Philology, vol. 17, Chicago, 1919, pp. 59-60, n. 8.

115 同右、p. 60. Des Gervasius von Tibury, *Otia Imperialia*,（ed.）, Liebrecht, Rümpler, Hannover, 1856. p. 45; cf. p. 137. MacCulloch, J. A. 前掲42、p. 209b.

116 Taylor, A. 前掲114、p. 60.

117 Thompson, S. 前掲29、vol. 2, p. 81, Motif D702. 1. 1., vol. 3, p. 297, Motif G252.

118 Britten, James, Irish *Folk-Tales*, *The Folk-*

Lore Journal, vol. 1, 1883, pp. 53-54.

119 Winstanley, L. and Rose, H. J., Scraps of Welsh Folklore, I, *FolkLore*, vol. 37, 1926, p. 166.

120 Baughman, E. W. 前掲31、pp. 272-277, Motif G275. 12 (b).

121 同右、p.273, Motif G275.12 (ba).

122 同右、p.273, Motif G275.12 (bb).

123 同右、p. 104, Motif D1385.4.

124 同右、p. 266, Motif G271.4.2 (ba).

125 同右、p. 268, Motif G271.5 (e).

126 同右、p. 290, Motif G303.16.19.14.

127 同右、p. 250, Motif G252.

128 同右、pp. 273-274, Motif G275.12 (bc), G275.12 (bca)-(bcp).

129 久長興仁「寝物語にきいた昔話」『旅と伝説』第四巻第七号、三元社、一九三一年、四九ページ。

130 横地満治・浅田芳朗『隠岐島の昔話と方言』（『郷土文化社報告』第二輯）、郷土文化社、一九三六年、二〇～二四、六二ページ。

131 佐々木喜善、前掲89、三四一ページ。

132 後藤貞夫「北海部郡昔話」『昔話研究』第一巻第四号、三元社、一九三五年、三五～三六ページ。

133 杉原丈夫『越前の民話』、福井県郷土誌懇談会、一九六六年、五六～五七ページ。

134 同右、五七ページ。

135 三好想山『想山著聞奇集』巻五、嘉永三年（一八五〇）、四七丁ゥ～五二丁ゥ（森銑三・鈴木棠三編『日本庶民生活史料集成』第一六巻、三一書房、一九七〇年、一一五～一一七ページ）。

136 柳田国男・尾崎恒雄校『耳袋』㊤（岩波文庫）、岩波書店、一九三九年、［二刷］一九四〇年、一四四～一四五ページ。

137 曲亭馬琴『兎園小説』（日本随筆大成編輯部編『日本随筆大成』第二期第一巻）、日本随筆大成刊行会、一九二八年、二六七～二六八ページ。

138 中山三柳『醍醐随筆』（森銑三・北川博邦編『続日本随筆大成』第一〇巻）、吉川弘文館、一九八〇年、五六～五七ページ。
139 南方熊楠「千疋狼」『民俗学』第二巻第五号、民俗学会、一九三〇年、一一～三二ページ。
140 柳田国男「狼と鍛冶屋の姥」『郷土研究』第五巻第五号、郷土研究社、一九三一年、四～三〇ページ。
141 小堀春樹『佐喜浜村を語る』、賢文館、一九三〇年、七六～八一ページ。
142 『新著聞集』（日本随筆大成編輯部編『日本随筆大成』第二期第三巻）、日本随筆大成刊行会、一九二八年、三四九ページ。
143 案本胆助『江戸愚俗徒然噺』（山田清作編『未刊随筆百種』第一三巻）、米山堂、一九二八年、一九七～一九八ページ。
144 同右、一九七ページ。
145 小堀春樹、前掲141、七七ページ。
146 柳田国男、前掲140、二八ページ。
147 『新著聞集』、前掲142。
148 野崎雅明『肯構泉達録』、富山日報社、一八九二年、三五七ページ。
149 荻原直正『因伯伝説集』、鳥取県図書館協会、一九五一年、八九～九〇ページ。
150 柳田国男、前掲140、一二～一三ページ。
151 武田明『阿波祖谷山昔話集』（『全国昔話記録』）、三省堂、一九四三年、二二～二四ページ。
152 武田明『讃岐佐柳志々島昔話集』（『全国昔話記録』）、三省堂、一九四四年、三〇～三二、一二四～一二五ページ。
153 伊那民俗研究会『昔ばなし』（『伊那民俗叢書』第二輯）、信濃郷土出版社、一九三四年、一四～一六ページ。
154 柳田国男、前掲140、一〇～一一ページ。
155 南方熊楠、前掲139、一一ページ。
156 小島瓔禮『武相昔話集』（『全国昔話資料集成』第三五）、岩崎美術社、一九八一年、三五～三六ページ。

第三章

157 Bolte, Johannes und Polivka, Georg, *Anmerkungen zu den Kinder- und Hausmärchen der Bründer Grimm*, 5 Bnde., Leipzig, 1913-1932, [2. Auflage] Georg Olms Verlagsbuchhandlung,

Hildesheim, 1963, Band 3, S. 530.

158 Aarne, Antti, *Verzeichnis der Märchentypen* (FF Communications, no. 3), Suomalaisen Tiedeakatemian Toimituksia, Helsinki, 1910, S. 6, Nr.121.

159 Dégh, Linda, *Folktales of Hungary* (Folktales of the World), Routledge & Kegan Paul, London, 1965, pp. 192-193, no. 25.

160 同右、p. 326, no. 25.

161 Thompson, Stith, *The Types of the Folk-tale, A Classification and Bibliography*, [2. revision] (FF Communications, no. 184), Suomalainen Tiedeakatemia, Helsinki, 1961, p. 43, no. 103.

162 南方熊楠、前掲139、一八、二四、とくに三〇ページ。

163 Evans, Ivor H. N., *Studies in Religion, Folk-Lore, and Custom in British North Borneo and the Malay Peninsula*, 1923, [new impression] Frank Cass & Co., London, 1970, pp. 78, 292-294.

164 Thompson, Stith and Roberts, Warren E., *Types of Indic Oral Tales, India, Pakistan, and Ceylon* (FF Communications, no. 180), Suomalainen Tiedeakatemia, Helsinki, 1960, p. 29, no. 121.

165 Lee, F. H., *Folk Tales of All Nations*, George G. Harrap, London, 1931, pp. 654-657. (Campbell, A., Santal Folk Tales, London, 1892. を引く)。

166 Bompas, Cecil Henry, *Folklore of the Santal Parganas*, David Nutt, London, 1909, pp. 79-81, no. 20.

167 Stokes, Maive S. H.（M・S・H・ストークス）, *Indian Fairy Tales*, Calcutta, 1879, pp. 35-38. ★［訳］アダムス保子『インドの民話』（『アジアの民話』八）、大日本絵画巧芸美術、一九七九年、一四三〜一四八ページ。七ページ、参照。

168 同右、［訳］一三一〜一三二ページ。

169 Lee, F. H. 前掲165、pp. 613-618. (Frere, Mary, *Old Deccan Days*, London, 1889, no. 18. を引く)。

170 De Vries, Jan（ヤン・ドゥ・フリース）,

Volksverhalen uit Oost-Indië（Sprookjes en Fabels), Deels 1, 2, W. J. Thieme & Cie, Zutphen, 1925, 1928, Deel 1, pp. 64-68, 361, no. 13.［訳］斎藤正雄『インドネシアの民話――比較研究序説』、法政大学出版局、一九八四年、六四～六九、七六四ページ、一三番。

171　Lörincz, *László, Mongolische Märchentypen*（Asiatische Forschugen, Band 61), Otto Harrassowitz, Wiesbaden, 1979, S. 177, Nr. 362; S. 222, Nr. 121; S. 225, Nr. 177.

172　上海文芸出版社編『中国動物故事集』、［新一版］上海文芸出版社・上海、一九八九年、一二七～一二九ページ。

173　蕭崇素『騎虎勇士（彝族民間伝説集）』、少年児童出版社・上海、一九六三年、［二刷］一九八一年、二四～三三ページ。

174　孫晋泰『朝鮮民譚集』（『郷土研究社第二叢書』）郷土研究社、一九三〇年、一九六～一九七ページ。

175　南方熊楠、前掲139、一七ページ。

176　今村与志雄訳注『酉陽雑俎』三（東洋文庫）、平凡社、一九八一年、一六八ページ。

177　長谷川兼太郎『満蒙鬼話』、長崎書店、一九四一年、一九五～一九六ページ。

178　山田孝雄他校注『今昔物語集』四（『日本古典文学大系』二五）、岩波書店、一九六二年、五〇七～五〇八ページ。

179　後藤丹治・岡見正雄校注『太平記』三（『日本古典文学大系』三六）、岩波書店、一九六二年、二二七～二二八ページ。

180　佐藤謙三・春田宣編『屋代本平家物語』下巻、桜楓社、一九七三年、五四二～五四八ページ。

181　丸山元純『越後名寄』（『越後史料叢書』二）、考古堂、一九一六年、巻五後、四～五ページ。

182　小山直嗣『越後佐渡の伝説』、第一法規出版、一九七五年、一一一～一一二ページ。

183　高木敏雄『日本伝説集』、郷土研究社、一九一三年、一四六～一四七ページ。

184　井之口章次『仏教以前』（『民俗選書』）、古今書院、一九五四年、一四九～一五二ページ、参照。

185　文野白駒『加無波良夜譚』、玄久社、一九三二年、一〇六～一〇八ページ。岩倉市郎『南蒲原郡昔話集』（『全国昔話記録』）、三省堂、一九四三年、一三五～一三六ページ。

186 鳥翠台北巠『北国奇談巡杖記』（日本随筆大成編輯部編『日本随筆大成』第二期第九巻）、日本随筆大成刊行会、一九二九年、五八七ページ。

187 須藤克三「出羽伝説二十二選」須藤克三他『出羽の伝説』（『日本の伝説』四）、角川書店、一九七六年、一五〇～一五八ページ。

188 佐藤義則「出羽伝説散歩」須藤克三他、同右、二三～二五ページ。

189 小島瓔禮「満野長者と八幡神信仰」『日本民俗学会報』第一五号、日本民俗学会、一九六〇年、七～一九ページ。小島瓔禮『中世唱導文学の研究』、泰流社、一九八七年、一三三～一五四ページ。

190 谷川健一『鍛冶屋の母』、思索社、一九七九年、一六～一八ページ。

191 小山直嗣「弥三郎婆」『日本の民話』第六巻「北陸」、研秀出版、一九七七年、三〇ページ。

192 永井鳳波『佐渡風土記』、佐渡郡教育会、一九四一年、八八～八九ページ。

193 柳田国男、前掲77、一九～二八ページ。

194 Michelet, Jules（ジュール・ミシュレ）, La Sorciére, 1862. ★［訳］篠田浩一郎『魔女』(上)(下)（岩波文庫）、岩波書店、一九八三年、［一一刷］一九八九年、(上)二九九ページ、(下)一七～一八。

195 Baring-Gould, S.（ベヤリング-グウルド・S）, *A Book of Folk-Lore* (The Nation's Library), Collins' Clear-Type Press, London, n.d., pp. 53-54. ［訳］今泉忠義『民俗学の話』（角川文庫）、角川書店、一九五五年、［再版］一九五七年、四三ページ。

196 同右、p. 53. ［訳］四三ページ。

197 同右、p. 54. ［訳］四三～四四ページ。

198 Baughman, E. W. 前掲31、p. 274, Motif G275.12 (da).

199 Ashby, W. H., Somersetshire Witch Tales, *The Folk-Lore Journal*, vol. 5, 1887, p. 161.

200 Baughman, E. W. 前掲31、p. 274, Motif G275.12

(db).
201 Fleming, D. Hay, superstition in Fife, *Folk-Lore*, vol. 9, 1898, p. 285.
202 Baring-Gould, S. 前掲195、p. 53.〔訳〕四三ページ。
203 Baughman, E. W. 前掲31、pp. 272-277, Motif G275.12.
204 MacCulloch, J. A., 前掲42、p. 211a.（Wieger, L., *Folk-Lore chinois moderne*, Sienhsien, 1909, pp. 126ff., 142. を引く）。
205 林蘭『独脚孩子』〔復刻版〕東方文化書局・台北、一九七一年、二六～三〇ページ。沢田瑞穂編訳『中国の昔話』（『世界民間文芸叢書』）、三弥井書店、一九七五年、一二一～一二五ページ。
206 汪紹楹校『太平広記』中華書局・北京、一九六一年、第九冊、三六〇九～三六一〇ページ。
207 磯野富士子「モンゴルの一匹狼」『図書』第二〇九号、岩波書店、一九七六年、一四ページ。

第四章

208 柳田国男、前掲26、一五一～一五二ページ。
209 田原千稲「陸前田代島の話」『民族』第二巻第四号、民族発行所、一九二七年、一六六ページ。
210 同右。
211 三原良吉「網地島の山猫」日本放送協会東北市部編『東北の土俗』、三元社、一九三〇年、二〇～二一ページ。
212 同右、二六ページ。
213 同右、二二～二三ページ。
214 田辺一郎・伊藤政次「網地島及田代島に於ける禁忌」宮城県教育会編『郷土の伝承』第一輯、宮城県教育会、一九三一年、一九七ページ。
215 同右。
216 田辺一郎・伊藤政次「網地の欲深男」宮城県教育会編、前掲214、七九ページ。
217 柳田国男、前掲26、一五三～一五四ページ。
218 琉球諸島では、葬ったあと何年かのちに、骨だけを収めて再度葬る洗骨葬がおこなわれていたために、地上に安置したり、葬地に洞窟などが利用され、島が墓地になっていた例がある。鹿児島県大島郡奄美群島の枝手久《えだてく》島（宇検《うけん》村）は、その一つであったと聞く。

219 三原良吉、前掲211、二三〜二七ページ。

220 同右、二七ページ。

221 島根大学昔話研究会編『隠岐・島前民話集』、島根大学昔話研究会、一九七七年、一五八ページ。

222 同右。

223 同右、一六六〜一六七ページ（西ノ島波止）。隠岐島前高校郷土部『隠岐島前の民話』（『隠岐島の伝承』第七号）、同郷土部、一九七七年、四五〜四八ページ（西ノ島町大津）。石塚尊俊「隠岐島の俗信」『伝承』第二号、山陰民俗学会、一九五九年、三一ページ。

224 隠岐島前高校郷土部、同右、四七ページ。

225 池田信道『三宅島の歴史と民俗』、伝統と現代社、一九八三年、一三九〜一四〇ページ。

226 平岩米吉『猫の歴史と奇話』、動物文学会、一九八五年、［新装版］築地書館、一九九二年、九七ページ（一九五〇年五月の『小説公園』を引く）。

227 稲村坦元・豊島寛彰「三宅・御蔵両島の社寺史跡その他」『伊豆諸島文化財総合調査報告』第一分冊（『東京都文化財調査報告書』6）、東京都教育委員会、一九五八年、三一五ページ。

228 平岩米吉、前掲226、九六〜九七ページ。

229 後藤丹治校注『椿説弓張月』㊤（『日本古典文学大系』六〇）、岩波書店、一九五八年、二五三〜二六五ページ。

230 同右、二三九、二六三ページ。

231 同右、一三〜一四ページ。

232 同右、二六三ページ、注一五。

233 平岩米吉、前掲226、九一ページ。谷川健一校『伊豆七島風土細覧』（宮本常一他編『日本庶民生活史料集成』第一巻）、三一書房、一九六八年、六四九〜六五〇ページ。

234 平岩米吉、前掲226、九〇ページ。谷川健一校、同右、六四九ページ。大間知篤三『八丈島——民俗と社会』、創元社、一九五一年、二五五ページ。

235 平岩米吉、前掲226、九二ページ。

236　大間知篤三他『八丈島』（角川文庫）、角川書店、一九六六年、二八六、三三三ページ。
237　八丈実記刊行会編『八丈実記』第一巻、緑地社、一九六四年、四〇一ページ。
238　大間知篤三、前掲234、二七九〜二八〇ページ。
239　八丈実記刊行会編、前掲237、四〇一〜四〇二ページ。
240　小島瓔禮「ネコの民俗自然誌」『遺伝』第二六巻第一〇号、裳華房、一九七二年、三八ページ。
241　大間知篤三、前掲234、二五四ページ。
242　八高郷土史研究クラブ編集部編『八丈島昔話集』第一号［謄写版］八高郷土史研究クラブ、一九五九年、一四ページ。
243　八丈実記刊行会編、前掲237、四〇一ページ。
244　大間知篤三、前掲234、二五六〜二五九ページ。矢口裕康『八丈島の昔話――伝承総体とのかねあいにおいて』、民俗文学研究会発表例会、一九七三年、［発表資料・謄写版］六〜七、三七〜三九ページ。上村明子「口頭伝承」『文化財の保護』第六号、東京都教育委員会、一九七四年、一三三ページ、二七番(3)、一三八〜一三九ページ、三六番。
245　八丈実記刊行会編、前掲237、四〇〇ページ。
246　同右。
247　同右、四〇一ページ。
248　同右。
249　同右。
250　大間知篤三、前掲234、二五七ページ。
251　同右。
252　同右、二七八ページ。
253　同右、二五八ページ。
254　矢口裕康、前掲244、六ページ。
255　小林亥一注『八多化の寝覚草』（宮本常一他編『日本庶民生活史料集成』第一巻）、三一書房、一九六八年、六七二、六七三ページ、注。
256　八丈実記刊行会編『八丈実記』第六巻、緑地社、一九七二年、三六七ページ。
257　大間知篤三、前掲234、二五八ページ。
258　同右、二五四〜二五五ページ。
259　八高郷土史研究クラブ編集部編、前掲242、一二ページ。

260 大間知篤三、前掲234、二五五ページ。
261 八高郷土史研究クラブ編集部編、前掲242、一〇ページ。
262 八丈実記刊行会編『八丈実記』第三巻、緑地社、一九七一年、一〇一ページ。
263 大間知篤三、前掲234、二五六ページ。
264 同右。
265 上村明子、前掲244、一三六ページ、三四番。
266 大間知篤三、前掲234、二五四ページ。
267 小島瓔禮、前掲240、三八ページ。
268 八高郷土史研究クラブ編集部編、前掲242、二〇～二一ページ。矢口裕康、前掲244、三八～三九ページ。上村明子、前掲244、一三八～一三九ページ、三六番。
269 柳田国男、前掲77、六～一四ページ。
270 八丈実記刊行会編『八丈実記』第二巻、緑地社、一九六九年、一四一ページ、大間知篤三、前掲234、二五八ページ、参照。
271 矢口裕康、前掲244、六、三八ページ。
272 上村明子、前掲244、一四一ページ、四二番。
273 大間知篤三、前掲234、二五九ページ。
274 一九八六年前後の採集。渡嘉敷守「キジムナー考」仲宗根政善先生古稀記念論集刊行委員会『琉球の言語と文化』、同会、一九八二年、参照。
275 辻雄二「キジムナーの伝承——その展開と比較」『日本民俗学』第一七九号、日本民俗学会、一九八九年、一一五ページ。
276 小島瓔禮「稲作以外の季節の儀礼」『フォークロア』第四号、本阿弥書店、一九九四年、一〇四～一〇五ページ。
277 大間知篤三、前掲234、二五六～二五七ページ。
278 Harva, Uno（ウノ・ハルヴァ）, *Die Religiösen vorstellungen der Altaischen Völker*（FF Communications no. 125）, Suomalainen Tiedeakatemia, Helsinki, 1938, SS. 386, 389.［訳］田中克彦『シャマニズム　アルタイ系諸民族の世界像』、三省堂、一九七一年、三五一、三五四ページ。
279 同右、S. 398.［訳］三六二ページ。
280 同右。
281 同右、S. 399.［訳］三六二～三六三ページ。
282 同右、S. 399.［訳］三六三ページ。

283　柳田国男、前掲26、一六一ページ。
284　民俗学研究所編、前掲49、第四巻、一六五一ページ「ヤマネコ」。
285　臼田甚五郎「隠岐の口承文芸の宗教的社会的位置に関する調査の一節」『國學院雑誌』第六一巻第二・三号、國學院大学、一九六〇年、三五ページ。
286　同右。
287　石塚尊俊、前掲223、三一ページ。
288　柳田国男、前掲26、一六一ページ。
289　島根大学昔話研究会編、前掲221、一六三ページ、一八二番。
290　同右、一五六〜一六五ページ、一七三〜一八四番。
291　臼田甚五郎、前掲285、三五ページ。
292　柳田国男、前掲26、一六一ページ。
293　民俗学研究所編、前掲49、第四巻、一六五一ページ「ヤマネコ」。
294　島根大学昔話研究会編、前掲221、一六一〜一六二ページ、一七八番。
295　臼田甚五郎、前掲285、三五ページ。
296　島根大学昔話研究会編、前掲221、一六〇ページ、一七七番。
297　森山泰太郎、前掲52、二七〇ページ。
298　臼田甚五郎、前掲285、三五〜三六ページ。
299　同右、三五ページ。
300　民俗学研究所編、前掲49、第四巻、一六五一ページ「ヤマネコ」。
301　臼田甚五郎、前掲285、三五ページ。
302　隠岐島前高校郷土部、前掲223、四五〜四七ページ。
303　臼田甚五郎、前掲285、三五ページ。
304　島根大学昔話研究会編、前掲221、一六九〜一七〇ページ、一九四番。
305　矢口裕康、前掲244、三六ページ。
306　民俗学研究所編、前掲49、第四巻、一六五一ページ「ヤマネコ」。
307　柳田国男『山の人生』（『柳田国男先生著作集』第一冊）、実業之日本社、一九四七年、二〇六、二〇九ページ。
308　民俗学研究所編、前掲49、第一巻、七九ページ「イシナゲンジョ」。

309　柳田国男・倉田一郎、前掲13、三六八ページ。
310　島根大学昔話研究会編、前掲221、一六五ページ、一八五番。
311　同右、一七〇ページ、一九六番。
312　小島瓔禮「かりこぼうの道」『みやざき民俗』第五〇号、宮崎県民俗学会、一九九六年、一四〜一七ページ。

文庫版あとがき――『猫の王』と私――

『猫の王』が新しい装いで帰って来る！　数えてみると、二十五年ぶりである。天下の奇才画家、河鍋暁斎の猫の絵をカバーにつけて。「猫の王」は、いよいよ「猫の大王」に就くのであろうか。猫の修行は、さらに新しい段階を目指しているようである。私にも、九十年を越える、人生の夢が描けるのであろうか。

村々の伝えを、一つ一つ組み合わせて、大きな人類文化の歴史を組み立てる科学が、柳田国男《やなぎたくにお》や折口信夫《おりくちしのぶ》という、人間の精神を深く読み解く、洞察力豊かな学者によって築かれていることを知り、自分も、この村々の伝統的な知識を素材にして、人間とは何かという、己のあり方を極めてみたいと思い立ったのは、高校に進学したときであった。科学少年からの転身であった。

当時、「岩波文庫」に入っていた、関敬吾訳の『民俗学方法論』の第二版に相当する戦後版が、岩波書店から刊行されていた。これは私にとって、千載一遇の幸であった。今住んでいる屋敷に、村の木挽きの親方であった高祖父が建てたという、茅葺きの家がまだ健在で、そこから県立厚木高校まで通った。片道がバスで一時間ほど。終点の小田急線の本厚木駅前からは、さらに二十分ばかりの徒歩である。このバスの中の往復二時間を生かし、『民俗学方法論』を拾い読みした。

原著者は、当時、村に伝わる文芸や信仰を研究する、民俗学の世界的巨匠であった、フィンランドのカールレ・クローンである。彼は本文の中で、「民俗学」とは、一人の人間の能力でおおえる領域であるべきであるとして、「民俗学者の研究範囲は、民間の知識が、一伝統的であり、二空想によって作り上げられてをり、三真に常民的であるかぎり、それを包含するのである」（訳・三八頁。原書・二五頁）と定義している。

学生時代、学友の菊地清行《きくちせいこう》の実家に世話になって休暇の度に訪れていた、当時の岩手県江刺郡（奥州市）岩谷堂町増沢で、隣りの家の八十歳ほどのおばあさんから教わった諺が、忘れられない。「火事があれば、紙に書いたものは燃えて無くなってしまうが、人が覚えていることは無くならない」という。村で、昔からの生きるための知識を、たいせつにしてきた人の箴言《しんげん》である。村の人の生きるための知識の尊さが、見事に示されている。クローンの定義では、実学的な生活技術は、それぞれの専門分野に属することになりそうであるが、ここにも、人間的な感性が生きている。

フィンランドやエストニアには、一般の村の人たちの間に、古くから「カレワラ」と呼ばれる、口承の叙事詩が伝わっていた。当時ヘルシンキでは、スウェーデン語が支配的であった。民族の母語フィンランド語は村人の言葉であり、「カレワラ」はその世界で生きて来た。母語への関心は、当然、「カレワラ」を記録して研究する機運を助長した。そうした中で、一つの同じ物語であり叙事詩であると考えられる資料が、村により人により変化がある理由を、論理的に考察する方法が探求された。口承文芸の変化を究明する努力が、研究者によって積み重ねられた。その方法の到達点の一つが、カールレ・クローンの『民俗学方法論』である。

　原書で百七十ページほどの論考であるから、その比較研究の具体的な提示は、かならずしも多くはないが、それだけに方法の論点は、みごとに要約されている。私は読みながら、まずは同源と思われる資料一つ一つを集めて、その変化部分を明らかにし、その変化にどのような文化史的な意味があるか、考察してみることが、資料整理の第一歩であると感じた。テキストの変化と共通とに、どのような条件が推測できるかも、重要な問題点になるはずである。

　民俗学を自ら切り開いて来た柳田国男は、岩波書店の「岩波新書」の一冊に、昭和十五年に『伝説』と題した本を発表している。興味深いことに、「自序」の末尾で、読者に「伝説の研究は幾らでも出来る」と、呼びかけている。「ノートの紙はばら〱のものを使つて、類似の伝説を一まとめにし、その異同を比べて見るのが面白いのである」と、ごくあたりまえに思える比較研究法を示している。すなわち、類似のものを集め、その変化の意味を考えるという、なんでもないようなことを基本にしている。その作業が、似た伝説の本質を解きほぐす第一歩になる。

私自身、「伝説研究演習」の資料として、川崎の街にある公立の大きな図書館から、柳田國男監修・日本放送協会編『日本伝説名彙』(日本放送出版協会・昭和二十五年三月)を借り出したことがある。高校三年生のときであった。この本では、可能な限りの多くの書物から「伝説」を拾い出して、分類整理してある。伝説の拠り所になる「木」「石・岩」などごとに、類似している伝説が集めてある資料集である。ここにも、柳田國男の「伝説のこと」と題する解説があり、似ている伝説を、どのように解析したらよいか、いろいろな発言がある。私も先学の研究をただ読むだけではなく、自分自身で「演習」をしてみることがたいせつであると悟った。

平安時代初期の成立である説話集『日本霊異記』には、ヨーロッパに昔話として広く分布している「歌う骸骨」の類話が、二話もあることを知った。この物語が、日本では事実譚のようになって、広く語られていたに違いない。しかもそれに似ている物語は、中国大陸の東西文明の合流点として栄えた「敦煌」出土の文書の句道興撰の『捜神記』の第十一話にもある。元の物語は仏教徒の唱導の素材として、さらに東アジアに広まり、土着したのであろう。この書の紙背の仏典は、五代から宋代初期のものという。

ドイツの類話は、「グリム兄弟の昔話集」にある。後世の定本では、二八番で、「角川文庫」版では、『グリム昔話集』(二)に「歌い骸骨」として収められている。この昔話は、ヨーロッパ各地に、ほぼ四つの類型に分かれて分布しており、それらの類話を集大成した Lutz Mackensen の論考が、FF Communications No.49 として一九二三年に刊行されている。FF は、Folklore Fellows の略称である。

学部の卒業論文に「日本霊異記の研究」を選ぶにあたり、ルッツ・マッケンゼンの著作『歌う骸骨』の論考が、どのような姿で書かれているのか、論述の構成をうかがってみたくなった。そのいくつかの点は、カールレ・クローンの『民俗学方法論』に引用紹介されていてうかがうことができるが、全貌を目のあたりにするのも、学問を学ぶ重要な段階である。卒業の前年の夏、東京大学の図書館で、そのマイクロフィルムを作っていただいた。

マッケンゼンの著書の構想を見ながら、ますますフィンランド学派の学問へのあこがれを抱いた。一つ一つの小さな事実を積み上げて、大きな文化史に組み立てる。土台は先学が築いて来た索引である。そこに新しい部分を積み上げる作業である。

ちょうど私が学部を卒業した年に、アメリカのインディアナ大学のスティス・トンプソンの労作、『口承文芸のモティーフ索引』全六巻の新版が、同大学出版部から四年がかりで刊行されていた。かつてFFCの中で出版された初版の、増補改訂版である。修士課程に進学し、日本育英会の奨学生になれたのを幸に、一ドル三百六十円時代に、定価八十ドルに余る、このモティーフ・インデックスを座右に備えることができた。これこそ、『猫の王』誕生の出発点であった。

『民俗学方法論』を手にした私は、カールレ・クローンを頂点とした、フィンランド学派と呼ばれる民俗学者が拠った世界には、巨大な民俗学の力が集中していることを知った。「伝承」という、一見不安定な「資料」に、確固とした史料価値を付与する思考方法を築くことによって、人類社会に新しい知性をもたらしたことは、一般の人たちの哲学への重大な貢献である。先学に導かれて、せっかく足を踏み入れた道である。力あるかぎり、さらに新しい知性に寄与したいと願っている。

大学院生のころ、若者らしい決意をした。上野の図書館へ通って、洋書を紐解いていた時代である。ドイツの世界的な農業史の巨匠のことを、新聞か何かで読んだ。自分の学問の主著は、晩年に書くべきものであるとして、それを実行したという。岩波書店から『農業文化の起源』の名で刊行された、原題『掘棒と鍬と犂』の著者、エミール・ヴェルト Emil Werth である。原書 *Grabstock, Hacke und Pflug* が出版されたのは一九五四年で、著者が八十五歳のときであったという。原題が、土地を耕す農具の呼称三種であるのがすばらしい。まさに大地に根を張った、人間の生きざまが輝いている。

私は、その大地に知性を根づかせた、エミール・ヴェルトの学問の思想にも、学ばなければならないと決心した。その村で生きる人たちの知識を素材にするところは、ある意味で、カールレ・クローン一派の学問に通じていると感じる。心掛けだけでも、真似をしたいと思った。

そのころ、生きたしるしに、二つの研究をまとめることを願った。一つは江戸時代から知られる五大童話の研究を国際的視野で果たすことで、「桃太郎の本願」「兎物語の環」「隣の爺の功徳」の三部作である。もう一つは「歳時習俗の論理」で、春・夏・秋・冬の四部作である。果たしてそれらを完成する時間があるかどうか、阿弥陀如来に願いを掛けるや切である。

猫には、九つの生命があるという。『猫の王』は、つまずきながら、小学館のシリーズ『海と列島文化』以来お世話になった、編集者の小林洋之助さんの丹誠のお蔭で、日の目を見た。またこのたびは、KADOKAWAの竹内祐子さんのお力で、文庫版によみがえった。『猫の王』ともども、私は生きることの喜びをかみしめている。ありがとうございました。

小島瓔禮

本書は、一九九九年十月に小学館より刊行された『猫の王　猫はなぜ突然姿を消すのか』を改題し、文庫化したものです。

猫《ねこ》の王《おう》

猫伝承《ねこでんしょう》とその源流《げんりゅう》

小島《こじま》瓔禮《よしゆき》

令和6年 4月25日　初版発行

発行者●山下直久

発行●株式会社KADOKAWA
〒102-8177　東京都千代田区富士見2-13-3
電話　0570-002-301(ナビダイヤル)

角川文庫 24147

印刷所●株式会社暁印刷
製本所●本間製本株式会社

表紙画●和田三造

ISBN 978-4-04-400819-2　C0139

◇◇◇

角川文庫発刊に際して

角　川　源　義

第二次世界大戦の敗北は、軍事力の敗北であった以上に、私たちの若い文化力の敗退であった。私たちの文化が戦争に対して如何に無力であり、単なるあだ花に過ぎなかったかを、私たちは身を以て体験し痛感した。西洋近代文化の摂取にとって、明治以後八十年の歳月は決して短かすぎたとは言えない。にもかかわらず、近代文化の伝統を確立し、自由な批判と柔軟な良識に富む文化層として自らを形成することに私たちは失敗して来た。そしてこれは、各層への文化の普及滲透を任務とする出版人の責任でもあった。

一九四五年以来、私たちは再び振出しに戻り、第一歩から踏み出すことを余儀なくされた。これは大きな不幸ではあるが、反面、これまでの混沌・未熟・歪曲の中にあった我が国の文化に秩序と確たる基礎を齎らすためには絶好の機会でもある。角川書店は、このような祖国の文化的危機にあたり、微力をも顧みず再建の礎石たるべき抱負と決意とをもって出発したが、ここに創立以来の念願を果すべく角川文庫を発刊する。これまで刊行されたあらゆる全集叢書文庫類の長所と短所とを検討し、古今東西の不朽の典籍を、良心的編集のもとに、廉価に、そして書架にふさわしい美本として、多くのひとびとに提供しようとする。しかし私たちは徒らに百科全書的な知識のジレッタントを作ることを目的とせず、あくまで祖国の文化に秩序と再建への道を示し、この文庫を角川書店の栄ある事業として、今後永久に継続発展せしめ、学芸と教養との殿堂として大成せんことを期したい。多くの読書子の愛情ある忠言と支持とによって、この希望と抱負とを完遂せしめられんことを願う。

一九四九年五月三日

角川ソフィア文庫ベストセラー

新版 遠野物語
付・遠野物語拾遺
柳田国男

雪女や河童の話、正月行事や狼たちの生態――。遠野郷（岩手県）には、怪異や伝説、古くからの習俗が、なぜかたくさん眠っていた。日本の原風景を描く日本民俗学の金字塔。年譜・索引・地図付き。

雪国の春
柳田国男が歩いた東北
柳田国男

名作『遠野物語』を刊行した一〇年後、柳田は二ヶ月をかけて東北を訪ね歩いた。その旅行記「豆手帖から」をはじめ、「雪国の春」「東北文学の研究」など、日本民俗学の視点から東北を深く考察した文化論。

新訂 妖怪談義
柳田国男
校注／小松和彦

柳田国男が、日本の各地を渡り歩き見聞した怪異伝承を集め、編纂した妖怪入門書。現代の妖怪研究の第一人者が最新の研究成果を活かし、引用文の原典に当たり、詳細な注と解説を入れた決定版。

一目小僧その他
柳田国男

日本全国に広く伝承されている「一目小僧」「橋姫」「物言う魚」「ダイダラ坊」などの伝説を蒐集・整理し、丹念に分析。それぞれの由来と歴史、人々の信仰を辿り、日本人の精神構造を読み解く論考集。

山の人生
柳田国男

山で暮らす人々に起こった悲劇や不条理、山の神の嫁入りや神隠しなどの怪奇談、「天狗」や「山男」にまつわる人々の宗教生活などを、実地をもって精細に例証し、透徹した視点で綴る柳田民俗学の代表作。

角川ソフィア文庫ベストセラー

海上の道　柳田国男

日本民族の祖先たちは、どのような経路を辿ってこの列島に移り住んだのか。表題作のほか、海や琉球にまつわる論考8篇を収載。大胆ともいえる仮説を展開する、柳田国男最晩年の名著。

日本の昔話　柳田国男

「藁しび長者」「狐の恩返し」など日本各地に伝わる昔話106篇を美しい日本語で綴った名著。「むかしむかしあるところに――」からはじまる誰もが聞きなれた昔話の世界に日本人の心の原風景が見えてくる。

日本の伝説　柳田国男

伝説はどのようにして日本に芽生え、育ってきたのか。「咳のおば様」「片目の魚」「山の背くらべ」「伝説と児童」ほか、柳田の貴重な伝説研究の成果をまとめた入門書。名著『日本の昔話』の姉妹編。

日本の祭　柳田国男

古来伝承されてきた神事である祭りの歴史を「祭から祭礼へ」「物忌みと精進」「参詣と参拝」等に分類し解説。近代日本が置き去りにしてきた日本の伝統的な信仰生活を、民俗学の立場から次代を担う若者に説く。

毎日の言葉　柳田国男

普段遣いの言葉の成り立ちや変遷を、豊富な知識と多くの方言を引き合いに出しながら語る。なんにでも「お」を付けたり、二言目にはスミマセンという風潮などへの考察は今でも興味深く役立つ。

角川ソフィア文庫ベストセラー

先祖の話　柳田国男

人は死ねば子孫の供養や祀りをうけて祖霊へと昇華し、山々から家の繁栄を見守り、盆や正月にのみ交流する――膨大な民俗伝承の研究をもとに、古くから日本人に通底している霊魂観や死生観を見いだす。

海南小記　柳田国男

大正9年、柳田は九州から沖縄諸島を巡り歩く。日本民俗学における沖縄の重要性、日本文化論における南島研究の意義をはじめて明らかにし、最晩年の名著『海上の道』へと続く思索の端緒となった紀行文。

火の昔　柳田国男

かつて人々は火をどのように使い暮らしてきたのか。火にまつわる道具や風習を集め、日本人の生活史をたどる。暮らしから明かりが消えていく戦時下、火の文化の背景にある先人の苦心と知恵を見直した意欲作。

妹の力　柳田国男

かつて女性は神秘の力を持つとされ、祭祀を取り仕切っていた。預言者となった妻、鬼になった妹――女性たちに託されていたものとは何か。全国の民間伝承や神話を検証し、その役割と日本人固有の心理を探る。

桃太郎の誕生　柳田国男

「おじいさんは山へ木をきりに、おばあさんは川に洗濯へ――」。誰もが一度は聞いた桃太郎の話。そこには神話時代の謎が秘められていた。昔話の構造や分布などを科学的に分析し、日本民族固有の信仰を見出す。

角川ソフィア文庫ベストセラー

龍の起源

荒川　紘

奇怪な空想の怪獣がなぜ宇宙論と結びついたのか。西洋のドラゴンには、なぜ翼をもっているのか。なぜ、権力と結びついたのか。神話や民話、絵画に描かれた世界の龍を探索。龍とは何かに迫る画期的な書。

民俗学がわかる事典

編著／新谷尚紀

「なぜ敷居を踏んではいけないのか？」「雛人形は三月三日をすぎたら飾ってはだめ？」「ハレとケとは何か？」等、日本古来の習わしや不思議な言い伝え、民俗学の基礎知識を網羅する、愉しい民族学案内。

沖縄文化論集

柳田国男、折口信夫、伊波普猷、柳　宗悦　ほか
編・解説／石井正己

天体や海洋への鋭敏な感性、孤島の生活、琉球神道とマレビト、古代神話と月、入墨の文化。民俗学や民芸運動の先駆者たちが、戦禍を越え「沖縄学」を打ち立てた珠玉の一五編。詳細な注釈・解説で読み解く。

完本　妖異博物館

柴田宵曲

古今東西、日本各地の奇談・怪談を一冊に。ろくろ首、化け猫、河童などの幽霊・妖怪から、竜宮や怪鳥退治の奇譚まで、その類話や出典を博捜し、ユーモアと博学で語り尽くす。新たに索引も収録。解説・常光徹

菅江真澄　図絵の旅

菅江真澄
編・解説／石井正己

江戸時代の東北と北海道を歩き、森羅万象を描いた菅江真澄。祭り、絶景、生業の細部からアイヌの人々の暮らしまで、貴重なカラー図絵一一二点を収録。民俗学やジオパークをも先取りした眼差しを読み解く。

角川ソフィア文庫ベストセラー

雪と人生　中谷宇吉郎

雪の結晶の研究で足跡を残した中谷宇吉郎は、寺田寅彦と並ぶ名随筆家として知られている。科学的な見方とはどのようなものかを説いた作品を厳選。「雪を作る話」「天地創造の話」など17篇収録。解説・佐倉統。

科学と人生　中谷宇吉郎

科学的なものの見方とは、人間の愛情や道徳観から離れ、物質や法則をそのままの形で知ろうとすることとする「科学と人生」や、「科学と政治」「寺田研究室の思い出」など、自選11編を収録。解説・永田和宏。

春宵十話　岡　潔

「人の中心は情緒である」。天才的数学者でありながら、思想家として多くの名随筆を遺した岡潔。戦後の西欧化が急速に進む中、伝統に培われた日本人の叡智が失われると警笛を鳴らした代表作。解説：中沢新一

春風夏雨　岡　潔

「生命というのは、ひっきょうメロディーにほかならない。日本ふうにいえば〝しらべ〟なのである」――科学から芸術や学問まで、岡の縦横無尽な思考の豊かさを堪能できる名著。解説：茂木健一郎

銀座アルプス　寺田寅彦

近代文学史の科学随筆の名手による短文集。「電車と風呂」「鼠と猫」「石油ランプ」「流言蜚語」「珈琲哲学序説」等30篇。写生文を始めた頃から昭和8年まで、寅彦の鳥瞰図ともいうべき作品を収録。

角川ソフィア文庫ベストセラー

科学歳時記　寺田寅彦

電車、銀座の街頭、デパートの食堂、花鳥草木など、生けるものの世界に俳諧を見出し、人生を見出して、科学と融合させた独自の随筆集。「春六題」「蓑虫と蜘蛛」「疑問と空想」「凍雨と雨氷」等39篇収録。

科学と文学　寺田寅彦

日本の伝統文化に強い愛情を表した寺田寅彦は、芸術の本質に迫る眼差しをもっていた。科学者としての生活の中に文学の世界を見出した「映画芸術」「連句雑俎」「科学と文学Ⅰ」「科学と文学Ⅱ」の4部構成。

ピタゴラスと豆　寺田寅彦

随筆の名手が、晩年の昭和8年から10年までに発表した科学の新知識を提供する作品を収録する。表題作をはじめ、「錯覚数題」「夢判断」「三斜晶系」「震災日記より」「猫の穴掘り」「鳶と油揚」等全23篇。

読書と人生　寺田寅彦

近代市民精神の発見であると共に、寅彦随筆の転換となった「丸善と三越」をはじめ、「読書論」「人生論」「科学者とあたま」「科学に志す人へ」「わが中学時代の勉強法」「『徒然草』の鑑賞」等29篇収録。

万華鏡　寺田寅彦

科学に興味をもつ読者向けに編まれた『柿の種』と双璧をなす代表作。人間が発明し、創作した物の中で「化物《ばけもの》」は最も優れた傑作とする「化物の進化」をはじめ、「物理学と感覚」「怪異考」ほか全13篇収録。

角川ソフィア文庫ベストセラー

新編 日本の面影

ラフカディオ・ハーン
池田雅之＝訳

日本の人びとと風物を印象的に描いたハーンの代表作『知られぬ日本の面影』を新編集。「神々の国の首都」「日本人の微笑」ほか、アニミスティックな文学世界や世界観、日本への想いを伝える一一編を新訳収録。

新編 日本の怪談

ラフカディオ・ハーン
編訳／池田雅之

「幽霊滝の伝説」「ちんちん小袴」「耳無し芳一」ほか、馴染み深い日本の怪談四二編を叙情あふれる新訳で紹介。小学校高学年程度から楽しめ、朗読や読み聞かせにも最適。ハーンの再話文学を探求する決定版！

新編 日本の面影 II

ラフカディオ・ハーン
池田雅之＝訳

代表作『知られぬ日本の面影』を新編集する、詩情豊かな新訳第二弾。「鎌倉・江ノ島詣で」「八重垣神社」「美保関にて」「二つの珍しい祭日」ほか、ハーンの描く、失われゆく美しい日本の姿を感じる一〇編。

新編 日本の怪談 II

ラフカディオ・ハーン
編訳／池田雅之

怪異、愛、悲劇、霊性――アメリカから日本時代に至るまで、人間の心や魂、自然との共生をめぐる、ハーン一流の美意識と倫理観に彩られた代表的作品37篇を精選。詩情豊かな訳で読む新編第2弾。

小泉八雲東大講義録
日本文学の未来のために

ラフカディオ・ハーン
編訳／池田雅之

まだ西洋が遠い存在だった明治期、学生たちに深い感銘を与えた最終講義を含む名講義16篇。ハーン文学を貫く内なるghostlyな世界観を披歴しながら、一期一会的な緊張感に包まれた奇跡のレクチャー・ライブ。

角川ソフィア文庫ベストセラー

小泉八雲
日本美と霊性の発見者

池田雅之

日本各地を訪れた小泉八雲は、人々の善良さ、辛抱強さと繊細な文化を愛す一方、西洋化を推し進める「新日本」に幻滅する――。詩情豊かな訳で読者を魅了し続ける著者が八雲の人物像と心の軌跡に迫る入門書。

百物語の怪談史

東雅夫

怪談、百物語研究の第一人者が、古今東西の文献から掘り起こした、江戸・明治・現代の百物語すべてを披露。多様性や趣向、その怖さと面白さを網羅する。怪談会の心得やマナーを紹介した百物語実践講座も収録。

アンソロジー 死神

編／東雅夫

死のそばにいつも居る、死を司る「死神」とは何者か。三遊亭円朝の落語「死神」、グリム童話「死神の名づけ親」、織田作之助「死神」、「死神」が登場する漫画。古今東西の至高の短篇を集めたアンソロジー。

猫たちの舞踏会
エリオットとミュージカル「キャッツ」

池田雅之

世界中で愛されている奇跡のミュージカル「キャッツ」。ノーベル文学賞詩人の原作者・エリオットがちりばめた、言葉遊びや造語を読み解きながら、幸せ探しの旅をたどる。猫たちのプロフィールとイラスト付き。

世界神話事典 創世神話と英雄伝説

大林太良
伊藤清司
編／吉田敦彦・松村一男

ファンタジーを始め、伝説やおとぎ話といった物語の原点は神話にある。神話をひもとけば、民族や文化、人間の心の深層が見えてくる。世界や死の起源、英雄伝説など全世界共通のテーマにそって紹介する決定版。

角川ソフィア文庫ベストセラー

世界神話事典　世界の神々の誕生

大林太良　伊藤清司　編／吉田敦彦・松村一男

各地の神話の共通点と唯一無二の特色はどこにあるのか。日本をはじめ、ギリシャ・ローマなどの古代神話から、シベリアなどの口伝えで語られてきたものまで、世界の神話を通覧しながら、人類の核心に迫る。

真景累ケ淵《しんけいかさねがふち》

三遊亭円朝

根津の鍼医宗悦が貸金の催促から旗本の深見新左衛門に殺された。新左衛門は宗悦の霊と誤り妻を殺害し、非業の死を遂げ家は改易。これが因果の始まりで……続く血族の殺し合いは前世の因縁か。円朝の代表作。

怪談牡丹燈籠・怪談乳房榎

三遊亭円朝

駒下駄の音高くカランコロンカランコロンと。美男の浪人・萩原新三郎の家へ旗本の娘・お露と女中のお米が通ってくる。新三郎が語らうのは2人の「幽霊」であった。怪談噺の最高峰。他に「怪談乳房榎」を収録。

浮世絵鑑賞事典

高橋克彦

歌麿、北斎、広重をはじめ、代表的な浮世絵師五九人を名品とともにオールカラーで一挙紹介！　生い立ちや特徴、絵の見所はもちろん技法や判型、印の変遷など豆知識が満載。直木賞作家によるユニークな入門書。

明治日本散策　東京・日光

エミール・ギメ　岡村嘉子＝訳　解説／尾本圭子

明治9年に来日したフランスの実業家ギメ。茶屋娘との心の交流、料亭の宴、浅草や不忍池の奇譚、博学な僧侶との出会い、そして謎の絵師・河鍋暁斎との対面――。詳細な解説、同行画家レガメの全挿画を収録。

角川ソフィア文庫ベストセラー

角川ソフィア文庫ベストセラー